U0184580

情感智能理论与方法丛书

总主编　李太豪

情感计算：应用与案例

主　编　李太豪　汪严磊

副主编　徐若豪　杨成宁

上海科学技术出版社

图书在版编目（CIP）数据

情感计算 : 应用与案例 / 李太豪，汪严磊主编 ;
徐若豪，杨成宁副主编. -- 上海 : 上海科学技术出版社，
2024.1
（情感智能理论与方法丛书）
ISBN 978-7-5478-6054-0

Ⅰ. ①情… Ⅱ. ①李… ②汪… ③徐… ④杨… Ⅲ.
①智能计算机 Ⅳ. ①TP387

中国国家版本馆CIP数据核字(2023)第198716号

基金支持

本书出版得到了科技部科技创新 2030—“新一代人工智能”重大项目（2021ZD0114303）、国家自然科学基金专项项目（T2241018）资助。

情感计算：应用与案例
主　编　李太豪　汪严磊
副主编　徐若豪　杨成宁

上海世纪出版（集团）有限公司
上 海 科 学 技 术 出 版 社　出版、发行
（上海市闵行区号景路 159 弄 A 座 9F-10F）
邮政编码 201101　www.sstp.cn
上海光扬印务有限公司印刷
开本 787×1092　1/16　印张 24
字数 360 千字
2024 年 1 月第 1 版　2024 年 1 月第 1 次印刷
ISBN 978-7-5478-6054-0/TP·80
定价：118.00 元

本书编写组

李太豪　信息科学与系统工程博士，之江实验室高级研究专家、研究员，中国科学院大学杭州高等研究院教授，浙江大学计算机学院博士生导师，浙江省海外高层次人才特聘专家。曾任哈佛大学研究员，波士顿 Flatley 创新实验室首席科学家。

汪严磊　犯罪学与刑事司法（犯罪心理学方向）硕士，德勤·科学加速中心创新科学家、科技战略与技术变革专家。兼任中国技术经济学会神经经济管理专委会副秘书长、上海师范大学 MBA 产业实践导师。

徐若豪　工程硕士，之江实验室工程专员。

杨成宁　经济学博士，上海师范大学商学院讲师，上海师范大学 MBA 企业创新管理方向负责人。

总序

情感的识别和理解是类人智能机器的核心功能之一，是人工智能的一个重要方向。情感计算的概念最早由美国麻省理工学院教授罗莎琳德·皮卡德（Rosalind Picard）提出，情感计算旨在创建一种能感知、识别和理解人的情感，能针对个体的情感作出智慧、灵敏、友好反应的计算系统，并实现在多领域的应用。

随着人工智能技术的发展，情感计算受到了学术界和产业界的广泛关注，并被认为具有重要的意义和影响。人工智能奠基者之一马文·明斯基（Marvin Minsky）指出，不在于智能机器能否具有情感，而在于没有情感的机器能否实现智能。情感计算是实现自然化、拟人化、人格化人机交互的基础性技术和重要前提，也为人工智能决策提供了优化路径，对开启智能化、数字化时代具有重大价值。因此，在人机共生社会，不仅需要机器具备类人的“智商”（逻辑智能），而且需要赋予其类人的“情商”（情感智能），从而实现智慧、自然和有温度的人机交互。

目前，针对人工智能领域的教材和科普读物，更多聚焦于逻辑智能方面，对情感智能的涉及有限，且缺乏针对性的关于学术前沿、学科建设、技术动态及行业发展的系统总结和科学传播，造成了情感智能领域高质量教材和科普读物供给不足，并且导致缺乏科学内涵和依据，甚至存在伪科学、陈旧知识流传等问题，不利于全社会科学素养的提升和人工智能科学理念的培育。因此，情感智能领域需要全社会广泛关注与共同努力。

基于此，我们推出了情感智能理论与方法丛书，首批包含《情感计算：发展与趋势》《情感计算：概念与原理》《情感计算：应用与案例》三册。本丛书的出版将有助于明晰学术研究热点和发展趋势，以及与情感计算相关的关键共性技术、前沿引领技术及颠覆性技术；为广大学者和科学基金立项的指南编写、主题选取、团队组建等提供参考；为相关领域重大科研项目布局提供建议。本丛书的出版还将有助于包括本科生、研究生等在内的公众在理解逻辑智能的基础上，认识情感智能的重要性；服务和谐人机共生社会的建设，形成更加全面的人工智能认知体系；为培养情感计算领域科研后备力量筑牢基础。同时，本丛书还有助于促进相关从业人员对技术全景的理解和认知，助力全行业更好地运用情感计算技术进行赋能和实践，加速数字经济转型升级和人工智能技术迭代应用，促进更多企业从产业链下游向产业链中上游的价值重塑。

不止于此，我们还将围绕情感智能前沿技术，特别聚焦于情感智能"多维度分类、多模态融合、多模型推理、多轮交互计算"的新趋势，出版第二批专业性和科普性兼备的读物，欢迎有志于此的学者和同行与我们联系，共同推动出版工作，使之更加丰富化和专业化。

本丛书的出版离不开各界的支持，我们向之江实验室、上海科学技术出版社、德勤中国（Deloitte China）、国家自然科学基金委员会交叉科学部、中国科学院文献情报中心、英国工程技术学会（The Institution of Engineering and Technology, IET）等表达诚挚的感谢，同时感谢参与编写的各位专家和同事的辛勤付出。

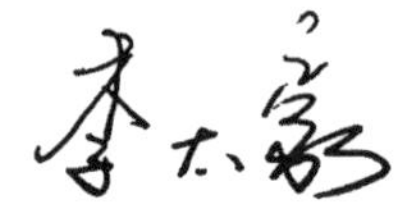

之江实验室高级研究专家、研究员
浙江省海外高层次人才计划专家

本书序

随着机器学习（Machine Learning，ML）技术的迅速发展，人工智能（Artificial Intelligence，AI）在许多领域的应用突飞猛进，已经与各类产业有了深度的融合，成为企业推动业务创新的“新引擎”。同时，大量的人工智能研究成果正处于从实验室迈向商业化的重要阶段，逐步成为企业数字化变革的重要推动力。针对不同的创新水平面（Innovation Horizons）采取不同的应对策略，有助于企业把握机遇获得独特的竞争优势。

由之江实验室、德勤中国等单位合作撰写的“情感智能理论与方法丛书”，对当前情感计算这一方向的研究成果进行了全面的总结和展望。我们十分庆幸地看到，以之江实验室跨媒体智能研究中心为代表的中国研究团队，在这一领域正在迅速崛起并取得了优异的成果。这些研究成果如果能够快速地实现从实验室转化为生产力，就能够形成良性循环，有力地促进相关科研和产业的发展。

目前，与情感计算相关的应用大多是基于单模态的情感分析应用。基于文本、语音、表情、肢体动作、生理等多种信号的多模态融合情感计算，能够更加准确地识别情感，从而做出更恰当的决策和判断，因此成为目前深度学习领域最热门的创新话题之一，相关的创新研究成果也逐步到达了商用的临界点。

《情感计算：应用与案例》以全行业应用需求为切入点，完整地阐述了应用情感计算的具体意义和存在的差异化部署要求。在厘清行业和部署要求的基础上，本书分别从教育培训、生命健康、商业服务、工业制造、科技传媒和社会治理等六大行业领域，详细介绍了全球情感计算的实际应用案例，尤其是中国应用案例。在这些案例中，情感计算技术的应用成熟度各不相同，有处于原型开发阶段的、工程转化阶段的、小规模试验阶段的以及大规模投产阶段的。在一定程度上，上述 4 个阶段也间接反映了各领域在数智化发展进程中的差异。

本书的成文体系清晰、内容结构完整、案例分析到位，填补了目前关于情感计算全球市场实际应用方面相关著作数量上的欠缺。来自之江实验室、德勤中国、上海师范大学等院所、高校、企业和学术组织的技术应用专家及学术转化专家，依托自身在商业技术创新应用方面长期积累的转化实践经验，对海量的技术信息进行了整合和立意提升，最终以“集大成于一体”的思想完成了本书的创作。

“不畏浮云遮望眼，自缘身在最高层。”历史的车轮滚滚向前，从不停歇。正如从蒸汽机车到内燃机车、电力机车，再到如今的高速列车，新的研究成果往往给我们带来更高的效率和更好的体验。但是，新技术从实验室走向商用并不是一帆风顺的，往往需要经历多个孵化阶段。德勤中国致力于为这类创新搭建一座从概念验证到实际应用的桥梁。我们和之江实验室等生态伙伴一起为科研成果的转化注入催化剂，让人工智能的新研究成果能够更快地投入使用，以服务社会并创造价值。

全国政协委员

德勤中国主席

前言

1956年，“人工智能之父”约翰·麦卡锡（John McCarthy）发起的“达特茅斯人工智能研讨会”成功召开，会议的重点是研讨如何用机器模仿人类学习以及其他方面的智能。会议首次提出“人工智能”一词，并推动了人工智能作为一个独立学科的形成，这被认为是人工智能领域的开端。随着电子工程、计算机科学和数学等学科超过半个世纪的发展，人工智能最终在近10年开始产业化，并在相关行业普及，机器有了越来越高的智力水平。

但是，一直以来，如何让机器具有情感始终是摆在学术界和产业界面前的一大难题。作为人工智能的先驱，美国计算机科学家马文·明斯基（Marvin Minsky）曾多次被问及关于机器情感的问题，他认为，问题不在于智能机器能否有情感，而在于没有情感的机器能否实现智能。这也被认为是他首次提出让计算机具有情感能力的最初设想。1997年，美国麻省理工学院媒体实验室的罗莎琳德·皮卡德（Rosalind Picard）教授系统性地提出并论述了情感计算及其相关的概念和体系。

为了满足中国乃至全球学术界和产业界对了解和掌握情感计算最新发展动向的需求，向科研人员、从业者提供较为完整的技术发展蓝图和应用趋势以助推情感计算的发展与转化，我们策划推出了情感智能理论与方法丛书。《情感计算：应用与案例》作为其中之一，包含了9个章节，全面梳理、分析、总结了情感计算在不同的行业和应用领域的学术研究及应用发展情况。

第一章和第二章分别从宏观角度汇总了情感计算市场应用的整体情

况。第三章重点介绍了在教育培训领域，情感计算在加强线上教学中的情境化因素、完善智能教育中的学习投入评价、促进特殊群体的情绪感知提升等方面的相关产品、技术，以及在中国、美国、西班牙、法国等国的应用现状。第四章从孤独症和抑郁症诊断、老年人陪护、儿童就诊等生命健康领域的众多方面出发，对中国、美国、英国、韩国、印度等国情感计算的应用型研究、产品推广进行了梳理。第五章主要围绕精准营销、智能客服及情感计算在商业借贷、娱乐休闲等领域的应用，归纳了中国、美国、德国等国的相关代表性技术以及应用推广情况。第六章介绍了中国、美国、日本等国在汽车智能系统、仿人机器人等领域情感计算技术的应用现状。第七章从舆情监测、情感交互、情感洞察等方面对中国、美国、英国等国情感计算在文娱传媒领域的应用进行了探讨。第八章收纳了中国、美国、英国、荷兰、印度等国的社会情感监测、刑侦审讯、维护公共安全、国防等社会公共行业情感计算技术的应用推广案例。第九章展望了情感计算在智慧服务、虚拟现实、科艺融合等新兴行业中的应用。

在本书的撰写过程中，编写组得到了学术界和产业界人士的大力协助。其中，德勤·科学加速中心侯月女士、何昱安先生、王宁女士、张博伦先生，上海师范大学商学院技术经济及管理系研究生华士祯女士，应用经济系研究生周扬先生、袁嘉浩先生，浙江工业大学管理学院工商管理学系研究生胡心悦女士参与了本书各章节的内容撰写。值此，谨代表本书编写组向他们及其所在单位表示诚挚的谢意。

众所周知，情感计算技术的研发和应用在当下是史无前例的。因此，本书的撰写也是由一批走在科研和转化实践最前沿的人士“摸着石头过河”。随着相关技术的不断成熟和应用的普及，本书中的内容难免会出现不足之处，望读者能够谅解和指正。我们也十分愿意与各位读者、专家开展本领域的深度交流和合作。

本书编写组

目录

第一章　绪论

一直以来，区分机器与人的一个关键问题是机器是否具有情感。也就是说，对机器而言，情感因素是衡量其人性化程度的重要标准之一。当前，人工智能领域的发展正处于高速增长和全面扩张阶段。一方面，随着计算机的智能程度不断深化，人工智能应用到的技术也更加新颖，如深度学习、情感计算、生成式人工智能（Artificial Intelligence Generated Content，AIGC）等；另一方面，人工智能与其他领域相结合并逐步实现产业化应用，这些领域越来越广阔，如智能教育、智能医疗、智能交通、智能治理等。

人工智能奠基者之一马文·明斯基（Marvin Minsky）曾说："如果机器不能够很好地模拟情感，那么人们可能永远也不会觉得机器具有智能。"人工智能的情感就是情感计算技术所赋予的。情感计算是人工智能研究的一个新兴和前沿领域，也是一个多学科交叉的研究领域，涉及计算机科学、工程学、心理学、生理学和神经科学等学科，对人类情感进行计算建模、跟踪和分类。情感计算通过赋予机器感知、理解、产生和表达人的情感的能力，能使机器具有更高的智能。

目前，随着人工智能将面部表情、声音、文字、姿态、生理信号等转化为情感数据，横亘在人脑与电脑之间的情感鸿沟正在被跨越。人工智能的情感性变革实际上已经开始——从消费领域的精准营销到智能客服，从交通领域的人车交互到自动驾驶，从经营领域的数据分析到智慧决策，从卫生领域的健康监测到辅助医疗，等等。这些得益于情感计算技术的加持，实现人工智能对人类情感的充分理解和运用。

1.1 情感计算的概念

因为涉及多学科与多种技术发展路径，所以情感计算本身就带有多元属性。情感计算及其相关概念层出不穷，在内涵与外延两个方面都具有可变性。除了情感计算以外，情感识别、情绪识别、情感分析、情感智能等概念都极为相似。当学术界与产业界论述情感计算时，常常将它们与面部识别、语音识别、脑电监测等各类相关概念交叉混用。一般认为，情感计算是由被称为情感计算之母的麻省理工学院媒体实验室的罗莎琳德·皮卡德（Rosalind Picard）正式提出，她在1997年出版的《情感计算》一书中，将情感计算定义为“与情感有关、由情感引发或者能够影响情感因素的计算”。由中国科学院自动化研究所胡包刚教授带领的团队经过一系列的研究提出了对情感计算的首个中国定义：情感计算的目的是通过赋予计算机识别、理解、表达和适应人的情感的能力来建立和谐人机环境，并使计算机具有更高的、全面的智能。电子科技大学讲席教授、日本工程院院士任福继认为，情感计算旨在通过开发能够识别、表达、处理人情感的系统和设备来减少计算机与人之间的交流障碍。本书认为，情感计算是赋予机器以感知、识别、理解情感并具有拟人化情感表达的能力。

最初，英文中定义的情感所采取的单词是“emotion”，与现在情感计算所采用的单词“affective computing”有所不同。情感（affection）、情绪（emotion）和其他同义词是存在区别的。从词义上来看，“情绪”一般指个体在其需要是否得到满足的情景中直接产生的心理体验和相应的反应，而“情感”一般指个体意识到自己与客观事物的关系后而产生的稳定的、深刻的心理体验和相应的反应。前者主要是短期的，可以通过表情来体现，如喜悦、愤怒、悲伤、恐惧、惊讶等；后者则具有一定的延续性，如爱、恨等。情绪和情感是有区别的两种不尽一致的心理和生理过程，但又彼此紧密联系。情绪依赖于情感，情绪的各种不同的变化都要受到已经形成情感的制约，情绪是情感的外在表现；情感也依赖于情绪，情感总是在具体的情绪中得以表现，离开了情绪，情感不能孤立存在，情感是情绪的本质内容。情感不仅包括了人的喜怒哀乐，而且是泛指人的一切感官的、机体的、心理的以及精神的感受。因此，本书中“情感计算”涉及的“情感”是广义情感，即包含了狭义情感、情绪和心情的所有内容，是一种主观心智，具有维系人类关系和道德约束的作用。

1.2　情感计算的行业应用概况

近年来，情感计算领域的研究越来越注重成果的实际应用，情感计算技术也越来越多地出现在公众的日常生活之中。人脸识别、语音识别等智能感知与识别技术奠定了情感计算技术飞速发展的基石。

我国是全球情感计算技术最主要的研发与应用国家之一。incoPat 专利库的数据显示，截至 2023 年 11 月，我国情感计算领域的发明专利申请数约 3 225 项，其中 79.4% 是 2018 年以来申请的。在实践中，情感计算已经在我国教育、健康、工业等多个领域投入应用。

对国外和国内情感计算技术的应用情况进行系统性的梳理，并从学术研究与产业应用两个角度展开分析，将有助于学术界和产业界把握技术的发展态势，有助于研究人员把握未来技术走向，有助于情感计算技术向着更加造福公众的方向发展。

随着社会发展和技术进步，人们对日常生活中使用的产品有了更高的要求。例如，更加人性化、智能化的产品可以根据人的情感适时地给出适当的反馈。情感计算技术的应用就是通过感知、识别、计算人的情感状态，有针对性地解决人们的问题，满足人们的诉求。从作用对象的角度来说，情感计算的应用可以分为两大类：一类是通过情感计算的结果直接影响被计算者本人，通过一定的手段改变其情感状态，如抑郁症患者的治疗、“路怒症”情感的缓解等；另一类是情感计算的结果为非被计算者的第三方提供采取行动的依据，如课堂授课的教学质量、审讯环节的欺骗检测、突发事件的舆情管理等。当前，情感计算技术正在被快速商业化应用，主要涉及教育培训、生命健康、商业服务、工业制造、文娱传媒、社会公共等多个领域。

1.2.1 教育培训领域

在教育培训领域，情感计算可以为分析学员的情感状态、研究学员的情感机制、设计个性化教学程序，以及创建自然和谐的人机交互提供可能性。近年来，情感计算技术在教育培训领域的应用发展迅速，在促进教育反馈和干预、优化师生教学体验等方面发挥了积极作用。随着在线教学的日益普及，情感计算还被广泛认为可以提高师生互动的质量，改善缺乏传统课堂学习氛围造成的厌倦感。从教育场景来看，情感计算技术在学员情感状态与学习效率监测、在线教育、教学评价等方面都具有广泛的应用前景。

为了保证课堂教学质量，我国应用情感计算技的智慧教育建设已经取得良好的成效。例如，“智慧课堂”项目、新东方教育科技集团有限公司（以下简称“新东方”）AI 双师课堂的“慧眼系统”，均可以通过使用摄像头、录音设备等进行数据采集来识别不同情感（恐惧、快乐、厌恶、悲伤、惊讶、愤怒和中性）与不同行为（读、写、听、站、举手、趴在桌子上），实时分析出学员在课堂上的状态。美国 SensorStar 实验室研发的面部识别软件 EngageSense 也具有同样的目的与作用。

自 2019 年新冠疫情暴发以来，全球各地的线下教育被迫转型为线上，但在线教育的教学效果饱受质疑。西班牙 IE 商学院马德里校区推出的 WOW 课堂、法国 ESG 商学院搭载的 Nestor 面部识别系统、美国多个高校使用的 Coursera 网课平台等在线教育体系都使用了情感计算技术，通过摄像头对学员的面部表情和眼球运动的数据进行采集，识别多种不同的情感（如恐惧、快乐、厌恶、悲伤、惊讶、愤怒等），以此确定学员是否正在专心于课程内容，这有助于提高在线课程的互动效率。

情感计算技术不仅可以用来对学员的学习状态进行监测，也可以作为教学评价的依据。教师可以根据学员的情感表现，以科学直观的方式掌握学员对课程内容的真实反馈，促使教师对教学内容做进一步精炼与提升。

1.2.2 生命健康领域

一个人的情感往往与各种心理、生理状况相关，其理解、控制、交流、感知情感的能力都会受到影响。

一方面，情感计算技术已经开始被应用于各类心理疾病的临床评估，在情感诱导、心理援助和情感相关障碍诊断及治疗等方面有巨大的应用潜力。例如，日本软银集团制造的 Pepper 情感交互机器人、美国麻省理工学院研发的 NAO 类人机器人都可以用于检测孤独症患者情感，识别其情感变化，评估互动过程中患者的参与度和兴趣点，并给予患者帮助和指引。现代汽车集团研发的“e-Motion”迷你车可以获取医院中等待就诊儿童的情感信息，通过配备的情感识别车辆控制技术，缓解儿童对诊疗的抗拒感和不安情绪，还可以帮助医护人员对儿童患者进行初步的预诊。此外，研究人员通过脑机接口和监测设备，根据人体监测的数据进行情感识别，用以辅助诊断治疗孤独症或抑郁症患者。

另一方面，情感计算技术能够实现对健康状况的监测与维护。例如，搭载了情感计算技术的智能系统或智能陪伴机器人可以为老人、小孩等心理状态较为脆弱的群体提供情感援助，通过情感陪伴来维护其心理健康。另外，健康监测手环等可穿戴设备还可以实现对人们情感状态的实时监测。

1.2.3 商业服务领域

商业服务领域的情感计算技术应用主要是识别顾客的情感，以期提供更优质、更有效的服务。

情感计算技术与商业服务领域结合的重要潜在应用场景之一是零售，通过分析顾客的情感，及时给予合适的反馈并提供有针对性的服务，这对提高成交率有着积极的促进作用。2019 年 8 月，亚马逊公司研发的 Rekognion 面部识别软件的最新版本提高了情感检测的准确性，并可以评估包括快乐、悲伤、愤怒、惊讶、厌恶、平静、困惑和恐惧在内的 8 种情感。松下公司推出的 KAIROS 视频分析平台可以检测人脸并将情感分类为愤怒、恐惧和悲伤等 3 种。神经网络公司 EMOTIV 与欧莱雅集团合作推出的“Scent-Sation”头戴式设备能够通过识别顾客的喜好来推荐个性化的香水。我国情感计算技术在零售业主要应用于网络销售。例如，通过对淘宝App中的用户生成内容（User Generated Content，UGC）进行情感分析，可以高效地帮助用户去理解其他用户对商品的观点。

在商业服务领域中，情感计算技术另一大应用场景是金融业。小微企业融资难一直是制约初创企业发展的一大问题，金融机构对小微企业的信用评估一直也是难题，而“人工智能+情感计算技术”则可以轻松解决此难题。例如，度小满金融语音机器人、翼开科技公司的Emokit情感识别引擎均可以通过语音收集数据，并根据音频、音色、音调和其他数据输出人们的情感类型，以评估用户骗取贷款的可能性。

1.2.4 工业制造领域

工业制造领域较为宽泛，情感计算技术应用较为突出的两个具有代表性的领域是汽车设计与仿人机器人设计。

随着汽车制造技术的不断提升以及用户需求的不断升级，汽车制造厂商在设计汽车进行人车交互时，也开始关注情感因素。疲劳、“路怒症”等负面驾驶情感状态极容易造成危险驾驶乃至事故的发生。利用情感计算技术对驾驶状态监测主要是通过识别面部表情来判断驾驶员的即时情感状态以及其他精神状态，并适时进行提醒与预警，以保障行驶过程的安全性。目前，很多智能汽车已经具有了这一功能，如长城汽车的哈弗初恋、魏牌Collie智行+等汽车，都能实现情感识别与驾驶状态监测。除了基础的安全监测功能之外，情感计算技术还能提升驾驶者的驾驶体验。例如，埃安AION Y型号汽车通过情感计算自动推荐情感歌单，高合汽车主动式人工智能伙伴HiPhiGo可以主动调用车辆的音响、香氛等功能。

仿人机器人的情感智能化是必然的趋势，与人类的大量交互注定了仿人机器人的情感要求。情感型机器人就是用人工方法和技术来赋予计算机或机器人人类情感，使其有能力表达、识别和理解喜怒哀乐，并模仿、延伸和扩展人类情感。优必选科技公司的大型仿人服务机器人Walker X、小米公司最新推出的全尺寸仿人机器人CyberOne、进化者象棋机器人、由英国科技公司Engineered Arts研发的Ameca都是搭载了情感引擎的典型机器人。

1.2.5　文娱传媒领域

文娱传媒领域最常见的情感计算应用场景是网络舆情分析。大数据时代的数据量大、数据生成速度快、冗余信息多等特点，不仅给舆情分析工作带来新的发展机遇，也带来了新的挑战。基于简单调查和统计的传统舆情分析方法无法适应当今的媒体发展，因此，亟待寻找到融合新技术的新兴舆情分析方法，用于深度挖掘舆情的内在信息。情感倾向判别就是一种常见的舆情研究方法。例如，首先在网络社交媒体平台上收集特定领域的文本数据，提供构建领域的情感词典，结合语义进行分析，然后将语义规则应用于情感及情感强度识别，最后进行情感倾向判定。国内针对微博的情感倾向分析研究居多，用以获取有价值的信息和舆论导向。结合语言规则特征可以分别获取关于特定舆情事件的正面和负面的微博言论，以此来掌握并进一步引导公众的舆情态度。

此外，情感计算技术在新媒体互动视频、个人情感社会化传播等方面都有着较大的应用潜力。

1.2.6　社会治理领域

情感计算技术也开始被应用于欺骗检测、行政审讯、智能安防等社会治理领域，主要是利用对特定情感状态的识别来发现异常情况，以维护日常安全。例如，美国和英国的警方都在审讯过程中使用 Converus 公司的检测软件 EyeDetect，通过检查眼球运动和瞳孔大小的变化来识别潜在的欺骗行为。iBorderCtrl 人工智能系统在匈牙利、拉脱维亚和希腊展开试用，在游客入境回答安全人员的问题时作为一种预先筛选。该系统通过摄像头对游客的面部表情进行扫描及识别，以筛选出有撒谎可能性的人。

我国在智慧城市和智慧司法建设中也应用了情感计算技术。阿尔法鹰眼预警系统可以甄别出有自体原发性焦虑紧张状态的潜在可疑危险人员，以辅助安检人工排查。南京云思创智信息科技有限公司推出的“公安智能审讯室”服务、深圳力维智联技术有限公司推出的“心理与情感识别系统”、北京埜乾智能科技有限公司推出的“情感识别与智能审讯大数据系统”，都可以在审讯过程中分析微表情行为，智能分析办案过程嫌疑人的情感状态及行为。通过识别受审讯者的实时情感，针对特定关键问题的情感变化，采集微表情、微动作等数据，可以挖掘受审讯者对相关问题的反应程度，掌握受审讯者心理和生理反应，用以突破其心理防线，高效获得供述。

1.3 情感计算的未来应用

情感智能是计算机智能发展的关键，它是具有情感能力的机器，不仅更强大、更泛化、更高效，而且与人类的价值观更加一致。在技术日新月异的当下，如何理解和适应人们的情感，以及如何使人工智能的操作更具有独立性和创造性，仍然是人工智能发展过程中不断追求的目标。人与人之间的沟通和交流是自然和富有情感的。如果人工智能不具备情感能力，就很难达到类人的高水平智能，也就无法真正实现和谐与自然的人机交互。当前的人工智能还是处于人类的严格控制之下的，根据程序设定在特定事件以特定顺序完成特定行为。情感型人工智能则被期待可以具有与人类相同的行为灵活性、决策自主性和思维创造力。未来情感计算技术的应用也将攻克这两个问题，使情感智能更好地造福人类。

对情感计算技术应用现状进行分析，除了能把握当下情感计算技术应用于公众生活的基本情况之外，还能够了解情感计算技术应用于前沿领域的发展潜力。例如，情感计算技术在人机对话系统、智能陪护系统、情感安抚系统等智慧服务领域，元宇宙、增强现实等虚拟现实领域，歌曲鉴赏、情感文本生成等科艺融合领域都有广阔的发展前景。

第二章 行业应用需求分析

近年来，情感计算技术日益发展，教育、健康、商业、工业、传媒、社会治理等行业对此类技术的需求也逐步显现。

2.1 教育培训应用需求分析

情感教育是指培养个人体验他人情感、控制和表达自身情感的能力。我国情感教育受社会、学校、家庭等诸因素影响，体现出了由显性教育向隐性教育过渡的鲜明特征。所谓显性教育，就是情感教育通过特定的课堂形式、课堂内容反映到教学过程之中；隐性教育，就是将情感教育淡化为不通过特定的课堂形式、课堂内容反映出来的教育。

意大利教育家维多里诺·达·费尔特雷（Vittorino da Feltre）首先指出情感对教学的意义。20 世纪，经过美国教育家约翰·杜威（John Dewey）、苏联教育家伊凡·安德烈耶维奇·凯洛夫（Иван Андреевич Каиров）和列·符·赞可夫（Занков Леонид Владимирович）的共同努力，"个性全面发展"已成为教育中的一大理论，他们强调教育不应该仅仅关注理性知识的普及，更应该关注对学员情感和表达情感能力的培养。至此，情感教育成为教育界研究的热点之一。

2.1.1 个人情感状态与学习效率

情感对于个体学习方面的作用，体现在个体思维层面上，主要影响个体对概念判断、事物分类、解题推理和知识点记忆。关于情感在认知中的作用，学者通过对不同智力水平、不同受教育阶段个体的实验研究，获得相同智力水平或者相同教育阶段个体在不同情感状态下学习认知效率的比较结果。结果验证了当智力水平和其他自身客观因素受到制约时，积极情感随情感强度的变化对学习效率有不同的积极影响，消极情感随强度的变化对学习效率有不同的消极影响。情感状态与情感强度相比，更易在使用者面部表情中具象体现，且更易为外界所辨识。有效地利用情感识别以及情感计算技术，有助于依据使用者情感状态调节课程内容与课程节奏，便于减少个人低效率学习时间，更好地帮助学员在高效率学习阶段学习认知难度较大的知识内容。

课堂走神作为个体在学习中负面注意状态的一种普遍具象表现，发生率极高，占小学教师课堂问题报告的94.4%和中学教师课堂问题报告的70%，居各种影响课堂学习效率问题的首位。这类注意力不集中的学习问题对个体来说影响相对较大，但在课堂上这一问题对整个课程进度的影响较小，而且出现得也较隐蔽，教师较难觉察，从而成为一个较严重的问题，影响学员的学习效率。个体注意状态可通过言语反馈和非言语反馈两种不同形式为教师所感知。言语反馈是指教师对与课程有关的问题进行提问，以评价学员注意力集中与否；非言语反馈是指教师通过观察个体学员姿势、表情、目光等外部视觉体态是否符合课程内容，判断其专注程度。如果学员上课时长时间注视一个地方，并且面无表情，两眼无神，出现眼球不旋转的情况，则这个学员有可能会陷入个体注意状态为负面的情况。因此，利用情感分析技术，教师能够在课程教学过程中及时发现个体学员注意状态从积极到消极的转变，及时提醒学员，并在多数人注意力呈消极状态下适当进行课程内容引导或暂时休息。

2.1.2 在线教育需求增长

第45次《中国互联网络发展状况统计报告》显示，截至2020年3月，我国在线教育用户规模达4.23亿人，较2018年底增长110.2%。受2020年新冠疫情的影响，线下教育遭受极为严重的冲击，移动端在线教育应用用户规模突飞猛进，步入了新的发展格局。但是，与激增的用户数不相称的却是低下的教学质量和学习效率。由于教学环境的不同，线上教育比较适合课余时间进行专业知识和专业技能的学习。众所周知，个性化的线上教育模式特征在于有助于改良教育质量和提高学习效率。但是，由于课余时间能够满足学员答疑的师资不足，加之网络和技术开发技术水平有限，导致线上课程的设计被迫变得简易和单调，从而不能针对学员个体认知和学习能力上的差异而实现因材施教。此外，因为大部分的线上教育都采用异步教育的模式，所以当学员注意状态发生改变时，教师无法及时关注。如果线上教育应用能运用情感分析和面部表情识别对这些改变进行及时捕获，就能够提醒学员注意状态的调整，从而促进学员学习效率的提高。

对线上教育来说，主要的交互就是终端与用户之间的一对一交互。因此，情感分析和判断工作都需要由终端来完成。人工智能、情感分析等技术的发展有助于机器对学员学习状态及个体差异进行识别，并由学员反馈信息，从而提供更加契合个人的学习内容及教学方式。这一特性有助于线上教育类应用推动用户体验及教学体验的完善。

2.2 生命健康应用需求分析

心理及生理状况均可影响对情感的了解、掌控。情感人工智能（Emotion AI）在医疗保健方面应用尚不广泛，在孤独症、双相情感障碍、抑郁症以及多种其他疾病的评估治疗已有初步应用。

2.2.1 孤独症情感干预

孤独症，是一种因神经系统失调而引起的广泛性发育障碍，核心症状是社会互动和交流困难、反复刻板行为、兴趣受限和感觉刺激过度敏感或敏感不足。2020年美国疾病控制与预防中心发布的数据显示，孤独症患病率上升了近10%，占美国儿童总数的1/54。2019年发布的《中国孤独症教育康复行业发展状况报告》显示，我国孤独症发病率达 0.7%，孤独症人群已突破千万人，0—14 岁孤独症儿童已突破 200 万人，并且正以每年接近 20 万人的速度增长。医学上孤独症的治疗原则一般以康复训练为主、药物为辅。

针对孤独症儿童康复训练时间长、医疗费用高的现状，研究人员开发出辅助治疗机器人。机器人辅助治疗为一种新兴治疗手段，是指在医疗、护理与康复等领域，利用对应机器人协助医护人员或者治疗师，实现治疗或康复目标的治疗方式，具有高重复性、高强度、任务导向和可量化等特点。因为儿童的情感识别及表达能力对其社交行为有直接的影响，所以情感障碍正是孤独症患者出现社交缺陷的重要因素之一。提高孤独症患者情感识别及表达能力，能够帮助其更好地融入社会。因此，将情感分析技术添加到机器人辅助治疗中，可以帮助患者提高情感识别和表达的能力，学习如何合理地调整自身情感、丰富情感体验，以提高社会适应力。

2.2.2 双相情感障碍与远程医疗

双相情感障碍是一类兼具躁狂发作和抑郁发作的常见精神障碍，以情感激动充沛与情感低落不规则反复交替出现为特征，是患病率较高、自杀率较高、复发率较高、疾病负担沉重的重性精神病之一，已被世界卫生组织排在全球中重度致残性疾病中的第 12 位，目前在全球人群中患病率达 4% 以上。该疾病引起焦虑、物质滥用及幻觉、妄想等精神病性症状，对生活质量造成了严重影响。对双相情感障碍的治疗以心理治疗与药物治疗联合应用为主，能提高患者依从性、防止疾病复发及自杀，同时也能增强患者社会功能、提高生活质量。由于传统心理治疗受时空限制强，而我国又严重缺乏专业的心理治疗师，患者得不到及时诊治，导致病耻感加重，且后续用药时患者服药依从性差，导致疾病容易复发。

远程医疗作为一种利用远程通信技术进行交互式信息传递和远距离医疗的现代医疗服务模式，在慢性病管理方面具有良好的效果。近年来，远程医疗已逐步运用于双相情感障碍等精神病的治疗。远程医疗服务主要是利用视频会议、可穿戴技术及情感分析，对精神病患者进行健康及情感监测、心理治疗、症状监测及疾病数据收集等。远程医疗所提供的医疗服务能克服传统精神病治疗措施存在的缺陷，并且因具有匿名性、可移动性强以及使用方便等优点，在增加医疗护理服务可及性的同时，减少了患者获取精神卫生服务的阻碍，保护了患者隐私，从而降低了患者病耻感，较好地满足了精神病患者对卫生服务的需求，也逐步被精神病患者所接受。

2.2.3　抑郁症检测

世界卫生组织 2019 年的统计报告显示，全球抑郁症患者已达 3.5 亿人。中国精神卫生调查显示，我国患抑郁症人数约有 9 500 万人，相当于平均每 14 个人中就有 1 人患抑郁症，是全球抑郁症患者最多的国家。临床医学研究表明，抑郁症以心境低落、兴趣丧失和精力缺乏为其核心表现。当这些基础症状出现时，将伴随认知与行为注意力分散、反应迟缓以及疲乏感等。抑郁症的早期识别和干预是保证人们得到必要身心照料和社会支持的一个重要组成部分。在传统研究中，研究人员通常都是采用测验或者精心设计调查问卷的方法对各种心理结构进行评估。随着微博、推特和脸书等社交媒体的发展，研究人员发现许多抑郁症患者会在抑郁阶段在社交平台上发布包含自己负面情感的推文。于是，基于情感分析与自然语言处理等技术的自动抑郁症检测系统应运而生。由于社交媒体数据由使用者自身产生且与使用者密切相关，通过社交媒体数据信息挖掘和情感分析，能够检测使用者日常喜怒哀乐等情绪和健康状况，从而进一步评估使用者的心理和生理健康，发现潜在疾病并进行早期干预。使用情感分析技术进行自然语言处理，可以对这一类文本进行加工和情感分类，使患者在疾病进一步加重前能够被及时发现。

将机器学习、情感分析等方法运用到生物医学领域中是一个新趋势。随着社会的发展，人们对健康的追求已经从仅仅满足“身体上没有疾病”，逐步向心理和精神健康上拓展。情感计算技术将与生命健康领域不断融合发展，有望被更广泛地应用于早期识别心理疾病，并在维护病患隐私、降低病耻感的前提下辅助疾病的初筛、干预与康复工作。

2.3 商业服务应用需求分析

中国互联网信息中心发布的第51次《中国互联网络发展状况统计报告》显示，截至2022年12月，我国网民规模达10.67亿人，网络购物用户规模达8.45亿人，手机网民规模达10.65亿人，网民使用手机上网的比例为99.8%。在这种消费背景之下，在线购物的消费者不仅是购买者，还是评论的制造者，甚至成为其他消费者的导购者。消费者在网络中对商品的评价通常蕴含着消费者在产品使用过程中的真实感受，体现了消费者心中的情感状态。企业通过技术手段对评论文本进行分析，可注意到消费者的关注点、情感倾向以及情感波动状况，并可以基于情感分析技术，在情感波动趋势的基础上与自身销售数据趋势进行比较，寻找内在联系，为产品改良、营销策略的制定等提供借鉴。

2.3.1 消费者情感与精准营销

消费者情感对其重购意愿有一定的影响，且不同应激事件（如因服务期间意外事故所引发并由消费者所表现出的负面情感等）也能让消费者产生不一样的感受。消费者对不同物品的不同认知还会导致消费者的情感差异，正面情感会驱使消费者再购买物品，负面情感会妨碍消费者再购买物品。因此，在营销过程中，正确识别消费者情感显得尤为重要。企业间竞争日趋激烈，用户是企业竞争过程的中心，怎样让企业产品和服务对用户更具有吸引力值得企业深思。了解消费者对产品的真实情感，把握住他们在产品使用过程中的情感起伏，才能找到情感起伏的主要影响因素，更加有针对性地改善营销策略。

2.3.2 智能情感客服

长期以来，人机对话都是自然语言处理领域一个重要的研究方向。近年来，随着人机交互技术的不断发展，对话系统也逐步向实际应用迈进。引入智能客服系统是为了解决目前传统客服模式依赖大量人工的问题。该系统可以将简单且回复单一的任务交由智能机器处理，而把更加复杂或具有特殊性的任务交给人工客服处理，从而节省人力，以达到在服务效率与服务质量两大维度上的全面升级。最近几年，很多大中型企业纷纷建立智能客服体系，如富士通 FRAPI、京东 JIMT、阿里巴巴 AliMe 等。建设智能客服系统需要以行业数据背景为支撑，以海量知识处理、自然语言理解能力为基础，以情感计算等相关技术为依托。当服务范围越来越广时，对智能情感客服系统类人能力的要求也越来越高。其中，情感能力是类人能力的一种重要表现，已在智能客服系统各维度场景下得到实际运用，并对系统类人能力的提升具有关键作用。

智能客服能否为大多数用户所接受，关键是有没有"人情味"。智能客服与消费者沟通不只是为了解决一个问题，更重要的是要能感知、了解消费者情感的变化并且产生情感共鸣。目前，由于智能客服系统存在许多技术难题，在网络词汇日益丰富、咨询问题多样化的情况下，能从多个角度进行思考并灵活应对的人工客服仍然是必不可少的。为此，一些学者提出了一些改善措施，将情感技术融入智能客服系统。当监控到消费者负面情感时，系统转接给人工客服以缓解其不满情感，提高服务满意度。

2.3.3 在金融服务中的顾客感知

顾客感知主要是指顾客在使用产品时的感受，反映了目前对交互式服务的需求。金融机构历来关注顾客感受，并通过长时间积累起的经验建立了比较完整的沟通体系。以建设银行为例，顾客感知与评价产品或服务的渠道主要有客户服务中心、官方网站留言、网银邮件、网上客服、网页层级反馈（指用于个人网上银行关键功能中关键网页进行链接的调查表来搜集顾客提问）、顾客满意度网上调查、顾客体验特别调查、可用性测试及官方微博留言等。这些渠道增强了金融机构对顾客的了解，使金融机构能够有针对性地改进产品或服务来满足顾客的需求，并持续提高顾客的体验。同时，金融机构通过搜集顾客对客服中心的咨询意见及社交平台上顾客的诉求甚至投诉，对顾客进行包括情感变化在内的全渠道感知，有助于企业更深入地理解顾客需求，从而对产品及流程设计进行调整，从中寻找商机。

互联网金融、移动金融等数字经济的迅速发展，情感计算、深度学习等技术的不断成熟，使收集顾客"感知"成为可能。拓宽沟通渠道、增强客户体验与黏性、快速获取客户反馈、迭代更新产品与服务质量也是商业服务行业需要抓紧时间完成的工作。利用情感计算技术在顾客感知上进一步获取商业价值或者提高服务效率及品质也成为学术界和商业界研究探索的方向。

2.4 工业制造应用需求分析

作为我国国民经济的支柱产业，工业制造是我国经济增长的主导和经济转型的基础。其中，产品设计作为工业制造领域备受关注的一大方面，对情感要素的融入尤其重要。一个优秀的产品既要达到消费端所需的基本实用性，又要不断融入新思想、新思维，让产品能够深入人心，使之具有情感性。这种情感性的设计就需要通过更多的设计语言和设计形态来缓解人们的生活和工作压力，满足个体对于精神世界的需求。尤其当一些产品在价格、功能等方面没有明显优势的情况下，凭借情感性的附加价值就能够寻得突破，赢取消费者的青睐。可见，工业制造中的情感元素是作为消费者处于物质世界中所具有的共同行为中的一个重要基因而存在的。它是消费者对产品能否符合其需求所形成的态度体验，体现了产品和消费者心智的交互联系。毫不避讳地讲，在如今物质文明异常丰富和竞争日趋白热化的时代，情感要素已经成了工业制造中重要且独特的元素。

工业制造中的情感交互是设计师通过产品传递给大众消费群体的高层次信息。人们一旦与产品建立起一定的情感联系，产品对于消费者的存在意义和价值也将变得更加丰富。另外，也有一些工业制造通过直接利用情感心智技术提高其功能的体验性，例如，在智能汽车和类人机器人的设计中加入情感元素使其“拟人化”。

2.4.1 汽车人机交互的应用

随着电子工业的快速发展，汽车在功能上获得空前提升，汽车市场也随着工业全球化发展竞争愈演愈烈。车内人机交互产品发展到今天，产品设计已基本满足用户的功能需求。人们在日益重视产品带来情感体验的同时，也对产品提出了多层次、多样化和个性化的要求，以人为中心的设计理念也在不断加强。人们在期望汽车能够舒适、安全运行的同时还能够满足精神需求。随着语音识别技术不断成熟，声音交互已经被广泛应用于汽车人机交互产品，为使用者提供了更好的用户体验。此外，通过监测生理信号来检测使用者是否处于疲劳驾驶状态、有无“路怒症”等情感，也是当前部分汽车品牌研发的焦点。

近年来，自动驾驶车辆通过对外界环境的实时感知、对内部成员的监控和智能化决策，降低交通事故发生率的特点已经成为汽车行业新的研究热点。鉴于未来一段时间内将出现传统人工驾驶车辆和自动驾驶车辆混行的情况，为了实现车辆安全、高效的运行，自动驾驶机制需要符合人的思维特点。例如，遇到危险情况，人的驾驶行为受道德、法律等因素的制约，会产生害怕、逃避等情感。因此，将情感因素加入自动驾驶系统能够更好地让自动驾驶车辆有类人思维并趋利避害。

2.4.2　可穿戴设备情感设计

可穿戴设备是以人作为载体，可以对信息进行感知、传输和加工，从而达到特定功能的计算设备。目前，可穿戴设备仍存在用户黏性较差等突出问题。情感化设计是可穿戴设备设计中最根本的要求之一，因为可穿戴设备的载体是人，它给人们的生活带来方便的同时更加注重与人的互动，它的本质特性和使用情景决定设计师在设计可穿戴设备时会不可避免地要考虑到人的心理特征、情感特征以及其他因素。客户购买的不只是物品本身，还有让人赏心悦目的形式、体验、自我认同等。

科技的革新、智能穿戴产品的推广、大众化趋势的发展等机会都说明智能穿戴设计仍有巨大的发展空间。例如，社会压力等问题引起的情感波动，促使人们对健康监护型智能穿戴产品产生需求。可穿戴式健康医疗产品属于可穿戴设备的范畴，它的功能在于变被动治疗为主动健康管理，可以实现节省医疗费用开支和保持健康状态。这不仅能够对用户进行长时间实时监测并获得具体准确诊断数据，还能有效查找病因从而达到疾病预防或者早期发现疾病的目的，最终有助于提高医生诊断效率和便捷高效地连续追踪患者的健康状况。

2.4.3 搭载情感分析技术的仿人机器人

多年来，我国一直是全球最大的机器人销售市场。国务院印发的《新一代人工智能发展规划》已经把智能机器人作为大力发展的人工智能新兴产业之一，并明确提出了构建智能机器人的标准体系和安全规范。智能机器人是指能够凭借对外部环境的自动感知和对周围环境的判断来独立行动的机械装置。仿人机器人作为智能机器人的一种形式，具有躯干、头和四肢，外观和动作与人类相似，大多应用于家庭或者办公室。仿人机器人是目前在国内外机器人研发中最为活跃的一个领域。因为仿人机器人的精密度和造价都很高，所以大多仿人机器人被应用在真正需要人类外形的人机交互任务和环境中，如卫生保健、医疗救助、幼儿陪伴、职场辅助、场馆引导等。

特殊的应用场景决定了仿人机器人需要能够与人类“共情”。对仿人机器人来说，拥有完整的人机交互能力是迈向社会的先决条件。但是，传统机器人对话系统通常都是以模板设计为基础，在对话领域存在很大的局限性，对话规则和回复内容都依赖于大量的人工设计。了解交互对象的情感是现代化人机交互必不可少的环节。美国传播学家艾伯特·梅拉比安（Albert Mehrabian）认为，在人类情感的表达上语言占据了较大的比例，而另一些语言则是通过人类表情和肢体动作表现出来的。使用情感分析技术可以识别出人的语音、面部表情、身体行为等所包含的丰富情感信息，从而有助于仿人机器人对人的情感进行了解。

产品设计需要结合产品和用户实际情况，尊重用户感受，重视情感化设计，把用户情感化体验列为设计最重要的考量因素之一，同时还要求在设计的过程中更多地考虑用户的情感需求，对用户进行不同层次的情感分析，充分考虑使用人群的生理需求和心理需求，体现出产品对人的关心和尊重，增强产品“人情味”，进而增强产品的市场竞争力。

2.5 文娱传媒应用需求分析

情感不但是表达情感和传播思想的一种重要手段，还是错综复杂的社会关系的一种表征。情感作为一种传播内容，既可由信息自身承载，又可由传播者的主观表达引起。除了人际间横向传染外，情感也有纵向累积，特别是负面情感。情感虽然是一种个体心理体验，但是经过传播和沟通，极易转化为社会群体所共有的心理特征。

2.5.1　新媒体互动视频

在信息传播技术快速发展的背景下，新媒体广告进入了新的阶段。区别于传统广告受众的被动接受，新媒体互动广告在消费者与商品之间建立了更为直接的交流渠道，针对商品特点营造出不同感官刺激与情感体验的情境，使广告方式从被动接受转变为积极参与。随着信息爆炸时代广告审美疲劳的出现，广告需要新的渠道来吸引公众的眼球，搭建与消费者沟通的新纽带。

新媒体互动广告的核心是通过观众参与广告的形式加深印象。在原互动广告中融合了人脸识别、眼球追踪等情感分析技术来监控用户情感变化状态，并对情感唤醒效度进行分析，从而针对具有不同情感的观众呈现不同的广告内容。通过用户和广告的情感互动完成广告信息植入，以此激发观众好奇心，让观众得到参与感和成就感，进而拉近与广告之间的距离。此外，有些电影也尝试运用情感技术来捕捉观众对视频画面、配乐、剧情等特定内容的情感变化，从而更好地抓住观众关注的焦点，帮助影片进行调整。

2.5.2　个人情感的社会化传播

情感传播的解构式文本为用户提供了低成本的技术方案。社会人群的表达欲望与传播冲动被充分宣泄，私域情感也被带入公众视野。对传播过程中信息交互与话语流进行控制，有助于疏导情感并使情感回归理性。有效引导可以促成情理交融、自我净化的“意见市场”；反之，谣言蔓延、负面社会情感充斥会引发或激化社会矛盾。

在社交媒体中，信息传播受情感传播的影响较大，特别是面对重大疫情、自然灾害等公共事件时。现有的情感传播调查大多是从心理学角度出发，采用传统问卷调查的方式，鲜有对社交媒体中情感状态的挖掘。现有危机事件的情感研究多以消极情感为主，如悲伤和焦虑，往往忽略对积极情感的分析。综上所述，目前以突发公共危机事件为研究对象的社交媒体情感传播研究较少，情感挖掘、情感计算技术将在社交媒体情感发掘、舆论引导等方面有着较大的应用前景。

2.5.3 舆情分析与企业管理

新媒体已经成为大众表达诉求的主要平台和载体，大众对社会热点事件的关注更为便捷，因此舆情信息容易被快速放大。同样，大众的情感和态度对企业热点事件等网络舆情的产生有显著影响，从而产生或扩大化舆情。全面、及时、准确地监控网络舆情信息，提升网络舆情管理能力是企业维护良好企业形象和口碑的重要手段之一。

多样化的信息来源易造成危机责任归属不清等问题，一般消费者很难了解事件的真相和全貌。与理性评价相比，情感具有自动性和更快的反应，激烈的情感甚至会使人拒绝理性思考。这也导致了在危机事件中消费者往往会在各方面信息尚未明朗之时就对企业进行舆论抨击。企业要增强危机应对能力，就必须把握消费者的普遍行为规律，利用内容为核心的主题网络舆情挖掘技术，确定某一时段内发生的与该企业形象和品牌相关的热点话题，再进行跟踪。一旦锁定了某个涉及该企业的舆情事件，就需要掌握舆情事件的舆论动向，借助舆情文本情感倾向性分析技术，理解网民对突发事件所持有的态度及立场，进而为应对策略的制定奠定基础。

2.5.4 灾害舆情管控

灾害事件对人民群众生命财产安全造成极大威胁。面对灾害，人们更容易产生恐慌情感，若得不到及时引导会导致群体情感极化，继而会引发次生网络舆情危机。在社交媒体中，对信息行为的研究验证了情感文本对生成信息行为和加快信息传播具有主要的诱导作用，灾害事件所具有的独特突发属性会使信息传播更易受情感影响。因此，认识灾害信息在社交媒体上的扩散规律，厘清灾害事件扩散和不同情感文本间的联系，适当干预灾害在社交媒体上的信息传播，是应急管理部门应该重视的课题。

社交媒体情感对信息行为的产生具有正向作用，通过发布相关正向情感的信息，合理引导公众情感，可以缓解灾害事件所带来的不利影响。另外，正面与高唤醒情感对内容整合属性转发行为的影响力较强，而负面与低唤醒情感对内容创造属性之分发与评论行为的影响力较强，且两种资讯行为对意见的收敛效果亦不相同。因此，可依据管理需要针对具体对应特性的资讯进行控制，调节灾害事件资讯内容的收敛与扩散速度。借助情感分析技术可以有效控制社交媒体上灾害信息的传播，从而保证灾害信息传播的良性平稳发展。

2.6　社会治理应用需求分析

情感计算可以应用于社会公共治理，如政府有关部门对社交媒体上社会情感的监测、医师对灾后群众的心理救援、刑侦审讯中的欺骗检测、重要场所的安防工作改进等应用情景。

2.6.1　公共危机事件后的心理救援

2008 年，我国第一次把重大自然灾害、事故和突发事件应急救援体系建设重点集中在心理救援和心理健康两个层次上，针对灾后的不同群体开展心理救援服务并建立心理救援技术标准。当前，我国已经初步构建了一个“政府引导，专业援助，社会参与”的心理救援体系。

目前，突发公共危机事件心理救援工作还面临心理障碍识别和监控难度大、心理健康服务资源匮乏、大众应激反应的心理疏导和干预力度亟待提高等问题。灾后应激反应在不同阶段、不同人群所需心理干预重点和内容都不同。突发公共危机事件引发的群体性需求仍呈现出人力资源不足、心理救援效率低、在危机爆发时难以及时进行心理监测与救援等问题。借助情感计算来识别患者情感、协助医生适时给予患者心理干预、健全心理救援体系的辅助心理救援机器人有望解决这一难题。辅助心理救援机器人的连续实时情感监测可以及时发现异常情感波动，将信息同步给对应医师，医师再对急性应激反应障碍患者进行识别，及时给予干预治疗和心理疏导，从而提升心理救援的工作效率，增强灾后人群的心理健康保障。

2.6.2 刑侦中的情感分析手段

检测言语的真实性在审讯调查和司法系统中起着重要作用，在这种情况下，成功地识别欺骗性信息和真相对维护法律体系的公正性至关重要。目前，测谎技术不仅可以应用于刑侦领域，而且对公共安全部门、国防军事部门的人员招聘，以及金融机构骗保客户的识别等有积极作用。被审讯者由于在说谎的同时又担心谎言会被揭穿，往往紧张、恐惧、慌乱等异常心理状态交织在一起，随之产生生理变化与情感波动。此外，被审讯者的脑海里留下的行为过程、环境接触、即时情感、视觉印象等印记，在审讯过程中再次被提及时会触动其记忆，引发情景重现而带来情感波动与生理异常反应，如心跳速度加快、汗腺分泌增加、呼吸变化、血压升高等。这些反应是不受人的主观意识控制的，人的感官无法察觉这些变化，但测谎仪器能够如实地把被测者的脉搏、皮肤电、呼吸、血压等生理参量的变化记录下来，作为判定被测者是否与特定的待调查的事实存在联系的重要科学依据。

犯罪风险评估，又称犯罪危险性评估，是通过某种技术手段来判断某一特定客体发生犯罪或者重新犯罪可能性的一种专门性方法。当前主流的犯罪风险评估工具，主要是形式上的统计精算评估与结构化的临床评估工具。结构化临床评估主要是暴力风险评估，要求有专业知识的心理医生和精神科医生进行操作并对评估过程及结果进行说明。结构化的临床评估工具具有不可避免的局限性，其表现为伴随精神障碍和暴力倾向的犯罪嫌疑人并不一定有发生暴力犯罪行为的高可能性。在情感计算技术的支持下，评估工具在某种程度上突破了传统评估工具所存在的局限性。以情感计算技术为核心研发的犯罪风险评估工具，主要靠摄像装置采集数据和靠计算机视觉技术分析处理数据。被评估者只需要站在摄像机面前数秒，计算机就能自动完成情感类型和情感异常程度计算，得到的评估结论能够实现动态跟踪和个体评估，从而解决传统评估工具难以处理的数据失真等问题。

2.6.3　智慧校园安防技术

智能技术进学校已经成为当前我国教育技术的一个发展热点。传统智慧校园在现代化信息技术、校园建设等方面虽然已达到深度整合和融合，但是在实质上并没有完全超越数字校园发展阶段。因此，传统智慧校园建设中的智慧化程度亟待提高。随着人工智能技术的发展，情感计算等新型智能技术的涌现，以及情境感知和自适应学习系统的研发，智慧校园面临全新变革的机遇，以往信息技术难以触及个体情感，情感计算的产生给校园人机环境中的情感感知带来更多的可能性。

例如，在传统监控技术中，人员长时间盯着监视屏幕容易导致视觉疲劳和危机处理反应能力下降。具备智能分析功能的系统可以减少监控人员的重复劳动，特别是对校园特殊区域（如变电箱、水域等）的全天候重点监控，而这用人工方式很难实现。以情感分析技术为核心的视频智能分析手段，可以不间断地监测关键区域内人员出入情况，并通过分析情感反应，可排查出可疑人员并预警。此外，通过面部识别、姿态分析等情感计算技术，智慧校园还可以对校外人员的校内行动轨迹实现精细化管控，为校园安全环境的创建提供技术保障。

第三章　教育培训行业应用及案例

当前人工智能与教育深度融合，赋予教学创新与教育变革前所未有的历史机遇。情感计算技术通过计算机系统识别、推理与表达人类情感，在促进感知与理解学习情感、增强情感交互、提升人机协同等方面，不断推动着教育培训领域的发展。随着情感计算技术的持续进步，智能教育将成为未来教育的主要形态之一。

3.1　学术研究概况

人类情感与认知加工紧密关联，对记忆、注意、思维等过程起着重要的调节作用，可以显著地影响学习结果。情感是提高学员学习能力的关键驱动因素之一，情感状态的准确识别有利于分析学员个体的特定反应和行为意图。此类社会行为学研究为情感计算技术服务于教育培训领域提供了理论依据。

随着人工智能等新兴信息技术的快速发展，各行各业的传统范式大多因为人工智能的兴起而受到不同程度的颠覆，教育领域同样如此。在教师与学员的交互过程中，学员的认知水平与其情感状态是密切相关的。因此，如何利用情感计算技术推进智能教育的发展，是目前教育行业最火热的议题之一，也是未来重要的发展方向。图 3-1 是 2000—2021 年间有关情感计算在教育领域的论文发表数量，可见学术界的关注度在逐年上涨，这也显示了情感计算在未来研究中的发展潜力。图 3-2 是来自发表论文数

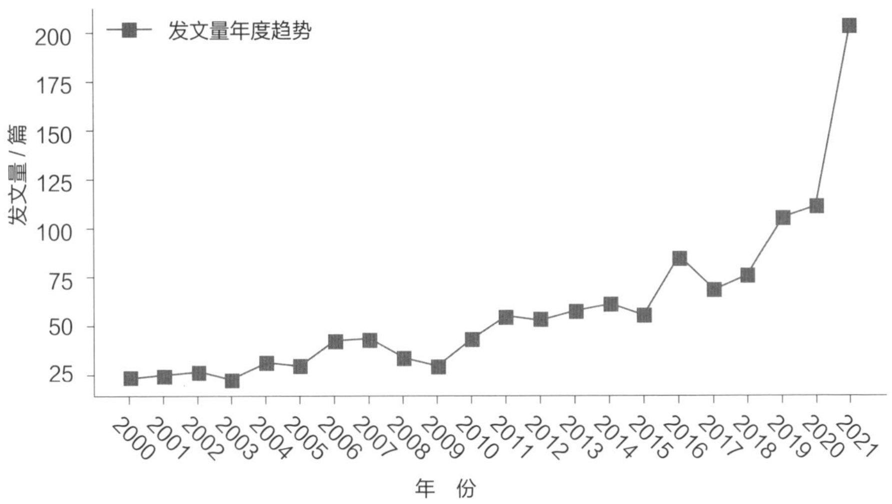

图 3-1 情感计算论文发表趋势
（资料来源：Springer 数据库）

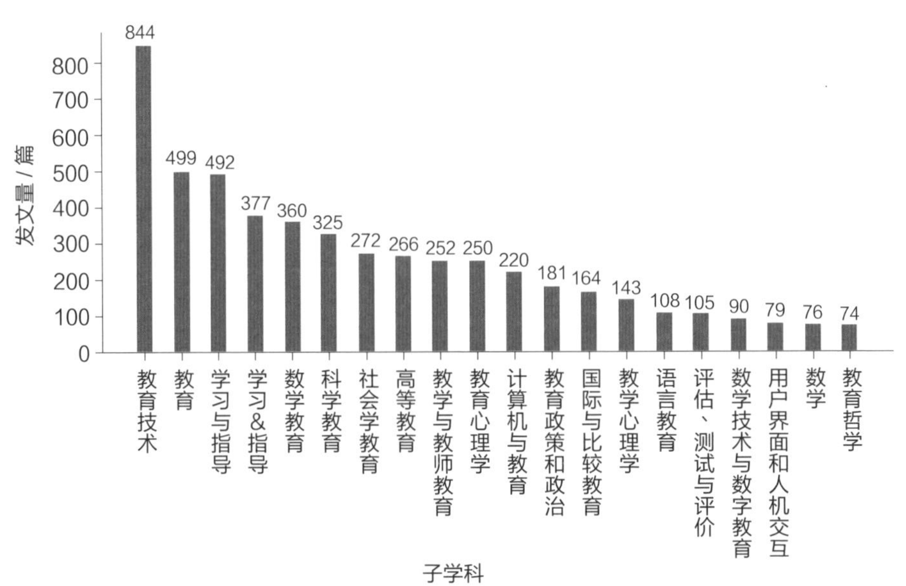

图 3-2 情感计算相关期刊论文子学科分布

量排名前20位的子学科分布，排名第一的子学科是教育技术（Education Technology），共有844篇相关文献。

3.1.1　国外研究概况

1971年，美国著名心理学家保罗・埃克曼（Paul Ekman）和另一位心理学家华莱士・弗里森（Wallace Friesen）首次提出了"面部表情评分方法（FAST）"的概念。通过观察和生物反馈，他们描绘了不同的脸部肌肉动作和不同表情的对应关系。1978年，两人又共同提出了"面部动作编码系统（FACS）"。他们根据人脸的解剖学特点，把面部分为额-眉区、眼-睑区、鼻颊-口唇区等3个部位，并分析了这些运动单元的运动特征及其所控制的主要区域以及与之相关的表情，并提供大量的照片说明。以照片为标本确定每一部位的肌肉运动变化，将愤怒、恐惧、厌恶、惊讶、喜悦和悲伤作为6种"基本情感"被引入。面部动作编码系统对人的表情进行了分类，这也是目前面部表情肌肉运动的权威参照标准。

OCC情感模型（Ortony-Clore-Collins）是认知心理学中经典的情感认知结构模型，是早期对人类情感研究提出的最完整的离散认知情感论模型之一，也是第一个以计算机实现为目的发展起来的模型，在情感计算建模中有着非常广泛的应用。OCC模型定义了22类基本情感种类的形成规则以及事件（Events）、智能体（Agents）、目标（Object）等3个层级，通过对事件、行为或目标进行分类，对受到影响的情感的强度进行量化，新产生情感与已存在情感相互作用，将情感状态映射到某种情感表达，对情感状态进行表达等5个步骤，实现从最初事件的分类到产生个性行为的完整系统。

在教育培训领域，对情感计算技术的研究主要通过应用维度模型来描述情感状态，维度模型考虑和描述了更为广泛的情感状态，更全面且便于利用。其中，影响最深远的是德国心理学教授赖因哈德・佩克伦（Reinhard Pekrun）提出的学业情感的控制价值理论（Control-Value Theory）。2002年，佩克伦首次提出了学业情感（Academic Emotions）的概念，随后大量研究证明学业情感是影响学业成就的一个重要因素。在对学业情感进行系统研究和理论思考的基础上，佩克伦先后提出了学业情感的认知与动机模型、社会与认知模型，分别用来解释学业情感是如何影响学业成就以及学业情感是如何产生的。2006 年，佩克伦在整合上述 2 个理论的基础上提出的控制价值理论是目前最为全面、系统的学业情感理论。

在近些年的应用型研究方面，随着情感计算技术的发展，研究人员能够实时地、客观地识别和测量学员在整个学习过程中的情感状态，从而能够理解情感、动机、学习表现之间的相互关系。部分研究者聚焦于情感计算技术的软硬件系统的开发。例如，美国加利福尼亚州立大学富尔顿分校的 3 位学者合作开发了一个基于混合生理信号传感器和面部识别内嵌软件开发工具包（Software Development Kit，SDK）的实时情感检测设备，并对 6 名受试者进行了实验，受试者在愤怒、悲伤、喜悦、中性等不同类别的情感中均显示出较高的准确率。俄罗斯萨拉托夫国立医科大学研究团队针对存在课堂学习障碍的学员群体，联合研制了一个基于安卓移动设备平台的学员情感识别子系统，教师能够根据系统输出的学员情感得知学员的课堂参与度，以提高教学质量。

情感特征与个体行为间的数据建模等相关研究也发展得较快。例如，美国纽约大学简·普拉斯（Jan Plass）及其研究团队检验了学员积极情感的影响因素及其在学习过程中的作用，并通过对学习材料的情感设计诱发受试者的积极情感，以达到提高其理解能力的目的。美国得克萨斯理工大学研究人员则在多媒体的学习环境下通过实验方式分析了情感、动机认知之间的相互关系。

情感的量化测度也是情感计算领域不容忽视的问题。2011 年，英国剑桥大学彼得·鲁宾逊（Peter Robinson）与 IBM 公司莎菲亚·阿夫扎尔（Shazia Afzal）在发表的论文中将非语言行为通道分为视觉、声音和生理。传统问卷、皮肤电导反应、面部表情、心跳、脑电图、肌电图等是教育领域研究人员常用的情感测量工具。一般来说，现有研究中情感计算的测量通道可分为文本通道、视觉通道、语音通道、生理通道和多模态通道等 5 种。每种通道采取的研究对象各不相同，教育领域的文本通道通常采用问卷调查或自我评述产生的语料。美国路易斯安那大学拉斐特分校的李满玉（Manyu Li）采用句子粒度级的文本分析方法，检测受试者学习过程中 5 个情感维度的注意力焦点。文本通道具有使用简单、识别度高、成本低廉的优点，但不同的调查对象存在文化和语言的差异，且实时性和准确度不足。视觉通道使用面部表情、头部姿势、身体手势、眼球活动等，信息量丰富，部署方便，但视觉对象不可避免地存在大量噪声且面临隐私问题。语音通道使用语音、韵律和语调，通过交互式方式来提供信息，准确度高，但在很大程度上局限于基于对话的学习系统。生理通道往往采用心电图、肌电图、脑电图以及呼吸频率、体温等生理信号，使用场景全面，但需要严格控制环境以及专门定制设备。多模态通道则是以上 4 种通道的任意集成，许多研究者认为，这种方法有助于克服个别通道的劣势，但这种方法也存在渠道整合、数据分类等方面的挑战。

国外情感计算在教育培训领域的实践研究较多，主题也相对丰富，主要归类为改进教学过程、助力智能教学系统、赋能教学评价、挖掘兴趣主题、辅助教育决策等 5 个方面。

（1）改进教学过程

在改进教学过程方面，运用情感分析既可以帮助教师理解学员的学习过程，也能实现学业预测、情感调节及相关资源的个性化推荐。例如，在大型开放式网络课程（MOOC，也称慕课）学习中，将情感分析技术用于提取课程评论的情感倾向，可以发现内容、教师、教学评价对学员课程学习的满意度有显著影响，这有助于改进在线课程的设计与开发。在学业预测层面，可以采用情感分析技术挖掘非结构化数据（如学员评论）中的隐含信息，能显著增强早期学业预测的准确度。美国得克萨斯理工大学邢万里、裴波与南卡罗来纳州立大学唐恒涛，通过将情感分析与控制价值理论结合预测学员的辍学情况。2014 年，美国得克萨斯农工大学李庄龙与中国西安交通大学冯天等在情感调节层面以识别在线学习情感状态为基础，结合学习情境与活动来构建情感调节策略库，进而帮助实现对学习情感的智能调节。近年来，依据情感信息推荐相关学习资源、通过多模态的情感计算方法收集中学课程的视听、录音等，用于改善学员的学习表现的研究逐渐增多。另外，利用机器学习技术对学员的面部表情进行识别，进而分析情感以研判情感的投入水平。这将帮助教师实时掌握课堂教学过程中学员的情感投入状态。

（2）助力智能教学系统

在助力智能教学系统方面，情感计算是助推智能教育发展与实践的有力工具，是集多学科、多技术的融合体。目前，许多研究正尝试将情感计算融入智能教学系统，以提升智能教学系统的交互性。例如，2016 年，希腊西阿提卡大学赫里斯托斯・特鲁萨斯（Christos Troussas）和比雷埃夫斯大学玛丽亚・维尔沃（Maria Virvou）等认为，将智能导师系统结合情感分析技术，可以挖掘学员社交网络数据的情感倾向，并依据情感进行个性化分组。2018 年，西班牙加泰罗尼亚奥伯塔大学玛尔塔・阿格达斯（Marta Arguedas）等在智能导师系统中融合模糊分类技术，开发情感教学导师系统，以实现对学习情感的实时监控与反馈。2014 年，西班牙马德里自治大学阿尔瓦罗・奥蒂戈萨（Alvaro Ortigosa）等构建的具备情感感知的智能导师系统，支持向有消极情感的学员推荐个性化活动来激发学习动机，避免消极情感的持续而影响学习。总之，情感计算可以帮助智能教学系统实现依据情感状态的个性化分组、监控、反馈与调节。另外，有研究者建立的情感辅导系统可以通过日常生活中不可或缺的移动设备进行学习，系统中的实时交互智能体可以帮助引导学员将消极情感转化为积极情感。还有的研究者提出了一种基于情感的电子学习框架，该框架使用模糊逻辑和表情符号表示 3 种情感，即兴奋、疲倦和悲伤，以准确检测学员在基于云端的电子学习环境中的情感状态。

（3）赋能教学评价

在赋能教学评价方面，情感计算对改进教学策略、提升教学质量具有重要的调控和导向作用。在教育智能化时代，很多研究已将情感分析作为一种可行的解决方案，用于分析和挖掘学员反馈的文本数据，实现对教学过程的综合评价。例如，运用情感分析技术挖掘学员的评论信息，建立情感分析模型，用来整体评估教师的教学质量，为改进教学策略提供依据，或在评教系统中将学员评教的情感数据与教师的其他数据（如人口学信息、教学行为数据）相结合，构建了综合的评估模型，来提高教师教学评价的综合性与准确性。

（4）挖掘兴趣主题

在挖掘兴趣主题方面，学习兴趣反映了学员的个体需求和学习动机，是促进个体信息加工、概念理解、问题解决的重要因素。应用情感分析的主题挖掘，通过提取课程评论中学员的兴趣主题，发现学员的积极情感和消极情感所体现主题的不同。此外，学期初和学期末阶段是情感表达的高峰期，利用情感分析技术结合时序特征进行内容话题分析，可以发现与教学内容相关的兴趣主题是引发学员困惑情感和消极情感的主要因素。可以说，借助情感分析技术对课程评论数据进行挖掘，一方面可以自动提取学员在课程学习中关注的内容话题，另一方面也能挖掘学员潜在的兴趣主题。2022 年，印度研究者斯内哈尔·拉蒂（Snehal Rathi）及其团队设计了一种基于松鼠搜索算法的深度长短期记忆（RiderSSA-based deep LSTM）用于预测情感状态，能够有效地预测情感状态，如困惑、参与、沮丧、愤怒、快乐、厌恶、无聊、惊讶等。该方法可以应用于基于情感预测的课程推荐系统。

（5）辅助教育决策

在辅助教育决策方面，以管理者和决策者的需求为目标，运用情感分析技术可以辅助相关机构进行精准、科学的教育决策。例如，2018 年，意大利萨勒诺大学奥兰多·特罗伊西（Orlando Troisi）等通过收集推特、脸书等社交媒体中大学生对所在院校的反馈，应用情感分析技术对文本大数据进行挖掘，将学员对大学评价的整体结果作为大学排名的补充评估，辅助考生根据兴趣进行择校。2021 年，俄罗斯圣彼得堡国立大学叶连娜·切列波夫斯卡娅（Elena Cherepovskaya）和安德烈·利亚明（Andrey Lyamin）开发了通过记录、分析眼球运动和注视轨迹的方法，满足电子化教育系统中基于各种培训材料所开展的对知识和技能习得水平进行评估的需求。此外，研究者基于上述注视轨迹和眼球运动数据的电子学习系统中的生物特征识别、学习成果验证和功能状态分析的方法，采用长短期记忆网络模型开发文本情感分析系统，实现对学员的开放性回答进行情感分析，以帮助管理者全面、准确地评选优秀教师。

3.1.2 国内研究概况

早在 2001 年，北京师范大学教育学系叶子和庞丽娟就系统地梳理了国外师生在互动过程中关于情感方面的权威观点，较早地将情感因素引入中国教育学范畴。随着计算机技术的发展，中国科学院心理研究所的傅小兰综合了国外的研究成果，首次将各国关于情感计算的方法及应用研究进行了总结和展望，填补了我国相关研究的空白。之后，情感计算逐渐得到教育领域学者的关注。

为了解国内学术研究的发展情况，通过利用中国知网数据库，从“情感计算”和“教育”的交叉领域对国内相关文献进行了检索。为了确保文献的学术权威性和学术影响力，选取了“北大核心”和“CSSCI”两大期刊类别，不设定检索时间范围，获得符合条件的文献数据共 221 条。从文献发表量的年度分布（图 3-3）可以看出，自 2003 年开始，情感计算研究逐渐萌芽，2012 年起至今，相关文献的发表数量持续增加，这也显示情感计算在教育培训领域的发展潜力。从主题分布（图 3-4）和学科分布（图 3-5）可以看出，除了“教育理论与教育管理”和“计算机软件和计算机应用”领域之外，“心理学”“精神病学”“成人教育与特殊教育”等领域显然在列。由图 3-6 可以看出，现有文献来源以师范类高校为主，其中北京师范大学、华中师范大学、华东师范大学分别以 24 篇、23 篇、21 篇位居前三。

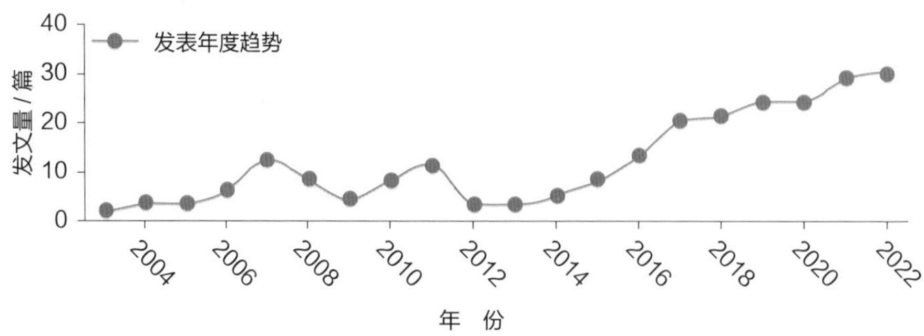

图 3-3　知网数据库“情感计算”和“教育”交叉领域论文年度发表趋势

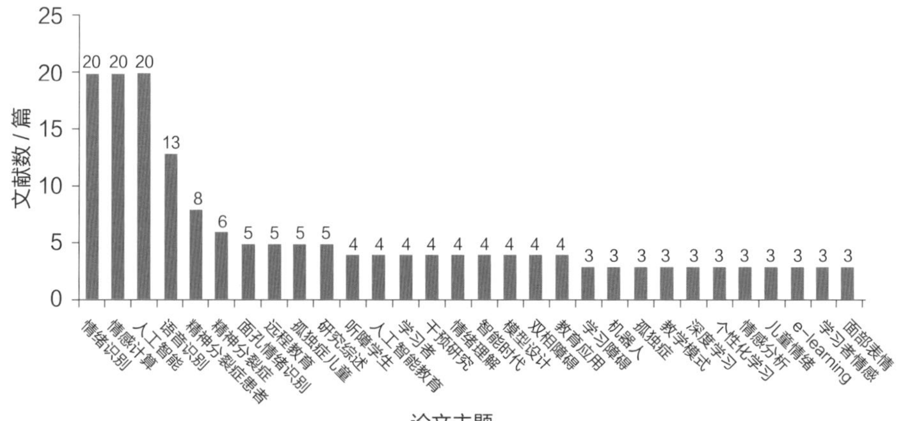

图 3-4 教育培训领域情感计算相关论文的主题分布

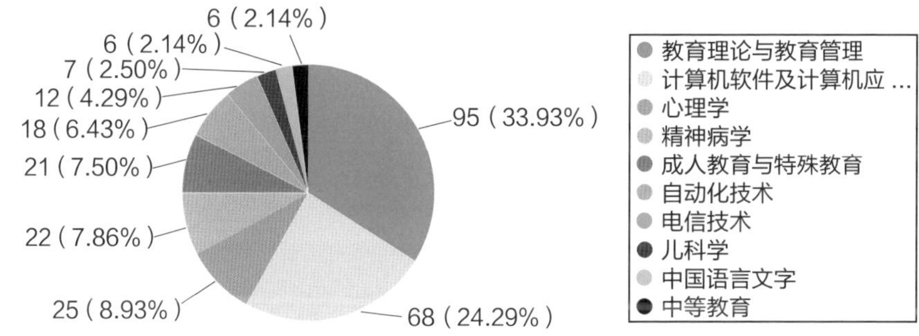

图 3-5 教育培训领域情感计算相关论文的学科分布

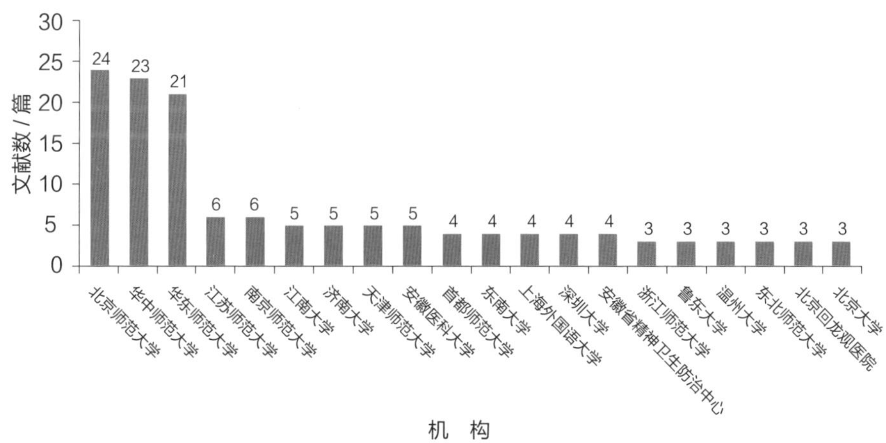

图 3-6 教育培训领域情感计算相关论文的机构分布

近年来，我国情感计算在教育培训领域中的研究逐渐增多，主题也更加丰富，本书从“学员建模”“情感计算模型”“远程学习”（E-Learning）等 3 个研究主题维度对相关研究进行梳理。

（1）学员建模

学员建模是国内情感计算与教育培训交叉领域的一大研究主题。学员建模是指，通过分析和挖掘学员在学习过程中的认知行为、情感表现等不同维度的特征，构建合理可解释的量化模型，揭示学业表现和学习行为之间的深层次关系，解释教育过程中的不同现象，服务于学员多样化的学习需求。

在理论定义层面，江南大学马志强和苏珊从 4 个方面对学员模型进行了界定与分类，具体包括知识模型、认知模型、情感模型和行为模型。中国人民大学董妍和俞国良通过文献分析和问卷调查的方法扩展了二维情感模型，将学业情感确定为积极高唤醒度、积极低唤醒、消极高唤醒、消极低唤醒等 4 个维度，并基于实验分析结果，设计了青少年学业情感问卷。首都师范大学王万森和龚文基于安德鲁·奥托尼（Andrew Ortony）等人开发的认知情感评价 OCC 模型，将 E-Learning 中的情感分成兴趣度、专注度、愉悦度等 3 个维度，以及兴趣和厌烦、振奋和疲乏、愉快和苦恼等 6 种情感。华南师范大学詹泽慧基于学员情感空间模型和学员三维学习状态模型，构建了唤醒维度、兴趣维度、愉快维度等 3 个维度的情感状态识别模型。上海师范大学汪碧云和杨新凯基于心理学的气质学说理论，将气质类型引入情感计算模块，实现根据学员不同的情感强度推荐学习不同难度的知识，使学习更加人性化。

在实证类研究层面，2003 年，浙江工商大学杭州商学院的项茂英指出，在语言教学过程中的知情分离现象，片面地强调语言学习中的认知因素，忽视了情感因素在其中的作用，提出将认知与情感统一的必要性。这也是较早的几篇采取实证调查方式，评估情感在课堂表现中作用的研究文献之一。经过在研究方法和研究对象上的不断探索和深化，后续研究在此领域不断拓展。杭州电子科技大学郭继东采用探索性因子分析和结构方程建模的方法，探讨在中国以英语为外语的教学和学习环境下，大学生英语学习情感投入的构成及其与学习成绩的关系。南京邮电大学杨立军和韩晓玲利用多层线性模型，将情感投入纳入学习投入的因子之一，分析情感投入对教育收获的影响，并发现情感投入严重不足是现在大学生学习投入不足的根本原因之一。上海财经大学姜博与上海对外经济贸易大学戴永辉等通过利用关联规则分析、语义定位-逐点互信息（SO-PMI）和深度学习人工神经网络（ANN-DL）方法，进行学员兴趣挖掘和情感识别，提出了基于学员兴趣和情感认知的情感教育框架。北京师范大学宗阳等基于 Moodle 平台案例课程，通过构建异步学习平台中远程学员学业情感分析模型，对学员论坛文本数据进行情感计算，探究远程学员在线学习行为与学业情感之间的关系。结果表明：学员的学业情感与作业成绩显著正相关，说明学员的学业情感会显著影响其学习效果；教师情感值与学员学业情感显著正相关，说明教师在论坛中的情感倾向会正向影响学员的学业情感；学员实时学业情感与创作性行为之间显著正相关。

学员模型对技能培训方面的影响也不可忽视。长春大学王魏等的研究检验了学习动机在接受技能培训的护理专业学员所承受的压力与消极情感之间的作用。结果显示，在护理技能训练中，学员所承受的压力与其学习动机和消极情感呈显著负相关。紧张、失控和对声誉发展的兴趣可预测其消极的学业情感。学习动机减少了压力对积极学业情感的损害。提高学员的学习动机可以减少学员所承受的压力，建立更加积极的情感，积极的情感对帮助学员提高护理技能等能力具有重要作用。

（2）情感计算模型

随着计算机技术的发展，自然语言处理、计算机视觉、语音语调、生理信号识别以及多模态分析等情感计算技术越来越多地应用于教育培训领域的人工智能模型。不同的学者基于不同的数据源进行学习数据的采集、加工和计算，在特定的场景下对学员进行评测。

通过自然语言处理，构建文本语料库是情感分析应用于教育培训领域常用的研究方法。武汉交通职业学院沈卫文和张舒平通过构建情感词典对文本进行分析，以高质量情感词典构建算法为研究对象，提出了一种基于函数优化的通用情感词典构建方法。改进后的方法极大地减少了传统的模块化方法的计算量，并将该系统应用于高校教学评估。郑州大学穆玲玲、李亚德和昝宏英构建了教学评价文本语料库，并提出了基于注意力和双向长短期记忆（BiLSTM）结合 BLASR（一种数据比对方法）的评价文本教学情感分类方法。标注者根据教育专家设计的规则手动标注文本，将这些文本分为 3 类，即正面、负面和中性。在该模型中，句子的句法关系被融合到双向长短期记忆中进行特征学习，通过注意层计算句子中不同单词的权重，由密集层完成教学评价文本的情感分类。实验结果表明，他们提出的句法关系在教学评价文本数据集上的分类准确率为 89.04%，优于基线，能满足高校教学评估的需要。首都师范大学李慧面向学习体验文本，在完善基础词典和情感词典的基础上，提出一种融合情感词典和机器学习的学员情感分析模型，能够实现对段落级、篇章级学习体验文本的多级情感分类，从而挖掘学员内隐的情感状态。该模型能够准确识别学习体验文本中的学员情感，不仅为学员多级情感分析提供新的研究思路，也为深入挖掘学习行为、改善在线教育的学情分析等提供了技术支撑。

相对于利用传统的单一数据源建模，许多学者认为多模态情感计算表现更优。华中师范大学周进、叶俊民和李超就提出多模态学习情感计算，通过采集多种异构数据，更有助于发现学习过程中真实的情感变化过程，帮助研究者与实践者理解复杂的学习行为。这是突破教育发展瓶颈与优化学习理论的重要途径。上海交通大学沈丽萍、谢博文和沈瑞敏提出一种基于多通道情感检测的非侵入式情感感知移动学习模型，以提供符合学员需求的学习服务，根据学员的状态调整学习系统，从而增强学员的学习体验。华中师范大学陈景英等开发了结合情感识别和干预以改善学员的学习体验的系统。该系统通过混合智能方法使用多模态信息来识别学员的情感状态，如头部姿势、眼睛注视跟踪、面部表情识别、生理信号处理和学习进度跟踪，基于所提出的情感学习模型融合所收集的多模态信息，提供在线干预。华东师范大学杨金朋等设计了面向在线协作学习的多模态情感识别框架，提出由数据采集、提取特征和情感模型匹配、情感识别、EC 公式计算、情感可视化和反馈组成的结合逻辑函数的多模态情感计算模型。通过收集和分析在线协作学习过程中的面部表情、语音、文本等数据，计算识别学员的情感，并将情感识别的结果可视化。

（3）远程学习

远程学习的本质是利用现代信息技术手段，通过信息技术与学科课程的有效整合来实现一种脱离面对面教学的学习环境和全新的、能充分体现学员主体作用的学习方式。近年来，基于情感计算的 E-Learning 教学模式系统设计的相关研究不断增加。远程教育平台的非及时性和教师与学员异地性特征，使得整套教学体系难以对学员进行学习过程中的情感分析，而学员的学习情感对学习效果有着很重要的作用。因此，有效识别学员的学习情绪和情感对提高远程学习的效果尤为重要。

华东师范大学杨金朋等通过人脸表情识别技术，对在线学习平台的学员在学习过程中的情感进行计算与可视化处理，帮助学员和学习平台实时掌握自己和学员的情感状态，这在一定程度上解决了在线学习过程中学员情感缺失的问题。天津师范大学马希荣、刘琳和桑婧在教学过程中采集学员的微笑、眉头紧锁、目光呆滞等细微表情及语音语调作为学员的情感反馈信号，捕捉和识别学员在学习过程中是否能理解教师的讲授内容并做出系统评价和个性化学习资料推荐，最终有效解决在远程学习过程中的情感交流贫乏问题。华东师范大学薛耀锋等针对这一情感缺失问题，建立了面向远程学习的多模态情感计算模型，通过对学员的面部表情、语音和文本数据进行情感测量与分析，实时记录与测量学员的学习情感并根据对学习情感的分析，给予学员恰当的学习反馈与学习干预。

近年来，通过不同的技术角度、不同领域的交叉研究对情感计算教学系统进行了不断优化。例如，首都师范大学杨先通等从媒介学习的认知情感理论、班杜拉的动机理论和探究社区模型的理论等视角，采用自我报告的测量方法，验证学员科学自我效能感和认知焦虑对科学参与的影响，为促进智能移动学习提供了进一步的证据，这有助于更深入地了解科学自我效能、认知焦虑和科学参与之间的关联。北京科技大学王晓伟和王志良在人工心理学和情感计算的基础上，建立了情感与行为姿态间的心理模型，根据学员行为姿态的变化判断其情感变化，完善了 E-Learning 系统中的辅助功能。华东师范大学潘祥林等在慕课中抓取了大量的学员评论文本，并使用深度学习算法（BERT 模型）对评论文本进行情感分类，探讨了在线学习环境中学业情感在不同方面维度上的变化。北京大学何云帆与南京师范大学王丽英、田俊华为克服单模态数据分析片面和多模态数据融合模糊等问题，全面感知和反馈在线学习过程状态，研究构建了一种在线学习行为多模态数据融合模型。该模型利用自动化操作行为事件监听、表情识别、生理特征监测等原理，从行为、情感、认知等 3 个维度同步融合时序数据，分层递进诊断评估和统计聚类分析，采用分布式物联网技术和开放式 Django Web 服务器部署技术，形成学习过程状态数据的自动采集、分析、融合、评估和反馈等多层体系结构，对在线学员具有较低的侵入性和干扰性。

随着研究的深入，除了解决在线教育过程中的学员情感缺失问题之外，还涌现出了利用情感分析模型进行课程评价、个性化课程推荐以及构建虚拟教师的情感表现等研究。中南大学从琦、刘树东构建了基于大型开放式网络课程评论的课程评价体系，从不同主题对课程进行量化。自动编码器和双长短期记忆神经网络文本分类模型可以计算每个主题评论的情感值。利用情感和不同主题课程的量化分数可以建立一个全面的课程评价体系，为学员和教育工作者提供了可靠的参考。华中师范大学彭文慧等介绍了智能机器人在网络学习中的应用，探讨了智能机器人的应用模式，特别是基于网络的视觉机器人技术及其在个性化智能信息检索中的应用，并提出了一种基于情感计算的网络学员学习行为跟踪模型。该模型提供了跟踪和捕捉学员行为数据的方法，并可根据学员的学习风格提供个性化的学习资源和服务。河南师范大学朱珂等在利用情感计算对学员情感进行识别、分类、分析的基础上，结合在真实环境中的教师特点，分析虚拟教师的情感表现，从面部表情、肢体姿势、声音、语言等 4 个方面设计虚拟教师行为表达模式，构建具有丰富情感表达的虚拟教师形象，并制定教学过程中的应用策略，从而能够与学员进行有效的情感交互。

3.2 应用发展情况

3.2.1 国外应用情况

随着新时期新形势的发展，在线教学日益扩展，情感计算在教育培训中的应用越来越广泛，全球情感计算主要被应用于以下几个方面。

（1）加强线上教学中的情景化因素

在欧洲，西班牙 IE 商学院推出的 WOW（Window on the World）ROOM 于 2018 年启用，这是欧洲首个未来虚拟教室，通过人工智能、实时仿真、大数据分析、交互式机器人、情感计算、全息图等资源，彻底改变了学员的学习体验。在一个由 48 个“U”形屏幕组成的房间里，实时地展示超过 150 个国家和地区的学员上课情况。通过学员用自己的设备所连接和上传的脸孔，情感识别系统可以判断学员的线上课堂状态。情感识别系统通过视觉情感计算，将脸部表情用作追踪学员情感的指示器，能够识别不同的反馈状态。基于此，教师可以及时了解学员的课堂反应，并做出相应的调整。此外，WOW ROOM 还可以衡量学员的注意力水平并记录他们的参与程度，为考核学员提供科学依据。

2019 年 9 月，法国巴黎商学院开始全面运用 Nestor 软件，利用人工智能和面部分析技术，判断学员上课时的注意力情况。Nestor 通过使用电脑网络摄像机，追踪学员的眼部运动和脸部表情，然后通过对所采集的资料进行分析来评价学员的课堂参与程度和专注度，以帮助教师改善教学风格，提升学员的专注程度，提高教学质量。Nestor 还可以记录并分析学员走神时可能错过的知识点，制定个性化测验，以此巩固教学成果。

在美国，不仅有麻省理工学院多媒体实验室所研究的教育领域情感计算项目，而且其他大学和公司也进行了大量的实践探索，研究出很多应用成果。SensorStar 实验室利用相机来捕捉学员的上课反应，并采用计算机视觉情感计算来分析学员的目光和表情。SensorStar 实验室开发的 EngageSense 软件可以通过测量微笑、皱眉及声音来计算每个学员的课堂参与度。通过使用 EngageSense 的仪表板，教师可以轻松分辨学员是思考还是发呆，是困惑还是无聊，是热情高涨还是兴致缺失。根据反馈报告，教师就能够以一种高效的方式满足更多学员的需求。孟菲斯大学教学研究小组开发的智能导师（Auto Tutor）主要用于网络学习。在学习过程中，智能导师利用自然语言引导学员进行会话，追踪学员的语音情感，向学员说明问题，给予学员反馈。实验表明，智能导师的应用可以提高学员的学习效率。升级版的 Meta Tutor 系统在智能导师的基础上加入对学员元认知的关注，进一步培养学员的自我调节学习能力。北卡罗来纳州立大学也开发了自己的智能导学软件，利用摄像头捕捉和分析学员的面部表情，以此改进在线课程的教学效果。

（2）完善智能教育中的学习投入评价

除了提升课堂教学质量之外，情感计算也被用于定制学员学习内容。美国斯坦福大学两名计算机科学教授创办的大型公开在线课程项目Coursera是一个网络教育平台，平台通过情感计算可以进行一对一的辅导，使学员学习表现产生“two-sigma”效应，也就是“掌握学习”方法和辅导环境中的“平均”学员比传统小组的“平均”学员会高出两个完整的标准差。此外，该平台还可以提供即时的评价、个性化的学习方法、额外的训练，以及可以及时调整的教学进度。

目前，虽然情感计算的应用多处于“识别-反馈”阶段，但是有少数团队正在追求更深层次的计算以及更高质量的反馈。例如，英特尔公司与电子学习初创公司Class Technologies建立了合作伙伴关系，开发了一个基于人工智能技术的软件解决方案，成功构建了“Class”软件产品。搭载“Class”的学习软件通过检测学员的情感状态，自动做出适当的回复。具备了解决个体问题能力的系统能使教师的教学、交流活动更加轻松，也推进了教学内容的个性化发展。

除了专门的智能导学系统外，可穿戴设备、情感智能体等产品也利用更广泛的场景提升教育培训的效率。比尔及梅琳达·盖茨基金会出资支持的传感器手镯（Sensor Bracelets）开发项目，致力于跟踪学员的学习参与度。手腕上的装置可以发出微弱的电流刺激神经，通过观察电荷的微小变化，可以检测学员对相关课程学习的热情程度。强脑科技（BrainCo）公司于2021年7月公布了新产品Focus专注力提升系统。其中，BrainCo头环是Focus专注力提升系统所佩戴的训练设备，读取前额脑电信号的准确率可以达到专业脑电检测仪器的95%以上。通过检测大脑活动来监测和量化学员的注意力水平，结合Focus World软件系统与脑神经反馈训练的方式，Focus专注力提升系统可以有效提升学员的专注力，也有助于匹配学员真正感兴趣的教学内容。

（3）提升特殊群体的情感感知

情感计算也常应用于特殊群体的情感感知提升训练。美国科罗拉多大学博德分校设计和开发的三维辅导教师机器人 Baldi，通过语音识别和情感识别技术，向学员展示如何理解语言，用于开发听力障碍儿童的语言能力。英国伦敦大学学院孤独症与教育研究中心开发的 Zeno 机器人，帮助孤独症儿童、正常儿童和教师三者之间进行沟通和互动。Zeno 机器人通过生成面部表情来表达自己的情感，鼓励孤独症儿童进行模仿，使其在人机交互过程中学会控制面部表情和情感。

总之，从教育场景来看，情感计算多用于在线教育、教学评价、提升课堂效率、特殊学员教育等方面；从表现形式来看，情感计算多以情感智能体、智能导学系统、可穿戴设备等形式进行应用和推广；从应用技术来看，智能导学系统和情感智能体大多应用的是视觉情感计算，可穿戴设备大多应用的是生理情感计算；从时间跨度来看，情感计算在教育培训方面的实际应用多集中于近 5 年；从全球布局来看，美国的实际应用总体领先。

3.2.2　国内应用情况

智慧教育领域是我国教育事业的重要分支，也是信息化建设的重要组成部分。自 2002 年教育部出台了全国首个以“教育信息化”命名的发展规划《教育信息化“十五”发展规划（纲要）》以来，我国就高度重视教育信息化及智慧教育的建设。根据联合国教育、科学及文化组织，信息技术应用于教育的过程分为起步、应用、融合、创新等 4 个阶段，我国智慧教育的发布也可以根据这一过程进行梳理与总结。从 2012 年教育部颁布《教育信息化十年发展规划（2011—2020 年）》开始，我国教育现代化从起步阶段走到应用阶段。2017 年，国务院发布的《新一代人工智能发展规划》明确提出，要“利用智能技术加快推动人才培养模式、教学方法改革，构建包含智能学习、交互式学习的新型教育体系”。2018 年，教育部颁布的《教育信息化 2.0 行动计划》提出智慧教育创新发展行动等八大行动，教育要与大数据、人工智能等技术融合，智慧教育进入融合阶段，这也是智慧教育首次进入国家层面制定的政策文件。2019 年，中共中央、国务院印发的《加快推进教育现代化实施方案（2018—2022 年）》和《中国教育现代化2035》提出，加快推进教育现代化的实施原则和总体目标，包括全面实现各级各类教育普及目标，全面构建现代化教育制度体系，教育总体实力和国际影响力大幅提升，并提出创新教育服务业态等观点，使教育现代化进入创新阶段。2021年，教育部等六部门印发的《关于推进教育新型基础设施建设构建高质量教育支撑体系的指导意见》提出，到2025年基本形成结构优化、集约高效、安全可靠的教育新型基础设施体系，并通过迭代升级、更新完善和持续建设，实现长期、全面的发展。关于国家层面智慧校园行业主要政策详见表3–1。

表3–1 国家层面智慧校园行业主要政策

颁布时间	颁布机构	政策名称	主要内容
2002年9月	教育部科学技术司	《教育信息化“十五”发展规划（纲要）》	到2010年，基本普及信息技术教育，提高全民信息化技术应用能力，信息化人才培养基本满足社会发展的需求等
2012年3月	教育部	《教育信息化十年发展规划（2011—2020年）》	建设智能化教学环境，提供优质数字教育资源和软件工具，利用信息技术开展多模式教学，鼓励发展性评价，探索建立以学员为中心的教学新模式，倡导网络校际协作学习，提高信息化教学水平
2017年1月	国务院	《国家教育事业发展“十三五”规划》	支持各级各类学校建设智慧校园，综合利用互联网、大数据、人工智能和虚拟现实技术探索未来教育教学新模式
2017年7月	国务院	《新一代人工智能发展规划》	利用智能技术加快推动人才培养模式、教学方法改革，构建包含智能学习、交互式学习的新型教育体系

（续表）

颁布时间	颁布机构	政策名称	主要内容
2018 年 4 月	教育部	《教育信息化 2.0 行动计划》	深入推进“三通两平台”；持续推动信息技术与教育深度融合；构建一体化的“互联网 + 教育”大平台
2019 年 2 月	国务院	《加快推进教育现代化实施方案（2018—2022 年）》	着力构建基于信息技术的新型教育教学模式、教育服务供给方式以及教育治理新模式。促进信息技术与教育教学深度融合，逐步实现信息化教与学应用师生全覆盖
2019 年 2 月	中共中央、国务院	《中国教育现代化 2035》	建设智能化校园，统筹建设一体化智能化教学、管理与服务平台。利用现代技术加快推动人才培养模式改革，实现规模化教育与个性化培养的有机结合
2021 年 7 月	教育部等六部门	《关于推进教育新型基础设施建设构建高质量教育支撑体系的指导意见》	支持有条件的学校利用信息技术升级教学设施、科研设施和公共设施，促进学校物理空间与网络空间一体化建设

科技赋能教育，在国家政策的大力支持下，教育领域人工智能化已成为重要的发展趋势。以下将从“线下课堂”“在线教育”“双师课堂”等 3 种不同的教学模式，阐述中国现阶段教育培训领域的情感计算应用情况。课堂是教师传授知识、学员学习的重要场所，而教学分析是优化学校教研方式、提高课堂教学实效的重要途径。但是，在传统教学中，学校教学管理人员对学员学习情况的检查多停留在作业和考试上，对教师的教学评价多停留在教案审核和例行教学观摩上，教研工作缺乏客观的多维数据作为参考。这也导致教学管理人员无法全面获悉整体教学情况，教师无法

及时掌握所有学员的课堂参与度情况，影响教学效率和管理水平的提升。

（1）线下课堂

在互联网环境下，教育模式多为混合型，即线上和线下相结合。人工智能技术在线下课堂的应用也具有重要价值，如提高学校教学评估的精细化、辅助教师进行教学设计、为学员提供个性化的学习指导等。

2018 年 5 月，浙江省杭州第十一中学承办的“未来智慧校园的探索与实践”研讨活动，公开展示了该校联合海康威视公司研发的全国首个智慧课堂行为管理系统。这套智慧课堂行为管理系统有 3 个组合摄像头，使用“慧眼”摄像头捕捉学员的面部表情和动作，统计分析课堂上学员的行为、表情等，及时反馈异常行为，还可以实现超快速无感刷脸考勤。该系统每隔 30 秒会扫描一次，可以识别 7 种情感（恐惧、快乐、厌恶、悲伤、惊讶、愤怒和中性）和 6 种行为（读、写、听、站、举手、趴在桌子上）。上课时，当学员呈现出不同状态与不同表情时，系统可以很快识别学员的情感与状态，并在大屏幕上显示认真听课和开小差同学的数量。如果有学员的不专注行为达到一定值，系统就会在屏幕上显示和提醒，任课教师可以根据这个提醒对学员进行教育管理。系统还可以将学员课堂行为和教师的教学情况进行匹配，用课堂行为数据来指导教师的教学行为。

智能教学辅助产品 EduBrain 教学分析系统是由北京清帆科技有限公司研发的，主要采集学员上课时的面部表情和语音，进行情感分析，从而了解学员在上课时的情感状况，判断学员对学习内容的理解记忆状况和对教师教学的好感度，并在课后 1 小时生成情感分析、发言分析、活跃分析、考勤分析等可视化报告，使教师能够高效、充分地掌握授课情况，根据分析数据调整教学方式、风格和进度，从而达到个性化教学的目的。2019 年 1 月，EduBrain 教学分析系统在河北省石家庄市第一中学（全国第一个全 AI 驱动型高中）全校实现应用。目前，EduBrain 教学分析系统已经被部署在全国多家学校和教育机构，帮助学校和教师细致、全面地了解学员的课堂情感反馈。

与海外应用情况不同的是，目前情感计算在我国课堂教育中的应用大部分聚焦于基础教育阶段，助力中小学数字校园建设。这也凸显了我国教育体系中重视基础教育的鲜明特征。

（2）在线教育

2020年，新型冠状病毒感染期间，我国智慧教育模式经受了一次大考。在“停课不停学”政策驱动下，大规模在线教育的开展体现了我国教育信息化与智能化的底层潜力。应用情感计算的在线教学通过感知、识别和理解学员的情感，做出智能、灵敏和友好的反应，支持教师及在线学员进行富有情感的交互，可以有效地解决师生情感交流和人机双向交互不足的难题，对提高学员学习体验具有显著的效果。

例如，香港理工大学计算机学院于2017年研发的“情感鼠标”（Emotion Mouse）是一种接入在线教学的情感交互系统，它通过检测在线学员的皮肤电反应、脉搏、体温等信息来推断学员的情感变化。当学员在学习或练习中出现萎靡不振的情感时，“情感鼠标”就会发出提示，并及时播放舒缓的轻音乐，便于调整学员的学习状态。

课后情感的反馈、跟踪与课堂教育有着同等重要的地位。随着人工智能技术的发展，文本情感计算逐步走向成熟，可以广泛地应用于大规模开放式在线课程等在线教育的多种文本交互区域的情感分析，如讨论区、调查反馈、聊天室、BBS等，可以用于事后分析学员在学习活动和过程中的情感变化，因材施教，实施个性化教学，在减少教师和助教的大量宝贵时间和精力的同时，提高在线教育的教学效率和教学效果。例如，北京大学贾积有与北京弗圣威尔科技有限公司的杨柏洁设计并开发出了一个基于汉语文本的情感计算系统“小菲”。“小菲”依照埃克曼心理模型将情感分为6种类别：气愤、厌恶、恐惧、愉悦、悲伤和惊讶。“小菲”拥有32 879条情感词语的情感词典《小菲词典》，每条词语标注了6种情感极性和相应的情感强度。“小菲”建构了词语、短语、句子等3个级别的情感计算模型，可以判别情感极性和计算情感强度。“小菲”可以处理慕课产生的几百条调查问卷反馈数据，计算查准率和召回率的加权几何平均值为88.7%。文本分析正确率与人工标注的结果相差不大，速度却提升不少。“小菲”可以用于慕课等在线学习产生的大规模交互文本的自动情感识别，具有较好的应用前景。

（3）双师课堂

除了应用于传统线上与线下课堂教育之外，情感计算也被用于完善教学模式多样性的实践。2018 年 9 月 5 日，首个“互联网 + 教育”的 AI 双师课堂教室在四川省雅安市落成，这一双师课堂是由新东方提供技术和设备支持打造而成的。一名线上主讲教师和一名线下助教教师形成的双师课堂模式在很大程度上缓解了地域差异带来的教师资源不平等问题，相比纯线上学习，双师课堂的学习氛围更加浓厚。新东方推出的 AI 双师课堂可以通过“基于情感识别和学员专注度的慧眼系统”对每个学员的面部进行情感识别，除了可以识别学员是否认真听讲之外，还可以辨别出高兴、悲哀、惊讶、正常、愤怒等情感。教师可以根据学员的情感表现，掌握学员对于课程内容的真实反馈，以对教学内容做进一步精炼与提升。利用情感计算，AI 双师课堂弥补了普通双师课程反应不及时的短板。

此外，情感智能体也是情感计算应用于教育领域的一大类型。随着模式识别技术的不断发展，情感智能体已从过去的面部表情识别发展到了多模态情感计算，通过语音、视觉、文本等多维数据的识别和分析，判断学员的情感状态。其中，智能教育机器人作为辅助人机协作教学交互模式的有力工具，在基础教育阶段有着优化教学方式的应用潜力与前景，这引发了学术界与工业界的大量研究与实践探索。北京师范大学未来教育高精尖创新中心研发的“智慧学伴”机器人主要是通过采集学员的学习行为和动作等全学习过程数据，利用自然语言处理、情感识别等人工智能技术，判断学员的学习专注度，构建情感计算引擎，实现教育机器人对学员学习情感状态的准确感知和识别。“智慧学伴”机器人会对学员的学习状态进行精准分析及可视化展示，通过个性化推荐与激励机制，为学员提供高质量的学习资源，以激发学员内在学习动机并最终提高学习效果。该机器人可直接应用于包括家庭在内的多种学习环境，对学员学习兴趣及学习效果有显著的促进作用。

在教育情境的多样化以及教育环境的多变化影响下，情感计算的应用形式呈现出丰富性。但是，在我国教育培训领域，情感计算的应用水平尚处于发展起步阶段。

3.3　典型案例

3.3.1　案例 1：Zeno 机器人

（1）孤独症儿童的个性化教育需求

孤独症谱系障碍（Autism Spectrum Disorder，ASD）是根据典型孤独症的核心症状进行扩展定义的广泛意义上的孤独症，既包括了典型孤独症，也包括了不典型孤独症，还包括了孤独症边缘、孤独症疑似、孤独症倾向、发育迟缓等症状。孤独症谱系障碍是广泛意义上的孤独症，因此后文只笼统地使用“孤独症”这一概念。

英国约有 70 万人患有孤独症，每 100 人中有 1 人患有孤独症。美国约 88 人中有 1 人患有孤独症。欧盟有超过 500 万孤独症患者，包括他们的家人在内，孤独症会影响超过 2 000 万欧洲人的生活。

孤独症是一种影响社会互动、交流、兴趣和行为的疾病，它影响了一个人沟通、理解和与他人交往的方式，孤独症患者在社会性和交流能力方面都有比较明显的缺陷，通常理解与使用口头语言和非口头语言都有一定的障碍，难以与他人进行沟通交流，也很难像其他人一般处理周遭的事情。因此，孤独症患者亟待获得正确的干预与治疗。

个性化学习对孤独症患者来说尤为重要。对孤独症儿童的专业教学侧重于帮助他们轻松地理解与表达情感。但是，为孤独症学员设计个性化的教学内容，远远不是依据他们的个人喜好那么简单，还有很多挑战。

一是交流困难。沟通障碍是孤独症的核心，与患有孤独症的人尤其是儿童交流是非常困难的。多数孤独症儿童有语言发育迟缓或障碍，或虽然有语言能力但语言显得混乱、缺乏交流意义，甚至随着年龄的增长会完全丧失语言能力。

二是需要教师的耐心。教导孩子需要不断地重复相同的内容，教导孤独症儿童更是如此，而且难度更大。教师要关注每个学员，管理整个班级，有时难免会失去耐心而影响教学，这对特殊教育工作者的耐心是极大的考验。

三是缺乏反馈。要了解孤独症儿童的想法是很困难的。因为他们不主动表达自己的想法，所以很难搞清楚他们是否理解你所教的内容，也就很难明白背后的原因。

四是经济负担重。特殊教育学校试图通过实行小班化教学来实现个性化教学，但这也意味着教育费用的增加。

因此，研究人员开始探索人工智能在孤独症诊断与康复治疗领域的应用，探索面向孤独症儿童的高效教学方式。人工智能可以使用更为有效的交流方式（如手势）来与学员交流，避免目光接触和肢体接触，避免学员出现不自在的情况。人工智能可以不厌其烦地无限重复教学内容，直到确认学员已经理解。人工智能可以从更多的行为、表情等数据，实时掌握学员的情感与学习过程，形象、直观地了解学员的学习情况。使用人工智能技术可以很好地缩小由于经济差异造成的教学资源不均衡问题，能够以更低的成本满足更多特殊学员的学习需求。

研究表明，最好的治疗方法是早期和专门的基于行为的疗法，帮助孤独症患者发展技能以应对他们面临的个人挑战。与人工智能应用程序相比，智能机器人类人的外形能够对孤独症儿童起到更好的引导与教学作用。

（2）Zeno 机器人应用于儿童孤独症治疗

孤独症以多种方式影响儿童，尤其是他们的沟通和互动技巧：他们可能难以识别和理解人们的行为以及表达自己的情感。传统上，情感识别等基础技能是成年人面对面教授的。Zeno 机器人就是这样一种使用人工智能的社交要求较低且娱乐性更强的选择。

① Zeno 机器人概况

Zeno 机器人是由美国 Robokind 公司开发的一种智能机器人，目前是商业上最具表现力的人形机器人之一。在为期 4 年的 DE-ENIGMA 项目中，Zeno 机器人以其良好的情感交互表现而被选择作为主要的研究工具，用来通过可预测的明显偏好来调动孤独症儿童的学习情感。Zeno 机器人可以帮助患有额外智力障碍或口语交流受限的学龄孤独症儿童表达情感。它能够处理儿童的动作、发声和面部表情，以自适应地呈现与情感相关的活动，并参与反馈、支持和游戏。

研究表明，针对性的干预措施能够帮助孤独症儿童应对社交互动中可能面临的挑战。结合音频和视觉技术、面部识别、情感计算等多种智能技术，机器人可以监测孩子的声音和行为并提供反馈。通过这些技术，Zeno机器人能够在一定程度上自发地与孩子互动，提供一个更加良好的教学环境。例如，孩子在犯错后往往会呈现“我不能那样做”或是“这样做的意义何在”等心态，而Zeno机器人会在孩子犯错后适当地激发孩子的积极性，使其能更好地解释自我推理并显示出较好的学习心态。

在DE-ENIGMA项目时期，Zeno机器人并不像现在一样成熟，而是经历了几个设计阶段才变得更加智能。第一个原型采用整体方法在类似故事的环境中进行情感教学、识别、生产和再生产。情感面部表情在照片、示意图和现场演示版本中，以结构化的步骤作为全脸引入。该程序同时呈现大量信息，并且严重依赖口头语言进行指示和反馈。在对塞尔维亚和英国的128名儿童进行的评估中，Zeno机器人在目标群体中非常受欢迎。但是，原型的内容对一些孩子来说难以理解。2018年，为了让DE-ENIGMA团队开发的技术系统所带来的交互对儿童用户来说更加直观，研究人员针对第二个原型，添加了一个平板电脑作为扩展系统为与机器人通信和访问活动内容提供了额外的手段，并基于在孤独症研究文献中关于面部处理和情感技能获得的主要发现，情感内容被大幅重新设计为简短的、类似游戏的活动和概念。原型2的活动主要围绕两个主题：探索机器人的面部特征（即眉毛、眼睛和嘴巴）和探索情感面部表情，由Zeno机器人进行演示。一些自主的机器人行为是根据观察到的情况产生的消息进行整合的。DE-ENIGMA团队继续完善内容、平板电脑界面和儿童机器人交互，并针对儿童进行了5次可用性研究。

在项目的最后阶段，原型2活动进一步细化为原型3A。该原型吸引并可供具有广泛子类型的孤独症儿童使用，为儿童提供了一种与Zeno机器人互动的结构化方式，为机器人辅助干预在促进儿童情感处理技能方面具有有效性的说法提供支撑。机器人作为编程设备，被认为相对容易让孤独症儿童理解和互动，从而减少社交和认知需求。

研究团队表示，“看到Zero机器人使用我们的技术参与到孤独症儿童生活中令人惊喜。孩子们非常喜欢机器人，看到机器人时他们的眼睛真的会发光。例如，有一对父母反馈说，他们6岁患有轻度孤独症的孩子在表达对再次见到 Zero 机器人的期待时第一次开口说话。这真是令人惊喜的消息。”

② DE-ENIGMA 项目

DE-ENIGMA 项目是欧洲最大的孤独症辅助技术研究项目之一，它由欧盟资助，开始于 2016 年 2 月，于 2019 年 11 月结束。DE-ENIGMA 联盟包括英国帝国理工学院在内的 5 所欧洲大学研究部门、孤独症慈善机构以及涉及机器人技术的中小企业，汇集了泛欧洲的专业知识来开发辅助孤独症教学与治疗的智能人形机器人。该项目开发的关键目标之一是检验可预测的机器人行为是否会对儿童的互动产生积极影响。为此，Zeno 机器人展现出了作为孤独症教育前沿工具的潜力。Zeno 机器人将重点专注于情感计算的应用。情感的识别是一个关键的社交领域，往往也是孤独症儿童天然缺失的部分。研究人员通过情感计算等深度学习算法来检测并解释孩子的发声、表情、行为，通过交互式的机器人行为来适应孩子的表现与学习阶段，并通过游戏引擎来帮助孩子完成学习步骤。

DE-ENIGMA 项目所开发的技术系统以实现稳健、上下文敏感、多模式和自然的人机交互（HRI）为宗旨，并用以自动检测和推理孩子们在教学计划期间的情感状态，以及他们对活动的兴趣程度。该技术系统将声音、面部和身体姿势提示与深度学习方法相结合，以在目标人群中创建稳健且可通用的模型。此外，团队还利用相同的技术为教育工作者创建一种新颖的报告工具，用于记录治疗期间观察到的各种儿童行为。该技术系统利用了基于卷积和循环神经网络的最先进的人工智能，以及迁移学习和不断发展的神经网络结构，与孤独症儿童进行适应性互动。目标是让机器人根据在儿童行为中观察到的线索做出适当的反应，如通过准确分析儿童的手势、语调和他们的面部表情等行为标记。英国帝国理工学院的马佳 · 潘迪克（Maja Pantic）教授认为，孤独症儿童和机器人之间的这种互动，机器人可以“看到”和“听到”孩子并识别他们的表情，这是同类研究中的第一个。之前的一项研究对机器人进行了编程，可以向孤独症儿童发出独白，作为一种教他们感受的方法，但该技术不允许任何基于传感器的自发交互，缺乏现实性。团队相信，自发的互动可以让孤独症儿童的学习变得更有趣、更轻松。

在项目期内，部署了 DE-ENIGMA 系统的 Zeno 机器人经历了连续的设计阶段，随着研究人员从儿童和学校的经验中汲取经验，每次都在不断发展。自 2016 年开始，该项目已经从使用具有明确步骤的高度结构化的活动发展为更类似于游戏的互动方式，让孩子们有更多机会按照自己的节奏探索情感内容并选择与 Zeno 机器人互动的方式。这种主要是针对额外智力障碍或口语交流受限的小学适龄孤独症儿童的互动。研究人员可以观察孤独症儿童如何与 Zeno 机器人的不同功能元素互动，以及不同的机器人特征如何影响这些孩子。

此前，并无利用机器人与儿童进行实时交流的研究，该项目被认为是业界首例。自发性让每个孩子的学习过程充满乐趣和令人兴奋，研究团队相信这对有效教学至关重要。DE-ENIGMA 团队希望，能够向英国全国的特殊教育学校提供机器人，帮助孤独症儿童学习主要社交技能。研究人员也希望自己的工作以及工作中所收集的数据能够为欧洲其他国家的工作提供指导。Robokind 公司也相信，Zeno 机器人会在孤独症治疗中发挥重要作用。在 Robokind 公司的总部美国达拉斯，Robokind 公司也一直与达拉斯孤独症治疗中心合作，以求通过 Zeno 机器人帮助更多的孤独症儿童更好地生活。

③ Zeno 机器人应用

2019 年，英国伦敦一所特殊教育学校的一项研究旨在研究机器人是否能够预测性地影响儿童行为，并由此推动开发出有效的人机交互体验。同时，DE-ENIGMA 团队评估了一项新功能，该功能可以根据系统感知模块自动检测到的行为，为孤独症教育者自动生成关于学员在与 Zeno 机器人会话期间如何互动的报告。教育者对报告的感知准确性和对教育实践的有用性进行评分。两项研究正在进行中。

为了展示机器人的综合技术能力，最终的原型具有多模态解释 / 推理功能，并提供自动检测功能让机器人评估儿童的进步水平。该原型展示了机器人如何通过学习来适应儿童心智反应模式，并提供所检测到的儿童在表情、唤醒、投入和行为等方面的反馈信息。

与此同时，DE-ENIGMA 团队在迭代 Zeno 机器人的过程中还开发了一个孤独症儿童在测试交互过程中，由多个音频、视频和深度记录设备记录的数据集。它包括 13 TB 的多模式数据，代表 121 名儿童共计 152 小时的互动。此外，有 49 个儿童的数据已被专家标记为以下特征：面部映射坐标（可以识别笑脸和皱眉等面部表情）；儿童情感效价和唤醒水平的持续价值；存在语音和声音噪声（如说话的人、笑声或哭声等声音线索）；不同的身体姿势和孩子头部的角度和旋转（软件可以估计孩子是否仍然关注机器人或不再感兴趣）。

迄今为止，这是第一个公开的孤独症儿童行为多模式数据库。分析的注释数据是可用于行为和机器学习研究的现成标记的训练数据。因此，该数据集将允许更广泛的科学界研究孤独症儿童的行为，以改进当前的识别软件，从而更好地自动识别神经多样性人群的身体特征。这是朝着改善神经多样性儿童技术迈出的一步。

3.3.2 案例 2：WOW Room

（1）西班牙 IE 商学院的教学创新

2001 年，西班牙 IE 商学院在欧洲开创性地提出发展在线教学，并在 2002 年推出了电子学习单元 IE Learning Net。从此，每年超过 3 000 名本科生和研究生参加在线学习，并作为他们混合学习的一部分，1 万多名学员通过混合学习方式受益。IE 商学院是西班牙第一所在在线教育世界领先者 Coursera 上开设慕课的学院。2016 年，西班牙 IE 商学院启用了 WOW Room，创建了欧洲首个未来虚拟教室，将人工智能、实时模拟、大数据应用、机器人教学、全息图谱等技术应用于教学。其宗旨就是通过科技改变学员的学习体验。

2018 年至 2023 年，西班牙 IE 商学院专注于推动所有本科生及硕士研究生的教学技术创新，以彻底变革学员的学习体验。前院长马丁 · 勃姆（Martin Boehm）表示，西班牙 IE 商学院在过去 15 年里用于教学应用创新项目的投资超过了 2 500 万欧元，而未来 5 年内的投资将会翻倍，投资额将达到 5 000 万欧元，这笔投资将用于科技渗透教学的计划。西班牙 IE 商学院还宣布，2023 年所有教师将使用 WOW Room 上课，还将得到人工智能、区块链、编码、金融技术等领域的相关训练，希望让所有教师“使用全新教学方法，通过团队合作及体验式教学，在虚拟现实和增强版模拟现实的工作场景中，将教学体验提升到新的水平”。

技术正在改变生活，大学教育正朝着它所指引的方向前进，WOW Room 的学习空间将学员带到了技术沉浸的下一个层次。WOW Room 代表着融合式教学的未来，前景无限，将线下学习、线上同步学习、视频会议相融合，创造最佳的课堂体验。通过在虚拟平台上高度模拟传统学习环境并进行优化，IE 商学院将逐渐缩小线下线上学习的差距。

除了因为疫情而不得不转成线上的课程外，MBA 课程更需要灵活的在线形式。IE 商学院以其创新精神而闻名，不断探索技术与在线教育的融合模式，并因此持续在在线 MBA 排行榜上名列前茅。在 FMBA 这些面向全球高管的高端项目上使用线上教学模块，并非迫于疫情状况的压力，而是在课程设计中主动安排了线上授课部分。线上课程可以帮助繁忙的高管节省出差的时间和精力，同时又不牺牲课程的互动性。把更多的线下课程时间集中到让同学们去领略各大洲不同的商业历史和文化，可以进行更多的沉浸式体验和交流。

在全球商业教育分析机构 QS（Quacquarelli Symond）发布的最佳在线 MBA 排名中，IE 商学院连续五年被评为世界第一。这一结果无疑是 IE 商学院创新精神的莫大肯定。在新冠疫情期间，远程移动学习体验成为发展的焦点，这种学习体验将学员的独特需求和不断发展的环境放在了重要位置。学员群体达到了令人难以置信的全球化和多样化，如今，对于任何一个学员来说，个人、地方或全球性的挑战都难以预测。因此，对适应性强的在线 MBA 课程的需求正在增长。正是由于 WOW Room 等技术的创新应用，IE 商学院的在线 MBA 课程才得以持续满足学员与社会日新月异的多样化需求。

（2）WOW Room 概况

2016 年 10 月，西班牙 IE 商学院推出的 WOW Room 是欧洲第一个虚拟教室，由 48 个屏幕和 45 平方米的“U”形数字挂毯组成，视野可达 200°。硬件包括 2 个触摸屏和若干个摄像头，可以实时记录和编辑会话。

为了节省空间，WOW Room 团队使用了最新一代的计算机、SyncRTC 服务器、机器人和全息投影仪。在软件方面，WOW Room 使用的是专为项目定制的 SyncRTC 视频协作平台。

教师可以亲临 WOW Room 教室，也可以投影全息影像到机器人，机器人在房间移动与学员互动。WOW Room 的设置对学员来说简单易用，可以使学员有身临其境的感觉，这让线上课程变得更加具有吸引力。

WOW Room 背后的理念是让学员无论身在何处，只要有互联网就可以连接和协作。提供只需依赖较低宽带传输需求的视频协作方案，可以确保使用任何设备的学员参与世界各地的课程。

① WOW Room 的特征

如果你认为 WOW Room 只是一台巨型计算机和几块屏幕，那就太小看它了。它还具有动作捕捉、情感识别、大数据分析等许多功能，比普通的线上教室更具互动性。虚拟教室的优势在于学员已经采用数字格式，这意味着教师可以运行识别面部表情模式的算法，评估、理解并确定学员在课堂上的情感状态和注意力水平。

一是动作捕捉。通过使用该技术对学员的每一刻动作进行捕捉拍摄。通过这种方式，学员和教师可以在空间中自由移动，同时仍然留在屏幕中。这意味着教师可以以特写和动态的方式看到学员的脸，还可以关注幅度更大的动作，如举手等。这允许教师提出问题后可以有效获得学员的实时参与。WOW Room 中的动作捕捉技术也适用于教师。房间里装有摄像头，可以跟踪教师的一举一动。这意味着他们无论走多远，都会留在屏幕上，让学员可以跟随。动作捕捉技术能够使线上课程的体验与在普通教室相差无几，打破地理距离的局限，教师可以和学员直接、即时互动。

二是情感识别。WOW Room 具有识别情感的能力，利用面部表情作为指标来跟踪学员的情感，可以识别快乐、悲伤、惊讶、愤怒、恐惧等情感，从而可以使教师评估每个学员的参与程度并一一回应他们。当学员感到无聊或无所事事时，WOW Room 会识别出问题并提醒教师做出调整。通过这种方式，学员和教师可以更深入地沉浸在课堂中，每个人都能保持兴趣和获得参与感。教师还可以利用情感识别系统及时了解学员在课堂上的表现并相应地做出调整。

三是大数据分析。WOW Room 的另一个关键功能是收集大数据以及使用 Graphtext、Contexto.io 和其他程序进行分析。通过 WOW Room 的系统，使用者可以在社交媒体上搜索有影响力的人，以了解有关讨论特定主题或产品的人群及相关社群结构。系统还允许使用者收集有关中心性和相关性、链接、影响等方面的数据。通过大数据分析，一堂几百个人的课程中教师也可以轻松查看全局或深入了解细节，同时通过大屏幕的高可见性兼顾到所有学员。在如此巨大的显示器中呈现这些图表具有显著的优点，这说明整个 WOW Room 设计配置是合理的，即让学员能够看到相关内容的分析过程以助力其更好地理解。这些都是常规课堂教学展示所达不到的。此外，在课堂上，师生还可以实时收集和使用内外环境中的大数据开展更多信息的挖掘。教师可以在讲座期间投放调查问卷，以分析课堂上每个人的状况。这是激发对话、确定兴趣水平和深入了解相关主题的好方法。

② 疫情背景下的教育模式转型

西班牙马德里大区因新冠疫情于 2020 年 3 月 9 日晚宣布关闭所有学校。西班牙 IE 商学院于公告生效的当天就把所有课程全部转为线上教学，实现了线下到线上的无缝衔接，使教学秩序有条不紊。新冠疫情的暴发让探索在线教育接近 20 年的西班牙 IE 商学院显得很从容，因为教师的准备充分，使学员对线上教育更加适应。

③ 混合学习的未来

WOW Room 的目标是构建未来混合学习的新模式。将面对面学习与视频会议相结合，可以缩短面对面学习和在线学习之间的差距，以提供最佳的课堂体验。

（3）WOW Room 的延展应用

WOW Room 作为智能交互在线平台，除了在在线课程方面表现出巨大优势之外，在虚拟会议方面也有许多应用。

目前，全球医疗系统正面临前所未有的挑战。2020 年 4 月 14 日，南方峰会（South Summit）举办方和西班牙 IE 商学院为重振创新生态系统，共同发起了“南方峰会虚拟会议”，旨在通过提供新的人际交往模式、提高初创企业知名度和创造商业机会来保持全球创新生态系统的活力。利用南方峰会过往的成功经验，此次虚拟会议的目标将基于新的在线模式，并以主题为导向，在新型冠状病毒肆虐全球的困难时期提高初创企业知名度、促进创新生态系统发展，这些也被称为数字化挑战（E-Challenge）。这些挑战就是采用西班牙 IE 商学院的最新技术，通过 WOW Room 与整个社区实时组织虚拟会议得以进行讨论。WOW Room 除了为虚拟会议提供线上空间之外，也为参会者的交流提供了高效的保障。

3.3.3 案例 3：新东方 AI 双师课堂

（1）双师课堂与 AI 双师课堂

双师课堂的概念最早来源于高等教育中的“教授 + 助教”课堂模式。随着技术的发展，电视、电脑、移动通信工具逐渐承担了“助教”的功能，特别是 AI 技术进入课堂后，双师课堂的内涵愈加丰富。

早期的双师课堂属于异步协同类型，其目的在于实现“送优质教学资源下乡工程”。通过组织优秀教师录制教学资源光盘，将光盘配送到教育资源匮乏的农村地区，以部分替代当地教师的教学任务，也为当地教师提供教学参考。

后来，互联网技术的发展催生了线上线下融合的双师课堂。其主要形式是以线上名师为主讲，线下教师为助教，为学员答疑解惑、维持课堂秩序等，或由课堂教师根据线上教师的授课内容进行吸收消化，再传授给学员。例如，由中国人民大学附属中学实践的双师课堂教学项目，运用了慕课教学模式，将该校的课程同步直播到农村试点推广学校，由各个地区的教师辅助教学，并根据实际情况变换课堂组织形式，做到“因地制宜”。

AI 双师课堂则与前两者有所不同，是一种在 AI 技术辅助下更为新型的双师课堂。AI 新型双师课堂指人工智能教育机器人或线上名师和本地教师共同在课堂中承担教学工作，是一种由人工智能教育机器人或线上名师承担教师的部分教学任务并提供个性化学习服务，本地教师辅助教学的新型课堂模式。

（2）AI 双师课堂与智慧教室

AI 双师课堂是智慧教室的一个重要组织部分，是在智慧教室的环境下进行的智能化课堂教学。智慧教室是一种借助物联网、云计算、人工智能等技术构建起来的新型教室，包括有形的物理空间和无形的数字空间。通过设备间互联互通实现辅助教学内容呈现、学习资源便利获取、促进课堂交互、情境感知、环境管理等功能。

新东方 AI 研究院自行研发的智慧教室就是一种专门面向企业、培训机构、校园教学的全方位的解决方案，是一种集合了电脑终端、智能触控大屏、智能算法、实时反馈系统、后台智能管理等软硬件的现代化、智能化的教学方式。

新东方智慧教室借助智慧教室的超清摄像头和红外活体检测摄像头实时采集图像，基于学校机房等硬件设备，使用神经网络处理器（NPU）芯片，实现毫秒级检测、特征提取，同步显示学员上课教室、时间等，生成考勤记录，完成课堂考勤，并在考勤的基础上提醒学员课程计划。在新东方分校的大量使用情况中，少年儿童的身份识别率几乎无差错，且因算法和硬件系统都是自行研发的，整体成本低廉，可以有力地支持普惠教育事业。通过数字大屏、双摄像头、AI 管理后台、学员答题器、助教平板设备结合语音识别、人脸识别、情感计算等技术实现 AI 双师课堂的教学过程。图 3-7 是新东方 AI 双师课堂的一般教学过程。

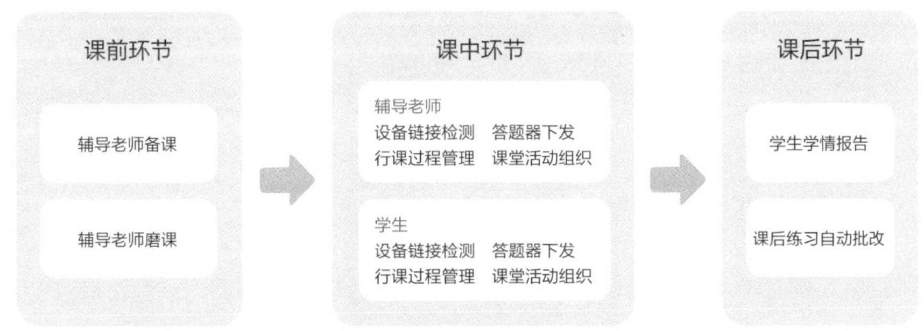

图 3-7　新东方 AI 双师课堂一般教学流程图

AI 双师课堂不仅能够有效解地决教育资源在地理空间上分配不均的问题，而且可以有效提升教学效果。通过优秀师资集中制作标准化的 AI 课件，可以显著降低现场辅导教师的师训成本和教学人力成本，利用 AI 互动和答题器可以显著提升学员的参与感、现场互动学习效果以及学员对学习的兴趣，牢牢地抓住学员的注意力，让课堂充满欢声笑语。在 AI 技术赋能下，双师课堂更依赖于硬件、技术的规范化。基于智慧教室的 AI 盒子、拾音器、云台摄像头等设备实现了课堂中的互动答题、语音评测、随机选人、手势答题等教学功能。基于智能视觉、语音识别、口语测评和光学字符识别技术（Optical Character Recognition，OCR）并嵌入情感计算等智能技术，AI 课堂监控能通过不同维度的数据检测，生成教师和学员的教学及学习路径，对课堂情况进行量化分析。

（3）雅安双师课堂启动，俞敏洪远程开讲“第一课”

2018 年 9 月，在四川省雅安市举行的“授渔计划 · 平安成长”精准扶贫完美助学行动，新东方积极提供技术和设备支持，倾力打造了雅安市首个“互联网 + 教育”的 AI 双师课堂教室。

活动当天，新东方董事长俞敏洪在北京的新东方双师直播间为雅安部分高一新生上了一堂生动的励志课，还向广大师生展示了新东方部分人工智能研发成果。在这里，俞敏洪便充当了线上教师的角色。

除了精彩的“俞氏”演讲之外，为了让学员有更好的观感和互动体验，新东方使用增强现实（AR）技术让俞敏洪带领学员徜徉在书海中，利用先进的语音评测技术，设置了语音答题抢红包环节。当屏幕上下起“红包雨”时，学员只要通过手中的答题器，正确读出红包上的英文单词，就能打开红包获得积分，积分排名前五位的学员都能得到相应的礼品。答题互动活跃了课堂的气氛，也调动了学员学习的积极性，还能够即时反馈学员对英文单词发音的掌握情况。

“双师课堂模式在一定程度上解决了地域差异带来的师资不平衡问题，实现了优质师资的共享，相比单纯的在线学习，学习氛围也更佳。”新东方副总裁兼首席技术官徐健指出，双师模式虽然极大地推动了教育资源的均衡发展，但是也面临一个教育的核心问题：主讲教师在面对数百名远端学员时，如何保证教学质量。在利用人工智能提升教学质量这个核心问题上，新东方一直在进行深度的探索，目前已经摸索出了“过程＋结果”的双向验证模式。“将技术尤其是人工智能技术融入双师场景中，为课堂趣味性、师生互动、知识掌握、学情反馈、教学把控等带来了前所未有的提升。其实在这次雅安双师课堂上，这些技术都有所体现。”徐健介绍说。

利用人工智能可以实现学员学绩情况的即时反馈，也就是对学习结果的第一时间把握。通过语音答题器、语音评分技术和学员情感识别技术可以很好地满足这一需求。结合语音评分技术，教师可以对学员的英语单词发音即时给出评分。基于情感识别和学员专注度的慧眼系统对每个学员的面部进行识别，除了可以识别学员是否“看、听、讲”之外，还可以辨别出高兴、悲哀、惊讶、正常、愤怒等情感，从而掌握学员对课程内容的真实反馈，这有助于教师进一步精炼与提升教学内容。

在授课期间，利用AI技术综合分析教师授课过程。通过自然语言程序和知识图谱的结合，可以跟踪教师的授课内容是否与教学大纲匹配，教学进度是否合理。语音处理和语义识别则可以感知到授课过程中教师的基础表达，如声音是否洪亮、讲述是否生动、语速是否合理、是否有不当用语等。

将授课过程的分析与课程学习的绩效相对应，可以高效地掌握教师每一堂课的授课情况，乃至每一个学员的学习情况，从而摸索出更合适的授课方式，利用AI技术达到提升新东方的整体教学质量的目的。徐健认为，通过技术解决双师课堂的痛点只是第一步，随着人工智能、大数据等技术的不断进步，双师课堂将呈现出更好的课堂互动体验和教学效果，为促进教育的均衡化贡献更大的价值。

俞敏洪曾认为，教育是一个需要科技提升的行业，科技促进教育公平已成事实，人工智能将为教育的无边界性与互动性带来无限可能。在这样的动机驱使下，新东方成功研发了一系列教育产品和系统，包括“RealSkill智能学习平台”“口语作业自动测评”“基于情感识别和学员专注度的慧眼系统”“基于语音测评技术的慧音系统”等。此外，新东方还与美国Big Learning研究中心达成战略合作，聘请斯坦福大学教授担任新东方脑科学与图像识别技术中心顾问，以便在人工智能方面进行更深入的探索与研究。

3.3.4 案例 4：智慧学伴

智慧学伴（Smart Learning Partner）是北京师范大学未来教育高精尖创新中心研发的一款具有数据采集、结构建模、问题诊断等特征的自适应学习智能教育机器人。其发现和收集数据的主要方法是动手评估、学习互动、作业分析等，收集的各种数据是由学员在学习过程中产生的，通过大数据分析、情感计算等技术对数据进行评估处理，使经验性评估逐渐转变为以科学数据分析为依据的发展性评估，更好地服务于个性化教学。

（1）设计原理

智慧学伴的设计所采用的理论基础与基本原则源自经典的自我决定理论。自我决定理论由美国心理学家理查德·克斯特纳（Richard Koestner）提出，在教育心理学等领域应用广泛。该理论认为，个体有 3 种天生的心理需求，即自主感需求、胜任感需求及关系感需求。如果上述 3 种基本需求得到满足，学员可以获得良好的学习体验和激励，最终提高学习效率。

针对学员自主感的心理需求，智慧学伴设计了新型的教育知识图谱，将学员当前的认知状态进行叠加，帮助学员客观认识自身学习状态，引导学员选择学习资源。智慧学伴还能够通过不同类别的传感器实时采集与分析学员的过程性与测评性学习活动数据，并根据认知科学等理论设计相应的反馈，动态调整学习内容，及时了解学员对学习内容的感受并做出相应的反馈或调整。例如，当判断出学员有大概率产生“疑惑”等情感时，教育机器人可以及时提供学科知识问答以及支架式教学反馈或干预。最后，智慧学伴引入激励机制与放松环节，可以尽量减少学习活动对学员带来的压力感与被控制感。

针对学员对胜任感的心理需求，智慧学伴会对学员的知识掌握水平、学科能力等关键指标进行准确建模，使其可以在正确的时间适当提高学习内容的难度和挑战性，通过自然语言交互等方式鼓励与肯定学员的关键性进步，强化学员应对新的学习挑战的内部动机。

针对学员对归属感的心理需求，智慧学伴会尽可能采用基于学员个人信息的个性化交互方式和内容与学员进行交互，如根据学员的性别、姓名、经历等设置问候语等导引信息，自然传达对学员的尊重、喜爱和亲密。同时，设计非教学用途的聊天对话可使学员与智慧学伴之间产生直接“联系”，增强学员的归属感。

（2）系统架构

智慧学伴教育机器人的系统架构（见图 3-8）主要包含：数据与资源、教学交互等两大模块。数据与资源模块作为教育机器人底层的信息基础模块，主要利用智慧学伴平台通过网络传输等途径为教学过程以及人机交互功能提供数据与资源支持，包括学科知识图谱、社会性学习资源、学员数

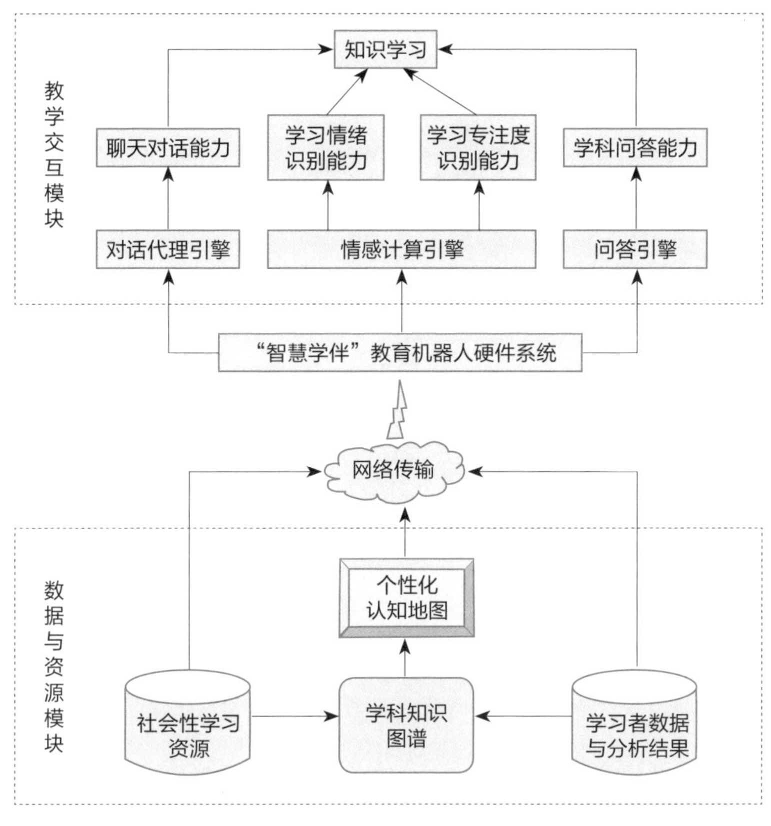

图 3-8　智慧学伴教育机器人系统架构

据和个性化认知地图。教学交互模块是智慧学伴教育机器人的核心模块，也是情感计算技术所在的模块，负责机器人的教学过程及与学员交互功能的实现。通过教学交互模块，智慧学伴教育机器人可以实现学习情感与专注度识别、学科问答、聊天对话等教学与交互功能。

教学交互模块的底层设计了 3 类基本引擎，即情感计算引擎、问答引擎和对话代理引擎。

情感计算引擎主要基于泛在计算、计算机视觉等技术，负责完成对学员的学习情感、学习专注度等状态与指标的识别与估计。它利用机器人的前置摄像头等设备建立学习情感识别模型，可以比较准确地判断学员对学习内容产生的负面情感。同时，情感计算引擎基于学习分析框架并结合认知科学的经典理论，估计学员学习专注度，实现教育机器人对学员学习情感状态的准确感知和识别。学员的表情可以反映学习时的情感和状态，因此实时了解学员的学习状态并给予实时反馈与教学支持具有重要作用。智慧学伴教育机器人利用计算机视觉技术的卷积神经网络分类模型，根据学员的面部表情特征，细分出愤怒、轻蔑、厌恶、害怕、悲伤、惊讶、愉悦与中性 8 种基本情感的概率值。如果前 6 种情感的概率值之和或者单一情感的概率值高于阈值，即判断学员处于负面的学习情感；反之，可以判断学员处于相对正面的学习情感。智慧学伴在识别学员的面部表情与肢体动作等外显行为基础上，结合学习分析框架，能够估计学员的学习专注度。

问答引擎主要通过自然语言交流的方式接收、处理和应答学员提出的学科类知识问题。问答系统需要理解与解析学员提出的问题，学科类问题由问答引擎处理和应答，非学科类问题则由对话代理引擎负责处理。对于学科专业问题，问答引擎会先调用学科知识图谱，用图搜索的方式检索和推理相关信息，生成学员可以接受和理解的自然语言应答。同时，为使学员与教育机器人的交互获得类人的交互体验，问答引擎利用自然语言处理的文字转语音功能，调整机器人应答，模仿人类的语音和语调，并附加鼓励话语。因此，问答引擎是支持学员与机器人有效教学交互的关键环节之一，它不仅能够优化和节省学员的信息搜索过程与时间，提高教学反馈的效率和能力，更能增强教育机器人指导的教育性与专业性。

对话代理引擎主要支持学员与机器人的自由问答和闲聊功能，对学员及机器人的语音交互内容不进行教学限定。智慧学伴可以智能地应对学员的抱怨，回答对机器人本身信息的询问，以及进行一般领域和简单生活的闲聊。另外，智慧学伴利用面部识别技术自动识别学员身份，并在闲聊等环节自动使用学员的名字、昵称等，以增强与学员之间的联系，提高学员使用机器人的兴趣。

（3）五大应用模式

智慧学伴教育机器人的典型应用模式包括学习疑难问答、学情报告分析、学习督促提醒、学习陪伴激励、家长教育助手等五大类。

一是学习疑难问答。智慧学伴教育机器人可以与学员共同完成一系列学习疑难问答活动。首先，智慧学伴向学员精准推荐学校课程，允许并鼓励学员在学习过程中提出问题，并通过问答引擎自动处理和解答所涉及的知识问题，鼓励学员深入反思或者分享，引发学员思考，满足学员的自主感。其次，当完成重要知识点的教学后，智慧学伴会建议学员完成一定的测试。多样化的测试方式不仅能够帮助学员巩固知识点，而且能为机器人提供学员情况的测评信息，这有助于机器人准确估计学员认知状态。同时，

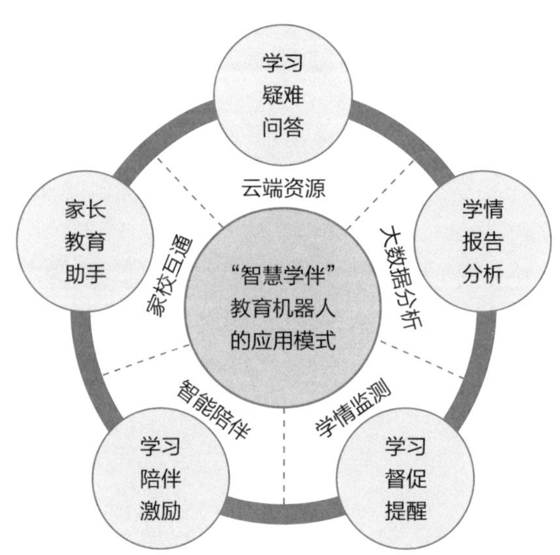

图 3-9 智慧学伴教育机器人的典型应用模式

学校端学习过程性和测评性数据的共享可以提高机器人对学员的理解，从而更好地解答学员的疑难问题，推荐优质教学资源，动态优化学习路径。

二是学情报告分析。智慧学伴服务平台的学校端，可以采集学员长周期、多模态的过程性与测评性数据，如学员的周期性单元测验与总测成绩、心理与体质健康测评数据、与教师在线互动问答等数据，然后结合学员个体、班级以及学校层面的分析模型，把个体与群体学情报告通过机器人端呈现给家长和学员，帮助提供学情报告分析。基于内置的知识追踪等学员辅导模型与阶段性的知识测评信息，平台还可以实时更新学员的认知地图，动态调整学员的学习内容和学习资源。学员也可以直接与自己的个性化认知地图交互，选择想学习的知识点或教学资源。多维度的学情报告以可视化方式呈现给学员和家长，让其了解阶段性学习的数据和意义。学员在家与机器人的互动学习或在线学习行为，也可以传输和共享给学校教师端，帮助教师及时了解学员在家中的学习状态。

三是学习督促提醒。根据阶段性学情报告发现的问题，教育机器人可以语音提醒学员或家长。同时，根据学习计划，智慧学伴教育机器人可以利用无线通信模块，连接学员手机、智能手表、手环等可穿戴设备，追踪学员的实时位置，并在适当时间提醒学员学习。如果学员不在家庭学习区域或未能按时完成学习计划，智慧学伴教育机器人可以发出督促指令，制订干预措施，鼓励学员按时学习。

四是学习陪伴激励。智慧学伴教育机器人需要引导学员逐步建立较好的人机关系与情感联结，使学员熟悉与机器人交流的途径和方法，提供学习陪伴激励。在首轮交互中，智慧学伴会通过自然语言、人脸识别、游戏问答等方式，完成自我介绍、学员信息采集与存储、人机交互模式设置等。在此基础上，机器人利用人脸识别登录功能，在确认交流对象身份和个体信息的基础上，根据学员的偏好采用不同风格的交流方式和昵称，创设符合学员特点的学习场景。同时，机器人多个传感器对学员的学习情感与专注度等重要指标实时监测，如感知到学员处于负面学习状态时，会触发对话代理引擎，对学员进行询问，与学员进行非教学内容的自由聊天或建议学员短暂休息，从而满足学员归属感需求。智慧学伴还采用积分等奖励机制或跳舞等方式，以提高学员的胜任感。

五是家长教育助手。智慧学伴教育机器人能够作为家长的助手，通过学员的个体认知地图展示等，帮助家长辅导学员。如果家长学科知识不够，可以通过机器人的问答引擎询问和求解。同时，教育机器人还可以在家庭端替代家长规划学员的家庭学习内容与活动时间，确保家庭教育有序开展。

3.3.5　案例 5："Intel + Classroom Technologies"

（1）"Intel+Classroom Technologies" 方案概述

为了帮助教师快速地识别出学员何时需要额外的指导，线上教育平台 Class 的提供商 Classroom Technologies 与英特尔（Intel）公司合作开发了一种解决方案：将 Intel 开发的人工智能技术与运行在 Zoom 上的 Class 软件集成，集成后的新系统可以通过摄像头捕获学员的面部图像，检测学员在课程期间是否感到无聊、分心或困惑，同时结合学员当时正在学习的内容、课程中举手的频率以及学员在平台上练习时的交互情况，评估学员对所学习内容的理解程度。教师可以根据系统提供的评估结论，再确认学员是否需要一对一的辅导，从而提高在虚拟教室中个性化学习的体验感。

（2）"Intel + Classroom Technologies" 技术研究

数位英特尔公司研究员和德国哈索・普拉特纳研究院（Hasso Plattner Institute，HPI）的伯特・亚力克教授（Bert Arnric）观察到市场上存在的智能辅导系统（Intelligent Tutoring Systems，ITS）已在一定程度上实现了教育个性化，满足了信息时代个别学员对教育定制化的需求，但是这些系统缺少类似人类导师的移情能力，无法产生同理心。了解学员的情感状态是激发教师产生同理心的条件之一。同时，学员的参与度与学习成果密切相关。学员的整体参与水平主要由 3 个部分组成：一是认知参与，即学习过程中的内在心理素质；二是行为参与，即学习过程中可被观察到的学员行为；三是情感投入，即学习期间的学员情感状态（如快乐、无聊或困惑）。大部分的智能辅导系统可以基于学员与教学内容平台交互所产生的数据，为教师提供一个简单的学员参与学习任务的程度报告，但缺失对于学习期间学员情感状态信息的反馈，不利于进一步研发学员在线学习过程中的个性化体验。

为了填补这个情感状态信息反馈的空白，研究人员设计了一套技术方案，使用3D摄像头检测学员的面部变化，包括78个面部标志的2D和3D位置、头部姿势、22种面部表情和7种面部情感等。同时，考虑到必须结合人类行为情景中的上下文内容才能更好地解释人类当时的情感，研究人员收集了教学内容平台的课堂上下文和性能日志，包括视频时长、练习和试验次数、问题提示使用次数、单次课堂时长等。两类数据分别进入相应的特征提取器，然后进入分类器。两个分类器输出的信息可以得出学员在学习期间的情感状态，分别用“满意”“无聊”“困惑”等3个情感标签进行标注，用“不适用”标签表示学员未开启摄像头，或因不寻常的头部姿势或面部区域被一些手势遮挡而未能检测到脸部特征，或课程内容未激活。总体方案如图3-10所示。

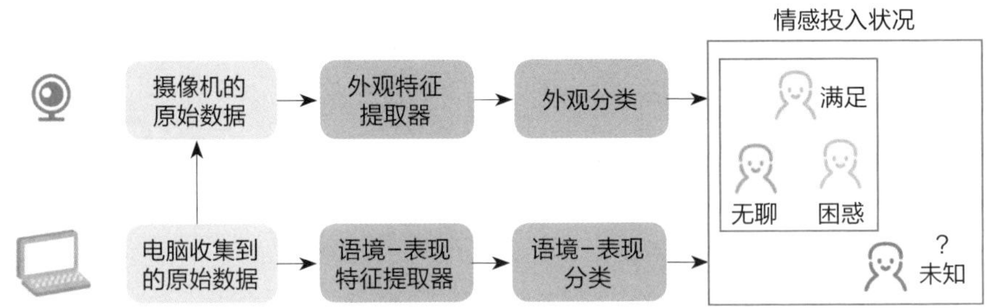

图3-10　通用情感参与检测器的总体方案

系统中使用的情感标签是基于前期模型试验过程开发的一种方法，即结合人类专家标签的过程（Human Expert Labeling Process，HELP）。在算法模型训练阶段，研究人员聘请了教育心理学家观看试验视频中学员的表现和同时段学习平台的内容信息，结合学员所处的环境、环境噪声、学员的声音等，在英特尔公司研发的可视化标注工具上进行连续标记，每当观察到学员的状态变化时，专家都会分配一个新的标签。为确保可靠性，每一个视频都由5名专家进行标注。对同一个视频的情感标签，至少超过半数的专家同意，才会被作为有效数据采用到模型中。

3.3.6　案例 6：Nestor

不断创新的技术已经使远程教育成为普遍现象，特别是 2020 年之后，越来越多的学校转为线上教学。在线授课或培训的形式也不再局限于提前录制课程视频，而是转向鼓励教师在线直播授课。但是，大部分学校仅仅简单地利用在线视频会议工具，将线下授课形式搬到了线上。在大班授课中，由于局限于屏幕的尺寸和数量以及视频会议工具的功能，教师很难在屏幕上观察所有学员在镜头前的表现。同样，对在家独自学习的学员来说，保持自律和长时间线上课堂注意力，不受社交网络、手机等诱惑，也具有一定的挑战。

（1）Nestor 概述

法国巴黎商学院管理学系教授马塞尔・索赛（Marcel Saucet）针对上述问题，通过 LCA Consulting 公司开发了一个基于面部识别和分析技术的软件，名为 Nestor。Nestor 使用摄像头捕捉学员面部的眼睛、眉毛、嘴唇、下巴等关键部位，检测学员脸上最轻微的疏忽迹象，了解镜头前学员的行为方式，分析学员是在学习还是在假装学习。当发现学员走神时，Nestor 会发出警告提示。在课程结束后，Nestor 会向学员发送一份测验试题，重点考核学员在走神时的课程要点。同时，Nestor 把学员走神的时段和没有注意到的内容汇总后给教师，帮助教师识别出学员注意力减弱的时刻，并通过调整授课的节奏甚至教学模式来提高学员的注意力。

（2）应用推广

2017 年，法国巴黎商学院引入 Nestor，将这个软件纳入人工智能计划，并在两门线上课程中使用。参加人工智能计划的学员需要打开摄像头，Nestor 检测学员在摄像头前的表现，对眼球运动等 20 个脸部运动状态进行判断，分析学员在什么时候分散了注意力。课程结束后，学员会收到一份测试问卷，考查他们分散注意力时间段的课程内容。

Nestor 也将功能从课堂延伸到课外，与学员的社交网络和日历集成，通过了解学员的日常习惯，给出学习时段的建议，帮助学员提高规划学习时间的能力和学习效率。

3.3.7 案例 7：Affective AutoTutor

20 世纪后半叶，教育学研究者已经认识到统一的标准式课堂不仅无法满足社会对人才培养的要求，也不能实现个体学员的个性化需求。大部分的学校课堂教育只是传递知识信息，无法做到根据学员的学习能力情况“量体裁衣”，也没有促进学员推理能力的培养和深度思考习惯的培育。当时，市面上已有了基于计算机的培训系统（Computer-Based Training，CBT），应用典型的四部曲学习模式来辅助课堂教学：一是为学员的课程提供学习材料；二是给学员提供多种形式的测试；三是提供反馈测试结果；四是如果测试结果未到达设定的阈值，则要求学员重新学习材料，即再循环一遍前三部曲，如果测试结果超过设定的阈值，则进入新主题。但是，在个性化学习方面，CBT 系统仍没有突破。同时，从越来越多的教育研究中得到的经验证据表明，在学习数学、物理、生物等科学技术工程类课程时，一对一的人工辅导更能帮助学员走出学习困境。大部分国家的现实教育体制并没有足够的财力和人力支持普及一对一的人工辅导计划，这导致了许多学员在这类学科上落后。

（1）Affective AutoTutor 的发展背景

自 20 世纪 70 年代开始，美国企业和高校就着手开发使用更强大的智能算法，结合认知科学、学习科学等智能辅导系统，跟踪学员的学习内容并响应学习过程反馈，以满足学员个性化学习的需求。研究和技术的发展为进一步使用计算机辅助教学实现一对一辅导提供了解决方案，即创建人工智能辅导员，模拟人类专家的教学方法和对话模式，对学员进行针对性地辅导。

美国孟菲斯大学智能系统研究所的研究者在 100 个小时教学互动实践调研的基础上，对人类导师辅导行为进行建模，并汲取了当时在美国教育界盛行的建构主义学习理论，自 1997 年起启动了基于自然语言的智能辅导系统 AutoTutor。该系统结合实际教学中的辅导策略，利用语音识别系统和动画拟人辅导员，通过语音、表情和基本手势与学员对话。从一个开放式的主问题开始，基于学员答案和预期答案的比较结果调整对话内容，通过多轮对话引导学员形成解决问题的正确解释。

早期版本的 AutoTutor 依靠三大支柱：功能不断增加的动画拟人辅导员、语义分析工具（如 LSA）和“五步辅导框架”。“五步辅导框架”包含导师提出问题、学员回答、导师针对学员的回答给出反馈、协助互动从而改进答案、导师检查学员是否理解。AutoTutor 实现了大部分成功的导学系统所遵循的“线索—提示—结论”循环。系统不是向学员单纯地讲课或直接给出答案，而是通过提问、提示，协作讨论，鼓励学员深入思考，主动解决问题从而构建知识，避免了“填鸭式”的教学。

进入 21 世纪，对情感的研究在学术界迅速展开，不仅局限于心理学，其触角还延伸到了教育、社会学、工程、计算机等学科。众多研究表明，认知和情感是密不可分的。研究人员在教学实践中也发现，学员在认知收获或认知受阻时常伴随积极或消极的情感。

进一步研发的 AutoTutor 引入学员在学习过程中的情感检测和响应的技术，先后扩展了 Supportive、Shakeup 等 2 个对情感敏感的 AutoTutor 版本，被统称为 Affective AutoTutor。

（2）Affective AutoTutor 的工作原理与应用

Affective AutoTutor 通过实时监控身体姿势、面部表情和话语进行综合情感检测，从而对学员在学习过程中的情感状态进行分类，构建不同策略来调节和响应学员的情感，加大学员对学习的投入，激励学员学习的自信心。

系统根据学习中的无聊、困惑、沮丧、中立等情感状态，对学员的情感进行分类，将检测到的情感分成当前情感状态、该情感分类的置信水平、先前的情感状态等 3 个主要信息参数，结合整个课程中动态更新的学员能力全局测量、学员即时反应的概念质量等 2 个认知信息参数，作为输入参数映射到拟人导师的动作，形成一套生产规则，通过动画拟人导师不同的面部表情，匹配声音表达，来回应学员的表现。例如，当发现学员感到无聊时，拟人导师会展示更有趣的材料，评论材料的价值，如“这些东西很重要也很有趣”，在提问的难易度上也会根据学员的表现调整难易程度。当检测到表现不佳的学员有沮丧的情感时，拟人导师不仅会降低问题难度或生成提示，也会用简短评论鼓励学员，如“许多学员发现这个问题很难”。

Affective AutoTutor 使用决策级融合算法，分为 4 个阶段运行。一是传感器检测。每个传感器（语音、面部表情、姿势）独立地提供对学员正在经历某种情感可能性（概率值）的数据。二是传感器激活。传感器传播被激活的情感状态，情感节点融合这个激活的状态。三是情感节点的激活。每种情感将从传感器收到的激活状态传播到其他情感，因此一些情感被激活，另一些被抑制。四是决定。选择被激活度最高的情感作为学员目前正在经历的情感状态。

系统整体架构设计如图 3-11 所示，Affective AutoTutor 通过集成或独立的摄像头、位于座椅上的姿势传感器分别收集学习过程中学员表情和身体姿势的变化信息（图中 1a），与 AutoTutor 客户端收集的学员语音回答时的声音变化信息，如语音流利度、声调变化等一同传输到情感检测器（图中链接 2a、2b 和 3），同时服务器收集上下文信息（图中链接 1b）传输

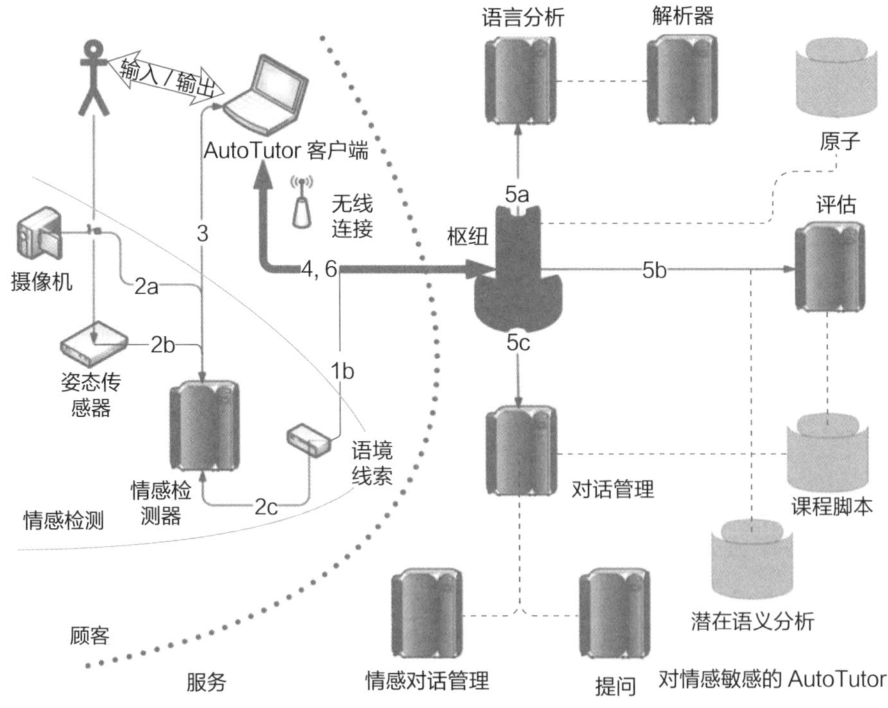

图 3-11　Affective AutoTutor 系统架构

到情感检测器（图中链接 2c）。在一轮“问 - 答”结束时，情感检测器将其对学员情感状态判断的信息（图中链接 3）和学员回答内容一同传输到中心（图中链接 4），分解到各个模块进行分析。语言分析器通过解析学员回答的文本并检测问题和其他语音行为来分析学员的回答（图中链接 5a）。评估模块根据存储在脚本中的期望答案和误解，以及语义分析（LSA）比较学员回答文本的概念质量（图中链接 5b）。对话管理器、情感对话管理器和提问模块对学员的情感状态进行分析并生成对应的导师反馈模式和新问题（图中链接 5c）。这些模块的分析和生成的响应再传回到中心（图中链接 5a、5b 和 5c），整合传输到 AutoTutor 客户端（图中链接 6），开启新一轮的对话。

作为 AutoTutor 系列的一部分，Affective AutoTutor 一开始只是帮助大学生学习计算机基础课程，之后随着 AutoTutor 系列拓展到物理、生物、医学、批判性思维、阅读理解等领域。其合作方不限于美国的大学，也有澳大利亚的大学、其他教育机构、军事研究院等。受众也从大学生延伸到中学生和成年人。

AutoTutor 研发团队曾尝试与培生教育集团合作，运用在 Affective AutoTutor 研发中已取得的技术和理念，开发一个面向高中生和大学生对情感高度敏感的商业游戏，用于训练判断性思维。可惜的是，这个项目因资金问题而中断。

在之后开发的 AutoTutor 系列产品中，互动式授课 GuruTutor 的扩展项目 GazeTutor 也应用了单模态的情感计算技术检测学员是否分心。系统使用摄像头捕捉学员眼球运动数据，当发现学员不注视屏幕时，会使用“请注意”等语句，提醒学员关注导师和学习内容。

虽然 Affective AutoTutor 已通过技术手段模拟完成了教学过程中人类导师和学员的情感循环，但是比较研究显示，系统对能力欠佳的学员帮助较大，对学习能力优秀的学员的帮助不大。同时，系统还存在一些待优化的部分。例如：对学员精彩的回答，计算机合成的虚拟导师称赞的语气较为平淡，还做不到像人类那么热情；无法妥善处理学员的问题，有些学员的问题超出了设计者的考虑范围，系统会使用语言技巧回避学员的提问；系统也不能做到人类教师在教学中常用的复述技巧。

美国孟菲斯大学研究人员也注意到，新教师可能因为缺少实操经验和情感阅读培训，无法向专家级教师那样灵活地应用教学策略，利用学员在学习过程中的情感促进学习。目前，研究人员在探索使用 Affective AutoTuto 系统训练过的模型反向帮助训练教师来预测学员的情感，制定相应的教学策略。

3.4 应用挑战

近年来，情感计算在教育领域的应用逐渐增多，且逐步受到学员、教育者以及大众的接纳和认可。但是，情感计算的应用带来一些问题，例如：对师生间正常的情感表达和感知带来的影响以及科学技术给个人隐私带来的隐患等伦理问题；教育场景中学员情感状态的复杂模糊性、学习干预的局限性引发的教育场景与情感计算的融合问题；学员情感感知和度量、人机情感交互与反馈机制等技术革新问题等。这些问题日益受到重视。

3.4.1 伦理问题

情感计算作为覆盖了心理学、人体工学、信息技术、人工智能等领域的新兴技术，本身存在许多争议。特别是在教育领域，情感计算的应用打破了长久以来传统教学场景中以“教师-学员”为主体的情感交流模式。特别是有关师生间情感表达和感知问题、数据滥用和算法风险加剧问题等方面存在较大的伦理风险。

（1）师生间情感表达、感知问题

在教育领域的应用过程中，情感计算一般借助相关工具或设备，如视频监控、生理感知设备等捕捉学员的面部表情、声音、动作等数据，通过利用特定的算法，计算并评估学员情感状态。调查显示，大部分学员认为课堂上的监控设备是对隐私的侵犯，相关设备的介入会引发学员的不适，降低学员的思维活跃度。在真实课堂情境中，摄像机等智能感知设备可能会无形中增加学员的心理负担，抑制其真情实感的表达，迫使学员开展频

繁、高强度的情感劳动，最终导致学员情感的内在体验和外部表达之间的失调。基于情感计算的分析结果，系统将匹配差异化的教学策略。差异化的策略可能令特定的学员群体感觉受到了歧视，从而更努力地进行情感修饰，阻碍呈现真实的自我。同时，外在情感表达与学员内在情感之间的关联关系具有不确定性，存在一定的科学性映射隐忧。一是在情感信号刺激较为强烈时，算法模型可建立情感信号与情感状态之间明确的表征关系，但当情感信号较为自然、微妙时，这种关联关系往往会发生偏差。二是相同的情感信号可能会表达多种学员交互活动，应将情感信号重新放置于真实教学情境中对师生实时情感状态进行还原和解释。

对教学实施主体而言，教师在教学过程设计、课堂管理、课后联合教研过程中通过应用情感计算，增强对教学情境的感知能力，捕捉并分析学员情感，从而使计算机能够根据差异化情感需求适配教学内容和策略，提高教学效率。但是，部分教师过度依赖教育大数据与算法分析结果，逐渐丧失作为教学决策者的主体价值和角色能动性，从而忽视自身的教育实践智慧，导致对教学情境研判能力的逐步钝化，影响对学员真实情感状态的直观感知。

随着情感计算长期、普遍的应用，虚拟性和间接性交互的常态化，沉浸式和场景式的学习体验将不断模糊与真实世界的边界，学员、教师也可能会产生情感体验缺位和社会交往障碍，缺乏真实的情感交互，甚至可能导致教学参与主体的社会关系（如师生关系、生生关系）淡化或异化。

（2）数据滥用、算法风险问题

通过对情感计算所获取的情感数据的合理使用，规避算法风险是教育领域应用情感计算不容小觑的伦理问题之一。教育实践要防止对学员情感数据的滥用，这需要政策法规的约束。同时，在相关技术的应用过程中，生理信息采集、存储等涉及个人隐私信息的管理时，如果没有实施严格的信息保护、阻止不当侵入、防止数据篡改等措施，不仅难以保证数据的真实性，获得期待的应用效果，而且可能引发各类道德问题和法律纠纷。

当情感计算机制达到一定水平后，在分析与处理情感数据时常用到机器学习算法，此算法本身存在一定的“黑箱”问题，可能会导致教育问题与分析结果面临简约化与形式化的风险。

从前文可以看出，情感计算的应用仍要注重教师的主体地位，摆脱教师对情感感知技术、算法的过度依赖，强化教师在结果分析与教学决策中的核心作用。同时，要健全对相关产品、系统的审核机制，增强相关模型的可解释性，明确产品开发者的主体责任等，以规避情感计算在教育领域应用时的潜在隐患。

3.4.2 与教育领域的融合问题

目前，情感计算在应用上还存在若干难点，如难以做到精准的情感识别及长期的情感状态跟踪等。我们将从教育场景中学员情感状态的复杂模糊性和学习干预的局限性两个方面，梳理目前情感计算与教育领域融合的相关问题，这也是情感计算真正推动教育教学发展，在实现教育智能化过程中亟待解决的挑战。

（1）教育场景中学员情感状态的复杂模糊性

情感计算已经逐步被应用于教育领域的考勤、机器人助教、知识梳理、教育资源匹配等教育场景，这在一定程度上实现了教育智能化。但是，由于缺乏对学员情感的精准理解以及与学员真实情感的沟通，无法确保长期、有效地从个人水平上理解学员的需求并做出正确回应，从而影响学习体验和效率。

随着教学场景多样性、多元性发展，教育领域的情感计算应用存在学员情感状态在跨教育场景中复杂模糊性的特征。一方面，当情感计算融入教育生态系统时，真实的信息化课堂教学、在线教育、特殊教育等基本教育形态的边界被开启，科技馆、图书馆、博物馆等学习空间作为一种协同育人环境，促使学员的情感和行为要素发生多元耦合，使得教育系统变得更为错综复杂。在此背景下，研究教育情境要素对学员情感状态的影响机理成为智能教育研究的重要议题，包括教学资源、教学内容、教学活动、教学媒体等要素对学员情感的潜在作用机制。另一方面，由于在认知心理学视域下情感建模仍然存在局限性，目前学界对使用何种情感建模方法通过计算机模拟和分析后能够更加接近人类情感的本质，尚未达成统一共识。

情感建模需要融合数学、心理学、计算机科学、认知神经科学等多学科。教育领域的情感计算应用本质上是数值逼近问题，虽然前期将采集、汇聚的规模化情感数据作为机器学习的训练集、测试集和验证集，但是始终处于无限逼近和尽力还原真实的情感特征世界的状态。

因此，由于场景的多元性、情感的复杂性和技术的局限性，在教育场景中克服学员情感的复杂模糊性，完美地将情感计算与教学培训场景相融合，实施学员情感状态的精准计算，仍然是需要长期研究的课题。

（2）学习干预的局限性

很多情感分析研究的目标是依据情感分析结果实施学习干预，以期对学习结果有积极影响。然而，在应用层面，大多数情感分析应用仅从学习情感的角度进行干预，没有建立学习情感与个体特征、学习行为等多维度关联，导致无法全面感知学员的学习状态，这势必会影响学习干预的精准性和有效性。学员的情感分析是实施学习干预的必要条件之一，但是还需要综合衡量学习过程中的其他因素。一方面要将学习情感与可观测、可干预的个体特征结合，如认知能力、认知结构、学习态度等；另一方面需要同步情感数据与学习行为数据，构建完整的“数据链条”。从多方面综合考虑学习干预措施，以提升干预的精准性，实现情感计算与教育的深度融合。

情感计算在教育领域的应用是为了解决在线学习中“情感缺失”而发展起来的，其应用多集中于在线教育场景。随着情感计算的发展，智慧校园、助教机器人等“AI＋教育”的产品致力于更精准地理解情感、生成情感并与用户进行情感交互。在多模态分析的推动下，学习情感计算的实践探索逐步从在线环境转向课堂环境。教育软件及助教机器人满足了更多一对一的人机互动。但是，相较于教师角色带来的影响力和对学员的约束力，缺乏情感表达的多媒体设备对学员的学习干预程度有限，甚至会导致学员失去持续学习的兴趣与动力。如何准确地长期跟踪学员的情感状态，并打造提供个性化、有约束力的学习干预的情感多媒体系统，是目前智能教育领域关注的热门课题。

从前文可以看出，情感计算在教育领域的应用并非是简单的“嵌入”，而应是以学员为中心，全方位、多维度渗透。结合教育教学的发展模式，遵循教育教学是目的，情感计算是手段的理念。通过技术革新和管理优化，推动实现“1+1 > 2”的有机融合，才能最终成为真正意义上的智能化教学。

3.4.3 技术革新问题

人的情感交流是一个十分复杂的过程，它不仅受具体交流者的对象与经历和交流的时间、地点及环境的影响，每种情感还都具有各自独特的主观体验，以及交流者对不同情感状态的自我感受。大多数应用在教育领域的情感识别分类还较为简单。例如，将学员情感类别分成 2 类（积极、消极）、3 类（积极、消极和中性）或多类（如高兴、喜欢、愤怒、悲伤、恐惧、厌恶、惊讶）。学员情感分析技术革新仍面临众多问题与挑战。

（1）学员情感感知

根据不同的教育应用场景，可以得到不同模态的特征及对应的情感识别结果。随着人工智能、数据挖掘领域的进一步研究和发展，利用智能传感器等技术感知学员的情感状态已经成为多学科交叉研究的热点。对于传统的一对多教师授课场景，教师通过长期了解学员情感状态可以更有针对性地进行情感互动。在情感计算领域，虽然采用的传感器能够获取学员的生理行为、音频、面部表情等数据，但是学员个体的差异性、教育教学情境的复杂性和多样性等，会导致实际测量数据仍无法达到教师通过长期经验对学员状态进行综合分析、判断所达到的效果。

多模态交互、脑机接口、穿戴式神经生理测量等技术的发展，为认知活动指标的测量、及时感知学员认知活动的动态变化提供了新思路。例如，多模态交互旨在整合多模态信息，通过多种媒体（文本、音频、视频、图像）的数据交互、特征交互及决策交互，构建模态间的交互模型。但是，目前学员情感测量和感知的技术水平尚难以满足在教学系统的众多场景中精准测量、快速反馈的需求。

（2）学员情感度量

学员情感的复杂性为精准地度量情感带来了较大的难度。学员的情感可以采用离散化的情感分类来表达，也可以由基础情感的组合和派生得到新的情感。高兴、愤怒、悲伤、恐惧、厌恶、惊讶等基础情感是人们在日常生活中出现频率最高的情感类别，而学员的情感更倾向于对课程、交互、学习环境、学习内驱力等方面的态度表达和体验。因此，在学习情境中出现频率高的情感类别，往往不是某些基础情感，而是疑惑、厌倦、挫败等情感，甚至放空、走神等。随着年龄、阅历的增长和外部环境的动态变化，学员内在的体验感受及情感类别也会发生变化，如何表达和度量学员的情感与认知的动态演化是学员情感计算面临的挑战性问题之一。

此外，学员情感容易受到生理、心理、教育教学、外部等环境因素的影响。机器学习方法具有较高的分类准确率，但获取训练样本和人工标记的成本较高；深度学习算法需要采集大量的数据信息，且计算过程存在“黑箱”问题。近年来，深度学习突破“特征工程”的束缚，将文本、图像、音频数据等输入网络进行训练并优化参数，即可获得较为理想的结果，在自然语言处理、图像识别、语音识别等领域获得远超机器学习的性能。但是，由于调参烦琐复杂、训练时间长、计算复杂度高等问题，这在一定程度上限制了其应用。

（3）人机情感交互与反馈机制

除了情感的精细化识别和准确度量之外，目前情感技术领域还需要克服如何构建与人类情感系统相吻合的人性化和智能化的人机情感交互与反馈机制。

由于人机情感交互系统的核心主体是人，要在教育系统中实现自然和谐、亲切生动的智能人机情感交互就必须考虑人类情感的客观规律。大多数用于情感识别的生物反馈设备还无法实现让学员在不受任何干扰的情况下舒适地使用。教师、学员、学校管理、教育计划、学校文化等因素引发了众多人机情感交互问题。研究表明，随着情感计算系统的实施，出现了很多挑战：有的学员出现心理压力、适应失调等问题；来自计算机的情感反馈与学员从人类那里收到的反馈方式不同给学员带来差异感；有的学员对情感计算系统存在不信任感、新奇感、不适应感等。要构建与人类情感相吻合的情感计算系统，就必须解决教学情境中与教师、学员、教学管理者等参与主体的真实情感“感知-反馈”的人性化和智能化的人机情感交互与反馈机制。

情感能力是人类智能的重要标志，情感的缺失会影响教学质量和学员的学习效果，甚至影响学员心理健康的发展和健全人格的培养。因此，利用情感计算实施情感补偿对提高学员的学习兴趣、学习效果，促进学员健全人格的形成，提升教师的教学效率，改善教育管理者的管理机制等，都有着显而易见的现实意义与实用价值。虽然目前情感计算在教育领域的应用仍存在许多挑战，但毋庸置疑的是，未来情感计算在教育领域会有更加广阔的发展空间。

第四章　生命健康行业应用及案例

情感计算在生命健康领域受到了越来越多的关注，通过分析和评估各种类型的数据源，辨别接受医疗服务的用户或患者的情感类别，并进行相应的干预，用以提高医疗卫生服务的质量。由于生命健康领域的特殊性，涉及包括临床数据、药物评论、各种生理信号、问卷调查等在内的情感计算的数据源更加多样化。随着情感计算和生命健康领域的融合，学术研究与实践应用均在不断地发展。

4.1　学术研究概况

4.1.1　国外研究概况

情感的唤起可能会对身体健康产生影响，这已经是一个被大众广泛认可的观点。将情感识别结果与生物信号相关信息、个体的日常活动相关联，可以发现多种不同的影响模式，这有着广泛、深远的研究价值。目前，在生命健康领域的研究中，情感计算的测量方式集中于生理数据、文本数据、行为数据、多模态情感计算等多个类型。

（1）生理数据情感计算

近年来，随着传感器技术的进步，全球基于传感器的医疗保健系统和智能可穿戴设备的研发逐渐增多。2010 年，意大利博洛尼亚大学达里奥·博塔齐（Dario Bottazzi）和加拿大圭尔夫大学尼达尔·纳赛尔（Nidal Nasser）等提出了一个普遍环境的情感医疗保健框架（PEACH）。该框架通过中间件传感器获取的生理数据支持情感的体现，能够有效地应用于吸毒成瘾的治疗应用场景。为了更好地理解和治疗情感障碍，需要对情感进行定量分类。2010 年，美国约翰斯·霍普金斯大学梅西·塔玛拉（Massey Tammara）等提出了改进身体传感器网络（BSN）中的通信技术，该网络收集患者情感状态的数据，从而使 BSN 可以对患者的抑郁状态进行连续监测、离散量化和分类。实验结果表明，嵌入式设备可以降低高达 27% 的电力成本和高达 47% 的硬件成本。这项研究使研究人员更易于进行连续、实时的系统监测，使人们能够动态地分析人类生理学并理解、诊断和治疗情感障碍。

生理数据监测在很大程度上依赖于智能可穿戴系统。在过去 10 到 15 年，集成了高科技组件和可穿戴设备的系统取得了巨大发展和普及。智能可穿戴系统包括传感器、执行器、通信组件和用于特定目的的子系统。这些设备的主要目标是通过传感器监测患者的健康、行为、认知、情感等，传感器通过通信模块将数据无线传输到中央系统。2013 年，意大利比萨大学加埃塔诺·瓦伦扎（Gaetano Valenza）等研究发现了有关情感障碍和自主神经系统功能障碍之间相关性的证据，并基于使用自主神经系统相关的生物信号、可穿戴和个性化监测系统，开发了一种新型的情感识别系统，用于基于生物信号的有效情感识别。2018 年，美国北卡罗来纳州立大学法蒂玛·阿克布鲁特（Fatma Akbulut）等将情感状态纳入心脏状况监测的智能可穿戴系统，使用电流皮肤反应传感器进行的测量，确定患者通常接近的情感。研究表明，积极情感可能对疾病的发展起到保护作用，负面情感会对免疫系统产生负面影响，并增加出现健康问题的风险。因此，使用情感状态信息可以提高预测患者短期健康状况的准确性。

脑电（EEG）是一种经过充分验证且高度敏感的神经影像学方法，可产生强大的情感标记。2020 年，英国卡迪夫大学洛雷娜·圣玛丽亚

（Lorena Santamaria）等利用最新的神经科学，提出的一种基于社会生态学模型的多领域数字神经表型模型，将可穿戴神经传感器集成到现有的多模式传感器阵列。这是一种数字心理健康的整体方法，它为检测治疗中的情感障碍和个性化的深度数字神经表型分析带来巨大希望，同时也提高了高度个性化诊断和治疗的水平。

随着功能磁共振成像（fMRI）技术在临床检查、诊断和治疗上的广泛应用，2022 年，印度 JIS 大学尼朗捷 · 戴伊（Nilanjan Dey）和我国温州医科大学刘杰等通过情感计算，使用注意力模型将从情感模拟实验中生成的大脑 fMRI 数据集进行分割，这是一种基于高斯拉普拉斯算子（Laplacian of Gaussian，LoG）滤波器的深度卷积神经网络（DCNN-32），称为 ADCNN-32-G。刘杰对 fMRI 图像分割提出了几个评估指数。通过与距离规则水平集演化（DRLSE）、单根植区域生长法和单语义分割（segNet）全卷积网络模型（FCN）进行比较，ADCNN-32-G 模型在分割大规模 fMRI 数据集方面表现良好。该方法可以用于实时监测抑郁症患者，有助于心理治疗。

除了基于传感器的医疗保健程序和智能可穿戴设备之外，音乐疗法、马辅助疗法等特殊疗法的临床治疗也使用了生理数据情感识别、计算的技术。音乐疗法是一种古老的治疗方法。2012 年，新加坡南洋理工大学奥尔加 · 苏里娜（Olga Sourina）等将音乐疗法与基于实时脑电图的人类情感识别算法相结合，提出了脑电图音乐治疗算法。这种疗法基于神经反馈了解患者的需求，进而调整音乐疗法帮助治疗。这种疗法可以实时识别恐惧、沮丧、悲伤、快乐、愉快、满足等 6 种情感，也可以根据预定的时间调整治疗方案，并参照经验丰富的音乐治疗师的工作方式，通过音乐治疗改善用户当前的情感状态。

马辅助疗法是利用与马有关的活动实现治疗目的的疗法，如治疗性骑马、马术疗法、马辅助疗法和马辅助学习疗法。该疗法已经被认为是治疗创伤后应激障碍（PTSD）、抑郁和焦虑等许多心理健康问题的有效方法。2019 年，为了研究基于情感识别技术在人类与马匹互动时对这种互动的情感反应方面的潜在用途，沙特阿拉伯北部边境大学特克 · 阿尔托拜蒂（Turke Althobaiti）等从人类与马的互动中捕获脑电、心电和肌电信号，并使用机器学习技术来预测受试者在效价和唤醒方面的情感状态。

（2）文本情感计算

在生命健康领域中，对临床文件的情感分析有望帮助患者获得自我评估治疗的信息，为卫生专业人员提供更多关于患者健康状况的见解，甚至管理患者与医生之间的关系。由于人们可以方便地从公共论坛、药物审查网站等医疗信息平台上提取到庞大的情感数据，文本情感计算在药物效果评估、健康措施评估、医疗保健服务评估等方面均有较为广泛的应用。

药物评论的情感分析可以提供有价值的见解，以帮助医疗保健领域的专业人员和公司在药物上市后评估药物的安全性和市场接受度。2015 年，新加坡南洋理工大学罗镇川（Jin-Cheon Na）等为药物评论网站上用户生成的内容开发了一种有效的情感分析。该方法采用纯语言分析方法，给主干词分配分数并计算情感值（正面、负面或中性）。分析结果对医药企业和临床医生都有重要的参考价值。2020 年，巴勒斯坦技术大学拉米・优素福（Rami Yousef）等使用基准的医疗情感数据集，提出了一种基于循环神经网络（RNN）的新文档嵌入方法来改进情感分类，该方法表现出更好的情感分类准确度。该研究用于处理识别药物不良反应的医疗文本，对确定不良反应和其他方面的研究至关重要。2021 年，巴基斯坦哈瓦德法雷德工程和信息技术大学埃沙・萨阿德（Eysha Saad）等采用了一种混合技术，使用通用情感词典来注释药物评论，并结合了多种特征工程技术，用于提取有用的特征，使用逻辑回归、AdaBoost 分类器、随机森林、额外树分类器和多层感知器等学习模型对评论的情感进行分类。结果表明，所提出的基于学习模型和基于情感词典的组合方法获得了比单独使用一种方法更好的结果。

民众对健康类措施的反馈往往体现在在线健康讨论上。社交媒体平台有很多关于患者护理、疾病预防等健康措施以及检查早期适应证等讨论，通过相关分析，可以解明参与者的态度和行为意图。情感分析被广泛用于检索生命健康领域的隐藏情感，民众在推特等在线社交网络平台上进行的讨论，往往倾向于表达自己对各类生命健康措施的直观感受，并且偏向于反映出的问题。卫生保健工作者等已经开始重视观察这些讨论，以评估健康类措施对人们的影响。2015 年，摩尔多瓦科技大学维多利亚・博比切夫（Victoria Bobicev）等研究了医疗论坛在线表达的情感，分析了在线讨论中情感之间的转换，使用机器学习多类分类方法，评估了自动识别 5 种情感类别的可行性。2021 年，印度韦洛尔科技大学 C.S. 帕万库马尔（C.S. Pavan Kumar）等提出一种新颖的、可以在任何机器学习模型上使用的基于社交网络聊天工具的内容特征提取框架，架构涉及特征拆分和医疗情感分析。所提出的模型使用模糊隶属函数来细化输出，用机器学习模型获得情感得分，是一种针对医疗在线社交网络上讨论文本进行情感分析的有效方法。

在医疗保健服务中，生命健康情感语料库是情感计算中信息提取与分类的基准与关键。2018 年，印度贾达普大学阿努帕姆・蒙达尔（Anupam Mondal）等提出了一种新的基于生命健康领域的知识词典，并结合机器学习方法来提取语义关系。开发的词典提供医疗的概念及其特征，即词性（POS）、光泽（描述性解释）、类似情感词（SSW）、亲和力得分、重力得分、极性得分和情感。所提出的方法通过识别概念的语义关系产生了概念聚类应用。该应用程序在医疗的本体系统和推荐系统、加强临床决策等多个领域具有潜在的利用价值。2019 年，澳大利亚詹姆斯库克大学刘思思（Sisi Liu）等提出了一种新的词语特征提取方法，利用位置嵌入来生成医疗的域增强情感，用于具有位置编码表示的药物审查词典情感分析。2021 年，泰国国家电子与计算机技术中心的努塔蓬・桑格勒德辛拉帕猜（Nuttapong Sanglerdsinlapachai）等提出一种用统一医疗语义类型的语言系统（UMLS）来改进基于词典的情感分类方法，并将其用于评估和观察临床叙述记录中的相关情感，通过情感识别表明患者的健康状况。

（3）行为情感计算

在生命健康领域中，对行为情感收集、测量、分析的相关研究虽然较少，但是具有独特的参考价值。2019 年，美国北卡罗来纳大学教堂山分校的坦迈・兰德哈瓦内（Tanmay Randhavane）等提出了一种新的数据驱动方法，以根据个人的步行方式来识别他们的情感。该方法以一系列 3D 姿势的形式提取个人的行走步态，利用步态特征将情感状态分为快乐、悲伤、愤怒或中性。利用长短期记忆网络从标记的情感数据集提取步态的深层特征，使用姿势和运动线索计算步态的情感特征，并将情感特征与深层特征结合起来，通过随机森林分类器进行分类。此方法在识别感知情感方面的准确度达 80.07%，在行为情感计算方面有一定的代表性。

患者的情感状态与其健康状态有着密切的关系。2020 年，希腊沃洛斯色萨利大学卡利波利蒂斯（Kallipolitis Georgakouli）等提出了一种创新的面部情感识别网络服务，该服务集成在医疗保健信息系统中，利用加速鲁棒特征算法来识别人脸中 7 种不同情感的存在，并且基于卷积神经网络，在视频通信会话期间通过面部实时地识别患者相应的情感，可用于监测和及时管理老年人和慢性病患者的情感波动，用于推断其健康状态。

（4）多模态情感计算

2011 年，美国乌托邦压缩公司的刘晓清（Xiaoqing Liu）等提出了一种多模态情感识别系统，通过分析和融合一些非侵入性的外部线索，能够有效地评估人类情感状态。该系统可以自动地识别人类情感状态，集成到现有的远程健康监测和康复系统中，以提供客观、非侵入性和持久的情感识别，从而帮助患者在自然生活环境中进行健康监测和诊断。2015 年，意大利比萨大学安东尼奥・拉纳塔（Antonio Lanata）等研究了一种个性化的可穿戴监测系统（PSYCHE 系统）。该系统主要包括 1 件舒适的带有嵌入式传感器（如用于监测心电图心率变异性的纺织电极）的 T 恤、用于呼吸活动的压阻式传感器和用于认知活动的三轴加速度计。在患者方面，PSYCHE 系统使用基于智能手机的交互式平台进行电子情感议程和临床量表管理；而在医生方面，则提供数据可视化和临床决策支持。智能手机收集生理和行为数据，并将信息发送到中央服务器进行进一步处理，这可以为精神障碍患者和管理此类疾病的医生提供信息和通信技术。

除了日常健康监测、精神问题改善等常见的应用场景之外，情感计算研究还扩展到了治疗儿童肥胖等更加广泛的健康领域。2016 年，西班牙马德里技术大学豪尔赫・坎塞拉（Jorge Cancela）等使用层次分析法推导出了一个支持家庭干预的儿童肥胖改善模型，并构建了一个原型系统 OB CITY。该系统利用行为分析、情感计算及游戏化技术，在基于家庭行为干预的护理方面提供长期服务。OB CITY 基于情感计算，利用传感器获取相关生理数据和行为数据，结合家长和儿童在使用系统过程中的操作特点，给予个性化反馈，帮助儿童调节情感，改善肥胖情况。

此外，通常的社交沟通障碍（Social Communication Disorder，SCD）诊断是通过心理评估和观察进行的，这需要时间投入和人工干预。近年来，随着技术不断地迭代更新，认知健康问题得到了极大改善。2017 年，西班牙卡斯蒂利亚-拉曼恰大学埃斯佩兰萨・约翰逊（Esperanza Johnson）等提出了一个旨在辅助 SCD 诊断的移动应用程序情感化身 Avatar。Avatar 通过严肃游戏领域的技术，将平板电脑收集到的用户交互信息提供给学习算法，以检测移情或非移情交互。

4.1.2　国内研究概况

目前，在国内生命健康领域中，情感计算的研究多集中在对老年人、抑郁症患者等心理状况的采集、心理疏导与治疗，以及应用于包括疾病预测在内的健康监测等方面。

（1）老年人陪伴

根据社会人口学家的统计和预测，随着出生率不断创新低以及寿命的延长，老龄化趋势不可避免。如何通过更好的情感特征交互方式解决老年人的认知、心理及情感方面的问题，为老年人提供更好的生活方式，成为学术研究的重点内容。

在情感计算的帮助下，智能陪伴机器人可以与空巢老人进行良好的互动，用户情感的深度挖掘加上多样的反馈方式可以给老年用户带来更真实的感受，简单的操作也符合各项生理机能处于衰退阶段老年用户的需求。天津理工大学窦金花等针对老年人日常生活情境特征，为老年用户设计了一款家用智能服务机器人。它可以利用情感计算方法，通过传感器、摄像头、行为分析仪等设备，采集老年人日常生活状况、声音、表情和行为等数据。利用情感计算提取老年人的情感需求和情感特征，通过机器学习算法对机器人进行训练，从而对老年人的情感和行为做出合理的反馈。通过与家电终端、老年手机终端与医疗机构平台的互联，机器人可以实现与老年人对话和通信，监控老年人的健康状况，也可以根据用户需求控制电视、空调、电灯等智能家电，以通过智能情感互动产品为老年人提供智能化、人性化的产品服务。

除了情感智能机器人之外，可穿戴设备也是研究应用的重点形式。天津大学李豪基于对情感计算理论的研究，建立了老年人情感模型，依据老年人认知心理和行为的用户调研分析，设计了一款基于生理情感计算技术，包括硬件部分（头戴式和手戴式）及软件部分（可穿戴端交互界面设计和语音动作交互方式探索）的老年人可穿戴产品，根据皮肤电、心电、肌电等反应，确定情感的变化走向来进行情感交互。从提高老年人心理健康和自主生活的角度看，硬件的穿戴形式和软件的交互方式确定了为老年人设计的目标产品形式以及用户体验方式。

在老年群体中，空巢老人的情感需求应当受到更多的关注。老年人生理机能的下降会引起其心理状态的变化，空巢老人更是如此。一方面，由于和儿女长期分开生活，在没有儿女的照顾和帮助下，空巢老人通常需要独立生活，生活质量显著下降；另一方面，由于缺乏陪伴及人际往来，空巢老人缺乏情感安慰，身心健康都会受到影响。情感计算可以主动识别并理解用户，关注空巢老人特殊的情感并带去关怀和慰藉，为空巢老人群体带来更多的福祉。

西华大学李佳等研究了空巢老人特殊群体情感产生与反馈的关系，对老年人群的情感需求特征进行了分析，通过情感信息的接收、识别与分析，对用户情感信息的特征进行挖掘，构建了一个空巢老人情感交互 Agent 模型。Agent 系统可以感知、分析、处理情感并给予反馈，反馈形式包括但不限于语音、图像、动作等。如图 4-1 所示，基于情感计算的空巢老人情感交互 Agent 模型主要分为感知系统、认知系统、行动系统、情感系统及人机界面。感知系统通过传感器、摄像设备或图片采集装备等获取空巢老人的面部表情、姿势、声音等数据信息；认知系统对感知系统所获取的用户情感信息进行识别与分析，将情感信息分类，提取情感信息特征，如中性情感、开心、悲伤、惊讶、害怕、生气等情感；行动系统根据认知系统所计算出的情感信息结果进行判断，推断用户此时的情感状态，并对识别出的情感状态提供合理的情感反馈；情感系统负责以上 3 个系统的情感处理部分；人机界面则是与用户交互的界面。

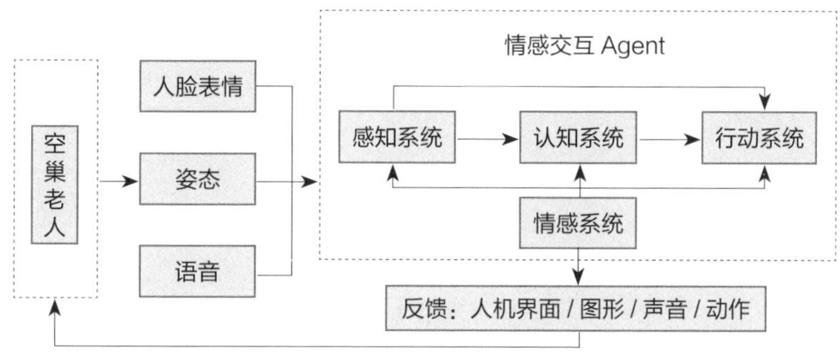

图 4-1　基于情感计算的空巢老人情感交互 Agent 模型

（2）抑郁识别

抑郁症是一种表现为情感和认知功能障碍的精神疾病，影响患者的思想、行为、情感和幸福感，也是自杀的主要诱因。目前，抑郁症的临床诊断主要依靠自我评估量表和医生访谈，最终由医生根据主观经验做出诊断，这对医生的临床经验和诊断方法有很高的要求。但是，在临床实践中，医生和患者的数量极不平衡，临床诊断也将耗费大量时间。因此，以情感计算技术为基础的客观、有效的抑郁症识别方法是具有极大现实意义的。

在抑郁症识别的相关研究中，兰州大学普适感知与智能系统实验室走在科研的前沿，其“973 计划”项目“基于生物、心理多模态信息的潜在抑郁风险预警理论与生物传感关键技术的研究”产出了多项成果。脑电作为客观反映大脑活动状态的生理信号，被认为是辅助诊断和检测临床抑郁症的有效工具。随着认知神经科学研究技术的不断成熟，研究者利用脑电等可以反映脑功能活动的生理信号来研究情感问题，如情感识别、情绪脑等。宿云等构建了一个可以表示脑电数据语义和被试者上下文信息的本体模型，并基于该模型使用推理引擎进行基于脑电生理信号数据的自动情感识别。张彦豪根据抑郁症患者的脑电特点提出了抑郁症患者的神经反馈指标，以生理情感计算技术为基础设计了基于便携式脑电数据采集设备的自适应神经反馈系统，并进行了抑郁症患者的神经反馈实验，验证了反馈指标和反馈系统的有效性。蔡涵书基于脑电反馈技术发现了全新的抑郁症筛查指标和模型，以此构建了抑郁症筛查和干预系统，并对系统的有效性进行了验证，探讨并阐明了该系统基于脑电反馈的情感障碍调节机制。沈健从脑电的特性入手，利用人工智能和情感计算技术，从脑电多导联空间和本征特性两个维度分别探究脑电的导联权重和导联子空间，并通过本征特征优化进行生理信号识别，并通过计算实现对抑郁症的有效识别。基于脑电、眼动、脑图像、语音、网络行为等单一生理指标对抑郁症特征的反映并不全面，多模态数据可以通过信息互补来扩大输入数据的信息覆盖范围，从而提高抑郁症识别的准确性。脑电对脑活动的微小变化非常敏感，具有时间分辨率高、无创性等优点。眼动数据可以直接反映行为数据上的心理状态。祝婧利用情感面孔自由浏览实验范式，基于抑郁评估量表及医生问诊，面向在校大学生同步采集脑电和眼动数据，在单模眼动、脑电分类及脑功能网络研究的基础上，开展了面向轻度抑郁识别的脑电和眼动数据表征融合方法研究。

兰州大学研究大多是基于生理情感信号的，而上海海事大学施志伟等则针对新浪微博文本中学员的抑郁情感倾向进行情感文本计算，提出了一种识别抑郁情感倾向的模型。该模型首先鼓励学员在线填写抑郁自评量表，获得该量表的得分后，对学员的微博文本进行收集并请学校心理学教师人工标记。在预处理阶段，模型利用抑郁情感词典对分词阶段分割的抑郁情感词进行重组，提高识别精度，然后构建了基于支持向量机制的情感分类器，对微博数据进行训练。经过不断的学习反馈，模型取得了较好的分类效果。最后，模型用定义的抑郁指数衡量一段时间内学员个体抑郁倾向的程度。实验结果表明，用抑郁指数衡量的抑郁程度与量表的结果基本一致，该方法的识别准确率达 82.35%。

（3）心理疏导与治疗

由于情感计算可以识别与计算用户的情感，针对不同需求的群体能够提供不同的情感反馈。在突发公共卫生事件中，除了生理上受到的伤害之外，受灾人群出现心理问题的可能性也极高。让具有情感计算能力的机器人配合医生提供辅助心理救援服务，可以降低突发事件对受灾人群造成的心理影响。在 2020 年突发新型冠状病毒感染的背景下，北京工业大学胡鸿等针对突发公共卫生事件的心理危机问题，根据服务设计用户旅程法，分析整理灾后人群在不同应激反应阶段的心理体验和痛点，然后以能够即时对用户情感状态进行测量、判断的 VibraMED 情感测量软件为技术支撑，设计了一种能够配合医生开展心理学群体心理干预的辅助心理救援机器人，将情感计算应用于机器人产品，以用于应急事件的心理救援。这可以完善应急事件中的心理危机干预和处理系统。

之江实验室跨媒体智能研究中心在情感计算领域发文量达 27 篇，是情感计算领域的新兴创新研究机构，主要研究跨媒体统一表征与关联理解、视觉知识表达与视觉智能、跨媒体知识演化、跨媒体智能分析等基础理论和关键技术，研发跨媒体内容生成、多模态感知、情感计算、情感智能人机对话系统等旗舰平台。其中，人工智能驱动的个性化虚拟现实心理服务平台通过感知用户的语音、文本、表情等多模态信息精确分析用户的心理状态，为用户提供个性化的心理咨询等服务。同时，该平台以心理学的相关原理为依据，利用虚拟现实技术，为用户提供了一个压力释放空间，引导用户向正向的心理状态发展。

四川音乐学院朱婷等开发了一个“语音情感评估-音乐治疗-身体反应机理反馈评估系统”，实现音乐治疗和效果的定量评价，实时监测受试者的身体反应并通过负反馈调整治疗音乐的类型。系统利用语音情感计算技术对用户的录音进行情感计算，关注语音所反映的情感状态并初步将测试者的心理状态评估为 3 个层次：压力、正常和放松。根据心理状态评估结果，系统通过机器学习自动在音乐库中选择合适的治疗音乐，这是音乐治疗的第一阶段。在此阶段，治疗师实时监测受试者的心率指数，并使用统一的标准对测试者的心理状态进行定量评价。如果受试者的心理状态仍然“紧张”或“正常”，心率指数将反馈给机器学习，通过整合语音情感和心率指数自动调整治疗音乐类型并执行音乐治疗的第二阶段。这个过程是循环的，直到受试者的心理状态被评估为“放松”。

康复机器人是近年来发展起来的一种新型运动神经康复治疗技术产物。在机器人辅助康复治疗过程中，如何使患者与康复机器人之间的互动如同传统康复治疗方法中患者与医生之间的互动一样和谐自然，已成为近年来我国康复机器人研究领域的目标和热点。解决这一问题对提高康复训练效果具有重要的研究和临床应用价值。南京邮电大学机器人信息感知与控制研究所徐国政等认为，在研究康复机器人时应注意患者的“心理”层次，并提出了一种基于焦虑识别和混合控制的机器人辅助临床康复控制方法。首先，团队分析了机器人辅助康复过程中不同强度焦虑的生理反应特征的意义和差异，然后采用基于径向基函数核的支持向量机设计焦虑情感分类器，最后基于混合控制理论，设计了一种与患者焦虑强度相一致的人机交互控制器来疏解患者的焦虑情感。

孤独症儿童在康复训练过程中往往需要面对持续时间长、医疗费用高等问题。北京科技大学潘航等设计了一个用于孤独症儿童的辅助康复医学交互式机器人系统，将机器人控制技术与情感计算相结合，设计出一种多模式人机交互情感认知训练方法，并根据径向基函数神经网络构建的基于多通道生理信号融合的灵敏度因子，提出一种基于生理信号敏感因素的情感计算模型。在辅助治疗过程中，该模型改进了康复认知训练过程，提高了机器人的情感交互能力。结果表明，通过交互式机器人系统进行康复训练，可以提高孤独症儿童的社交和语言交流能力，有利于患者的康复治疗。安徽省合肥市第一中学梁益伟等通过对儿童孤独症早期潜在风险进行识别与预测，开发出一种成本较低、操作方便、安全适用且能早期预测儿童孤独症的系统软件，结合基于深度学习技术及开源表情库，建立表情识别模型和基于 MFCC 算法的新型语音表达模型，研究构建了一种新型的孤独症儿童复合情感计算模型。借助移动端对实时儿童表情图像和声音信息进行特征抽取，利用情感计算模型对表情和语音源进行算法分析，再通过与语音和表情数据库进行比对，最终评估并反馈儿童潜在的孤独症风险高低，从而初步预测儿童患孤独症的风险。

（4）健康监测

心理状态在人类行为中起着主导作用，会影响人们的活动意愿和活动效率。与出现心理问题后进行疏导同等重要的是，利用情感计算进行日常的健康监测与疾病预测，以更好地维持健康状况。健康的心理状态是学员在学习过程中形成严谨的逻辑思维和进行创造性活动的前提和保证，因此学员群体的心理健康监测是近年来研究的一大热点。西南大学张启飞通过采集受试者的皮肤电信号，提出了一种改进的离散二进制粒子群算法，以用于针对皮肤电的学习焦虑识别。借鉴 Gross 的情感调节模型，他提出了人机交互环境下学习焦虑的调节模型，设计并开发了基于 Android 的学习焦虑识别与调节助手。湖南师范大学基础教育大数据研究与应用重点实验室周炫余等针对大学生社交网络平台数据的特点，构建了一种多模态融合计算的大学生心理健康自动评估模型，从数据清洗及预处理、基于文本的情感计算、基于图像的情感计算、心理健康评估模型生成等 4 个部分对模型进行设计。结果表明，该模型能精准地把握学员的心理健康水平，有效揭示了学员心理特征的连续变化趋势。

为减轻快速增长的医疗服务需求带来的沉重负担，可穿戴计算辅助医疗被提出用于健康监测和远程医疗，智能穿戴设备的出现也为实现实时监控心理健康的设想提供了可能性。中南财经政法大学陈敏等提出了一种基于可穿戴计算和云技术的情感交互体系结构（AIWAC），包括 3 个组成部分，即可穿戴设备的协同数据收集、增强的情感分析和预测模型、可控的情感交互，并提出了 AIWAC 测试平台，设计了基于可穿戴计算的情感交互机制。为了便于长期隐式收集人体的各种生理指标，陈敏等进一步设计了“智能服装”并利用移动互联网、云计算和大数据分析技术，构建移动医疗云平台，为智能服装系统提供普适智能，通过智能服装采集的心电信号，用于健康监测和情感检测。西南交通大学喻叶从负性情感识别着手，将可穿戴设备“智能腕表”的设计作为研究的中心，通过皮肤电信号的监测来感知情感变化并对负面情感进行干预。电子科技大学姜龙等设计并实现了一种可以用于长期人体健康监测的便携式可穿戴设备，包括音频传感、行为监测、环境、生理传感等 4 个健康功能，并已嵌入可穿戴硬件平台，无须保留原始音频数据，避免了潜在的隐私问题。

随着科学技术的快速发展和生活节奏的加快，人们的心理健康问题日益突出。传统的可穿戴、情感计算（即基于智能服装的 Wearable 2.0）等技术已经无法满足计算密集型的情感分析和对潜伏期敏感的情感交互带来的需求。中国科学院大学阳俊等提出了集头部可穿戴设备、智能情感交互机器人、智能触觉设备于一体的 Wearable 3.0，通过采集脑电数据、语言情感数据、触觉行为感知数据，为用户提供更加个性化的心理健康监测服务。合肥工业大学情感计算与系统结构研究所孙晓等提出了一种在一般环境下的多模态心理计算技术，建立了一个心理健康数据库，以及一个基于先验知识和多模态信息融合的长期泛在可解释心理计算模型，有效解决了长期复杂心理健康状态识别和预测的科学性和准确性问题。

除了生理情感计算和多模态情感计算之外，情感文本计算也可以用于健康监测。大连理工大学曾泽渊以社交媒体数据作为研究对象，通过自然语言处理方法挖掘出与用户健康有关的信息，选择了幸福感和抑郁症两个主题进行监测，分别构建情感计算模块进行情感文本计算，借助加拿大国家研究委员会（National Research Council Canada）增值与数据网络词典来引入情感信息，从而实现对用户心理健康情况的监测。

4.2 应用发展情况

4.2.1 国外应用情况

在生命健康领域，情感计算早期主要应用于情感障碍的治疗，特别是针对孤独症的治疗和干预。由于孤独症患者在社交中可能难以理解对方的表情，无法读懂对方的情感，研究人员主要围绕情感识别功能展开研发。

神经技术公司 Brain Power 推出了一套专为孤独症患者设计的系统，旨在让患有孤独症的儿童和成年人自学关键的社交、情感和认知技巧。此系统基于智能眼镜运行，包含一系列的应用程序，聚焦于解决情感识别和眼神接触等问题。其中，情感识别系统研发来自全球著名的情感人工智能公司 Affectiva，能实时把面部表情和肢体语言精准地归类到不同的情感类别。同时，美国斯坦福大学也开发了一个名为“Superpower Glass”的设备，让孤独症儿童使用与谷歌眼镜配对的智能手机应用程序来提高他们的社交技能，以帮助他们理解人们通过面部表情所传达的情感。该设备通过本地无线网络与智能手机连接，包括一个配备了用于记录佩戴者视野的摄像头的眼镜框架，以及一个小屏幕和扬声器，可为佩戴者提供视觉和音频信息。当儿童与他人互动时，该应用程序会通过谷歌眼镜扬声器或屏幕进行他人情感的识别和命名。2019 年，一项临床研究表明，接受了使用“Superpower Glass”设备进行干预的孤独症儿童的社会行为得到显著改善。由于缺少训练有素的治疗师，儿童可能会在孤独症诊断后等待长达 18 个月的时间才能开始接受治疗，而此类技术将有助于填补孤独症护理方面的不足。

除了儿童的心理健康之外，老年群体的精神健康问题也不容忽视。联合国经济和社会事务部发布的《2023 年世界社会报告》显示，2021 年，全球 65 岁及以上人口为 7.61 亿人，到 2050 年这一数字将增加到 16 亿人，80 岁及以上的人口增长速度更快。全球人口老龄化增速凸显了提高晚年情感和认知护理标准的重要性。2022 年《柳叶刀》发布的《柳叶刀-世界精神病学协会抑郁症重大报告：对抑郁症采取联合行动的时候到了》显示，全球每年有 5% 的成年人患有抑郁症。与年轻患者相比，在老年患者身上会出现更多的医学和神经系统并发症，并表现出更多的认知障碍。除此之外，阿尔兹海默病（一种以记忆功能和认知功能进行性退化为特征的临床综合征）也多发于老年期。情感计算在晚年情感和认知障碍的治疗和护理中拥有巨大潜力。美国麻省理工学院林肯实验室詹姆斯·威廉森（James Williamson）等开发了一套算法用于根据声音和面部运动识别抑郁程度。他们研发的多模态分析架构能够利用音频和视频中的补充信息，如结构、时间特征，用以估计抑郁严重程度。在第四届国际视听情感挑战赛及研讨会上，他们使用组织方提供的来自不同抑郁程度的患者的朗读音频和对答视频，通过自主研发的算法对这些患者的抑郁程度进行判断，最后与贝克抑郁量表（Beck depression inventory）分数对比，标准差为 8.12，体现了此系统的有效性。微软雷德蒙研究院蒙蒙·德乔杜里（Munmun De Choudhury）等创建了一个社交媒体抑郁指数（social media depression index，SMDI），通过分析社交媒体上的行为属性来反映人群抑郁程度。他们先是建立了一个包含 6.7 万篇推特推文的语料库，这些推文都是由已经被诊断出抑郁症的患者所发出的。随后，他们通过研究情感表达、语言风格、用户参与度等行为属性，创建了一个可以判断推文是否反映抑郁的模型，准确度超过 70%。社交媒体抑郁指数就是利用了这个预测模型，对人群的抑郁程度进行描述。在实践中，通过该指数得到的地理、人口和季节性规律模式与美国疾病控制与预防中心报告的抑郁症统计数据高度相关。

总之，情感计算可用于对情感和认知障碍的治疗和护理，通过对声音、面部表情、肢体动作、眼动情况、打字动态以及社交媒体行为等方面的监测，评估敏感人群的情感和认知状态，如孤独、焦虑和抑郁的程度。社交辅助机器人的使用，能在治疗或日常生活中实时收集与情感相关的信息，同时给予老年人陪伴，减少孤独感。由于情感和认知具有复杂性和多面性等特点，在传统治疗的基础上配合情感计算技术，能弥补当前筛查和诊断方法的不足之处，也能更精准地区分病症，如区分焦虑症与抑郁症等，还可以更好地跟进治疗后患者的状态。

此外，在生病住院期间，患者也会感到脆弱、无助和孤单。即使所患的不是心理疾病，但由于作息规律被打乱，面对环境陌生，叠加对健康的担忧，这些都会让人的情绪低落，容易产生焦虑不安的情感。特别是老年人，还可能会诱发谵妄或认知功能下降。为了解决这些问题，美国东北大学和波士顿医疗中心合作开发了一款在医院使用的陪伴机器 Hospital Buddy，旨在消除或减缓患者在医院接受治疗时所产生的无聊和孤独感。Hospital Buddy 会通过对话与患者互动，除了提供各式与生命健康和娱乐相关的话题给患者解闷之外，还会与患者讨论他们的住院经历，给予带有同理心色彩的反馈和情感支持。在对 3 名患者进行的一项试点测试中，每名患者都在房间里待了 24 小时，患者对陪伴机器表现出高接受度和满意度并表示这一举措帮助消除了他们的孤独感。除了 Hospital Buddy 之外，美国东北大学和波士顿医疗中心还开发了一款虚拟护士机器，它可以为患者在出院前提供咨询服务，并让患者了解出院后的自我护理程序。机器会与患者进行约 30 分钟的对话，对话涉及出院后服用的药物和后续复查安排等内容。除了传达重要信息之外，机器还具有聊天的功能，这项功能兼具了同理心色彩的表达和幽默风格的内容。在试点测试中，19 名住院患者被随机分配到两组，一组是与虚拟护士机器进行上述的互动对话，另一组是与真人护士进行出院前的信息沟通。虽然沟通的信息内容相同，与虚拟护士机器进行对话的患者表示他们感觉接受了更好的照顾且获取到更有用的信息。当被问及他们是更偏向于从真人护士还是从虚拟护士机器那里接收出院安排，74% 的患者表示更偏向于后者，因为这种沟通方式压力更小且更友好。

在安抚患者情感方面，韩国现代汽车集团与美国麻省理工学院媒体实验室合作打造了一辆特殊的迷你电动汽车。该汽车基于情感识别车辆控制

(Emotion Adaptive Vehicle Control, EAVC)技术，车内环境会根据驾驶人的心情做出相应变化。现代汽车把这款独一无二的迷你电动汽车捐赠给在儿童疾病治疗研究领域处于世界领先地位的西班牙巴塞罗那儿童医院 Sant Joan de Déu，让小朋友可以从病房“开车”到治疗室，旨在让小朋友放松心情并鼓励小朋友勇敢接受治疗。EAVC 技术通过监测面部表情、心率和呼吸速率，同时结合车速、噪声和震动等信息，利用机器学习进行数据处理，进而优化车辆环境，控制灯光、音乐、气味等功能。脸部表情识别系统通过座位前方的摄像头实时识别小朋友的情感，情感适应性灯光系统则会根据识别出的情感状态显示绿色、红色或黄色的灯光。除了给小朋友提供情感支持之外，迷你电动汽车还能把小朋友的情感状态告知医护人员，更好地协助他们开展治疗工作。这种无须面对面的互动沟通的方式，在疫情时期更能发挥作用。

除了酷炫的汽车之外，亚美尼亚初创公司 Expper Technologies 开发了一个交互式陪伴机器人 Robin。Robin 带有能进行面部识别的前置摄像头，能够分析小朋友的面部表情、情感、年龄、性别和言语，以全面了解小朋友的情感状态。在 Robin 与小朋友的互动过程中，利用一种在部分随机情况下做决策的马尔可夫决策过程(Markov Decision Process)数学模型，通过分析小朋友面部表情所反映的情感，尽可能在互动中调动小朋友的情感积极性。有了这项技术的加持，Robin 能够识别对方的情感并相应地调节自己的行为。Robin 还能把与小朋友在互动中产生和接收的关键信息点储存起来，以便在之后的对话里使用，这非常贴合正常人类的交流特点。拥有如此贴心技能的机器人非常适合在医院使用，与小朋友玩游戏，进行量身定制的互动，分散要接受治疗的小朋友的紧张和不适感。美国加利福尼亚大学洛杉矶分校美泰儿童医院就引进了 Robin，加强为小朋友提供关注和陪伴的能力。在引进的半年后，专家采访了与 Robin 进行过互动的小朋友及其家长，90% 的家长表示很愿意让小朋友再次与 Robin 互动。小朋友与 Robin 互动后，积极情感上涨了 29%，消极情感下降了 33%，具体表现为在情感和与人互动的方面展示出更加积极的倾向。

情感计算技术还被应用于识别和干预自身的情感。例如，微软研究中心与美国罗切斯特大学、英国南安普顿大学合作研究能改变情绪性进食行为的系统。原本进食的原因是出于饥饿，但是慢慢地越来越多的人企图通过食物寻找慰藉以得到情感安慰。这种非基于生理需求的进食往往伴随暴饮暴食，容易诱发精神上的负罪感以及生理上的肥胖和营养不良，给身心带来消极影响。情绪性进食并不能解决人们实际生活的问题和消除不良情绪，反而会加剧人们情绪的不稳定性。为了帮助人们养成健康习惯，他们在前期研究中发现情绪性进食行为存在个体差异，因而需要先识别出个体的情感，再进行定制的个性化干预。为达到情感识别的目的，研究者设计了一套可穿戴式的传感器系统，通过机器学习的方法监测情感。整套系统内置心电图传感器、皮肤电传感器、三轴加速度传感器和两轴陀螺仪，分别获取心率、呼吸、皮肤导电性和移动的信息。系统会把传感器收集的信息通过蓝牙传输到手机应用程序里，然后进行云储存，再通过应用程序提供某种干预措施来分散使用者的注意力，力图阻止情绪性进食的发生。

同样是为了便于提供干预，一家名为情感疗法（Feel Therapeutics）的公司利用情感计算提供心理健康监测的服务。通过佩戴式手环收集生理信号并识别对应的情感模式。该公司提出一个全面的、由 4 个部分组成的心理健康计划。除了情感识别部分之外，还有一个与手环传感器建立了联结的手机应用程序，该程序能够实时显示情感状态的变化。这不仅让受试者可以进一步了解自己的情感状态，还能让心理治疗师有更直观、更详细的数据辅助诊断治疗。第三部分是公司提供的心理专家线上问诊咨询服务，根据传感器收集的数据，为受试者提供量身定制的支持。第四部分是量身定制的心理健康相关的教育资源，可以提高受试者对自身的认识。

美国康奈尔大学研究人员设计的一种交互式的环境照明系统 Mood Light，可以更直观地了解自身情感变化。Mood Light 可根据个体的情感唤醒程度进行改变，即系统的光照颜色会随着个体情感的变化而变化，使人们可以更直观地感受自己内心情感的波动，进而增强自我意识。Mood Light 由皮肤电传感器、安卓设备、可编程灯泡和台灯组成。利用皮肤电传感器测量导电水平，进而确认情感唤醒程度。相关数据会传输到安卓设备，然后向可编程的灯泡发送信号。灯泡根据接收到的信号改变颜色，唤醒程度越强，灯光色彩越暖（往光谱的红色端靠近）。这样的装置可以让使用者关注到平常可能没意识到的情感起伏，为使用者提供自我发现和自我反思的机会。

无论是对他人还是自身的情感进行识别研究，情感计算在生命健康领域的应用都是为了维护和改善身心健康。因此，以问题为导向的有目的性的探查非常重要。西班牙塞维利亚大学学者通过收集分析 2008—2020 年的学术论文，对人工智能和情感计算在妊娠健康领域的运用情况进行调查和研究。他们发现，虽然情感状态是孕期的一个风险因素，但是鲜有相关的研究。因此，学者呼吁应加大利用情感计算技术帮助妊娠妇女保持身心健康的相关研究。

生命健康领域包含儿童、老人、心理疾病患者、妊娠妇女，以及由于身体病痛导致心理脆弱的一般患者群体等广大的受众对象。就目前研究和应用情况而言，情感计算在生命健康领域聚焦的范围还较为有限。随着计算机、人工智能、人体工学等科学的发展，可以预见情感计算和生命健康领域会有越来越多相关的交叉融合。希望今后在推动情感计算研究发展的同时，在生命健康领域情感计算有更加广阔的应用场景。

4.2.2　国内应用情况

生命健康权是公民最根本的人身权，生命健康是个人也是社会最宝贵的财富。突如其来且快速席卷全球的新型冠状病毒感染给人们的生命健康带来前所未有的挑战，更是引发了对生命健康重要性的深刻思考。根据世界卫生组织对生命健康的定义，健康是指在生理、心理和社会层面都处于良好状态。因此，除了生理健康之外，心理健康也是不容忽视的。2016 年，全国卫生与健康大会提出，要加大心理健康问题基础性研究，做好心理健康知识和心理疾病科普工作，规范发展心理治疗、心理咨询等心理健康服务。《国民经济和社会发展第十三个五年规划纲要》明确提出要加强心理健康服务。《“健康中国 2030”规划纲要》要求加强心理健康服务体系建设和规范化管理。2019 年，健康中国行动推进委员会印发的《健康中国行动（2019—2030 年）》提到，我国常见精神障碍和心理行为问题人数逐年增多，且公众对常见精神障碍和心理行为问题的认知率较低，加强心理健康，有助于促进社会稳定和人际关系和谐、提升公众幸福感。行动目标是：到 2022 年和 2030 年，居民心理健康素养水平提升到 20% 和 30%；失眠现患率、焦虑障碍患病率、抑郁症患病率上升趋势减缓；抑郁症治疗率在现有基础上提高30%和80%；建立和完善心理健康教育、心理热线服务、心理评估、心理咨询、心理治疗、精神科治疗等衔接合作的心理危机干预和心理援助服务模式，并鼓励个人正确认识抑郁和焦虑症状，掌握基本的情感管理、压力管理等自我心理调适方法；各类临床医务人员主动掌握心理健康知识和技能，应用于临床诊疗活动中。针对抑郁症，国家卫生健康委员会制定了探索抑郁症防治特色服务工作方案，重点任务包括开展筛查、评估和加大重点人群干预力度等。另外，针对脆弱人群，国家卫生健康委员会等部门联合制定的《健康中国行动——儿童青少年心理健康行动方案（2019—2022年）》提到，要完善监测评估干预机制，建设儿童青少年心理健康状况数据采集平台，追踪心理健康状况变化趋势，为相关政策的制定提供依据。全国社会心理服务体系建设试点2021年重点工作任务指出，应完善社会心理服务网络，包括搭建基层社会心理服务平台、提升医疗机构心理健康服务能力及完善学员和员工心理健康服务网络，其中在试点地区的高校应按照师生不少于1∶4 000的比例配备心理健康教育专职教师。在规范开展社会心理服务方面，重点工作任务指出，应加强心理危机干预队伍建设和各部门各行业的心理服务。

科技作为建设社会主义现代化强国的重要工具，在生命健康领域也必然需要“挑起”担子。党的十九届五中全会首次就科技创新提出了“面向人民生命健康”的新要求，进一步明确构建“面向人民生命健康”科技创新体系。情感计算作为围绕心理情感展开科学研究的创新科技，在生命健康领域的应用有着无限潜力。

作为世界上最常见的精神障碍疾病之一，抑郁症在治疗方面备受挑战，原因之一便是识别率低。抑郁自评量表虽然可供使用，但依靠的是测量者的主观感受。如果能从客观层面进行辅助评判，就能够更好地提升识别率。西安交通大学计算机科学与技术学院杨新宇教授团队开发了一个基于语音和情感信号检测抑郁的模型。因为语音信号可以为抑郁症检测提供有用信息，所以杨新宇教授团队提取了深度的声纹识别（Speaker Recognition）和语音情感识别（Speech Emotion Recognition）特征，并结合这两种语音特征，获取说话者声音和情感间的差别作为补充信息。实验结果表明，深度的声纹识别和语音情感识别特征的融合可以提升模型的预测性。关于抑郁症患者与健康人群在声音特性上存在的差别，中国科学院也进行了相关的研究。在国家重点研究发展项目和中国科学院重点研究项目的资助下，中国科学院心理研究所行为科学重点实验室朱廷劭研究组采集了 47 个健康人和 57 个抑郁症患者在 12 种言语情境下的声音。言语情境包括视频观看、问题回答、文本朗读和图片描述这 4 种任务的积极、消极和中性语音。在将教育水平作为协变量控制的情况下，研究组评估了抑郁组和健康组在这 12 种情境下的音量、基频等 25 个语音特征的差异。研究表明，抑郁症患者声音异常存在跨情境稳定性。

除了声音、表情等常见情感指示信号之外，近年来脑电信号在情感障碍精神类疾病上的应用探索也逐渐增多。2020 年，清华大学心理学系研究团队从个体的情感脑电响应角度出发，运用脑机接口与机器学习方法提取个体情感脑电响应特征，设计出可预测个体五大人格特质的自动化脑电测量方法，有望弥补单靠主观自我测评报告手段所产生的局限性，这成为心理测量领域的新工具。另外，核心团队来自清华大学的博睿康科技也在从事与脑机接口系统相关设备的研发和销售等服务，并致力于为神经科学研究和临床神经疾病诊断、治疗与康复研究提供专业、完整的解决方案。2020 年 12 月，上海交通大学医学院附属瑞金医院脑机接口及神经调控中心正式成立。同时启动的还有第一个临床脑机接口研究项目“难治性抑郁症脑机接口神经调控治疗临床研究”，希望通过脑机接口技术将人脑与外部设备进行连接，在获取更深入、真实的情感信息及认识大脑的同时，也能对大脑施加影响，进行反馈治疗。

针对孤独症，香港中文大学（深圳）机器人与智能制造研究院研发的一款孤独症病情诊断与康复训练机器人，可以通过与孤独症患者进行视觉、语音、动作等多方面的交互训练，辅助康复治疗。该机器人融合了机器人技术、情感计算及康复内容三大核心技术。由于情感认知障碍是孤独症患者普遍存在的主要障碍之一，情感计算是让机器人读懂、理解孤独症患者的关键所在。研发团队开发了一个表情认知与训练系统。该系统的情感认知康复的范式设计以“如何教导孤独症儿童解读别人的想法”系列课程为基础，并根据专业康复训练师的建议对范式进行优化。机器人通过对孤独症患者的声音、表情、肢体语言等方面的多通道识别，量化患者的主观行为，然后根据不同症状，提供有针对性的康复训练方法。此外，机器人配备的云端专家评估系统能够对产生的数据进行分析并可视化处理，这有助于康复师和家长了解患者情况，制订更合适的治疗方案。情感计算在孤独症治疗方面的应用研究多以表情、语音和动作识别为主。中国科学院软件研究所正在申请的关于计算机辅助孤独症儿童情感社交康复训练系统的发明专利公开说明书指出，该发明能够辅助孤独症儿童进行以社交人物为核心特点的视线、表情、身份认知以及社交场景情感训练，通过层层递进的训练模式，改善孤独症儿童的情感社交能力。该系统包含多个训练模块，每个模块由不同难度的训练题目组成，通过对孤独症患者展示题目并接收反馈结果来指导下一步的训练内容。训练模块包括身份认知训练模块、视线训练模块、表情训练模块、社交场景情感训练模块和多通道反馈单元。其中，多通道反馈单元包括视线处理装置、面部表情处理装置、语音识别处理装置和触控行为处理装置，分别用于获取并识别孤独症患者的视线方向、面部表情、语音，以及获取并分析其在交互界面上的界面动作。

目前，用于心理健康的监测、商用化程度较高的应用产品多采用“传感器采集数据 + 情感计算分析”的模式。2014 年成立的回车科技是一家以脑电为基础，结合多维生理信号采集、分析和应用的科技公司。回车科技在 2021 年发布的情感云计算平台，通过分析脑电、心率、皮肤电导率等多维信号，实现注意力、放松度值、压力水平、愉悦度等相关计算，得出人体健康状态以及情感状态。该平台可以实现实时分析，使得用户能与产品进行交互，也可以生成统计报表，让用户了解自己在一段时间内的生理状态和情感变化，如通过分析冥想用户的前后压力水平的变化来衡量冥想的减压效果。贵州威爱教育基于情感云计算平台推出的心理评估与调节脑电的虚拟现实设备，在贵州遵义的多所中小学里作为心理教室的辅助工具使用，帮助孩子进行心理评估和干预。

近年来，迅猛发展的虚拟现实技术在生命健康领域的应用也是在不断探索中成长。宁波大学和宁波市第九医院的研究团队早在 2018 年就进行了虚拟现实在特殊人群康复中的应用研究，构想和设计了一个康复训练虚拟环境。在满足情感需求方面，该环境通过摄像头和体感设备获取使用者当前的状态信息并通过情感推理模型判断其表情和姿态的含义。另外，团队使用具有情感表达能力的虚拟智能体，通过身体姿态和表情来表达情感，响应使用者的输入信息，进而提高康复训练过程的趣味性，体现情感化设计的理念。成立于 2014 年的恒爱高科是一家专注于情感计算人工智能的软硬件研发的科技企业，推出了情感传感器芯片、情感后台算法和心理问题人工智能解决方案，其中“懂你”系列产品从第一代的吊坠到第二代的手表，都旨在通过实时监测脉搏波图、心率、血压、血氧等指标，记录分析用户情感并通过后台大数据计算焦虑、抑郁、疲惫、愉悦程度，还能将数据传送至医院或科研机构。当检测到用户情绪不佳时，手表会及时提供有趣的虚拟机器人反馈、专业的音乐及积极的心理游戏等来帮助用户调节情绪。

亚略特是人工智能和生物识别核心技术方案的提供商。2021 年 7 月，亚略特在 2021 世界人工智能大会上展示了自主研发的产品“知心情感计算引擎”系统。使用者在屏幕前与人工智能对话，随后生成一份心理情感检测报告。该系统基于脑电情感反馈，是一款以远程非接触生物信号提取情感影像、深度学习技术为基础的人工智能产品。亚略特对这款产品的主要定位是针对一些有心理压力的行业或学校学员进行早期识别干预的，有助于心理健康发展。同年 12 月，亚略特参加了中国移动北京公司 5G 应用创新大赛，凭借“基于 5G 的远程心理健康诊断辅助系统”获得教育赛道 5G 产业价值奖。该系统面向学员群体，有望打造一个常态化和智能化的心理健康诊断辅助系统，辅助心理教师用常态化手段进行早期心理筛查，持续关注学员心理状态变化，帮助学员健康成长。该心理健康诊断辅助系统可以分为静态监测场景和动态监测场景。在如课堂等动态监测场景中安装情感计算摄像机，可以进行全员常态化检查，对出现情感异常的学员实时预警，避免安全事件的发生；在如学员心理辅导室等静态监测场景中，可以进行一对一的心理健康监测，帮助心理教师建立学员心理健康档案，提出有效干预措施和方案。

社会上还有一些出于职业安全原因，心理健康状态尤为重要的人群，如飞行员、乘务员等。为了能够更全面准确地了解飞行员和乘务员的心理素质水平，从而提升安全管理水平和飞行安全，北京商务航空协会与沃民高新科技合作，考虑将沃民高新科技研发的分析身心健康状态的心理筛查机器人应用于运输航空业。沃民高新科技于2007年成立，公司的产品以大数据为基础，其中有涉及心理健康筛查的服务。在心理检测方面，针对传统心理量表作答时间长和测试题量大、不同量表的评价标准不一及难以进行对比等缺点，沃民高新科技推出了一项只需要30秒视频便可得出心理健康情况的技术。该应用通过机器视觉、生物统计、机器学习等技术，在30秒内通过采集头颈部图像视频，快速分析紧张焦虑程度、疲劳兴奋指标、情感稳定性程度等超过150项心理数据，对用户的心理情感状态等做出综合分析。公司旗下的沃德心理筛查机器人能够筛查评估人体身心健康状态，能在日常情感评估中提醒用户及时调整。2022年5月，沃民高新科技还与慈海集团在健康医疗领域达成战略合作，提升医疗产品及服务的智慧化水平。

此外，宁波大学医学院附属医院于2019年进行了一项面向产后抑郁症心理疏导的情感分析技术合作研发项目，其目的在于针对产后抑郁症可能引发的杀婴和自杀等高风险行为研究相应的情感分析技术。同时，项目组综合产妇的身体检查数据以及在社交媒体上发布的信息，利用文本情感分析、自然语言对话、虚拟现实等技术，对产妇的异常情感进行预警，建立抑郁症心理疏导虚拟人文本对话系统，做好产后抑郁症的康复治疗工作。

总之，国内情感计算在生命健康领域的实践应用在不断发展。但是，问题也比较集中，多体现在健康监测、精神障碍疾病的治疗和康复保健上，且较多仍处于前期科研实验阶段。随着大众对健康关注度的提升，情感计算相关研究也将从针对儿童、老年人、精神疾病患者等敏感人群，逐步向更广泛的群体拓展。相信在不远的将来，情感计算在生命健康领域的进一步深化和发展，将助力“健康中国”战略的不断推进。

4.3 典型案例

4.3.1 案例1：照顾老人和孩子的互动机器人

近年来，智能机器人开始融入生命健康领域，许多医疗保健服务的提供者已经使用伴侣机器人来帮助患者康复、照顾老年人等。但是，目前情感支持机器人普遍存在缺乏沟通的缺点，以至于用户往往最终会对机器人失去兴趣。

亚美尼亚初创公司 Expper Technologies 于 2018 年开发了 Robin。Robin 约 1.2 米高，拥有巨大的 WALL-E 眼睛和光滑的塑料机身。该机器人是可拥抱的且具有适合儿童的动画角色的外观。它渴望与儿科患者接触，以减轻他们在医院的恐惧和孤独感。Robin 使用全向轮系统行走，可以轻松地根据环境、与使用者的交互做出反应，因为它有一张能表达情感的脸并能做出一系列的表情。Robin 有一个带有面部识别技术的前置摄像头，可以分析互动对象的面部表情、情感、年龄、性别和语言，从而全面了解情感状况并利用讨论的背景与互动对象进行量身定制的真实互动。

（1）Robin 机器人照顾儿童

在 Robin 与小朋友的互动过程中，利用一种在部分随机情况下做决策的马尔可夫决策过程数学模型，致力于通过分析小朋友面部表情所反映的情感，从而尽可能地在互动中调动小朋友的情感积极性。有了这项技术的加持，Robin 能够识别对方的情感并相应调节自己的行为，还能把与小朋友互动过程中产生和接收的关键信息点储存起来，使用嵌入式记忆模型来回忆有关患者的特定情景，并根据该回忆构建后续讨论，在之后的对话里再度提及，竭力贴合正常人类的交流特点，这可以大大改善患者的体验。拥有如此贴心技能的机器人就很适合在医院使用，如通过量身定制与小朋友进行不同的游戏，从而分散接受治疗小朋友的紧张感和不适感，提升孩子的积极情感。

机器人 Robin 的身体由完全可回收的生物塑料制成。搭载的系统允许其建立联想记忆，并通过复制以前的经验，形成部分固定模式（如孩子的对话模式、面部表情等）来智能地对孩子做出反应。换句话说，Robin 可以根据特定人的特征做出相应的模式化反馈。Robin 不仅是一个玩具，更像是一位朋友或一位社会工作者。Robin 通过情感对话建立移情联系，担负起同伴的角色。通过玩互动游戏、讲幽默故事和笑话以及恰当地解释复杂的治疗程序来开解孩子。Robin 定期在医院“上岗”，以减少儿童在治疗时期的疏离感和孤独感，还可以在进行有强烈痛感的治疗时，如静脉穿刺、采血等，分散儿童的注意力，令他们放松身心以减少疼痛感。难怪与 Robin 有过联系的儿童都想再次见到它。

让机器人真正与儿童建立联系的情感分析技术在新型冠状病毒感染中变得十分有实用价值。对于身体不适的儿童，尤其是免疫系统较弱的儿童，隔离治疗变得越来越重要。为应对新型冠状病毒感染大流行，美国加利福尼亚大学洛杉矶分校美泰儿童医院启动了一项创新项目，以满足儿童的情感需求。2020 年 10 月至 2021 年 4 月，该医院的专家使用 Robin 对青少年患者进行沟通和访问，将其与使用标准平板电脑的互动进行了比较。研究发现，机器人的访问增强了青少年患者的积极态度，并改善了住院青少年的医疗沟通。在接受过 Robin 访问互动的青少年患者的父母中，90% 表示他们“极有可能”要求再次使用，而在孩子与平板电脑互动的父母中，这一比例仅为 60%。研究报告显示，青少年在与 Robin 互动后，积极情感增加了 29%，消极情感减少了 33%，而接受与平板电脑互动的青少年在消极情感下降了 33% 的同时，积极情感也下降了 43%。

儿童生活专家的报告显示，Robin 参与治疗的优势是在游戏过程中更多地展示了与儿童间的亲密感和互动性，增强了对住院经历的共情能力，可以与儿童建立可信任的友谊。随着新型冠状病毒感染大流行的持续，Robin 以多种方式缓解患者的焦虑，让患者在需要陪伴和帮助时可以得到轻松、满意的体验，这是非常可贵的。社交伴侣机器人可以超越平板电脑的视频聊天功能，通过提供更有想象力和更深层的情感交流方式来减轻医护人员的压力。Robin 在相对容易地满足防疫要求的同时，增加与患者的亲密感，也可以增加医护人员对社会关怀的参与感。

（2）Robin 机器人照顾老年人

新型冠状病毒感染对老年人影响较大，尤其是独居或居住在疗养院的老年人。由于严格的安全防疫措施，人与人的沟通大量减少，老年人的孤独感有所增加，这严重损害了老年人的认知健康，甚至影响了身体健康。研究表明，机器人干预等疗法对患有神经退行性疾病的老年人的生活能够产生有益的影响。机器人 Robin 通过嵌入式的传感器，可应用于此类场景。

通过不断监测独居老年人的身心健康，Robin 可以自然地了解他们的兴趣、习惯，对当前的环境情况做出反应，并基于分析结果与他们互动。

Expper Technologies 公司首席执行官兼创始人卡连·哈奇基扬（Karen Khachikyan）表示，护理助理机器人 Robin 改善了 Nork 老人院居民的认知表现和心理健康，通过实施基于分析结果的干预措施，老年人的心智能力增强、抑郁症状减少、睡眠问题得到改善，从而使生活质量有所提高。哈奇基扬还进一步补充，他们的目标是使用循证疗法来增强认知测量，减少抑郁症状，并最终提高老年人的生活质量。根据推断，到 2050 年亚美尼亚 60 岁以上的人口将超过三分之一，阿尔茨海默病和其他老年认知病症也将变得越来越普遍。因此，智能护理助理机器人 Robin 的研究对今后改善老年人生活质量具有巨大的影响，拥有极高的潜在商业价值。智能机器人 Robin 通过现场情感互动交流辅助一线护理工作人员和社会工作者，可以取代部分沟通、情感维护的工作，以解决日益严重的护理人员供给短缺问题，同时成本也可以大大降低。以后，Robin 等机器人的参与很有可能会改变护理行业的职业结构。

4.3.2　案例 2：情感自适应的迷你电动车

韩国现代汽车集团与美国麻省理工学院媒体实验室合作，打造了一辆迷你电动车 Little Big e-Motion。该电动车采用了 EAVC 技术，车内环境会根据驾驶人的心情做出相应变化。Little Big e-Motion 与普通儿童电动车相比拥有治疗功能，普通的儿童电动车只是给孩子带来乐趣的玩具，而 Little Big e-Motion 是应用了情感检测技术的治疗车。考虑到儿童患者在医院接受治疗时会感到极大的压力或不安，项目研究团队应用了生物信号测量技术，可以将情感和身体状态传递给 Little Big e-Motion，并引入各种娱乐功能，帮助孩子放松心情。例如，孩子需要前往手术室，使用 Little Big e-Motion 代替病床能缓解焦虑，有助于将痛苦的治疗等待过程转变为愉快的过程。在车辆的外形设计方面，为了孩子的安全，设计师将其边缘柔化，且车身最终被定为浅色系，这也让孩子们感觉更亲近。

现代汽车集团把这款独一无二的迷你电动车捐赠给在儿童疾病治疗研究领域处于世界领先地位的西班牙巴塞罗那儿童医院。小朋友可以从病房

"开车"到治疗室，此举旨在让小朋友放松心情，鼓励小朋友勇敢接受治疗。EAVC 技术通过监测面部表情、心率和呼吸速率，同时结合车速、噪声和震动等信息，利用机器学习进行数据处理，进而优化车辆环境，控制灯光、音乐、气味等车辆系统配置。脸部表情识别系统通过座位前方的摄像头实时识别小朋友的情感，情感适应性灯光系统则会根据识别出的情感状态显示绿色、红色或黄色的灯光。除了给小朋友提供情感支持之外，迷你电动车还能把小朋友的情感状态告知医务工作人员，更好地协助他们开展治疗工作。这种无须面对面的互动沟通，在特殊时期更加凸显出了其重要性。

（1）电动车的情感识别设计

车辆会对儿童的情感做出不同的反应。车内和车外的情感自适应照明灯就像一面镜子，反映了患儿的情感状态。如果检测到患儿感觉害怕或压力很大，外部灯会亮起红色，以告知周围的医务人员或护理人员患儿的焦虑精神状态。

此外，Little Big e-Motion 会以两种方式调节孩子的情感。第一种是通过借助安全带进行拥抱，即用安全带环绕着孩子，通过伸展和收缩模拟拥抱的动作帮助孩子把情绪稳定下来，就像一只宠物狗在孩子的怀里呼吸一样，安全带有节奏的律动使孩子呼吸更加平静。第二种是每当孩子大笑或微笑时，相机都会辨别孩子的面部表情，当笑声强度达到最高水平时，Little Big e-Motion 会触发特殊的声音和灯光效果，或者驱动情感自适应气味分配器喷出甜美的糖果气味使孩子放松心情。

（2）核心技术：EAVC

EAVC 是这款迷你电动车的核心技术。当患病的儿童在需要前往医生诊疗室或者化验室时，往往会产生高度的不安，而这项技术的目的就是通过人机交互的方式衡量恐惧、不安的情感，并通过相关干预措施使儿童患者放松心情。搭载了 EAVC 技术后，迷你电动车可以通过外部硬件采集模块和内部的情感计算模块，测量孩子的面部表情、心率、呼吸等生理信号数据，以确定他们的情感和心理状态，并实时做出反应，提供安全和愉快的转运出行环境。

应用于 EAVC 的 5 项核心技术是面部情感识别系统、呼吸运动带、心率监测传感器、自适应情感照明和自适应情感气味分配器。通过这 5 个模块，结合人工智能算法，监测患儿的情感和心理状态，并激活与这 5 种感官相关的反应装置，如通过气味分配器散发糖香喷雾，以减轻患儿的压力。车辆甚至会播放舒缓的音乐，以及通过显示屏播放有趣的动画，并告知医务人员患儿的情感状态，以便更快、更准确地采取相关措施。

（3）未来应用前景

Little Big e-Motion 不是一个单一的实验品，在帮助巴塞罗那儿童医院的患儿康复的过程中，会自动收集患儿的情感数据，并分析和响应每个功能的情感变化，同时应运用于后续针对患儿所设计的独特功能的研发。

目前，虽然核心的 EAVC 技术主要针对儿童患者，但是未来也将推广至成年司机和乘客。例如，通过模拟环境媒体声，自然地减轻人们的压力。车辆可以通过模拟可引起深呼吸的频率来对车上的司机和乘客进行听觉、触觉和视觉刺激，从而减轻乘客的压力并稳定其精神状态。模拟出的听觉刺激非常轻微，不会引起人们的注意，其主要目的是防止驾驶员在行驶过程中的注意力不集中。EAVC 还能够提供各种儿童娱乐功能。这些如果可以应用于实际场景，有望在长途驾驶中保证更加安全的出行，同时为儿童乘客带来乐趣。

4.3.3　案例 3：治疗孤独症的超能力眼镜

孤独症谱系障碍是一种相对严重的发育障碍性疾病。在美国，每 59 个儿童中就有 1 个是孤独症患者，男孩的患病率比女孩更高，患病儿童的临床特点是社交沟通障碍以及不断重复同一种行为。虽然孤独症的治疗已经被证实十分有效，但是对于大多数患儿而言，治疗的疗程较长，无法短期取得较好的疗效。解决这个问题的唯一方法是通过创建可靠的、以家庭为基础的治疗系统，这也是现阶段亟待满足的需求。

目前，在美国，儿童在接受孤独症诊断后可能需要等待长达 18 个月的时间，才能开始治疗。美国斯坦福大学研究人员开发了一个针对孤独症儿童的全新治疗设备，名为“超能力眼镜”（Superpower Glass）。这是一种可穿戴式智能眼镜，眼镜与应用程序配对，为训练有素的从业者提供了一种易于使用的替代方案。智能眼镜由于可穿戴性较强，比智能手机或平板电脑更受欢迎，使人们能够解放双手，能够自由地与环境互动。该疗法基于应用行为分析，这是一种在学术上经过严谨研究的孤独症治疗方法，临床医生使用结构化练习手段，如通过给患儿展示绘制有情感表情的卡片来教患儿如何识别情感。传统的应用行为分析尽管也可以帮助孤独症儿童，但有相当大的局限性：必须由训练有素的治疗师一对一进行，且卡片不能捕捉到人类的全部情感，患儿可能很难将学到的东西运用于日常生活。

（1）治疗干预流程

斯坦福大学开发的这款超能力眼镜，让孤独症儿童使用与谷歌眼镜配对的智能手机应用程序来提高他们的社交技能，以帮助他们理解人们通过面部表情传达的情感。该设备通过本地无线网络与智能手机连接，包括一个配备了用于记录佩戴者视野的摄像头的眼镜框架，以及一个小屏幕和扬声器，可为佩戴者提供视觉和音频信息。当孤独症儿童参与互动时，该应用程序会通过谷歌眼镜扬声器或屏幕进行他人情感的识别和命名。2019 年的一项临床研究表明，接受并使用该设备进行干预的孤独症儿童的社会行为得到显著改善。这有助于填补孤独症护理的一个重要空白，因为缺乏训练有素的治疗师，孤独症患儿可能面临较长的治疗等待期。

超能力眼镜的治疗干预流程如图 4–2 所示，孤独症患儿佩戴超能力眼镜（A），该眼镜硬件设备与基于安卓系统的智能手机应用程序（B）无线同步，在手机端运行适用于面部表情的机器学习分类器进行表情跟踪和情感检测（C），并随之启动和选择治疗用的游戏模式，在患儿游戏过程中，设备还可以实时录制视频，记录患儿情况，供家长查看。眼镜硬件设备端的外置摄像头捕获传输到智能手机的面部图像数据，供手机端进行算法分类。当其检测到人脸时，外部显示器中会出现一个绿色框；当情感被成功分类时，对应 8 个面部表情的卡通图片会出现在绿色框中。

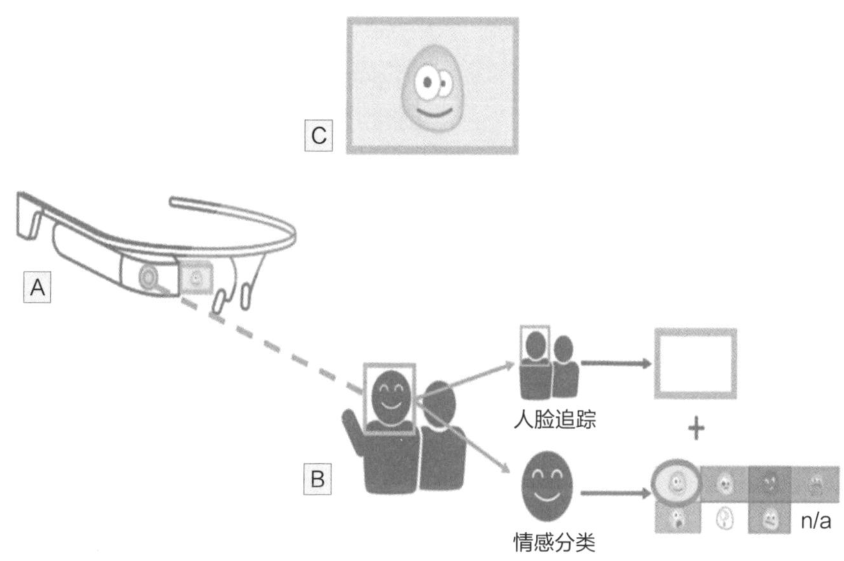

图 4-2　Superpower Glass 治疗干预流程

（2）8 种核心面部表情

研究团队尝试充分应用行为分析原则，将父母和家庭日常情况等纳入治疗过程。具体做法是构建一个智能手机应用程序，该应用程序使用机器学习来识别 8 种核心面部表情：快乐、悲伤、愤怒、厌恶、惊讶、恐惧、中立和轻蔑。该应用程序经过数十万张显示 8 种表情的面部表情图片的数据训练，并且允许研究人员校准生成“中性”面孔以提高算法的精准度。

通常发育中的正常儿童通过与周围的人互动来学习识别情感，而孤独症儿童并不适用这种学习方式，如果没有集中的训练和治疗方案，患儿是很难学会这些的。在超能力眼镜的项目研究中，研究人员分别为 14 个有 3 ~ 17 岁孤独症儿童的家庭提供了超能力眼镜方案，平均每个家庭的实验时间是 10 星期。这些家庭每星期使用该疗法的频率为至少 3 次，每次治疗 20 分钟。在研究开始和结束时，父母分别以调查问卷的形式将有关孩子社交技能的学习进展情况反馈给研究团队。

研究人员设计了 3 种使用面部识别程序的方法：在“free play”模式中，患儿在与家人互动或玩耍时佩戴谷歌眼镜，对应的应用程序每次识别出一种情感时都会为佩戴者提供视觉或听觉提示。“free play”模式对应着非结构化的治疗干预方案，在“free play”模式启动期间，眼镜会记录孤独症患儿所有与其他人的情感互动行为及活动细节，并生成活动视频，供家庭成员查看、上传或删除。此外还有另外两种游戏模式“guess my emotion”和“capture the smile”。在“guess my emotion”模式中，父母会做出与 8 种核心情感之一相对应的面部表情，而患儿会尝试识别它。该游戏可帮助家人和研究人员跟踪儿童在识别情感方面的进步。在“capture the smile”模式中，患儿尝试向另一个人提供线索或提示，以引导对方表达出某种特定的情感，这有助于研究人员衡量患儿对不同情感的理解。

（3）实验反馈

根据参与实验的家庭的反馈，该系统疗效显著且治疗形式有趣。患儿很愿意佩戴谷歌眼镜，且这些设备的质量可靠，实验过程中并未产生较大磨损。14 个参与家庭中有 12 个家庭认为，他们的孩子在接受治疗后与家人进行了更多的眼神交流。经过几星期的治疗后，其中一个孩子开始意识到人们的面部表情包含着内心感受，他告诉妈妈：“妈妈，我会读心术！”

研究人员在报告中表示，如果孩子的孤独症症状较为严重，孩子的父母更愿意选择游戏模式而不是“free play”模式。最终收集到的问卷调查的平均分在实验期间下降了 7.38 分，这表明孤独症症状有所减轻。在实验期间，所有参与者的分数都没有增加，这意味着使用设备的患儿的孤独症症状均没有出现恶化的情况。14 名参与者中有 6 名的分数显示其孤独症严重等级下降了 1 级：4 名从“严重”到“中度”，1 名从“中度”到“轻度”，还有 1 名从“轻度”转为“正常”。

超能力眼镜确实有帮助孤独症患者的潜力。其游戏化的应用程序对儿童特别有吸引力，同时也适用于成人。AI 与 AR 技术的结合可以帮助孤独症患者识别人们的面部表情和情感，此项目主要通过提高社交技能和行为来帮助孤独症患者。

4.3.4 案例 4：面向孤独症辅助康复的人机交互系统

为了解决孤独症儿童在康复训练过程中持续时间长、医疗费用高等问题，2019年北京科技大学潘航和解仑等研究设计并实现了一种面向孤独症患儿的辅助康复医疗交互机器人系统。该系统采用多模态的人机交互方式，针对生活中常见的表情进行认知服务训练，同时通过采集患者的生理信号，根据不同生理信号的灵敏度因子构建情感计算模型，提升患者认知训练的效果。机器人系统以情感计算为依托，将人机交互的方式嵌入孤独症患者的康复训练治疗，在降低患者康复训练成本的同时，在很大程度上提高了康复治疗的效果。经过北京市某社区孤独症儿童康复机构进行的实验测试，验证了其辅助患者康复治疗的可行性与有效性，并且通过了国家专利申请。

（1）机器人的服务流程与系统框架

机器人的服务器主要由系统登录、用户管理、受试者管理、测试数据管理、数据库操作、通信、交互过程逻辑处理等功能模块组成。与此同时，服务器开启Socket链接监听线程，与机器人进行数据通信。面向孤独症辅助康复机器人系统的设计框架如图4-3所示。该机器人系统采用基于多通道的人机交互方式完成情感认知的训练，同时通过对采集的生理信号进行分析，构建了基于生理信号敏感度因子的情感计算模型，提高人机交互过

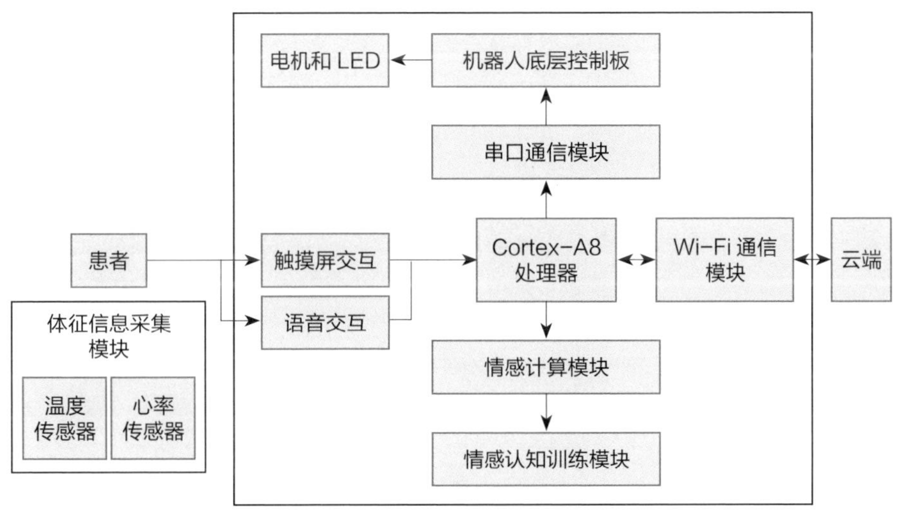

图4-3　机器人系统框架设计图

程中机器人与孤独症儿童的情感匹配度，从而促进了人机交互的和谐与自然。机器人通过向串口通信模块，向底层控制板发送控制指令，控制机器人完成各种动作。

（2）情感计算模块中的情感计算模型

机器人的情感识别主要通过构建的基于生理信号灵敏度因子情感计算模型实现。模型包括灵敏度因子构建和情感计算两部分。灵敏度因子构建模块是根据不同受试者在相同外界刺激下，情感状态成功转移的数量表示受试者对外界刺激敏感度的强弱，采用皮肤电和肌电两种生理信号，通过径向基神经网络构建的一种基于多通道生理信号融合的灵敏度因子。情感计算模块首先将构建的灵敏度因子引入 Gross 认知重评策略中，以对认知重评的过程进行修正，然后通过情感状态的转移概率，根据转移概率的高低和情感状态来确定选择不同表情、模式和难度的表情认识测试，并以交互形式通过辅助康复机器人平台反馈给患儿，提高他们的社会交往、语言交流、动作协调能力，从而使得他们能够与正常人进行较为自然的交流。

机器人实现了针对生活中常见6种情感状态/表情（愉快、惊讶、厌恶、愤怒、恐惧、悲伤）的认知服务训练，用户可通过触摸屏进行认知服务训练，实现触控交互，主要包含了表情学习、表情模仿、表情拼图、表情测试和情景测试等多模式的训练模式。孤独症儿童通过和触摸屏交互，完成不同的训练。每种认知服务训练模式可以提供多种测试难度。在测试过程中，系统可以通过语音播放测试题目，这样有利于用户的交互。

在表情学习模式中，有 6 种情感图片，用户根据触控屏幕显示的表情图片进行学习。学习过程产生的数据会保存到云端数据库。图 4-4 为表情学习逻辑流程示意图，具体过程是：进入表情学习模式，先记录开始时间，然后开始学习不同的表情，如果完成学习，则记录结束时间并退出学习。如果选择其他表情，则继续重复上述过程直到用户完成通过观察 6 种表情图片进行表情的学习。在表情测试模式中，用户根据题目要求，从待选图片中选择符合题目要求的图片，用户选择的结果会被存入云端数据库。表情测试分为不同的难度等级，适用于不同年龄层和不同患病程度的患者。在表情模仿模式中，用户模仿系统随机显示表情图片，医生可以在旁边指

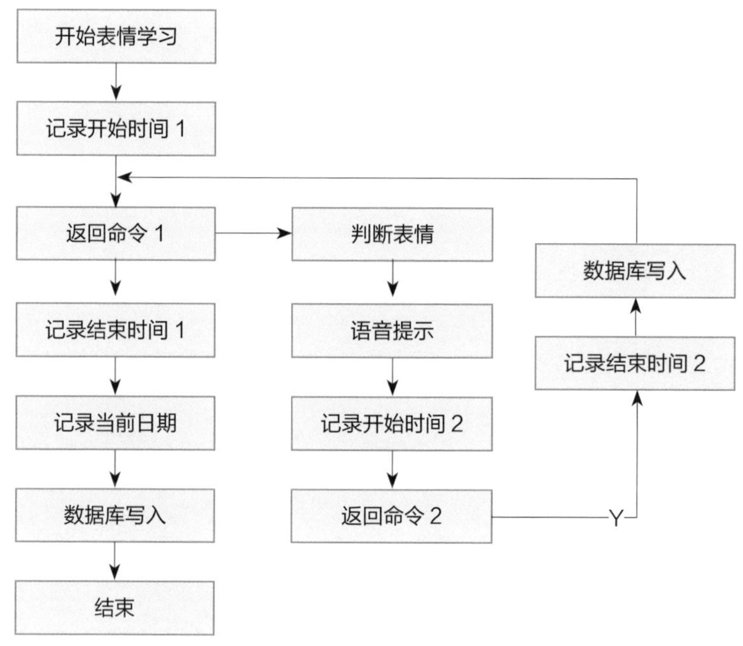

图 4-4　表情学习逻辑流程示意图

导并帮助患儿完成表情的模仿。在表情模仿过程中，数据均会同步上传到云端数据库，便于医务人员和患儿家长了解患者的康复进展，并对以后的治疗方案提供有效的依据。

表情拼图模式分别设计了 4 个难度：第一个难度是从 4 张碎片表情图中选择正确的 4 张放置在正确的位置，拼凑成一张完整的表情图片；第二个难度是从 6 张碎片表情图中选择正确的 4 张放置在正确的位置，拼凑成一张完整的表情图片；第三个难度是从两张眼睛图片中选择正确的图片匹配题目图片；第四个难度是从两张嘴巴图片中选择正确的图片匹配题目图片。用户选择的结果会被同步录入到云端数据库。图 4-5 为表情拼图逻辑流程示意图，具体过程是：进入表情拼图模式，记录开始时间。模型产生表情碎片并显示，然后选择表情碎片并移动到指定位置，4 张表情碎片完全拼接后，判断拼图是否正确。如果正确，则跳转到正确界面，然后按上述流程继续完成其他表情拼图；如果拼图错误，则跳转到错误界面，同时输出提示音，然后重新拼图直至正确。结束拼图时，记录结束时间，测试数据写入数据库并退出表情拼图模式。研究人员在情景测试模式中分别设计了3个难度等级，用户根据系统给定的情景，从4张、6张和8张表情图片中选择最符合给定情景的表情，用户选择的结果会被存入云端数据库。

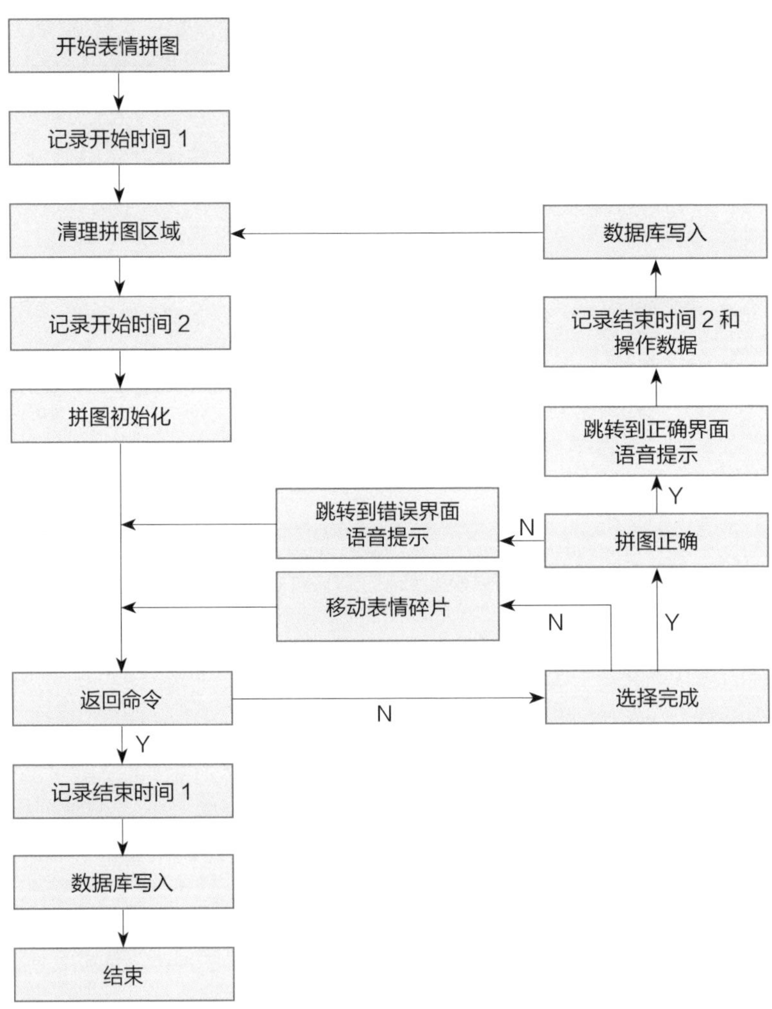

图 4-5　表情拼图逻辑流程示意图

（3）机器人的实验效果和优势

为了验证该系统的效果，北京科技大学、北京大学第六医院和合肥工业大学的研究人员选取北京某社区儿童康复机构就诊的 3 名孤独症患者，采用其研究方法训练 3 星期后，由儿童精神科专业人员进行临床评估。具体评估方法是陪护人员对所选的孤独症患儿分别在训练前和训练后采用社交反应量表（Social Responsiveness Scale，SRS）对其社会交往、语言交流、动作协调等方面进行测评。结果表明，孤独症患儿通过交互机器人系统的方式进行康复训练，其社会交往、语言沟通能力能得到一定的提高，这有利于辅助患儿的康复治疗。

该人机交互系统的优点和积极效果在于：采用触控交互和语音交互两种不同的交互模式，在不同的行为模式上与用户产生交互，降低孤独症儿童在交互过程中的难度，有利于提高交互的有效性和辅助康复效果；采用云端融合（本地云端和远端云端）技术，体温传感器和心率传感器实时采集用户的生理信号，并与云端数据一起作为反馈，提高用户的交互效果，可以保证用户数据的安全性、一致性、随时可用性和对用户的透明性；根据个体的生理信号建立灵敏度因子，结合 Gross 情感调节理论的认知重评策略与有限状态机建立情感计算模型，有利于提高系统与用户交互过程中的情感匹配度，促进交互的自然与和谐；认知服务训练模式分为多种，每种模式又分为不同的难度等级，作为一种可行的康复手段，锻炼孤独症患儿的社会交往和认知能力，为不同年龄和不同程度的孤独症患儿提供有效的治疗方案。

事实上，引入人机交互系统等技术作为孤独症治疗辅助工具的做法并不罕见。2017 年 9 月 12 日，哈尔滨市儿童医院点医人工智能认知康复中心揭牌运营。作为国内首家应用人工智能治疗儿童孤独症的医疗机构，该中心采用人工智能、类脑计算等技术对孤独症儿童进行康复治疗。其中，哈尔滨点医科技就开发了一款名为 RoBoHoN 的情感机器人，用于孤独症患儿的康复治疗工作。该情感机器人头上的摄像头和麦克风可以记录参与者的相关数据，并在与患儿的聊天互动中捕捉患儿感兴趣的事物。机器人继而采集相关话题，主动与患儿聊天，与他们建立起友谊。

4.3.5 案例 5：之江情感识别和计算平台

之江情感识别和计算平台是由之江实验室人工智能研究院跨媒体智能研究中心研发的。跨媒体智能研究中心聚焦“跨媒体智能”主线，综合利用视觉、听觉、语言等多维度感知信息，突破以往单一媒体信息处理的局限，挖掘不同模态媒体数据之间的关联，实现跨媒体信息的贯通融合、智能处理，进而完成分析、识别、检索、推理、设计、创作、预测等功能。之江情感识别和计算平台依托国家自然科学基金重点项目和浙江省实验室重点项目开展技术攻关，研究面向跨媒体数据的融合情感智能计算理论，构建新一代情感分类理论模型、多模态融合情感识别、情感因果推理、共情交互策略学习等相关模型算法，突破人机交互中的情感深度理解及共情反馈等瓶颈问题。

（1）平台优势

之江情感识别和计算平台技术优势主要体现在以下几个方面。

在数据集建设方面，该平台建成世界上规模最大的多模态中文情感数据集，数据集涵盖了 26 种情感类型、2 000 分钟的跨媒体数据。另外，该平台还建成了 2 400 分钟面向中文安抚对话的语音合成数据集，2 200 分钟针对“语音-文本-图像”3 个模态的情感识别数据集以及 10 万段面向情感抚慰的对话文本数据集。

在情感识别算法方面，该平台突破多模态融合情感识别关键技术，依托于 In-Situ Hybridization 融合算法、多粒度-多视角对话上下文建模算法等，有效提升了多模态对话上下文建模效果，使七分类情感识别准确率达到 87%。

在对话生成方面，该平台攻克多轮情感对话难题，基于预训练语言模型、主题自适应增强模型、检索与生成双驱动策略，使长时间对话情况下主题识别率达到 85% 以上、回复满意度达到 75% 以上，使用测试集数据平均对话轮次达到 10 轮，使用实际场景广泛主题测试数据的平均对话轮次达到 5 轮以上。

在语音合成方面，该平台基于对比学习方法，提升情感语音合成鲁棒性，实现语音合成质量 MOS 评分达到 4.2。

在虚拟人动画生成方面，该平台提出了一种跨语言的音频驱动 3D 人脸动画生成方法，通过提取不同语种的共性，赋予虚拟人多语言表达的能力。

在视频行为识别方面，该平台提出一种高效的结构化时空建模方法，实验表明，相对于已有方案，该方法数据依赖性更低，泛化能力更强，其 TOP1 准确率和 TOP5 准确率分别达到了 92.04% 和 98.14%。

（2）平台应用

之江实验室跨媒体智能研究中心基于心理学的相关理论，以之江情感识别和计算平台在人机交互、情感计算等领域具有的技术和算法优势，研发了人工智能驱动的个性化虚拟现实心理服务平台。该平台与网站系统、虚拟现实平台相结合，通过感知用户的语音、文本、表情等多种模态信息，进而精确分析用户的心理状态，从而为用户提供个性化的心理咨询等服务，方便用户了解自身心理健康状况。同时，系统根据心理学的相关原理，设计了虚拟现实的交互场景，为用户提供了一个压力释放空间，引导其向积极的心理状态发展。

① 人工智能驱动的个性化虚拟现实心理服务平台

之江实验室跨媒体智能研究中心从知识层、技术层、应用层、分析层四层布局人工智能驱动的个性化虚拟现实心理服务平台，包括 AI 交互模块和心理安抚模块。AI 交互模块的核心是多维感知智能对话交互系统，心理安抚模块的核心是虚拟现实情感安抚系统。

在 AI 交互模块上，通过包含视频、语音和对话内容的多媒体信息对用户情感进行更加准确的分析。系统通过跟踪用户情感，发现用户的消极情感，及时触发情感抚慰的对话功能。该功能是基于用户情感和对话内容，根据心理学抚慰相关的理论为指导，生成对应的抚慰文本内容，然后以富含情感的语音与用户进行对话，干预用户消极情感，引导、激发用户的正面情感。

在 AI 交互模块的基础上，心理安抚模块根据用户特征，使用虚拟现实技术，依据心理学的有关原理，通过身心平复、负性释放、正性诱发、认知重评四个阶段，设计不同的虚拟现实交互场景，为其提供个性化的情感安抚。

② 多维感知智能对话交互系统

多维感知智能人机对话系统（见图 4-6）针对高吞吐、低延迟的智慧人机交互需求，突破现阶段人机对话数据感知-存储-计算高延迟、多模态数据利用少、智能化程度低和拟人化效果差等瓶颈，为数字经济产业发展提供应用技术支撑和系统平台基础。其关键核心技术包括：基于数据-知识驱动的多模态感知融合理解技术、基于深度语境理解的拟人化对话生成技术、面向海量异构数据计算-存储的协同加速引擎。该系统可以广泛应

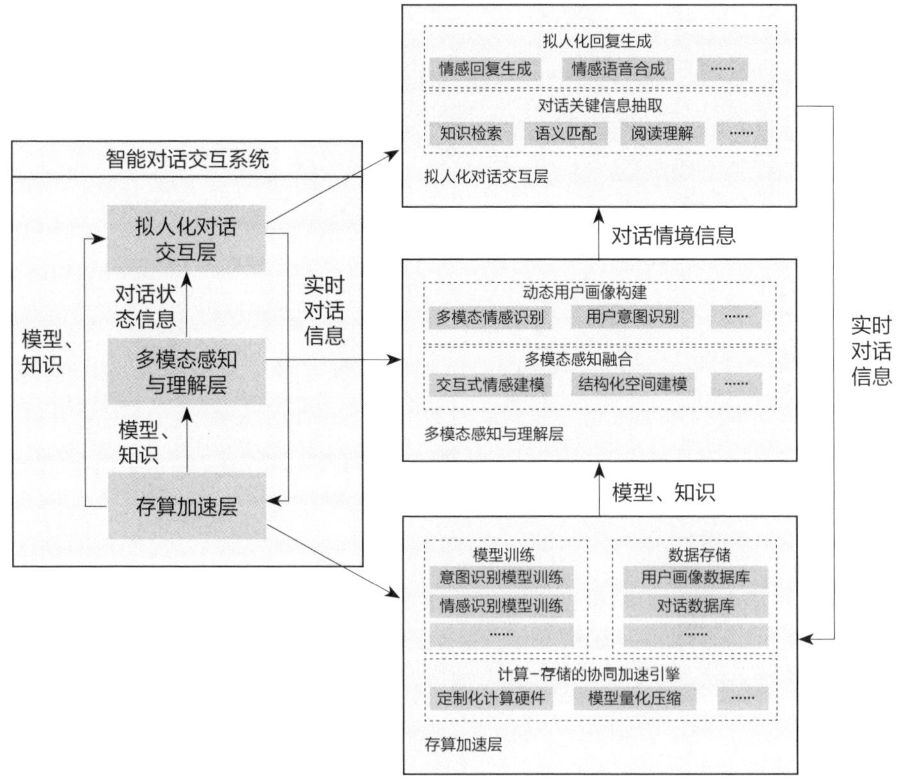

图 4-6　多维感知智能对话交互系统

用于智慧客服、企业大脑、智能助手等领域。

多维感知智能对话交互系统主要具有以下特点及优势：智能对话的模型算法实现了基于数据-知识驱动的多模态感知融合理解、深度语境理解的拟人化对话生成等核心关键技术，突破了人机对话数据感知-存储-计算高延迟、多模态数据利用少、智能化程度低和拟人化效果差等难点，并创新性地构建了基于多模态感知与理解、拟人化对话交互的多维感知智能对话交互系统。多模态感知与理解层以文本、语音、图像等多模态数据为输入，利用深度神经网络模型，理解用户行为、意图、情感等多维信息，对用户画像进行动态、立体刻画。拟人化对话交互层基于多模态感知与理解层的输出，利用大数据预训练模型，并融合知识和情境，从主题信息抽取、多维情境表征嵌入、模型融合等方面，重点突破多轮对话、精准回复生成、情感语音合成等技术，实现拟人的智能人机对话。

③ 人工智能驱动的个性化虚拟现实情感安抚系统

人工智能驱动的个性化虚拟现实情感安抚系统（见图 4-7）利用沉浸式虚拟现实设备，在虚拟现实场景中，基于多模态融合感知和情感计算方法，实现根据用户情感状态的 AI 心理医生主动拟人化安抚引导。

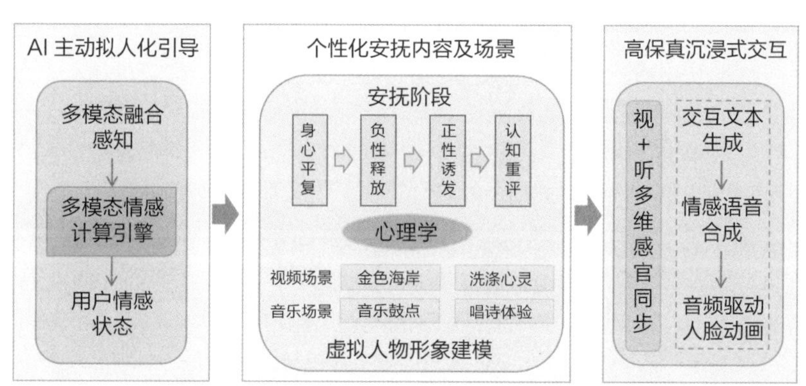

图 4-7　人工智能驱动的个性化虚拟现实情感安抚系统

人工智能驱动的个性化虚拟现实情感安抚系统以人工智能情感计算为主线介入个体的心理援助工作，主要可以发挥以下 4 个方面的关键优势。

一是 AI 心理医生主动引导。通过语音、文本信息，该系统能识别个体实时情感状态，诊断并预测个体的心理问题和行为倾向，实现基于用户情感识别的 AI 心理医生主动安抚引导。

二是个性化安抚内容及场景生成。以心理学理论依据为指导，该系统生成个性化的安抚内容、抚慰文本以及对应的虚拟现实安抚场景，实现身心平复、负性释放、正性诱发、认知重评等 4 个阶段的心理抚慰过程。

三是多维感官融合的高保真沉浸式交互。基于人工智能技术，该系统构建对话生成、情感语音合成、人脸动画生成等模型算法，实现视觉、听觉、触觉等多维感官融合的沉浸式交互体验。

四是突破情感安抚的时空和场景限制。基于虚拟现实技术，该系统突破传统心理医生及心理诊所的时空限制，建立自助式的心理服务平台，实现全天候的对话情感陪护。

4.3.6 案例 6：回车情感云计算平台

回车情感云计算平台是由回车科技在 2021 年发布的，专门用于情感计算的云端服务平台。回车科技成立于 2014 年，是一家以脑电为基础，结合多维生理信号采集、分析和应用的科技公司。平台包括回车多模态生理信号传感器及云端多维度分析算法服务两大部分，能够综合分析脑电、心率、皮肤电导率等多维信号，计算注意力、愉悦度、压力程度等情感指标，报告人体健康状态以及情绪情感状态。平台既可以实现实时分析，使用户能与产品进行交互，也可以生成统计报表，让用户了解自身一段时间内的生理状态和情感情绪指数变化。例如，在用户进行冥想时，该平台可以分析用户在冥想前后压力程度的变化，从而量化冥想的减压效果。回车情感云计算平台对客户提供了标准化的接口，使其能够快速实现和开发相应的业务功能，目前已有较为成熟的产品。贵州威爱教育基于回车科技的情感云计算平台，推出了心理评估与调节脑电的虚拟现实设备，在贵州遵义的多所中小学里作为心理教室的辅助工具使用，帮助孩子进行心理评估和干预。

（1）情感云计算平台研发背景

目前，脑科学属于新兴的研究领域，中国与美国的差距仅有 2～3 年。在脑科学的研究中，脑电数据的重要性不言而喻，其中蕴含着大量信息可供探索分析。但是，长期以来，脑电数据的采集存在收集成本高、步骤烦琐等问题，导致相关的算法面临数据量瓶颈，没有足够的数据便无法对业务场景进行优化。回车科技研发的情感云计算平台，将算法部署在云端，将平台资源开放给各行各业的客户，积累相关数据，根据场景对算法进行不断的更新迭代，并提供相应的标准接口，精简应用开发的流程。以往的脑机接口开发往往需要半年之久，而现在这个时间大大缩减，最快仅需半天。平台的研发能够实现与各领域优秀的合作伙伴合作，推出成本低、舒适度高、体验好的脑机产品。此外，回车情感云计算平台作为一个媒介，能够让更多与脑机公司合作的其他领域公司和从业者正确地认识脑机领域，推动行业的发展和进步。

（2）情感云计算平台系统

① 系统架构

回车情感云计算平台可以通过多维生理数据（如脑电、心率等）的综合分析，实时反馈生理、情感状态，系统架构如图 4-8 所示。手机、平板、个人电脑等终端够通过蓝牙或者板载串口的方式连接硬件模块，控制其采集生物电信号，随后经由 App 中集成的情感云计算接口进行数据处理并发送到平台云端，最后在算法分析后返回计算结果，返还至 App。

图 4-8　情感云计算架构

② 计算类型

情感云计算平台现提供两种计算类型：一是基础生物数据分析，包括脑电波和心率数据两种；二是情感计算服务，包括注意力、儿童专注力、放松度、儿童放松度、压力水平、愉悦度、激活度、和谐度和睡眠（包含睡眠状态和睡觉程度两部分）9 种模块。

③ 分析方式

回车情感云计算提供两种返回值方式。一是实时分析，实时计算的情感计算值能够让产品实时对计算返回的用户生理、情感状态指标做出响应，可以开发出与用户实时交互的产品，如开发实时判断用户睡眠状态来决定是否关闭助眠音乐的应用。二是统计报表，一段时间的统计报表返回方式可以让用户了解自己一段时间内的生理状态、情感情绪变化。例如，通过分析冥想用户的前后压力水平的变化来衡量冥想的减压效果。

（3）核心技术专利

回车科技在 2021 年 8 月 20 日申请了基于多维生理信号的情感识别方法和装置的发明专利，涉及的领域为脑电检测领域。此项专利面向的研究对象为基于多维度生理信号数据的情感计算。如今，随着可穿戴设备和物联网的高速发展，利用多维度的生理信号计算情感将成为未来可穿戴设备的一个重要研究方向。目前，也有部分研究尝试通过分析脑电、心电和皮肤电等生理信号，获取和计算被试者的情感状态。但是，在现有技术中情感类别的设定大多是用于描述情感的主观体验。传统做法基于 PAD 模型，将情感分为愉悦度、激活度和优势度等 3 个维度，其中：P 代表愉悦度（Pleasure displeasure），表示个体情感状态的正负特性；A 代表激活度（Arousal nonarousal），表示个体的神经生理激活水平；D 代表优势度（Dominance submissiveness），表示个体对场景和他人的控制状态。在技术上，将采集的生理信号输入预先训练好的神经网络模型，可以得到预先设定的多种情感类别中的一种。但是，由于传统的情感研究大多关注愉悦度和激活度，这两个维度并不能有效地区分诸如愤怒和恐惧这类情感，进而导致了情感类别的识别精确度不足。

在此项发明中，回车科技的研究团队构造了新的情感识别方法，具体做法有两个。一是首先获取待检测信号的信号特征，其中信号特征包括时域特征和频域特征中的至少一种，待检测信号则包括眼电信号、肌肉电信号、心率信号、血压信号、皮肤电信号和体温信号中的至少一种以及脑电信号。信号特征的提取方法是将上述待检测信号进行带通滤波和小波去噪，得到目标信号，并将目标信号进行小波分解，得到小波系数，再将计算完毕的小波系数输入卷积网络，通过卷积网络的非线性编码得到所述目标信号的时域特征和频域特征。二是根据信号特征构造深度学习模型，获取训练信号以及对应的所述情感分类参数，组成训练集，基于所述训练集训练深度神经网络。构建的深度学习模型将情感状态分开建模，分别建立愉悦度分类模型、激活度分类模型和优势度分类模型，将计算的信号特征输入深度学习模型，得到对应的情感分类参数，包括多个愉悦度等级以及对应的愉悦度置信度、多个激活度等级以及对应的激活度置信度和多个优势度等级以及对应的优势度置信度。基于得到的情感分类参数，确定情感识别结果，将每个所述愉悦度等级对应的愉悦度置信度与所述激活度置信度以及优势度置信度相乘，得到多个情感识别置信度，将数值最大的所述情感识别置信度作为目标置信度，将所述目标置信度对应的情感类别作为情感识别结果。

（4）情感云计算平台落地应用

①“情感云 + 虚拟现实”设备

HTC 旗下品牌威爱教育基于“情感云”推出了心理评估与调节脑电虚拟现实设备，并把这些设备配备至贵州遵义 700 多所中小学的心理教室，帮助孩子进行心理评估和干预。目前，已有多款虚拟现实设备基于回车科技的硬件和情感云计算平台算法，用于睡眠、心理评估、成瘾性评估等领域，价格在百元到千元之间。

②“情感云 + 减压头环”

2020 年，回车科技基于“情感云”推出全球最轻的双通道“脑电 + 心率”减压头环 Flowtime。Flowtime 将脑机接口技术应用于精神健康场景，用户在减压、放松的过程中佩戴头环，头环实时记录减压过程中的脑电、心率及呼吸状态，从而使用户取得更佳的减压效果。产品面向北美洲和欧洲市场，上市 2 个月销售额便突破百万元。

③ “情感云 + AI”

美国人工智能公司 SingularityNet 基于“情感云”推出了第一个拥有居民身份的智能机器人索菲亚，将“情感云”的数据应用在 AI 机器人身上，让机器人变得更温暖、更智能、更懂人。

4.4 应用挑战

过去数十年，全世界的研究人员一直致力于教会计算机检测、理解并回应人类的情感。这股人工智能情感化的浪潮中出现的情感计算也在各个领域得到应用。但是，情感计算在生命健康领域的应用并不广泛。不少研究人员对将情感计算应用于生命健康表现得比较犹豫，主要因为两个方面的原因：一是情感计算的应用可能会带来数据的所属与保护、个人隐私权、人的自由意志与情感计算应用的潜在冲突、平等问题等法律及伦理问题；二是对生命健康与情感计算融合的广泛性、人类情感与健康关系的复杂性、模型训练的刻板性、技术应用于生活的普及性等导致的技术与生命健康场景的融合问题有所担忧。我们必须对这些问题进行深入思考，才能使得情感计算更好地应用于生命健康场景。

4.4.1 法律及伦理问题

情感计算是在识别个人的基础上进一步推断其内在情感，因此情感计算的应用会对公民的基本权利造成潜在的风险。由于情感在人类与社会的互动中发挥着重要作用，情感计算的应用还面临一系列的伦理挑战。在生命健康领域，情感计算的应用为用户提供了更精准的诊断与更广泛的服务场景，但随之而来的法律与伦理问题也引人深思。

（1）数据的所属与保护问题

目前，情感计算通常依托被动或主动收集的数据。在生命健康领域中，被动收集的数据可能是从智能手机的使用、驾驶过程或社交媒体平台中不断收集而来，而主动收集的数据涉及临床环境的特定声音、面部表情评估或生理信号采集。被动与主动数据收集和数据处理环境包括在家中使用日常技术设备或通过医院内的特定评估等。这些数据会涉及多个主体，包括用户、医院方、软件公司、情感计算数据采集公司等，而用户的数据往往会经过多重授权，数据的所属无法确权，数据的安全也受到威胁。情感计算在应用和发展的过程中需要大量的数据样本进行算法练习，而云计算为数据样本提供的云储存空间促进了技术发展的同时也带来了更大的隐患。如果在层层授权环节中数据受到污染或遭到泄露与滥用，可能会危害人身、财产、社会经济甚至国家的安全，如不法分子利用用户的健康数据进行诈骗等。情感计算在不同生命健康场景中的应用会产生不同的伦理和实践问题，我们必须考虑并解决这些问题。

（2）用户的个人隐私权问题

情感是一种个人的内在感受，对大部分公众来说，常常会控制并隐藏自己的情感来适应社会规则，尤其是恐惧、担忧、焦虑等负面的情感。在一些特定的情况下，人出于某些需求可能更倾向于呈现一种虚假的情感来保护自我或者适应环境。当情感计算被医生、朋友或家人用于判断某人是否有某种健康状况或有自杀倾向时，隐私的内涵就值得我们思考了。《民法典》第 1032 条第二款规定对隐私作了法律界定，隐私是自然人的私人生活安宁和不愿为他人知晓的私密空间、私密活动、私密信息。人们不愿意外露的情感就属于不愿为他人知晓的私密信息，包括负向情感在内的个人隐私。这与对生命健康的保护形成了一定的矛盾关系。

情感计算应用于生命健康领域具有一定的侵入性，超出了公众在公开场合或家人、朋友面前保留个人情感隐私的预期。基于长期生理信号、面部表情、眼球运动、语音等数据的情感计算很可能会非自愿地暴露真实情感，这在某种意义上是侵犯了隐私。根据《民法典》第 1033 条的规定，除了法律另有规定或者权利人明确同意外，其他侵犯隐私的行为不具合法性。对于情感隐私的侵入性获取，如果没有获得权利人的明确同意是有可能侵权的。但是，在生命健康方面需要得到帮助的人，往往会有讳疾忌医的情况出现，特别是有抑郁倾向的人大多会对诊断与治疗产生抗拒，因此如何让用户自愿情感外露是一大难点。

情感计算在生命健康领域的另一大应用是长期健康监测，但这一过程很可能导致大量情感隐私信息在用户不知情的情况下被获取。例如，智能手表、智能服装等可穿戴设备都需要收集和记录个人的行为、轨迹、偏好、生理等隐私信息，以支持用户的长期健康监测。情感计算与生命健康的融合必须考虑如何平衡好对用户个人隐私权的保护与对用户生命健康的保护之间的关系。

（3）人的自由意志与情感计算应用的潜在冲突问题

情感计算应用的重要前提是机器可以通过可靠的信号来推断内心的真实情感，并应当以此为基础做出决策。用户可能会为了避免让自己的情感被定义为“抑郁”“危险”“可疑”而被迫做出“积极”“良好”情感标签的生理表达，但这种短期的虚假表现并不能达到促进健康的目的。反之，如果情感计算能够准确地识别和呈现每个人的实时情感，那么这很可能给公众带来不必要的压力，使人们因时刻处于监控之下而感到恐惧，反而增加负面情感。

基础伦理学十分重视人类的情感，情感被视为道德判断的根源。德国古典哲学创始人伊曼努尔·康德（Immanuel Kant）认为，道德的基石是根据理智原则来行使自由意志的。当情感被用于判断人是否健康时，为了让自己“看起来”更加健康，用户的情感会受到影响。情感计算因可能影响情感而影响自由意志，具有深远的道德意义。从这个角度看，情感计算影响情感的行为就显得“不道德”。例如，一些研究通过脑机接口的方式直接作用于神经而影响情感，这就违背了人类的自由意志。实用伦理学的关键原则，如“诚实守信”“不作恶”“善意”“己所不欲，勿施于人”，同样成为批判情感计算“不道德”的重要工具。在生命健康领域中，使用情感计算可能让医生获得关于患者情感稳定性和负面性的敏感信息。这些很可能被视作“非善意”“己所不欲，反施于人”，因此这在伦理上不被接受。

在生命健康领域中，情感计算作为情感辅助工具作用于未成年人、精神病患者、残疾人、孕妇、老年人等易受伤害人群，这些人群的情感更为脆弱和敏感，很容易受到外界特别是情感计算的影响。如何以合理的方式接收、识别这些特殊群体的情感并给予反馈和加以引导，是情感计算技术应用不可忽略的一个重要命题。

（4）平等问题

情感计算应用于生命健康领域也必须考虑平等问题，其中一个关键的挑战是需要确保应用工具能够解释性别、种族、民族和文化差异。例如，根据美国一项流行病学调查，全世界三分之二的阿尔茨海默病患者是女性，女性患中风的终身风险高于男性，女性被诊断患有抑郁症和焦虑症以及偏头痛的可能性是男性的 2 倍。由于不同疾病男性与女性的发病率不同，需要进行研究以了解性别和基于性别的差异是否影响以及如何影响疾病表现，这可能导致男性与女性需要不同的标志物和机器学习情感计算方法。确保机器学习算法能够捕捉到女性可能更常见或不同的症状至关重要。

情感计算的平等问题不局限于考虑性别和基于性别的差异。用于情感计算的数据集和算法还必须包括减少偏见的措施，以解决种族、地理、文化和其他人的偏见。例如，面部分析算法通常在主要由浅肤色男性组成的数据集上进行训练，并且可能无法检测女性面部以及不同种族和民族的人。因此，情感计算必须解决人为偏见以确保应用程序的开发具有的公平性、透明度和问责制度。

通过对以上情感计算应用于生命健康领域的潜在法律和伦理问题的分析，不难看出，人们需要转变思想，建立更加完善和准确的法律规制：一方面需要完善数据安全、账户、各方义务、电子签名等法律法规；另一方面需要依靠社会共识的形成，实现行业自治。情感计算应用只能以“赋能”为功能定位，不能用于直接“操纵”情感。对未成年人、精神病患者、残疾人等易受伤害人群，则需要更严格的限制和专业指导。同时，情感计算应用需要考虑不同性别、不同种族、不同民族等不同人群的需求与实际情况，需要注意平等性与差异化的有机结合，以平等的视角更好地服务每一个有需求的个体。

4.4.2 与生命健康的融合问题

由于生命健康领域有着范围广、差异大、场景复杂等特性，目前情感计算在生命健康领域的应用还存在诸多问题，如与生命健康领域的融合并不广泛、人类情感与健康的关系过于复杂、模型训练中存在问题、技术应用于生活难以普及等。只有解决这些问题，才能实现情感计算对生命健康领域发展的促进作用。

（1）与生命健康领域融合的广泛性问题

由于在生命健康领域不少医疗决策必须依托医生的判断，情感计算目前大多只是在促进健康方面起到辅助的作用。从对全世界的学术研究总结中可以看出，情感计算在生命健康领域的应用范围并不广泛。西班牙一个研究团队指出，在他们统计的 156 篇关于妊娠健康领域的人工智能论文中只有 2 篇考虑了情感参数，已经进行到应用阶段的研究则更加稀少。

这个结果可能是由情感的模糊性与医疗诊断的精确性之间存在潜在冲突导致的，研究人员并不敢将治疗重难疾病寄希望于模糊的情感上。美国俄亥俄州立大学计算生物学和认知科学实验室主任亚历克斯 · 马丁内斯（Aleix Martinez）表示："我提醒人们在医学诊断和说明相关事项中，尽量不要使用难以理解和难以估计的变量，包括用机器学习和计算机视觉研究情感和意图。只有经过很多测试后，应用于医学领域的算法才有可能被医生实际使用。"

情感计算与生命健康领域的融合不广泛的另一原因是生命健康领域过于宽泛，不同疾病之间存在较大差异，也并不是每种疾病的治疗和诊断都与情感挂钩。毋庸置疑的是，情感在包括妊娠、孤独症在内的许多领域是十分重要的，情感健康也会影响人的生理健康。因此，研究人员需要辨别情感在哪些方面是有作用的，然后在这些方面开展研究。

（2）人类情感与健康关系的复杂性问题

人类外在表达与内在情感的关联存在不确定性，当与健康有了联系之后，这份不确定性再次升级。情感计算的基本逻辑是逆向推理，即使用特定的生理信息来表示情感体验也是如此。从计算的角度来看，所有这些信号源都是生理信号，在分析和解释上都有困难。一方面，相同的生理信息可能表达不止一种情感，而理解情感需要更多差异、文化、背景等情景细节，如一个人心跳加速可能是因为他很激动也可能是因为他喝了酒。另一方面，在实验室环境中，具有针对性的强刺激下，受试者的生理信号与情感之间可以建立较为明确的关联，但对实际的应用场景来说，如果要在检测健康或促进互动中广泛使用心理生理学与相应的传感技术，就必须对用户细微的反应有一定的敏感性，并且可以准确识别出其背后代表的情感与健康信息。目前，还没有技术能够在自然条件下明确检测到该反应。总的来说，心理或生理数据非常复杂，与情感、健康之间的因果关系很难被证明。

此外，外在表达、情感与健康之间的关联在世界范围内也有差异性。人们在不同文化、不同情况下，甚至在同一情况下，在表达其情感与健康状态时，也存在大量的差异。因此，无论算法多么复杂，利用这项技术来得出情感与健康结论还为时过早。与此同时，情感计算采用的有监督学习范式，需要人工对情感与健康信息进行标注。该过程的主观性也加剧了表达、情感与健康之间关联的差异性。例如，不考虑一句话的前后文就要机器解读这句话所代表的情感与抑郁倾向，或是不提供周围情境就要机器判读一段脑电信号所代表的内在感受与健康状况，在欠缺附加信息的情况下，很多时候连人类都没有把握能做出判断，又怎么能期待机器具有超乎人类的情感判断力呢?

（3）模型训练的刻板性问题

情感计算的本质是训练机器测量、理解并反映人类的情感，但事实上计算机并不擅长说明人的情感，计算机所表达的结果都是出于人类“教导”的结果。把研究结果融入日常生活，需要克服不少挑战，如误用模型所造成的决策风险以及预测偏误带来的潜在不平等问题。用于训练情感计算模型的数据库，通常强烈影响模型的预测结果，因此搜集并检查数据库内容的方法就变得相当重要。

过去，当研究人员测试谷歌公司提供的图像识别服务时，发现该机器很容易预测女性脸上会有笑容。在与非情感计算相关的任务中也存在类似的情况。例如，他们无法准确预测黑人的性别，因此他们发起了性别图谱（Gender Shade）项目，试图挖掘偏误的深层根源。这些大公司并非故意制造偏误，如果数据库中的女性大多数都在微笑，软件自然可以很容易地将女性和微笑直接链接到相应的功能中，但这不是真正应该用于建模的特征。这种基于数据的技术就像一面镜子，真实地反映了所收集数据的内涵。当研究人员没有注意数据库中包含刻板印象和偏误时，实际上技术的分析结果就会有错误，只有通过有意的观察才能消除。

另一种偏误来自模型训练过程。由于数据收集的困难，情感识别任务通常在测试开始时会高度简化，随着研究的深入，应用情况才会逐渐扩大。例如，用于训练情感识别模型的音频文件最初是由阅读设计过的脚本的受试者创建的，后来演变为收集自然对话，甚至是电影和播客等多媒体真实情景材料。即使模型在基本脚本情况下获得了较高的准确率，但这并不意味着它可以在其他日常情况下也有同等表现。因此，模型的准确率不仅取决于数字，还应更多地关注数据来源和应用情况。

此外，由于情感计算采用有监督学习范式，机器训练的结果在很大程度上依托研究人员的理解程度。由于不同被试个体之间在生理、心理等方面都存在差异，对同一个刺激源、同一健康状态下的不同个体所诱发的情感不完全相同。即使产生相同的情感，由于个体间生理上的差异，所产生的信号一般也会存在一定差异。从个体的角度来看，可以构建个性化的健康情感计算模型来解决个体差异问题，但较大的采集和标注工作量也会带来较高的成本。研究人员应考虑在保证模型准确性的前提下如何兼顾经济性。

（4）技术应用于生活的普及性问题

设想在不远的将来情感计算应用普及：拥有情感的人工智能全科医生将全面落地，给基层医疗体系赋能；情感计算进入千家万户，为每一个家庭提供个性化的“医疗助理”，对人们进行全面的情感健康管理；陪伴型机器人会细心地照顾老人，为他们提供情感关注；外骨骼机器人将走进人们的日常生活，各类运动辅助机器人与康复机器人可以帮助弱者变得更加强大；由于有了情感智能体，抑郁症、孤独症等患者得以接受更好的治疗，其生活与他人相差无几……但是，这项技术要想在人们生活中实现普及，还有很多挑战亟待解决。

首先是设备被部分厂商垄断的问题。由于情感计算的应用往往需要与其他技术相辅相成并依托智能手表、康复机器人等科技载体，而这些前沿技术与高端设备往往被小部分厂商垄断，情感计算应用的普及也因此受到限制。

其次是因价格高昂而无法负担的问题。目前，拥有情感计算的家用健康检测设备价格都比较高昂，主要是因为此类设备往往需要硬件与软件的相互配合以及数据的采集和分析，除了制造价格外，处理器与数据存储的费用也需要用户承担。与其他智能设备一样，并不是所有有需求的家庭都能负担高昂的价格，因此如何通过改善工艺降低成本是未来应用需要解决的现实问题。

最后是需求多样化的问题。与其他领域的软件化应用不同，在生命健康领域中，情感计算的实现形式更加多样化，用户的需求也更加复杂。例如：健康监测往往是以可穿戴设备的形式实现的，那么可穿戴设备的美观程度、轻便程度、佩戴时的舒适程度是用户关注的重点；孤独症患儿在治疗中用到的情感机器人需要更加拟人和无攻击性的外形来安抚孩子的情感。研究人员在设计过程中必须考虑这些多样化的需求，使产品更加人性化。

总之，目前情感计算在生命健康领域中的应用还具有较大的局限性，应当找准赛道，在合适的方面充分发挥情感计算的长处。应用者应当明确心理 / 生理信号与情感、健康之间的关系，健康和情感相互影响，互为因果，两者的耦合最终呈现出了可以被检测到的心理或生理信号，因此逆向推理时必须考虑其他情境再进行分析。在进行模型构建时，研究人员需要考虑不同个体之间的差异化而有意识地构建泛化能力更好的情感识别模型来平衡模型的准确性与经济性。在应用普及方面，只有重点解决设备垄断、价格高昂、需求多样等痛点，才能真正造福公众生活。情感计算在生命健康领域中虽然具有广泛应用前景，但是还有很长的路要走。

第五章　商业服务行业应用及案例

近年来，随着情感计算在商业服务领域的应用推广，吸引了越来越多的人开始关注情感计算。围绕技术改进、应用场景拓展、应用结果评估等，情感计算在商业领域有较快发展。

5.1　学术研究概况

在市场营销学中，对顾客情感状态的了解与认知已成为了解顾客真实喜好、改进并辅助购买过程的重要课题。传统的情感计算评估方法大多依赖于个人评价，如问卷调查、访谈等。但是，被调查者往往因为社会期望偏差，只是阐述一般看法而难以明确地表达自己最真实的心理感受与想法。同时，个体自我报告过程中的心理状态以及调查环境等因素也会影响回答结果。这对事后分析总结与讨论解决对策带来了较大的干扰。

受传统交流技术的限制，研究人员以脑电生理、神经影像技术等神经科学工具为基础，开发出新技术，这种技术通过对生理信号、大脑基本结构等信息进行直接存取，动态理解复杂评估过程、情感状态等。由于无法人为控制，脑电信号是一种较好的情感客观指标，因其成本低、时间分辨率高等特点在销售定价、广告投放、营销设计等活动中得到广泛应用。情感计算之所以能可预见性地促使营销实践发生变革，主要原因有 3 个：一是公司能够收集消费者情感的新洞见，从而提供史无前例的个性化消费者体验；二是销售者无须通过后续的沟通交流就能了解并管理消费者情感；三是服务于消费者的机器人，如聊天机器人、语音助手等，通过数据的积累，可以不断地获得情感智能上的提升。

5.1.1 国外研究概况

美国肯塔基克里斯汀大学德尔菲娜·卡鲁尔（Delphine Caruelle）把情感计算在商业金融领域中的应用分为移情（Empathic）、协作（Collaborative）、交互（Interactive）等 3 类。这一框架借鉴美国麻省理工学院皮卡德提出的理念，指出情感计算不仅可以用于情感检测，还可以用于情感的表示和响应。

（1）移情式情感计算

由于多数消费者的决策是由情感驱动的，近年来市场研究领域非常重视情感计算。移情式情感计算，用于检测情感的情感计算系统，多通过聚焦于产品、广告或营销组合所引发的情感分析来推动市场研究，还侧重于考察情感计算方法以及相对于传统方法的预测能力等方面。

市场研究的一个重要环节就是调研用户喜好与对产品的满意度。传统的调查方法大多采用焦点小组、认知性自我报告等。尽管在市场营销、消费者研究等领域经常使用此类方法，但是自我报告的情感体验是否有效、可靠，一直存在较大争议。自我报告的测量方法一般是评估使用者在产品使用后总体情感体验的感知与主观因素，但是无法抓住使用者在产品使用过程中瞬间的真实感受。另外，每一位被调查者在自我报告中会采用相对尺度与参考点进行解答，而自定义的参考点常常取决于产品使用过程中的情感顶峰（情感波动最强烈）或者终结的瞬间，因此容易产生一种歪曲而又偏颇的实际情感体验记忆。为了能更加完整地记录、分析客户体验并将其应用于新产品开发等重大决策，2014 年皮卡德等提出了一种全新的情感行为认知（Affective-Behavioral-Cognitive，ABC）框架来自然诱导并衡量使用者对产品或者服务直观情感的呈现方式。该框架可以有效收集情感测量数据（面部表情值）、行为测量数据（物理选择量、消耗量、评估时间）

以及认知自我报告（喜爱这款商品的程度、购买这款商品的意愿）等信息。通过多次实验，自然刺激使用者对商品或者服务产生真实情感并在抓取用户面部情感时进行情感分析处理，最终配合传统认知测量方法做出评价。这可以有效提高产品使用调查的准确性，特别是在两个产品相似度较高、单凭认知性自我报告测量难以分辨的情况下，会显著增强可辨别度。

情感识别在招聘、员工管理领域的相关研究也呈现增长趋势，常用于在求职者或在职员工不知情的情况下进行能力、性格等判断。例如，通过观察应聘者或在职员工的细微面部表情以及动作，分析他们当前的大致情感来评价他们的回答是否坦诚并尝试判断他们的性格是否适合这一职业。2016 年，罗切斯特大学伊夫泰哈·纳伊姆（Iftekhar Naim）等通过模拟面试的方式，对麻省理工学院 69 名寻求实习机会的大学生的 138 个采访视频进行了面部表情（包括笑、头部姿势、手势、面部跟踪点）、语言（如字数、主题建模）、声音（如音高、语调、停顿）等信息的分析。最终，该研究团队提出了一种自动预测框架，该框架能够定量地描述不同低层次特征在面试中的作用，同时能够在学习回归模型的基础上预测高层次人格特征（如参与度、友好度、兴奋度等），从而为评估总体面试表现提供参考信息。

（2）协作式情感计算

协作式情感计算是指检测情感并协助人类对其做出反应的情感计算系统，可以在消费者互动中与企业员工合作，帮助理解消费者的情感并提示做出相应的回应。

在互联网经济日益繁荣和电商蓬勃发展的时代，用户的在线评论对吸引新客户、提高产品销售额，甚至公司未来发展都有着重大影响。潜在客户通常会在购买前参考用户评论，以便更好地选择适合自己的产品或服务。公司也需要通过用户评论获得商品或服务的反馈。但是，互联网的评论并非都是真实的，其中掺杂着不良意图的虚假评论，或试图通过贬低产品或品牌来误导潜在客户。以往的研究多采用不同特征提取方法检测虚假评论。这些方法大致可分为 2 种类型：一种是聚焦于评论；另一种是聚焦于评论者，特点是关注评论者的行为但并不涉及评论者自身，包括文本特征、评级特征和时间特征。2019 年，英国贝尔法斯特女王大学阿利姆丁·梅伦（Alimuddin Melleng）等在不同文本抓取过程中对基于情感的表征进行有效性分析并将分析结果应用于虚假评论分类任务。研究人员分别模拟了 3 个真实的数据集，结合情感提取方法，通过对评论的分割，一一分析了这些数据集。研究人员发现，这可以改善数据的代表性，从而更好地检测出具有隐藏性的欺骗性评论。

除了文本处理之外，情感计算还包括自然语言处理、认知科学、对话系统、信息获取等多学科交叉领域的语音处理。语言情感识别和文本语音合成（Text-to-Speech Synthesis，TTS）（包括语音与风格之间的变换）是人机对话系统的重要组成部分。近几十年来，越来越多的人开始关注并开发更多能够适应用户行为并做出反应的人机界面。情感用于语音合成与语音识别，对提高人机交互自然程度起着举足轻重的作用。

呼叫中心以给用户提供语音服务为主要工作内容，属于劳动密集型行业，劳动强度较大，职工流失率较高，存在培训周期长、人员费用高等系列特征。同时，呼叫中心的接线员每天都要面对许多顾客，短时间内需要同时处理多个电话客户的提问、反馈等。从用户的角度来看，长时间无法接通电话的事情经常发生，特别是在呼叫中心接线员均处于繁忙状态时，无论紧急程度高低，系统均将该来电列入排队等候区。为了解决呼叫中心长时间等待和接线员过于繁忙的情况，2020 年塞尔维亚诺维萨德大学米拉娜·博亚尼奇（Milana Bojanić）在语言情感识别的基础上，根据来电者情感判断对情感进行分类排名，即通话再分配。例如，表现出害怕、生气、伤心等情感的通话优先权更高，对于语言中性、愉快的通话优先权较低。

（3）交互式情感计算

交互式情感计算是指用于检测和响应情感的情感计算系统，可以通过增强机器人的情感智能来改善消费者与机器人的互动体验。这项技术可以应用于服务机器人或建立在物理对象、数字平台上的机器人。交互式情感计算可以通过服务机器人根据与之互动的消费者的情感来调整情感反应，以便更好地满足用户需求并为他们提供更多帮助。

虽然人类在认知、战略、移情、推理能力等方面为商业带来的优势仍是人工智能无法比拟或复制的，但是随着数字时代的发展，人类实时处理无数来源和形式的海量数据的局限性日益凸显。在商业服务领域，增强型智能（Augmented Intelligence）初露端倪，为通过人类和机器协作获得最佳商业成果提供了新的工具。利用集成的人工智能技术，企业可以在海量数据源中挖掘所需数据并实时进行分析与决策。

近年来，众多人机交互领域的研究者和从业者把注意力集中在游戏领域。情感化用户中心设计（Affective User-centered Design，AUCD）在游戏行业发挥着重要作用，能够通过增进情感与精神交流改善用户与视频游戏的互动体验。测量用户情感的能力对旨在建立可信的互动或改变内部行为的游戏智能界面来说非常重要。研究发现，游戏事件、游戏人物行为或游戏交互都能触发玩家情感。情感可通过游戏角色的行为及游戏环境的表象传递给玩家，而玩家的情感亦可成为控制是否持续参与游戏的工具。游戏系统能够感知并识别玩家情感并通过修改游戏的部分内容来匹配玩家的当前状态，以提升游戏与玩家情感状态的适应度。例如，当玩家情感低落时适当降低游戏的挑战性，有厌烦情感出现时变换游戏角色行为或游戏场景等。游戏玩家的情感是保证是否持续参与游戏的关键，而这类动态的情感适应能力正是目前涉及情感分析技术游戏关注的焦点。此类游戏还可通过帮助玩家调整情感，用于相关治疗。例如，以玩家情感为焦点，实现某一具体情感状态（如高兴、自信）的提升，或降低某些负面情感状态（如害怕、生气）等。

同样，在人类和机器进行情感交互时，智能体（虚拟人或机器人）起着举足轻重的作用。它能感知使用者的情感状态并通过对内学习进行调节，产生适当的情感反应，与使用者建立情感交流，甚至影响使用者情感。这使得商业服务领域的聊天机器人获得更多的关注和青睐，特别是在客服、销售等方面。企业拓展线上或电话客户服务业务的成本非常高，效果却大多不明显。这主要是因为多数客户的提问和要求是重复的，对服务人员的应对水平要求不高却需要占用大量的人力成本。使用聊天机器人将常规工作自动化并将相关工作量降到最低是目前大多数企业的发展趋势。2019 年，奥地利上奥地利州应用科技大学迈克尔·普里梅特肖弗（Michael Primetshofer）在基于 Web 的应用程序中创建并集成的一个基于文本的对话系统，利用客户的偏好与要求，支持与辅助客服的工作。另外，在交谈期间，系统会通过文本自动检测使用者的情感以及是否愿意接受聊天机器人的代理沟通，在监测到用户提出与人工客服沟通的需求后，系统会把在会话过程中采集的消息自动传给人工客服，再由人工客服与用户沟通。此种切换管理模式可以避免当机器客服碰到无法解决的提问内容时浪费用户时间而给用户带来不好的体验。

5.1.2 国内研究概况

通过对国内相关文献的梳理和分析，可以看出国内将情感计算引入商业的学术研究多集中于 2010 年之后，所运用的情感计算路径主要是文本情感计算，即通过对消费者评论等文本进行分类和处理，识别相应主体的情感倾向。研究主题主要集中于消费者满意度测评、精准营销、智能客服以及金融服务业等方面。

（1）消费者满意度测评

消费者满意度是影响消费者回购率的重要因素，因此消费者满意度的有效测评对企业经营与发展具有重要意义。例如，准确把握客户满意度是推动客户关系有效管理的关键环节。2012 年，合肥工业大学权长青和日本德岛大学任福继提出使用基于文本情感计算和识别的方法来衡量消费者的满意度。首先，他们使用一个带注释的情感语料库（Ren-CECps），通过比较积极和消极态度的情感表达的语言特征来评估顾客满意度，并研究了不同情感之间的联系。之后，他们构建的基于机器学习算法的细粒度情感识别系统，可以使用客户的话语或评论来检测和识别多种情感，用于测量客户满意度。实验结果表明，此种情感识别方法能够从客户那里获得丰富的反馈数据，从而为客户关系管理提供高匹配度的后续服务。

消费者满意度对酒店口碑甚至酒店的经营发展影响非常大。对消费者满意度的分析可以帮助管理者有针对性地改进业务，甚至有助于制定合理的战略决策。2017 年，武汉大学吴维芳和高宝俊等利用文本挖掘对旅游网站猫途鹰（Tripadvisor）的酒店评论进行特征抽取和降维，使用情感计算提取每类特征对应的情感，再构建计量经济模型来分析酒店特征评价与用户满意度的关系。此类研究有助于酒店管理者准确了解酒店的网络口碑，并为酒店管理者提供相关建议以提高经营绩效。为进一步探究情感影响消费者满意度的具体原因，2021 年浙江大学王曼和周佳等利用文本情感计算与深度学习研究了影响消费者满意度的服务属性和细节情感，并探讨了消费满意度受情感影响的过程以及产生特定情感的影响因素。该研究团队检索了大量的网络酒店评论，采用最新的 Kismet 情感识别方法，有效识别了情感极性和细节情感，并分析了情感与总体满意度之间的关系。该分析揭示了整体消费者满意度会受到关键服务属性的影响，如该研究中清洁度属性的影响最大。此研究结果对酒店管理决策的制定提供了一定的帮助。

电商平台也作为线上消费者满意度影响较大的行业，通过消费者满意度测评也有助于电商平台的持续发展。2018 年，东北大学赵志滨和刘欢等针对电商平台的中文产品评论文本，使用规则法抽取在产品评论中所描述的维度信息，并分别针对各个维度计算维度情感。之后，他们提出了维度权重计算方法，最后综合维度情感和维度权重计算评论的整体情感。该研究团队使用京东商城的真实评论数据集对所提方法进行了综合验证。结果表明，该方法在维度挖掘、维度情感分析、维度权重计算、整体情感分析等方面具有很好的性能，有助于测量消费者的综合满意度。2020 年，黑龙江八一农垦大学马凤才和李春月等运用京东生鲜电商界面中水果、蔬菜、海鲜、肉类等 4 类生鲜产品的文本评论，通过词频统计得出物流、包装、服务、品质、价格是影响消费者生鲜产品满意度的关键要素的结论，并运用文本挖掘构建特征词表，选用知网情感词典为基础的情感词典库，结合 TF-IDF 方法计算特征权重，得出 4 类生鲜产品的总体满意度情况，这对生鲜电商如何针对性地提升消费者满意度具有重要的指导意义。

（2）营销推荐

在电子商务时代，客户评论已经普遍成为消费者购物和商家营销的重要参考依据。

近年来，大连理工大学那日萨教授一直致力于将情感计算应用于营销推荐的相关研究，并取得了一定的成效。2010 年，那日萨和刘影等以消费者心理和情感分析为基础，根据消费动机分类理论，对网络评论评价进行情感模糊建模，建立了消费者评价和情感模糊语料库，并结合消费者对产品属性的偏好，提出了一种新的产品综合评价和情感计算方法，以综合评价和情感作为推理前提，建立了模糊推理规则库。这实现了向不同购买动机的消费者推荐不同类型的产品。2011 年，那日萨和童强等针对网络在线产品评论，利用 Apriori 算法从在线产品评论中挖掘产品的热门属性，提取情感词汇并确定词汇和属性的搭配关系，同时对情感词汇进行模糊化表示，通过构建产品属性与推荐度的模糊推理规则，实现个性化产品推荐计算，并以京东商城网站手机产品评论为例进行了实际计算。结果表明，该方法较传统的按销量排序方法更具个性化和针对性。2013 年，那日萨和钟佳丰针对消费者的自然语言型模糊产品需求，通过搜索在线产品评论，在挖掘产品的显式和隐式多特征基础上，利用语义情感计算对用户评论的属性进行模糊化表示，并与所构建的产品推荐模糊规则结合，实现了基于在线评论的个性化产品模糊智能推荐以及系统平台的开发。通过实验计算，研究人员最终验证了该推荐方法和系统的有效性。2014 年，东北财经大学张杨和那日萨等依据消费者心理学及品牌行为理论，从 4 个维度建立了品牌转换意向模型。该模型通过对网络消费者在线评论中评价词、情感词的提取和语义分析，结合情感计算推理出消费者品牌转换意向的转换类型。该研究结果有助于进一步进行科学化、精细化营销管理和营销策略效果的评估。2015 年，那日萨和洪月等从消费者情感和网站促销因素出发，依据网络消费者再购行为模型和计划行为理论，构建了消费者重复购买意向模型。该模型主要通过对消费者在线评论中情感词的提取和语义分析，计算消费者满意度和信任感，进而由模糊推理得出消费者重购意向值。最后，根据重购意向值和商品收藏数对商品进行分类，可以为商家制定有效的营销策略提供参考。

在电子商务快速发展的时代，随着时间的推移，客户的在线评论量不断增加，这势必会增加情感计算的计算量。因此，快速高效的情感计算方法对商家营销推荐和消费者购买决策就显得十分重要。2014 年，复旦大学林钦和与刘钢等针对电子商务中的商品评论信息过载问题，运用文本情感计算理论，挖掘商品评论信息中的商品特征及相应的情感态度，为消费者提供一个商品特征粒度上的情感分析结果，帮助消费者快速获取有效信息。

在应用上，系统能够自动根据指定购物地址采集商品评论信息，将情感计算结果汇总，进而应用到商品推荐或商家绩效管理系统中。但是，海量的评论不仅有文字还会出现一些表情图案，这些关于消费者想要表达的情感状态的表情图案也是不可忽视的。2018 年，上海财经大学刘建国和上海理工大学郭强等基于从评论中的表情图标（emoji）提炼出用户情感偏好，提出引入用户情感计算的 HOSVD 推荐算法。该方法将 emoji 分成积极、中立和消极等 3 类，并赋予不同权重，然后计算不同类型表情数量的加权和来表征用户情感，再引入三阶张量模型，应用 HOSVD 算法进行个性化推荐。实验结果表明，该方法比传统的推荐算法的效果有明显提升。这为移动通信端的个性化推荐提供了借鉴。

情感计算还可以提高推荐系统的个性化和智能化，有助于帮助消费者制定购买决策，促进消费。2016 年，南京邮电大学周国强和刘旭等通过运用文本情感计算，构建了协同过滤推荐算法，综合考虑了用户的评分信息及情感评论信息，并通过调节用户的情感权重有效计算用户之间的相似性，从而寻找更符合自身偏好及情感的相似用户和推荐项目。实验结果表明，该算法能够有效提高推荐系统关于用户真实感受的匹配度。2017 年，东北大学刘洋和范志平等提出基于情感计算技术和直觉模糊集理论的方法，该方法可以通过在线评论对产品进行排序。使用他们开发的基于情感词典的算法，可以识别评论中的情感倾向等，进而确定备选产品的排序。通过使用汽车评论网站的数据进行实验，研究人员验证了该方法的有效性，可以用于开发个性化推荐系统，促进消费者制定购买决策。

对客户偏好的有效挖掘也能够改善营销推荐的效果。2018 年，上海大学荆南和江涛等提出利用情感计算从顾客在线评论中发现客户潜在偏好和预测客户对未来业务服务或产品需求的增强型协同过滤方法。为了验证此方法的效果，研究人员利用京东网站进行了实验。结果表明，相比传统的协同过滤方法，此方法能更有效地向目标客户进行消费推荐。另外，从在线评论中提取消费者对不同属性的替代品偏好有助于产品或服务提供商定制营销策略，因为消费者对一种商品的评价并不是一成不变的，及时有效地获取消费者的情感变化是十分重要的。2022 年，北京理工大学朱斌和郭丁飞等分析了消费者的历史评论数据，首先采用文本情感计算对评论和相应的评级计算属性值，然后开发二次规划模型来求解各自的权重，获得由评论时间索引的权重流。然后，建立消费者的犹豫决策模型并求解最终权重，该权重可以刻画出在最高满意度水平下消费者对不同属性的偏好。实验表明，这种方法不仅能够有效地洞察消费者的偏好，还具有较高的偏好预测能力。2016 年，吉林大学张艳丰和李贺等通过挖掘电子商务平台冗杂的在线评论信息，对消费者品牌转换意向进行模糊计算和类型划分。他们以品牌转换意向模型为基础，构建在线评论的模糊情感词典，使用模糊数学方法并制定模糊推理规则，计算产品的品牌转换意向和转换类型。该方法得到了较好的实验检验效果，可为在线产品的品牌营销和预警提供信息决策。

企业的官方网站是企业宣传品牌、产品的重要途径，已成为面向消费者的营销渠道之一。界面设计师通过设计满足用户情感需求的网页，提高用户体验的质量，进而提高浏览量，这对企业具有极大的潜在商业价值。2016 年，东北大学郭芙和刘伟林等基于感性工学理论并运用文本情感计算方法，提出网页界面的优化设计方法。以某求职网站的主页为研究实例，利用语义差法提取以用户为中心的情感维度，获得网页外观的关键设计因素。基于获得的语义差异评价数据，构建反向传播神经网络以识别关键设计因素和情感维度之间的定量关系。最后，利用遗传算法搜索出一个近似最优的设计。该方法有助于设计出能满足用户情感需求的网页。除了评论信息之外，用户的浏览注视轨迹也能在一定程度上反映其情感状态。2018 年，西安理工大学艺术与设计学院薛艳敏和戴毓运用行为情感计算，分别设计了网页界面色彩、版式、文字、图片等设计元素的眼动实验，通过眼动仪获取实验中用户的注视点轨迹相关的眼动数据，研究用户的 PAD 情感（喜悦度、激活度、主导度）对网页设计的影响。这对企业设计出更加科学合理的宣传网页具有重要意义。

（3）智能客服

智能客服在解决客户高频业务问题的同时，也需要给客户提供多维度的、具有类人能力的情感引导、语聊等服务，以提高客户对智能客服的整体满意度。在此过程中，情感计算技术在智能客服类人能力建设中起到了至关重要的作用。

具有情感计算功能的在线智能客服不仅可以提高在线服务效果，还能辅助人工客服提高服务效率。2016 年，武汉大学杨艳妮和三峡大学张瑞等为提高智能客服系统的客户满意度、提升人性化设计，基于情感阈值预警确定人工客服介入系统的时机，可进一步实现智能客服平台和人工系统有效结合。其情感处理过程运用到整个智能客服体系中时，客户向智能客服系统进行提问或与之交流时，如果客户的情感值为负，那么这时智能客服系统将产生情感预警，人工坐席客服收到“警告”，在知识库的帮助下组织语言然后回复客户。这种情感介入式智能客服系统能够利用机器和人工双方的优势，实现情报收集，以更加人性化和智能化地方式满足客户的需求，这在理论和实践上都具有重要的借鉴意义。另外，人们接触较多的淘宝客服——阿里小蜜，也应用了情感计算。2020 年，阿里巴巴集团智能服务事业部宋双永和王超等以阿里小蜜为例对智能客服系统中的情感计算进行比较全面的介绍，包括情感分析算法模型的原理及其在智能客服系统的多个应用场景中的实际落地使用方式和效果分析。

为了提升电力系统智能客服系统的效率，降低人工成本，2020 年国家电网有限公司客户服务中心张晓慧和北京中电普华信息技术有限公司孙德艳等提出基于长短时记忆网络的情感识别方法。首先，利用词嵌入方法提取对话内容的特征表示，并根据先验知识添加情感特征，生成具有情感语义的词向量。基于双向长短时记忆网络训练得到情感分类模型，并将分类结果用于优先级自动调度决策来判断是否应立即接入人工服务。实验表明，此算法有较高的情感识别准确率且响应时间可满足系统实时处理的需求，具有较高的实用性。

（4）金融服务

情感计算在金融领域的研究和应用主要涉及客户体验、信贷审核、贷后风险监测、客户评价收集等方面。在客户体验方面，保险公司坐席员利用情感计算分析客户的语音信息，识别客户的真实想法，能通过共情短时间内与客户建立起情感基础。目前，该项技术已应用于客服中心等领域，通过语音情感感知技术和情感计算技术判断客户在接受营销信息后的情感，提升客户体验感。在信贷审核方面，情感计算的应用能提高金融机构审核质量。2011 年，复旦大学杨漾在银行信贷审核系统中引入情感计算，收集贷款人在外部信息刺激下的情感状态变化数据以及情感特征数据，并通过多元回归分析计算情感数据与风险水平之间的关系指标，避免产生银行信贷审核风险。在贷后风险监测方面，情感计算的应用能有效降低贷后风险。2014 年，苏州大学严建峰和刘志强等利用语义情感分析技术发明了贷后风险预警系统专利。该发明对在网络上搜集的与客户企业相关的新闻、评论、微博、举报、投诉等信息进行情感成分分析，得出可靠系数和总体可靠系数，在可靠系数低于警戒值时发出警告，这可有效降低贷后风险。在客户评价方面，客户的文字评论包含大量的信息，分析这些信息对金融机构提升客户满意度具有很高的商业价值。2018 年，北京交通大学李迎迎在收集大量与银行业务有关的微博文本后构建了银行领域的停用词表，通过情感分析模型调查客户满意度，这有望进一步帮助银行在降低时间、空间成本的同时提高服务质量和客户满意度。

5.2 应用发展情况

5.2.1 国外应用情况

情感计算在全球商业服务领域应用最广泛的是智能客服。使用传统人工客服的企业终将面临人力成本上升的困境，而传统机器客服因其标准格式化、无法变通等缺点备受诟病。智能客服结合了二者的优势，越来越多的企业愿意尝试和采纳这种方式。美国麻省理工学院人类动力学实验室的研究人员证明了社交信号在人类沟通中的重要作用，以及机器对这些信号的识别和翻译的能力。为了让研究成果在市场上得到应用和推广，人工智能公司 Cogito 应运而生，提供呼叫中心解决方案服务。Cogito 通过分析呼叫的语音，识别行为和感知特征，指导客服人员以更好的同理心和专业精神来对话。同时，对客户的沮丧度和购买意向的识别也有助于改善服务质量，提升购买成交率。据该公司网站介绍，一家全球 100 强的金融科技公司在使用了 Cogito 的实时人工智能指导系统后，8 星期内，其呼叫平均处理时长降低了 8%，客户满意度有了明显提升。

由美国研究声音情感和行为的人工智能科技公司 Behavioral Signals 推出的由人工智能介入的对话系统解决方案 AI-MC，利用情感计算和语音数据为客户匹配最合适的客服和销售人员，使得整个对话尽可能顺畅，降低沟通成本的同时也给品牌形象带来增值。据该公司网站介绍，一家欧盟国家银行使用了该解决方案以提升呼叫中心的效率。从使用效果来看，主动债务重组的申请量提升了 20.1%，呼叫量减少了 7.6%。在另一个案例中，一家欧洲用户体验供应商希望通过降低“立即拒绝率”（通话开始的 30 秒内被拒绝），提升产品销量。AI-MC 利用历史数据匹配销售人员并能在对话过程中通过测量语音的关键指标实时预测用户的购买倾向。该供应商还为此创建了内部应用程序，让销售人员实时直观地看到自己的购买倾向分数，从而有针对性地调整和改善自己的销售技巧。该供应商使用 AI-MC 后，“立即拒绝率”下降了 8%，销售额增长了 18%。

在与用户直接互动的过程中，智能客服感知用户的情感并作相应的记录和调整。此外，通过市场调研了解用户喜好和对品牌的认知对商业运营来说同样重要。Entropik Tech 是一家成立于 2016 年专注情感识别人工智能的印度公司，通过识别人类面部表情、眼动、语音和脑电波，在商业交互中提供度量消费者体验的服务。据该公司介绍，Entropik Tech 基于 3 款产品提供 3 种类型服务：一是通过 Affect Lab 平台帮助客户洞察消费者在接收广告和在实体店或线上购物时的情感和行为特征；二是通过 Affect UX 平台帮助客户测试网页、应用程序和产品原型的用户体验；三是通过 Affect API 帮助客户构建能够感知情感的应用程序。在数据获取方面，面部表情和眼动都是通过摄像头获取信息的，面部表情也能通过提前录制好的视频进行获取，语音数据可通过手机实时或是用麦克风提前录制好的音频进行获取，脑电数据是通过基于蓝牙的头戴式设备进行获取的。通过人工智能技术、机器学习和自然语言处理，Entropik Tech 通过处理和分析数据来获知用户的情感和行为特征。

Entropik Tech 在其 Affect Lab 平台上调查了 120 位美国消费者，希望研究不同品牌推出的复活节主题巧克力包装对消费者的吸引程度。调查过程是让受访者查看不同品牌的包装，然后通过手机或电脑摄像头捕捉受访者的眼动轨迹、注视方向和面部表情。这是包装设计排名的基础测试。随后，调查者把这些包装放在虚拟货架上，以观察哪种包装赢得最多的关注，得出的结果还能用于货架陈列安排的策略研究。此外，调查得到的情感和认知结果还会与调查后的受访者回应进行交叉验证。调查结果显示，M&S的斑点蛋包装得分最高，出彩点在于其包装上的文字元素，特别是产品描述。受背景颜色和字体大小的反差影响，产品名称的展现十分突出。88%的受访者表示该包装与复活节这个主题的相关性最高，且很特别、很可爱。有别于传统的访谈和问卷调查，融入情感计算的调研使得受访者的内心情感和认知得到更充分的度量并得到量化呈现。特别是在商业零售领域，消费行为往往与冲动等情感高度相关。对品牌的认知和偏好也同样伴随情感而增长或消退。因此，了解消费者的真实情感，无疑对产品和品牌的发展至关重要。

除了传统零售消费之外，娱乐游戏也在商业层面吸引了越来越多的关注，很多人通过游戏放松心情，享受在日常生活中难以亲身经历所获取的别样体验。因为电子游戏的吸引力往往在于可以很好地调动玩家情感，所以情感计算在电子游戏中的应用也得到较为广泛的研究。audEERING是一家2012年成立的德国音频人工智能应用公司。据该公司网站介绍，他们基于实时追踪语音的6000多个参数，采用深度神经网络、无监督学习等人工智能技术，能够从语音中检测出对应的情感。该公司推出了一款叫entertAIn play的产品，将玩家的情感作为信息输入，触发不一样的游戏互动体验，将电子游戏的沉浸式体验带上一个新层次。具体过程是先通过麦克风和语音活性检测（Voice Activity Detection，VAD）捕捉玩家的声音数据，然后利用人工智能模型分析语音参数，识别出玩家实时的情感和强度。该产品配置了4种基本情感，分别是高兴、生气、悲伤和中性。基于输出值，玩家将触发与自己情感相匹配的游戏场景。

除了声音之外，面部表情也是较为便利的可以感知情感的途径，非常适合在电子游戏中使用。情感人工智能公司Affectiva研发的情感感知技术插件就被游戏公司采用并用来打造具备生物反馈功能的游戏。使用该插件的是由新兴技术创建游戏的工作室Flying Mollusk打造的一款名为Nevermind的心理惊悚游戏。Nevermind使用该插件能够通过玩家的面部表情感知其情感，并改动接下来的游戏场景。有趣的是，由于这是一款心理惊悚游戏，其对玩家情感的反馈也别出心裁，并不是在感受到玩家的紧张后让游戏剧情变得轻松起来，而是正好相反。Affectiva 的官方网站介绍，玩家在害怕和紧张时会面临更具挑战性的游戏情节。例如，当玩家无法控制自己的恐惧情感时，接下来房屋可能会被水淹没，或是地上冒出尖刺。当生物反馈算法发现玩家开始放松下来时，游戏情节将变得容易。这也使得玩家在游戏过程中学会调节自己的情感，有助于管理日常生活中的压力和焦虑感。Nevermind 的官方网站介绍，这款游戏支持摄像头和常见心率传感器如苹果手表等作为采集生物数据的设备。由于该游戏的核心内容设定就是让玩家通过寻找线索，帮助经受过心理创伤和有创伤后应激障碍的游戏人物迈向康复，因此把玩家的自身情感也投射到游戏中会让整个游戏体验更完整。

在娱乐方面，除了游戏之外，在大众生活中同样占据重要地位的非电影莫属了。一部电影的成功与否，一个较为直观的反馈可能就是观众在观影过程中的情感状态。迪士尼公司的研究团队就曾与加拿大西蒙菲莎大学、美国加利福尼亚理工学院合作，研究基于深度变分自编码器（Deep Variational Autoencoder，FVAE）的非线性张量分解（Non-Linear Tensor Factorization）方法，对电影观众的面部表情进行建模。研究人员把这个方法应用于由超过 1600 万个电影观众面部表情组成的大型数据集。结果表明，与传统的线性分解方法相比，该方法能实现更好的数据重构。同时，FVAE 能进行端对端训练且展现出强大的预测性能。在观察观众超过几分钟后，FVAE 便能较为可靠地预测观众随后的观影表情。此外，FVAE 还能够学习微笑和大笑的概念，知道这些信号跟电影的幽默场景相关。

美国传奇电影公司也对通过情感识别衡量观众的观影体验感兴趣。美国人工智能面部识别公司 Kairos 的官方网站介绍，传奇电影公司希望准确理解观众对电影作品的反应，以确定哪些内容适用于营销，确保他们的作品吸引主流观众和目标人群。因此，传奇电影公司使用了 Kairos 的产品服务，在放映预览电影期间，每分钟记录了超过 45 万次情感测量，总共处理了约 1 亿次的面部测量。在此基础上，传奇电影公司将收集的数据转化为可操作的营销策略。

对商家而言，了解消费者情感固然有利于及时调整商业策略和促进销售，但是消费者也希望更进一步了解自己的喜好偏向。如果能把情感计算运用在帮助消费者挑选商品上，那么将出现商家和消费者双赢的局面。EMOTIV 是美国一家专门研究脑电的神经技术公司，他们在 2022 年 3 月宣布和法国欧莱雅集团建立美容领域的战略合作伙伴关系，以帮助消费者围绕其香氛需求做出准确和个性化的选择。其核心技术是通过头戴式设备测量神经元放电时大脑产生的电活动，继而分析对应的情感。EMOTIV 的官方网站介绍，早在 2021 年迪拜世博会上，欧莱雅就推出了美容技术创新实验室，用户无须对所有香水产品逐一感受，只需回答数个跟气味相关的情感性问题，戴着 EMOTIV 设备感受不同配方的气味，就能得到心仪香水型号的推荐。10 多年来，EMOTIV 在实验研究中收集了上千人的脑电信息，根据这个数据库开发出能够识别与特定条件相关联的大脑活跃规律的机器学习算法。利用该算法可以达到实时识别不同认知状态的目的，这些状态包括沮丧、感兴趣、放松、投入、兴奋、压力和注意力。

专注于情感人工智能领域的计算机软件公司 Affectomatics 拥有一款名为“基于情感反应测量结果的个性化食品推荐”（Crowd-Based Personalized Recommendations of Food Using Measurements of Affective Response）的专利。专利公开说明书指出，这是一个能对食品类型进行个性化推荐的系统。系统主体包括两部分：一是能测量用户的情感响应的传感器；二是能根据一系列测量值对食品进行排序的计算系统。作为此专利技术支持之一的基于情境的情感检测和分类技术，是由荷兰埃因霍芬理工大学和意大利热那亚大学研究人员提出的，围绕使用动态概率模型进行人群情感检测。该技术使用动态概率聚类技术（Dynamic Probabilistic Clustering Technique）模拟不同情况下的情感响应，能以较高的准确度从个体水平到集体水平检测人们的情感。

以消费者真实需求为基础，提供高质量、个性化的信息和建议是提升购买行为的有效手段之一。DAVI 是一家 2000 年创立的研究人工智能和情感计算的法国科技公司，从提供数字智能体语音接口做起，该公司致力于把数字化关系应用到人类交互关系中，即推动机器理解并再现人类的语言和情感，使之与人类的沟通模式变得更加自然。基于这个理念，DAVI 决定把社交性的情感维度整合进人机交互系统中。该公司的官方网站介绍，社交性情感引擎能把社交和情感技能赋予机器，其技术围绕的是一个结合了社交行为表达模型的情感推理系统。该社交性情感引擎通过用户语言和非语言交流对其情感状态进行推理。结合实时 3D 引擎，DAVI 的情感人工智能技术能够检测机器语言回应中的社交意图，并自动同步触发匹配的非语言行为。例如，从事乘客和车辆运输的法国航运公司布列塔尼渡轮使用了 DAVI 推出的一款名为 Abby 的数字化旅游顾问，以帮助消费者匹配个性化的欧洲旅游目的地。具体而言，布列塔尼渡轮希望能给消费者在行程规划上提供高质量、个性化的信息和建议。Abby 具备提供专业意见、活用社交技巧等功能，能接收用户情感信号并做出相应的调整，能全天 24 小时提供服务。布列塔尼渡轮使用了 Abby 后，消费者的购买意向上升了 7.7%，对价格的敏感度下降了 10%。

在职场上，与人沟通的语气和表达的情感也是十分重要的。面对面沟通可以通过面部表情、姿势等传达态度和情感，但是当只能通过单纯的文字传递消息时，如何随之传递正确的情感成为很多职场人的烦恼。Grammarly 是一款在线语法纠正和校对工具，除了常见的检查单词拼写功能之外，能通过分析用户的单词、句子结构、标点符号、大小写，以及识别用户的语气，在发送信息前提示该段文字所表达出来的情感。其中，语气识别（Tone Detector）的功能还能为用户量身订制所需语气，如进行和善的交流、优雅地提出异议、自信的表达观点。通过 Grammarly 的语气识别功能，发件人可以更好地确认收件人能够准确理解自己想表达的内容，节省发件人在斟酌用词和思虑表达方式是否妥当上花费的大量时间。

总之，情感计算在商业服务领域具体应用的出发点都是基于如何更好地获得消费者的情感信息，进而提供更具针对性和更加人性化的服务。由于销售业绩是情感计算在商业服务领域得到应用和推广的重要推手，目前应用比较广泛的行业仍然主要分布在消费者情感波动对业绩影响较大的领域，如零售业、娱乐行业等。可见，情感计算在商业服务领域的渗透和推广仍有较大的发展空间。

5.2.2 国内应用情况

我国提出支持商业模式创新、鼓励技术应用创新、促进产品服务创新、推进生活服务业便利化、加快商务服务业创新发展，以及推进城市商业智能化等多条意见。2014 年，国务院发布《关于加快科技服务业发展的若干意见》，强调科技服务业在现代服务业占据的重要位置以及加快科技服务业发展对于深入实施创新驱动发展战略的重要意义。2015 年，国务院办公厅印发了《关于推进线上线下互动加快商贸流通创新发展转型升级的意见》，肯定了移动互联网等新一代信息技术对商业经济的贡献。意见指出，大力发展线上线下互动，对推动实体店转型，促进商业模式创新，增强经济发展新动力，服务大众创业、万众创新具有重要意义。

2020 年，新冠疫情席卷而来，线下经济受到打击。但是，网络购物、移动支付等线上经济发挥了重要作用，保障了居民日常生活的需要。同年，为了解决线上消费等新型消费领域发展存在的基础设施不足、服务能力偏弱、监管规范滞后等突出问题，国务院办公厅发布《关于以新业态新模式引领新型消费加快发展的意见》（以下简称《意见》），努力实现新型消费加快发展，推动形成以国内大循环为主体、国内国际双循环相互促进的新发展格局。其中，坚持创新驱动、融合发展是基本原则之一。《意见》提到，应大力推动智能化技术集成创新应用。在有效防控风险的前提下，推进大数据、云计算、人工智能、区块链等技术发展融合，积极开展消费服务领域人工智能应用，丰富 5G 技术应用场景，加快研发可穿戴设备、移动智能终端等智能化产品，增强新型消费技术支撑。

2021 年 11 月，国家发展和改革委员会发布《关于推动生活性服务业补短板上水平提高人民生活品质的若干意见》（以下简称《若干意见》），指出我国的生活性服务业近年来蓬勃发展，在优化经济结构、扩大国内需求、促进居民就业、保障改善民生方面发挥了重要作用，但同时也存在短板，如有效供给不足和质量标准不高等。因此，国家发展和改革委员会在《若干意见》中提到，应加强服务标准品牌质量建设、推动服务数字化赋能和培育强大市场激活消费需求。在加强服务标准品牌质量建设上，应加强生活性服务业质量监测评价和通报工作，推广分领域质量认证；应引导各地多形式多渠道加强优质服务品牌推介。在推动服务数字化赋能上，应加快线上线下融合发展，完善电子商务公共服务体系，引导电子商务平台企业依法依规为市场主体提供信息、营销、配送、供应链等一站式、一体化服务；加强线上线下融合互动，通过预约服务、无接触服务、沉浸式体验等扩大优质服务覆盖面。在培育强大市场激活消费需求上，应推进服务业态融合创新，加强物联网、人工智能、大数据、虚拟现实等在健康、养老、育幼、文化、旅游、体育等领域的应用。

在电子商务方面，商务部、中共中央网络安全和信息化委员会办公室和国家发展和改革委员会于 2021 年 10 月印发了《“十四五”电子商务发展规划》，阐述了“十四五”时期我国电子商务发展方向和任务。《“十四五”电子商务发展规划》指出，我国电子商务已转向高质量发展阶段，随着新型工业化、信息化、城镇化、农业现代化快速发展，中等收入群体进一步扩大，电子商务提质扩容需求更加旺盛，与相关产业融合创新空间更加广阔。在科技强国战略背景下，人工智能、情感计算等创新驱动技术与商业服务领域紧密结合，将成为我国减轻新冠疫情带来的负面影响和在变幻莫测的国际形势中推动国内经济持续高质量增长过程中不可阻挡的发展趋势。

在高速发展的过程中，电商服务从前期的粗放式一步步迈入现在的精细化管理。其中，一个核心竞争力就是如何更好地理解用户，也能正确地被客户所理解。作为全球知名的中国电子商务企业，阿里巴巴也在积极探索情感计算在业务中的应用。阿里巴巴大淘宝技术团队在用户生成内容领域使用了情感计算。在淘宝和天猫购物平台上，消费者在选购商品前往往会浏览商品购买评价再决定是否购买。但是，由于商品评价量巨大，消费者逐条查看会耗费大量时间。如果对整体评价的无结构文本进行结构化分析，得出包含商品的属性词、情感词和情感极性的汇总观点，就能让消费者大致了解整体评价。从技术上而言，这个过程涉及属性级情感分析和评论级情感分析。属性词是指商品这个主体及其本身属性，如材质。情感词就是用户对商品属性表达其主观情感倾向的用词，解释情感倾向的原因，如材质结实中的“结实”。情感极性是指情感词所对应的极性。阿里巴巴大淘宝技术团队表示，他们主要关注正向、负向、中性三类。大致的流程是用户生成评价内容，然后通过训练语料标注得到属性和情感词的抽取模型，之后把属性和情感归一化，即把多个相似的表达归为同一个属性，接着就是对情感进行分类，然后生成观点话术，最后形成商品维度观点聚合。在技术落地应用成效上，阿里巴巴大淘宝技术团队介绍，在淘宝“大家印象”中，评价标签的页面访问点击率增长了400%，用户点击率增长了200%，标签体系覆盖了淘宝所有的商品类别。

同样针对商品评论，哈尔滨工程大学申请并通过了一项名为“一种基于多特征融合的商品评论情感分析方法”的发明专利。公开说明书显示，其具体方法步骤：一是对数据集进行噪声过滤、分词、词性筛选，以及词频和文档频率的统计，得到预处理后的低噪高可用性数据集；二是对预处理的数据使用word2Vec，对其进行基于上下文的词向量嵌入，得到基于上下文预测的词向量；三是对步骤二中的名词的词向量进行基于词语共现度的聚类，获得商品的属性；四是对步骤三中的属性进行基于商品属性情感词的获取，获得商品的情感词，对已有的情感词典进行情感词扩充，得到扩充的情感词典；五是对步骤四的扩充的情感词典，构建连词词典、否定词词典、程度词典，得到商品评论的文本特征；六是对步骤五的词典结合用户特征、商品特征以及文本特征得到基于多特征融合的文本情感极性计算规则，并在此基础上构建半监督的训练集；七是对步骤六的训练集使用支持向量机方法进行训练，对未知情感的文本进行情感分类，实现对商品评论的情感分析。该方法能够针对数据集的文本特征、用户特征以及商品特征，提高商品评论情感分析的准确率。

除了淘宝、天猫之外，京东也是国内大众熟知的电商平台。在京东人工智能开放平台NeuHub上，可以看到有情感分析这一项通用应用程序编程接口（Application Programming Interface，API）服务提供。该情感分析是针对中文文本内容的，自动判断该文本的情感极性类别并给出相应的置信度。应用场景可以帮助客户获取文本内容中隐藏的情感信息来提升产品体验和辅助营销决策等。这款产品有3个显著特征：一是拥有基于电商领域丰富的文本内容数据，无须添加任何情感词表就可以完美识别内容中的情感极性；二是通过深度学习训练，学习深层次的语义表达，情感分析精度高；三是采用迁移学习方法，少许场景标注数据即可快速切换新的情感场景。

此外，在人脸检测与属性分析服务中，这项产品可以在手机拍照、监控摄像头拍摄、闸机抓拍等条件下进行人脸关键点检测和人脸属性识别。应用场景包括：与业务相结合的娱乐互动营销，提升用户乐趣；对门店客流建立群体画像，对用户购物体验进行辅助判断；了解客群属性，设计广告投放策略等。其产品特征包括：第一，利用 AI 算法，快速检测人脸并返回人脸框位置、定位五官与轮廓关键点，准确识别多达 9 种人脸自然属性，包括年龄、性别、微笑、颜值、种族、胡子、遮挡、眼镜等属性；第二，对图像中出现的人物均能够识别检测并进行自然属性分析；第三，满足用户在单人或者多人场景下的识别需求，不仅能识别人的自然属性，也能进行情感属性识别，包括惊讶、高兴、悲伤、生气、平静等情感；第四,一次请求返回多样的结果，可供使用者自由组合使用；第五，模型持续升级迭代，后续不断提供更多识别结果。

在实际应用上，Neuhub 网站列举了一些客户案例，其中使用了人脸检测与属性识别产品的有杭州店家科技有限公司的智慧门店、香港冯氏零售集团打造的智能结算台以及江苏民丰农村商业银行的大堂人脸会员识别系统。另外，使用了情感分析服务的有四川大学华西第二医院的智能医疗解决方案以及京东本身的智能客服。通过情感识别，京东智能客服能准确识别用户情感并生成对应有情感的回复内容。除了解决顾客的问题之外，京东智能客服可以做到真正的知人心、解人意，较传统客服用户满意率提升了 57%。

除了头部电商平台参与研发、应用情感计算以提供更优质的服务之外，面对如火如荼的电商市场，不少科技公司也积极加入，通过设计解决方案，帮助客户进行全生命周期管理。语忆科技就是其中之一。成立于 2016 年的语忆科技是一家客户服务全流程一站式解决方案提供商，立足于自主研发的深度学习算法与高度工程化的自然语言处理技术，以流程优化和定制分析作为工具，助力企业提升管理效率、建立更完善的客户沟通与服务机制。语忆科技支持天猫、淘宝、京东、拼多多、抖音、快手等多平台的全量数据采集且支持情感、关键词、规则、场景等 4 种检测模式的语义分析，及时预警可能会引发投诉的危险对话，从而提升消费者体验与销售转化率。语忆情感研究所发文介绍，语忆情感解析引擎可以实现多维细节情感提取，而非只判断积极、消极还是中性情感。语忆科技自主研发的自然语言处理算法，研究的不是传统的词与词之间关系的学习模式，而是分析字与字之间的关系，并专注于某几个细分领域，强化训练数据的可用性及针对性，从而能够识别中文文本中多达 12 种细节情感，如愤怒、失望、兴奋、愉快、悲伤等。此外，该情感分析工具还能区分不同情感浓度，即某一种情感的激烈程度，以及情感关键词，即引起某一种情感的特定对象，进一步丰富模型的使用场景。

金融服务业也是商业服务领域一个不可或缺的部分。情感计算在金融领域的研究和应用受到众多参与方越来越多的关注。度小满（原百度金融）是一家于 2018 年从百度旗下拆分出来独自运营的金融科技公司。2020 年，度小满获批成为博士后设站单位，2021 年度小满博士后科研工作站正式启动。作为首位入站博士后，李祥的专业就是人工智能。入站后的主要研究方向为情感计算，即聚焦用户情感感知、情感原因溯源和情感合理应对，以整体提升语音机器人的情感能力等。2022 年 5 月，李祥和站内另一位博士后朱文静共同撰写的论文《基于多尺度特征表示的全局感知融合语音情感识别》入选 2022 年 IEEE 声学、语音与信号处理国际会议。该论文提出了全新的全局感知多尺度神经网络（GLobal-Aware Multi-scale），打破了以往卷积神经网络方法的局限性。在基准语料库 IEMOCAP 里对 4 种情感的实验证明了所提出模型的优越性。该模型有望用于客服场景，在降低人工客服沟通成本的同时提升用户体验。

对专注于研究情感计算等人工智能的科技公司而言，相关技术往往能在商业服务领域的多个应用场景下使用。竹间智能是一家人工智能服务商，由微软（亚洲）互联网工程院前副院长简仁贤于 2015 年创办，以情感计算、自然语言处理、深度学习、知识工程、文本处理等人工智能技术为基础，将人工智能整合到企业业务中为企业赋能。该公司的官方网站介绍，竹间智能拥有多模态情感识别技术，能基于人脸表情、语音和语义的情感识别，进行情感状态的判断。竹间智能研发的对话式人工智能平台 VCA 智能客服具有识别情感与建立用户画像功能，内置结构完整的标签系统，服务于搭建全景用户画像，能通过对话来实时分析和洞察用户需求。VCA 内置 26 种情感，用于记录用户对话的情感标签，并且能提供自定义情感训练功能。

通过数据分析，VCA 可以细化用户群体的特征偏好，发掘潜在用户，赋能业务拓展与自动化营销。应用场景从金融理财到物流零售，涉及领域非常广泛。

中国电信拥有一项关于音乐推荐方法及系统的发明专利，主要是先对曲库中的音乐进行分析，确定音乐的情感特征，随后对用户的情感状态进行识别，确定用户的情感特征，最后再将二者进行匹配，生成与用户的情感状态相匹配的音乐推荐列表，以实现精确、自动、高效的音乐推荐，提高用户使用感受。

目前，情感计算在商业服务领域的应用中比较火热的赛道多集中在商业评价分析和智能客服等方面。但是，随着企业技术的积累和受众的增加，情感计算在商业服务领域的应用蕴含巨大的潜力。相信随着技术的成熟，消费者会接触到越来越多有情感、有温度的商业服务。

5.3　典型案例

5.3.1　案例 1：AI 参与的客服电话系统

目前，人工智能已经不再是一个遥远的概念，而是深深地融入人类社会的生活，影响人们的交流与互动。许多互联网巨头已经在社交媒体产品中引入 AI 技术，如脸书、领英、推特等全球性社交平台基于行为数据和事件活动数据，建议用户应该与谁联系等。脸书利用复杂的人工智能系统来预测用户可能认识但尚未与之建立联系的人，鼓励人们提高交流频次。AI 会不断评估你在脸书上的点赞、分享或评论等每一个举动，并推荐相似的内容，以提高用户活跃度和忠诚度。

企业如果充分利用客户电话沟通中的信息，既可以更好地评估客户意愿，也可以衡量和改善客户服务的绩效。分析电话录音不仅可以对客户的属性进行分类，还可以利用这些数据快速预测客户意图，使企业有更多的机会提升服务和产品的整体质量。电话录音分析的核心内容是与客户沟通时的语音数据，前提是要将非结构化的语音数据结构化，再将语音数据处理成文本数据后，分析客户说话风格，如习惯使用的单词类型、常见短语、情感状态等。过去，这些数据均需要人工手动记录并处理，分析能力受到很大的限制。随着 AI 技术的发展，相关语音分析工具可以将人工处理的过程简化，准确率和分析效率大幅提升，可以使从大量通话数据中获得有价值的信息及时成为现实。相关调查显示，超过 80% 的客户相较于电子邮件或者在线聊天的方式，更喜欢直接通过电话沟通，电话沟通能够得到更加直接的反馈，在很多时候能更容易获得解决方案。如今，通过将语音数据与情感行为量化技术相结合，AI 技术的应用有助于更快、更全面地分析客户的声音，能更好地了解通话中语音数据的情感负荷，预测客户行为，通过分析通话信息，为客服沟通人员实时提供相关建议。

通过此类分析，企业不仅可以量化从前几乎完全是定性的数据，还可以采取相应的措施来提高未来的绩效。例如，在客户与技术客服的沟通中，服务团队的首要目标是能顺利地解决客户面临的问题，通过实时分析，能更快地确定客户真实需求并协商解决方案。又如，企业可以通过 AI 电话分析识别客户情感，识别潜在的客户流失，发掘客户行为中存在取消合作服务的意向信号，使销售人员确定何时采取行动以延长合作期限。

（1）AI-MC 产品介绍

美国公司 Behavioral Signals 开发了自动匹配呼叫转接解决方案 AI-Mediated Conversation（AI-MC），主要功能是利用客户的语音数据，利用 AI 情感算法，为客户匹配到最适合的客服人员来满足寻呼需求。其核心的匹配算法是由基于海量的个人资料数据和该公司在自然语言处理和行为信号处理领域多年的研究经验积累而共同组成的。

该匹配算法的核心思想是人与人之间存在不同的亲和力。无论业务场景是商品销售、技术支持还是问卷调查，客户与电话客服人员的沟通行为是一对一的互动过程，不同的两人之间的沟通氛围总是有所不同的。因此，AI-MC 试图寻找人与人互动过程中的行为特征，以帮助匹配相处起来更为亲和的电话沟通对象。

企业通过应用 AI-MC 技术可以实现两个方面的改善。一是提升绩效，通过算法预测，精准匹配更容易达成交易的客户与销售人员，这能够进一步提升业务绩效表现。二是减小成本，最佳的客户与销售人员组合匹配意味着这两个人在第一次对话时就有机会建立良好的关系，可以显著减少电话沟通处理时间和客户的不满，最大化提高电话客服的沟通效率。

（2）AI-MC 核心技术

AI-MC 的核心算法构成基础是行为信号处理（Behavioral Signal Processing，BSP），用于行为和情感的分析计算。Behavioral Signals 公司的创始人什里坎特·纳拉亚南（Shrikanth Narayanan）开发了许多情感识别和行为信号处理的核心技术。美国南加利福尼亚大学信号分析与解释实验室就是在其领导下进行了超过 15 年的探索，从而获得了首个从信号中识别情感的专利。

BSP 在生产流程可以获取原始信号数据并将该数据转化为可供解读的行为和情感预测结果。BSP 的工程组件非常灵活，可以根据实际应用场景进行调整，它包含了 3 个主要组成部分。第一，数据收集组件。BSP 每个后续步骤的结果都会受到数据收集过程的影响，收集到的数据应尽可能完整和干净。完整和干净的数据包含做出决策所需要的所有相关信息，在电话分析的场景中，收集的数据包含通话中所有参与者的所有音频、文本以及其他相关元数据。第二，信号分析组件。这部分过程的作用是从数据中计算出有关“谁”“什么”“何时”“如何”“何地”“为什么”等方面的描述特征。第三，数据建模组件。从前一环节计算得出的描述特征数据，推断出个体行为的具体情感，如快乐、愤怒、悲伤等。例如，将通话者进行情感分类，首先确定是谁何时在说话，其次将通话语音转化为文本，最后识别情感并打分，具体过程可见图 5-1。

AI-MC 专门用于情感检测计算的算法系统被称为 callER，使用了情感识别技术，利用先进的机器学习模型识别客户和沟通人员的情感状态。callER 的情感识别包含 3 个维度：一是情感状态，如中性、快乐、沮丧、愤怒、悲伤；二是积极程度，包含消极、中立、积极等 3 种；三是情感强度，分为平静、正常、兴奋。此外，callER 还能检测沟通人员的对话态度是否礼貌、客户实时的对话参与度，以及电话沟通人员与客户之间的相互影响，监控对话的双方并提供相关的统计指标。所有这些指标都可以用来准确、快速地衡量客户满意度、沟通人员绩效、客户购买和支付意愿以及

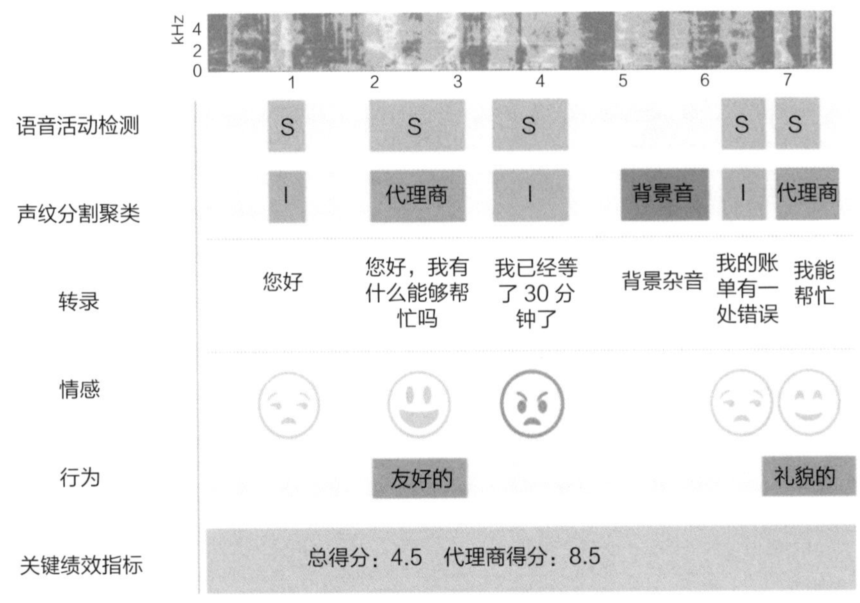

图 5-1 说话者情感分类流程

整体呼叫成功率等，从而提高客户留存率并减少客服成本。作为 callER 服务的补充，新颖的 textER 系统提供了对话内容的实时分析功能，对交互的词汇内容、单词的表达方式进行统计和建模。AI-MC 方案能够融合 callER 和 textER 这 2 个数据流，使情感的识别更全面和精确。

（3）AI-MC 在银行业中应用

2009 年，金融危机导致的不良贷款数量比危机前增加了 1 倍。近年来，新型冠状病毒感染的全球性影响使不良贷款的金额达到了惊人的高度。到 2020 年年底，美国的不良贷款总额为 1 276 亿美元，远高于 2019 年年底的 950 亿美元，而欧洲也正在与 4 010 亿欧元的新赤字贷款浪潮进行斗争。目前，银行电话中心的催收方法效率低下，大量工作主要由人工完成。AI 介入实时客户电话评估预测模型可以有效帮助完成人工工作，也能更好地分析这些不良贷款的重组优先级。此外，银行电话呼叫中心的工作在很大程度上是被动的。AI 介入的算法可根据该客户之前的通话记录以及通话期间得到的情感信号数据，快速评估和识别这些客户的行为模式，可以更快地让银行客服人员与最适合的客户进行呼叫配对。例如，模型可以根据已经建立的人口统计数据为个人客户创建预测模型，如根据年龄、工作类型、职位、薪水等个人特征及近期与银行互动的历史，辅助识别高风险的债务人并取消风险较低债务人的催收优先级。

目前，Behavioral Signals 已经与多家银行展开合作，解决银行催收和客户行为分析等相关问题。例如，欧盟的一家银行根据议会批准的证券化计划采取措施重组不良贷款，目标是通过呼叫中心联系不良贷款债务人，并根据债务人的特定情况及其偿还贷款的能力来协商重组债务。Behavioral Signals 与此银行合作后，应用基于人工智能的算法匹配技术来最大限度地提高电话呼叫中心的沟通效率。Behavioral Signals 提出的模型通过使用机器学习技术，对将呼叫者转接到最匹配的客服代理的过程做了进一步优化。通过创建客户的行为档案数据库，从其过去的相关音频交互中，创建一个预测模型。在该模型上，考虑客服人员通话行为特征来匹配最适合的特定客户，以达到预期的结果。经过合作，银行实现了 12%～17% 的收入增长，通话成功率超过 8%，客户满意度也有所提升，与没有 AI 介入的情况相比，使用该技术的 4 个月内银行相关项目盈利超过 750 万美元。

5.3.2 案例 2：audEERING 公司将情感计算带入游戏世界

audEERING 公司成立于 2012 年，是从德国慕尼黑工业大学孵化出来的智能音频分析和情感人工智能领域的创新型企业。audEERING 公司因其人工智能技术在 2017 年国际数字世界杯系列赛（Dmexco Digital Innovation World Cup）中被评为“年度创新者”（Innovator of the Year 2017），还荣获了 2018 年巴伐利亚创新奖（Innovationspreis Bayern 2018）。利用机器智能和深度学习的创新方法，audEERING 公司的产品能够自动分析声学环境、说话者状态和超过 50 种不同的情感。其客户包括华为、宝马、戴姆勒、红牛传媒、德国电信和益普索等众多各个领域的领军企业。

audEERIN 公司发明了一种从语音信号中自动计算情感状态的方法和情感状态干扰系统。该方法包括捕获目标扬声器的语音信号并从捕获的语音信号中提取一个或多个声学语音参数，之后根据参考这些参数，校准语音标记，将至少一套基于评价标准的预测规则应用于所述的校准语音标记，以推断与目标说话人情感状态相关的两个或多个评价标准分数，从而进行一系列的情感计算。

（1）entertain play

audEERING公司已经成功地将语音情感计算技术应用于游戏领域并开发出新产品entertain play。该产品可用于增加玩家的游戏沉浸感，提高游戏激情和体验感，从游戏测试角度，可以为游戏测试提供更快的反馈。2020年8月，audEERING公司通过娱乐游戏将情感识别技术引入游戏行业。通过一个统一插件，将该工具集成到不同游戏中，同时还允许将玩家的情感集成到游戏中，从而创造了游戏体验的新维度。

entertain play的核心技术是基于AI的多项卓越的情感识别技术（sensAI），该技术能够实时、高精度地筛选和识别视频播放器内部的各种情感状态，可以从成千上万种声音特征中根据既定的心理模型，将玩家内在的情感分为紧迫感、低好感/坏心情、支配地位等3个核心维度，然后再从中计算出更多的情感状态，如高紧迫感、低好感/坏心情和低支配地位意味着恐惧。在娱乐游戏中，entertain play进一步区分了与游戏行业相关度最高的愤怒、兴奋、欢乐、放松、厌倦、悲伤等6类情感，通过将玩家的情感融入游戏，可以让游戏获得全新的表现形式和任务，从而提供全新的游戏体验，这在游戏发展史上是前所未有的。此外，entertain play还可以利用收集的情感信息，以互动方式自定义游戏，让玩家享受交互性更强、更刺激的游戏体验。

entertain play适用于Windows、MacOS、iOS、Android、Linux等主流平台，运行仅需用户端的麦克风（虚拟现实耳机麦克风和普通手机麦克风均可）。在游戏中，情感识别过程主要分为3个阶段：第一阶段，sensAI技术通过语音活动检测VAD的集成自动捕获参与者的声音，从不同的声音特征出发对音频材料进行分析；第二阶段，KI模型实时计算玩家内在的情感状态，以成为第三步游戏交互的基础；第三阶段，游戏开发人员将玩家的情感整合到游戏中，实现游戏交互，获得全新的游戏情境。

此外，entertain play的人工智能技术允许创建自定义情感类别。这不仅适用于游戏娱乐领域，而且能够应用于虚拟现实领域。情感是虚拟现实互动中不可或缺的一部分。Simulation Crew 是一家定制游戏概念和智能头像的提供商，也是 audEERING 公司 entertain play 产品的第一个客户。该公司将 audEERING 公司的产品应用于虚拟现实应用程序，在其中添加了新的情感交互层，为企业客户开发逼真的 3D 环境。

（2）entertain observe

情感计算除了能够提高游戏体验之外，还可以用来帮助游戏测试，能显著节省游戏测试时间，加快游戏测试进程。在此背景下，entertain observe 应运而生。entertain observe 是 audEERING 公司推出的一款结合情感计算技术，助力提高游戏测试效率的产品。

PlaytestCloud 作为在原型制作、开发和发布后测试手机游戏的一体化解决方案提供商，其面向的市场拥有巨大的发展潜能。PlaytestCloud 公司会安排测试人员进行手机游戏测试。根据测试人员的数量和视频的长度，PlaytestCloud 公司可以创建数十小时的视频材料，但一般情况下员工必须手动梳理和评估这些材料进行。这让 PlaytestCloud 公司不得不寻找一种技术解决方案来减少巨大的工作量。因此，PlaytestCloud 公司和 audEERING 公司合作并推出了 entertain observe，将情感计算集成到 PlaytestCloud 公司所开发的平台上，目标是能够在测试中实现自动识别。经过不断的改良和迭代，entertain observe 实现了与手动评估相比工作量大幅减少的理想效果。

未来，该公司计划在评估结果时使用情感计算来减少人工的投入。借助这项新功能，PlaytestCloud 公司的客户可以将测试效率提高 85%。鉴于 entertain observe 的成功案例，PlaytestCloud 公司将向所有客户推出新的情感计算功能，以期令更多的客户可以从其游戏测试的高效评估中受益。

（3）callAIser

audEERING 公司在情感计算领域的另一应用案例是辅助德国呼叫中心来提高客户满意度。众所周知，将愤怒的客户变成满意的客户是呼叫中心客服人员每天面临的挑战之一。由于挖掘新客户的成本是留住现有客户的 5 倍，提升现有客户的满意度成为客服呼叫中心的首要任务。

德国呼叫中心与 audEERING 公司合作开发了软件 callAIser。该软件可以检测客户情感，并及时提示客服人员。例如，如果来电者非常生气，就会按照红色表情符号向客服人员显示。这样，当客服人员拿起电话时，就会做好心理准备并调整相关应对措施。在通话中，callAIser 监控双方的情感状态，客服人员还可以看到客户的情感变化。例如，如果客户的心情变好了，那么绿色的表情符号就会显示。这为客服人员提供了明确的参照物，提高了他们的应对积极性。另外，客服人员可以清楚地看到自己是如何逐步让客户心情变好的，这对积累应对经验有着极大的帮助。分析表明，与没有情感检测工具的情况相比，运用此技术的客服人员响应呼叫者情感状态的能力平均提升 10%，同时发生冲突的可能性降低了约 50%。

5.3.3 案例 3：神经科技公司 EMOTIV

2011 年，美国硅谷一家主研脑电波控制技术的明星企业 EMOTIV 由黎丹（Tan Le）和杰夫·麦凯勒（Geoff Mackellar）联合创办，公司开发和制造可穿戴脑电产品，包括神经头盔、软件开发工具包、软件、移动应用程序和数据产品。EMOTIV 公司的产品被广泛应用于神经科学、认知科学、人类情感研究、脑机接口研究等领域。同时，在学术研究领域也享有盛名，在利用 EMOTIV 脑电仪对人类神经元的研究上，每年都有大量的新发现。目前，EMOTIV 公司已经推出了面向研究人员的研究级头戴设备 EPOC 和 EPOC Flex，面向消费者的消费级头戴设备 Insight，以及可以分析员工压力和注意力变化的企业级蓝牙耳机 MN8。

（1）基于脑电图的情感计算设备

EMOTIV EPOC 是 EMOTIV 公司的第一款脑电产品，外形极似简化的科研医用级的标准脑电波检测设备。EMOTIV 公司花费了 5 年的时间来研发人脑和电脑界面，最终研发出 EMOTIV EPOC。EPOC 主要是利用附着在皮肤表面的非植入式电极来获取脑电波，感知并学习每个用户大脑神经元的电信号模式，读取用户大脑对特定动作的含义，并使用高级软件进行分析和解释，再转换为计算机或游戏功能理解的信息，解释他们的想法、感觉和情感，然后将信息无线传输到计算机，将相同的动作复制到屏幕上。

EPOC 不仅可以让游戏中的虚拟角色模仿玩家的面部表情，还可以让玩家利用自己的想法让虚拟人移动游戏中的指定项目。当时，这是在许多创客活动上最引人瞩目的产品之一。EPOC 拥有 16 个测试电极和 2 个参考电极，虽然测量的数据较丰富，但电极相对不可移动。

EPOC Flex 将 EPOC 无线技术与传统脑电帽子系统带来的灵活性和高密度相结合。EPOC Flex 传感器具有通用、易使用的优点，可最大限度地减少安装和维护的时间。EPOC Flex 的电极点数量达 32 个之多，数据更全，准确率更高，且可根据电极分布图任意调节，故常被科研院所使用。

与前两款主要面向研究人员的产品不同，脑电监测头盔 Insight 主打消费市场。与 EPOC 系列一样，Insight 可以通过监测用户的脑电从而追踪和改善用户的注意力和情感。不同的是，EMOTIV 公司向第三方开发者提供了 Insight 的软件开发工具包，还开放了 API。在第三方应用的配合下，Insight 的用户可以用脑电波发出指令，控制其他设备。Insight 采用了特殊的聚合物，为检测大脑提供了良好的导电性，不需要使用任何导电凝胶或生理盐水溶液，只要整理好触点就可以马上使用。此外，与 EPOC 的“八爪鱼”外形不同，Insight 是多通道圆滑型的设计，佩戴也更加轻便，虽然只有 7 个传感器，但足以满足大众的需求。

MN8 脑电设备则更像一个无线耳机，可以很隐蔽地放在耳郭里，续航可以持续一整天。MN8 最终目的是通过监测脑电信号让公司收集员工工作时的大脑数据，然后利用这些数据来重新调整工作安排，从而创造更安全、更高效的工作环境。EMOTIV 公司声称，所有客户都会签署协议，不会根据大脑数据晋升、降职或解雇任何员工。

10 多年间，EMOTIV 在实验研究中收集了上千人的脑电信息，根据这些信息，开发出能够识别与特定条件相关联的大脑活跃规律的机器学习算法。利用该算法，可以达到实时识别不同认知状态的目的，这些状态包括沮丧、感兴趣、放松、投入、兴奋、感到压力和专注。EMOTIV 公司研发的软硬件产品已经获得多个奖项，包括红点奖（Red Dot Award）、国际汽车创意节（Auto Vision Awards）创新奖、澳大利亚优秀设计奖（Good Design Australia Awards）、澳大利亚工程卓越奖（Australian Engineering Excellence Awards）和爱迪生发明奖。其产品组合可以应用于设计、艺术、心理学、医学、汽车、运输、国防安全等领域，其客户包括供应链、医疗保健、软件、游戏、汽车和运输等多个行业的企业。

（2）利用情感计算辅助香水选购

2021 年年底，圣罗兰美妆（YSL beauté）位于迪拜购物中心的门店出现过一个特殊装置——Scent-Sation 的头戴式设备。它由欧莱雅集团和 EMOTIV 公司联合开发，当时只限时服务了 12 天。

2022 年 3 月 21 日，正值国际香氛日之际，欧莱雅集团与 EMOTIV 公司宣布在美妆领域达成战略合作伙伴关系。双方将欧莱雅集团专有的香味、算法与 EMOTIV 公司的神经技术设备相结合，帮助顾客根据自己的香水需求做出准确的选择。

这一独特的香水体验系统通过多传感器脑电耳机将神经反应与香水偏好联系起来。当顾客佩戴这款设备体验专有香水系列时，Scent-Sation 会根据机器学习算法解释的脑电信号，分析顾客对某种气味的偏好，或者分析在闻到不同香水时顾客情感的变化，帮助顾客确定最适合的香水。

Scent-Sation 是为了解决顾客在选购香水等购物时纠结、犹豫的问题。相比其他具体和功能性的产品，香水的选择完全是出于个人喜好，心情不同可能选择就不同。在选购时，闻多了就容易产生嗅觉疲劳，更不利于选择。根据欧莱雅集团的研究数据，77% 的顾客希望香水能够给他们带来情感上的愉悦体验。通过一项隐去所有产品信息的盲测，欧莱雅集团还发现人们将各种情感（包括快乐、放松等正向情感）与他们的气味偏好联系在一起。在 12 ~ 34 岁年龄段中超过一半的顾客明确表示，他们会根据心情来选择香水。

EMOTIV 公司收集了数百名受试者信息，这些信息包括他们在感受一系列香水时基于嗅觉产生的脑电信息，以及对各气味不同维度的喜欢度、熟悉度、购买概率等主观评分。随后基于上述数据的匹配关系，EMOTIV 公司开发出能预测用户对某刺激会产生喜欢还是不喜欢的情感算法。欧莱雅集团和 EMOTIV 公司不仅打造了硬件设备，还开发了一套测试流程。欧莱雅集团和 EMOTIV 公司先把香水按照“花香”“木香”等不同香调分了 14 类，然后让顾客做一套 8 道题的问卷，从而了解顾客对香水基本的偏好。

随后，顾客需要戴上 Scent-Sation，系统会根据顾客填写问卷的情况，从 14 类香水中安排 4～6 类让顾客试闻，此时顾客闻香时的脑电波活动会显示在平板电脑上，这些脑电波活动会对应到是否幸福、平静、放松等情感指标上。最终，系统会根据这些指标推荐 3 款香水。

在实际应用场景中，用户在回答 8 个问题以建立情感画像后，6 种最有可能引起用户兴趣的香水会被确定下来。用户随后戴上 EMOTIV 耳机，开始感受这 6 种选择。在这个过程中，EMOTIV 可以基于获取的脑电信息实时调整用户对不同香水喜爱度的预测。最后，根据生成的个性化画像，用户将得到 3 款香水的推荐。在这 3 款香水里，有两款是与用户画像完全一致的推荐，还有一款虽然也与画像相符，却是中性或者与性别不符的推荐。

欧莱雅集团计划，从 2022 年年底开始，多个国家和地区的圣罗兰美妆门店将配备 Scent-Sation，2023 年将覆盖到全球更多门店。在科技和数字化不断加速的进程中，欧莱雅集团通过与 EMOTIV 公司合作，利用情感计算为消费者选择最适合的香水，优化消费者的个性化体验和感受，提高在美妆领域激烈竞争中的核心竞争力。

5.3.4　案例 4：度小满金融的情感 AI 服务

小微企业是我国经济、社会发展的重要基础，也是稳就业的重要途径。由于规模小、经营不规范、质押物缺乏等问题，小微企业在传统的风险控制下难以获得充分的金融服务。度小满金融将情感计算测谎技术应用于智能语音机器人，为小微企业解决融资问题提供了新的思路。度小满金融在贷前、贷中、贷后的全过程中，运用人工智能技术突破“数据孤岛”，将重点放在当前针对小微企业的“防欺诈和信用评价”这一难点上，以提高贷款的便利性、易用性和包容性。

（1）将 AI 语音情感算法融入全服务链

在传统的风险控制模式中，银行通常会依赖于各种担保品、财务报告。小微企业往往由于缺乏这些而无法获得贷款，又由于业务的需要，往往会从多种渠道筹集贷款。如果使用传统方法进行识别，那么这些“多头借贷”案件常常会由于“多头”和“学历低”而被“误杀”。根据度小满金融的

AI 算法，小微企业只要符合有固定资产、不以贷养贷、专研行业经营等条件，就能得到相应的帮助。度小满金融通过大数据、自然语言处理、情感计算、机器学习等技术，与征信系统相结合，可以提取上述条件，有效进行信用评估，帮助识别优质小微企业，进一步提升风控能力，让传统识别方法下难以获得贷款服务的企业获得贷款。

在信用评价方面，度小满金融利用 AI 技术挖掘了征信报告，利用机器学习算法，可以识别超过 40 万种的衍生风险，提高了信贷效率和贷款的可及性，并大幅度缩短了贷款审批的时间。

在防诈防骗方面，传统的风险控制系统主要依靠强大的可变因素，但很多可变因素可以通过造假来实现。随着大量网络数据的涌入，度小满金融通过光学字符识别技术，识别申请人的工商、交易、税务等信息，从而丰富了小微企业的数据维度。同时，度小满金融利用图形运算、自然语言处理等技术，挖掘企业的网络信息，分析运营能力等情况。通过使用关联网络、模糊聚类、时空聚类等技术手段，度小满金融可以有效地将普通信用申请和诈骗申请区别开来，再通过叠加个人信息、企业风险识别、“个人 + 企业”等 3 种风险控制模式，极大地减少了诈骗风险。

在贷款实施期间，度小满金融主要采取了两大措施：一是积极调整价格，以精确地满足用户需求；二是通过实时监测客户状况，调整风险暴露，及时发现和控制高风险客户。度小满金融的智能客服不仅能理解使用者的语音，还能通过情感计算感受对方的心情，通过前后矛盾、话题转移、犹豫停顿等因素判断对方所说是否属实，同时对情况属实的用户给予延期，提供更灵活的账期。例如，重庆熊师傅经营的农资供销站每年农忙季节都会出现资金周转困难的问题，他最担心的就是每月还贷款，因为农民要等庄稼成熟之后，才会购买农药和肥料，所以筹集所还钱款往往要延后 45 天，甚至 2 个月。度小满金融的智能客服能够帮助熊师傅打消后顾之忧。

度小满金融以大数据和建模技术为基础，搭建磐石智能催收评分系统，根据用户行为数据和标签，可计算用户还款意愿，将逾期客户风险分级和量化后形成催收评分，最终依据催收评分使用相应的催收手段。此外，度小满金融为节约人工催收的成本，创建了集自然语音理解能力和高并发语音外呼能力于一身的智能语音机器人服务，也可通过收集人机通话样本来增强语音学习能力，这极大地提升了金融服务效率。

（2）语音情感识别

语音作为人类交际的主要载体在日常生活中具有举足轻重的地位。语音情感识别是为了预测声音中所表达的情感而设计的，在各种智能系统中不可或缺，如帮助智能机器人更好地了解使用者的心理和行为状况。因此，对语音情感识别的研究和开发越来越受到产业界的重视。

度小满金融和中国科学院自动化研究所共同发起的第一个课题就是将情感计算运用于语音机器人。此前，许多先进的语音合成技术已经运用于实际商业服务，使得合成的速度和质量都得到了极大提高，如在信贷风控方面，根据语音聊天数据管控用户信用风险等，这在实际应用中已经证实了其良好的效果。度小满金融以情感计算为核心，围绕用户的情感感知、情感原因溯源、情感理性处理等 3 个问题展开了深入的讨论与研究。在卷积神经网络的基础上，度小满金融推出了一种全新的全局感知多尺度神经网络，它将多尺度的特征表达技术用于语音情感识别。

根据度小满金融的统计，在服务的千万规模的小微企业中，有六成以上都是 5 人以下的小型企业，而所在城市为三线以下城市的则占 50% 以上。令大银行“头疼”的小微企业经营者，不仅占了度小满金融服务的一半，而且仍保持着持续增长的趋势。

5.3.5　案例 5：淘宝中的情感识别技术应用

淘宝作为国内电商的头部平台，每天都会产生大量的评论。随着消费习惯的改变，消费者在电商平台购买商品时大多希望通过评论来了解其他用户对该商品的看法，但是难以浏览全部评论。因此，如何有效地帮助使用者了解他人对产品的看法是一个亟待解决的问题。淘宝通过对用户生成内容（UGC）进行情感计算，根据分析评价中商品属性的情感趋势，将其与用户的个人意见进行综合呈现。

（1）针对 UGC 的情感计算

淘宝的 UGC 资源十分丰富，一天能产生上千万条关于产品的新评论。

在淘宝 App 上，短视频的弹幕数量已达到了上千万条。在直播平台上，层出不穷的弹幕更是一项庞大的数据。一般情况下，分析 UGC 数据需要完成以下 3 项工作：一是从 UGC 内容中抽取商品属性词；二是从中抽取出情感词；三是分析情感词的情感极性。属性词语是指某一产品或产品的一部分，如手提电脑的电池、货物的属性（价格，材料等）、产品或产品部件的特性（电池使用寿命等）。情感词是使用者对某一属性的主观情感倾向性词汇，可以解释为什么人们的情感趋向是积极的、消极的、中性的。例如，“电池的使用寿命较长”，该句子表示使用者对电池属性的反馈，而情感词则是“长”，主要体现了对电池使用寿命的积极情感，这就是情感倾向。可见，情感倾向性就是指情感词语所对应的情感极性。

在该 UGC 情感分析系统中，UGC 的相关段落会被设定为属性和情感词汇的提取目标，这些 UGC 的片段可以来自用户评论、直播间评论、短视频评论、问答区等。然后，提取模型将其分解为三元组（属性、情感词语、情感极性）。淘宝对属性和情感进行了归一化处理。具体地说，就是将属性和情感对中的隐藏属性进行填充，然后将属性和情感对中的情感进行聚类。从官方网站上的过程展示可以看出，淘宝会利用一个观点生成模块和一个观点聚合模块。它的功能是将不同的语言，在不同的商品层面上，收集不同的意见，形成一个统一的意见。淘宝还会根据自己的经验，不断地从模型中挖掘出一些质量差的样品，进行人工标注，从而提高模型的性能。

另一个值得关注的方面是印象词个性化排序。在线上话术展示时淘宝容易遇到展示机制本身存在的缺陷。现在，印象词的呈现方式是根据标签的频率来显示的，这就造成了大量的印象词被发现的次数太少，而那些经常被忽略的词汇则会被暴露出来。另外，由于用户对印象字的重视程度也会有差异，目前的机制也不能很好地满足使用者的个性化要求。针对上述问题，淘宝提出了个性化排序模型深度兴趣网络（Deep Interest Network，DIN）。在属性选取方面，主要考虑用户的年龄、购买能力、职业信息、收入等因素，以及产品本身的价格、类别等因素。另外，由于消费者与产品之间的互动关系也包含了消费者对产品的喜好，因此还将用户的互动特性引入模型中。此外，用户在打字时还会添加印象词，淘宝可以把这些印象词提取出来，作为使用者的特点标签，以此提高分析的准确性和有效性。

（2）阿里小蜜

随着科技的进步，商家可以越来越精确地把握用户的真实需要，服务的内涵和功能覆盖也随之发生了很大的改变。智能客户服务体系将客户的服务范畴界定为全业务场景，在解决客户的核心业务问题时，智能导购、障碍预测、智能语聊、生活助理功能、生活娱乐交互等方面的需求也同样受到重视。通过人机交互模式，使用者在与机器人进行交流、接受服务的过程中，可以使用指令，也可以让机器人进行自动识别。

① 用户情感检测与安抚

在许多情感相关的应用中，用户的情感探测是其基本和核心。阿里小蜜利用一个具有词义特征、多元词组语义特征、句法层次特征的情感分类模式，可以有效地区分出“着急”“气愤”“感谢”等情感。该方法可以把语义水平上的语义特征、多元词组语义特征与词义特征相结合，从而达到提高情感识别效果的目的。

阿里小蜜采用的用户情感安抚框架包括离线部分和在线部分，离线部分的目的是尽可能地了解用户的情感，而在线部分则是将更加广泛的安慰功能串联起来，以此来安抚用户。首先，离线部分对用户的情感进行识别，选取需要安抚的用户常见的 7 种情感：害怕、辱骂、失望、委屈、着急、气愤和感谢。其次，离线部分对用户问题中的主题内容进行主题分类。最后，根据部分用户在表达内容上较为特定的状况，离线部分将其中频率较高、需要抚慰的用户提问整理出来用于知识构建。在线部分又可分为：以知识为基础的抚慰，针对具有特定情感内容呈现的用户为对象的抚慰；以情感与话题为基础的情感恢复，即在兼顾用户所呈现内容中蕴含的情感与话题信息的前提下给用户以适当的情感恢复；以情感类别为基础，仅顾及用户所呈现内容的情感因素，给用户以对应的抚慰恢复。

② 情感生成式语聊

与传统的检索式对话不同，生成式语聊是通过大量的问答资料来学习如何模仿人类的谈话，可以根据不同的主题来回答不同的问题，甚至是在训练模型中没有出现的信息。因此，在生成式语聊的基础上，使用者可以与机器人就自己所关心的主题进行交流。阿里小蜜的智能客户服务系统中的情感生成式语音聊天模型，同传统 Seq2Seq 模式的有效性的不同之处主要集中在内容合格率和回复长度这两个重要因素。在加入情感信息后，回复内容会比传统模型更加丰富，同时，使用 5～20 字的最佳机器人语聊长度的回复率也会有很大的提高，从而提高了总体的回复合格率。

③ 客服服务质检

客服服务质量检验主要是通过对人工客服与顾客沟通时所遇到的问题进行分析，以帮助他们及时发现问题，进而改善服务质量，最终提升顾客满意度。与人机交流不同，人工服务与顾客之间的交流并非一问一答，而是可以同时进行多个文字的交流。阿里小蜜可以检测到客户的每一句话中，有没有“消极”“态度差”等情感信息。“消极”就是没有直接回答顾客的问题，而是回答一些没有意义的问题，或者只是回答用户的问题，而不是解决问题。“态度差”就是为用户提供了答复，但却含有辱骂、嘲讽或者其他语言上的问题。

④ 会话满意度预估

目前，在智能客服系统的性能评估指标中，有一项最为重要的指标为用户会话满意度。满意度可分为满意、一般、不满意三个等级，阿里小蜜会以表示满意的对话比率为最终的对话满意度。会话满意模型包含了不同的信息维度：语义信息（使用用户语言）、情感信息（通过情感检测模型获取）、答案来源信息（回复当前话术的答案来源）。最后，阿里小蜜提出了一个基于语义信息特征、情感信息特征、答案源信息特征的预测模型。该模型充分考虑了对话中的语义信息，采用数据压缩的方法，充分表达了情感和答案的来源。

⑤ 智能人工入口

在使用机器人服务时，用户可以通过使用指令来选择人工服务。另外，智能服务系统还具备了人工智能的“人工入口”功能，以解决较为简单或单一的问题。如果系统发现了用户的异常情感，或者对话满意程度不高，又或者问题太过复杂（机器人无法处理）等情况，就会出现人为的连接。在进行人工服务时，除了要考虑到客户的不满、问题的复杂程度等因素之外，还要考虑后端的人工客服人员情况，如当前的出线数量、排队数量等等。这是因为人工服务人员的人手状况通常是有限的，而且长时间的等候也会引起使用者的不满。智能分类方式提升了用户问题解决效率的同时，也提供了更优质高效的用户使用体验，普遍提高了用户对客服对话的满意度。

5.3.6　案例 6：竹间智能的情感交互技术

人类的工作和生活越来越便捷，人工智能技术的应用越来越广泛。竹间智能以情感计算为技术研发的核心，基于自然语言和深度学习，致力于打造能读懂、看懂、听懂、有记忆的人工智能技术和产品，为人类的生活和工作提供高价值的应用。目前，竹间智能已形成三大业务板块：机器人对话系统、情感分析模型、商业化 AI SaaS 平台。这三大业务所涉及的技术任务主要是：利用“情感智能”进行语言理解、用户理解等；通过表情、声音、文字等多种手段对使用者的情感进行全面的评价；面向 B 端用户，搭建 AI 云服务平台，可实现 AI 客服机器人、语音情感质检、用户画像分析等多轮对话。竹间智能不承担当前竞争日趋激烈的语音识别业务，但在基本的辨识能力之上，增加了对使用者情感的了解与分析。因此，它的核心技术就是情感人工智能。

（1）保险业智能人机协同项目

竹间智能与一家大型保险公司的客户金融服务中心进行了合作，根据客户的实际情况和业务数据，为客户提供了 EmotiMate 的实时销售和坐席助理，在最短的时间内，将 EmotiMate 的服务提供给 200 名工作人员。EmotiMate 系统除了为人工坐席实时提供专家级别的知识协助之外，还整合了质量检验与陪练的功能，并透过多渠道的数据挖掘与分析，使机器与人的智慧深度融合。在系统推出之后，这家保险公司的营销中心打破了传统业务的束缚，在各个方面都得到了明显的改善，尤其是在培训上，更是取得了巨大的进步。目前，它能做到：平均减少人工坐席就任训练时间30%；平均降低20%的培训费用；人工坐席的话术规范程度上升至99%。同时，在整个项目的执行中，竹间智能着重配备了公共云陪练服务，以保证所有坐席同时进行培训和测试。此外，本系统还为每个客户服务员工的特点，提供了针对性的训练，包括提高练习、考试评估、问题诊断等，同时也帮助企业为客户量身定做培训方案具体如下。

一是场景模拟训练。具有情景式的会话训练，有助于学员了解和掌握在特定情境中实现特定目标或执行特定任务所需的会话技能，其中包括标准话术、操作流程、知识点、合规风险控制等。

二是智能仿真互动。通过对服务场景中的真实客户角色进行仿真，学员可以根据训练目标进行训练或挑战。在选择的智能训练情境中，该机器人会充当客户的角色，主动提出或解答问题，并与人工坐席进行交谈，以评价其能力。

三是辅助教学。支持各种课程的建立，协助学员提高各方面的能力，支持课程的添加、查看、修改和删除，并设定课程的训练次数，提高学员的学习紧迫感，促使学员专注于课程的训练。

四是受训人员素质模式。根据学员在课堂训练中的情感、语速、成绩等信息，以及语言熟练度、反应速度、技巧、逻辑性、亲和力等多个方面因素，建立了学员的能力模型，并建立了相应的能力标签。

五是业务知识问答培训。具有一问一答的对话训练，能对所掌握的专业知识进行全面、精确地评估，可进行评分，并支持分级评定。

六是千人千面的建议与实践。根据学员特征，结合他们的学习特点和训练效果，做出全面的评价，从而达到个性化的教学建议和针对性的提升。

EmotiMate的即时销售与座机助理，不仅可以帮助员工处理日常事务和服务方面的繁杂问题，更重要的是，EmotiMate还会帮助员工不断提升自己的能力，让他们能够更快地适应新的工作环境，从而缩短他们的培训时间。

（2）金融业智能人机协同项目

竹间智能与华泰证券各施所长，开发出了智能客服机器人、实时坐席助手、员工助理等多种机器人。智能客服机器人上线以来，已累计参与服务上千万客户，在证券类 App 中名列前茅。即时坐席助理为客服人员提供日常服务，具有较高的有效引荐率，极大地提高了服务的效能及顾客的满意程度。与以往相比，机器人的应用范围、回答的准确率和解决率都有所提高。

基于高标准的产品，竹间智能将 Bot Factory 平台、“AICC+”和 Gemini 知识工程平台连接在一起，通过自然语言处理技术，在华泰证券内部和外部的丰富场景中，实现了基于 NLP 技术的业务操作系统。一方面，以知识图谱、标准问答等方式，建立了智能知识库，为 C 端用户及华泰证券的坐席提供方便、专业的咨询。另一方面，利用各种认知技术，深入地剖析企业的业务过程，挖掘数据，实现有序优化与改进。在机器人流程自动化（Robotic process automation，RPA）的整个生命周期中，对数百个与业务流程有关的知识文件进行了结构化处理，以完成对工单、版本、流程等数据的检索。根据以往工作记录，自动推出故障解决方案，并对潜在的工作异常进行预报。

Bot Factory 平台是竹间智能通过与华泰证券 CC 系统、微信公众号、涨乐、官方网站、小程序等多个渠道建立了一个智能客服机器人小乐，涵盖 10 多个领域超 5 000 条常见问题解答（frequently-asked questions，FAQ）、多张产品知识图谱及高频业务的多轮对话场景，有效拦截率超过 70%。自此，人力资源、运营、托管等各分支机构，以及华泰证券子公司等纷纷推出了智能对话机器人。

“AICC+”平台：支持华泰证券的客服中心，提供智能辅助、流程引导、智能陪练、实时质量检测，并利用自然语言处理技术，实现智能呼叫和 IVR，目前，该平台已经成为华泰证券发展金融科技的一个重要基础。

Gemini 平台：建立华泰证券的 RPA 数字化员工生命周期管理系统，便于统一管理和查询。同时，将 RPA 系统、运营系统、工单系统等复杂的数据转换成结构化的数据，并在此基础上构建知识图谱，实现了对企业的认知推理、员工故障的追溯和业务流程的优化。

技术和商业的融合成长需要一个全新的、开放的、双赢的数字生态系统。基于现有的良好基础，华泰证券将与竹间智能进一步加强合作，将其专业能力转化为现实生活中的高端技术，并将其应用于整个行业，从而为整个行业提供一系列的产品和服务。

（3）其他领域的合作项目

① 头部零售制造企业

竹间智能为某头部零售厂商开发了“顾客之声”（Voice of Customer，VoC）解决方案，建立了一套以国内外舆情相关平台为核心的完整标识系统，内含上百个标签，并对其进行预警和反馈。首席执行官等高层管理者最关注的是产品的预警、是否有缺陷以及顾客提出的问题，而不仅仅是员工的汇报。有了这个标签系统，管理人员可以在产品、服务、市场、营销等方面进行决策，也能提前预警，快速响应，达到更好的公共关系效应，避免在危机中陷入被动，给品牌带来不利的影响。

② 知名奶粉品牌

某知名奶粉品牌的商品种类繁多，在主要的社交网站上都会有很多的留言，但他们并不能通过这些渠道来进行价格、功效、渠道等相关内容的有效分析。竹间智能为其设计了 VoC 方案，从产品、市场、服务、购买行为、情感、客户的关注点等方面建立了一棵指数树，通过数据结构化，可以让客户进行洞察和分析。通过竹间智能的自然语言和洞察平台，实现风险提前预警并反馈给客户，从而提高客户的留存率（已达到 55%）。

③ 基金公司

我国监管机构对基金销售模式的规定比较严格，这对基金公司的经营管理构成了很大的挑战。利用强大的自然语言处理技术，竹间智能从关键词、语义、事实、规范四个方面入手，帮助基金公司仔细审查有关的资料。可以实现预审、秒级反馈等重要功能，并且根据采集的数据信息进行事后监督。

5.4　应用挑战

近年来，在商业服务领域情感数据的应用出现了爆炸性的增长。情感数据对市场营销及新型商业模式与服务和开发均具有极高的使用价值。但是，对情感数据获取的方式和方法是否正当、对收集的数据的分析和处理是否符合规范、用户情感信息是否受到保护和是否属于隐私、是否保证了信息的安全性等问题仍然亟待解决。

5.4.1　与商业领域的融合问题

（1）使用者接受程度

情感计算可以介入员工与消费者的互动，帮助他们理解消费者的情感，并提示他们做出相应的响应。但是，一个先决条件就是一线员工愿意使用并信赖情感计算。但是，多项研究表明，人们往往并不愿意相信算法的预测，即“算法厌恶”。类似厌恶现象是否适用于情感计算？如果是的话，如何才能消除这种“厌恶”将成为商业服务领域在广泛使用情感计算时面临的重要挑战。

同时，有研究者在探讨消费者是否愿意被商家使用情感计算进行情感追踪。美国保险公司 Humana 尝试使用 Cogito 情感计算方法来协助其呼叫中心，即在检测到消费者声音中存在需要处理的情感后，Cogito 对此呼叫做出提示以供人工客服人员参考。使用 Cogito 后，消费者评分有所提升、问题解决率也有所提高。虽然在协作式情感计算中消费者会因为得到更好的服务而受益，但是仍有众多消费者在得知会被情感分析时都会明确表示感到不舒服。

尽管 Humana 公司的案例表明情感计算对一线员工的任务绩效有促进作用，但是它对员工幸福感提升的作用并不明确。从事情感劳动的一线员工不仅感到压力还特别容易倦怠。情感计算的应用会让员工担心机器或人工智能技术会取代他们，从而降低工作积极性；又或者是员工对机器或人工智能过度依赖而丧失了使用情感智力的能力。针对上述问题，还有待进一步研究和证实。

（2）数据采集与保护

恐惧、愤怒、悲伤、快乐、幸福等情感元素构成了人类的情感体验，这些体验深刻地影响我们的生活。人们越来越重视精神、情感等方面的适配度，这也推动着全球人工智能研发向着应用场景更广泛、更加迎合人类情感的方向发展。同时，关于人类情感的数据资料，即“情感数据”，现已为众多企业关注并积极采集的对象。

公众对个人情感信息安全的担忧并非毫无来由。2019 年，美国电子隐私信息中心在美国联邦贸易委员会起诉 HireVue 公司时明确表示，其体系不正当地利用面部识别技术、生物识别技术和秘密算法评价求职者认知能力、情感智力和社交能力，这有悖于被广泛应用的人工智能应用道德标准，属于《联邦贸易委员会法》（Federal Trade Commission Act）含义内的“不公”，具有欺骗性。HireVue 公司在无法保证自身算法评估公平性和有效性的前提下，对求职者算法的评估没有做到足够透明和公开。这正好印证了公众的担忧，也提醒企业将情感计算大规模应用于商业服务领域还存在很多风险。

从伦理方面来看，应用情感计算进行特征分析与自动决策所面临的一个特定风险就是可能会引起行为上的变化。个体在得知自己会受特征分析的影响时会诱发自我审查，甚至在社会上出现“寒蝉效应”以及公民间产生不安全感等问题，这些问题会影响个体的情感。

从数据保护的角度看，出于各种目的的情感剖析和预测伴随情感数据不断产生新型的数据类别，其中也包括数据保护法尚未完全涵盖的数据类别。情感计算的应用过程中有很多部分都触及甚至影响个人隐私，对这些数据的处理过程存在较大的隐私侵害风险。正确合规地进行情感数据的采集、分析和应用是情感计算发展的基础，也是大规模应用于商业服务领域的前提。因此，数据保护法需要确立情感数据的分类，并从伦理角度兼顾个人利益和社会的创新发展需求，尤其是当情感数据、情感人工智能等复杂主题涉及表达自由、隐私等多项基本权利时。以现代监控技术为背景的情感计算与情感人工智能的发展，不可避免地对当今社会提出了伦理与法律上的挑战。

（3）情感技术应用

① 情感脑机接口

关于脑机接口的研究越来越受人们的关注和重视。2016 年，美国著名企业家埃隆·马斯克（Elon Musk）创立了旨在打造脑机接口的神经科技公司 Neuralink。情感脑机接口作为脑机接口中的重要一环，也开始被应用于商业领域。例如，由日本公司 Neurowear 开发的 Mico 是一款可以根据佩戴者的情感选择音乐的耳机。Mico 可实时监测听众的情感状态以自动调整适应状态，实现个性化的音乐作品选择。此外，同一公司开发的 Neurocam 是一款可穿戴相机，它能通过检测用户的情感在用户情感投入高峰的时刻自动拍摄快照。不仅如此，情感脑机接口已成功用于测量听众的情感状态，以及现场表演期间的表演者的情感状态，并使系统适应各自的情感状态。此外，情感脑机接口还可以通过环境照明系统来适应环境变化，从而达到与用户情感状态相匹配的状态或者对用户情感产生影响。例如，在使用者表现出愤怒的情感时，公寓里的照明系统可以自动调节来帮助他冷静下来。

此类研发也随之带来了问题，即人们在何种程度上真正承担了情感调节的责任，智能互联环境在何种程度上可以被允许承担情感调节的任务。尽管责任归属一般只限于行为，但是很多行为是在情感的驱使下引发的，因此有效的自我情感调节是十分必要的。情感脑机接口或许会推动我们进一步认识和阐释情感责任这一概念。情感的脑机接口使责任问题变得复杂，将来自我情感调节在一定程度上可能通过系统进行辅助调节，从而引出情感调节可以涉及多大的“自我”问题。由于情感控制与情感调节技术涉及伦理问题，以及哲学、心理学和心理治疗等领域，因此将情感技术广泛运用于情感调节还需要从多个角度进行系统的思考和讨论。

情感脑机接口也像其他神经技术那样存在对身体和情感健康的影响、数据保护、使用者知情权等问题。情感脑机接口多采用将电极插入脑内法人侵入式测量方法，这毫无疑问存在组织损伤的危险。因此，认真权衡情感脑机接口实验者的福祉、手术的益处以及干预所造成的潜在伤害显得更为重要。

目前，在情感脑机接口研究中，讨论较多的是期望管理与知情权问题。

一方面，一个人在同意实验之前需要了解每一个医疗干预的潜在风险，但是能了解情感脑机接口检测、影响和刺激情感状态的短期或长期后果是十分困难的。另一方面，情感脑机接口系统收集的有关情感状态的数据是非常敏感的个人数据，保护这些数据不被滥用和篡改、保证数据安全、严防隐私泄露等仍然任重道远。

② 可穿戴情感设备

情感计算研究者力图使机器拥有理解、感知、反应甚至模仿人类情感的功能。但是，一部分人认为此类技术具有侵入性、有违伦理等而抱有较强的抵触情感。此外，现行法律不能很好地定义可穿戴情感设备的边界，也不能解决此类技术所引发的纠纷。

以可穿戴情感设备探测情感技术为例，该设备能够很容易“伪装”自己而不会被察觉，而且能够给佩戴者反馈信息。使用该设备者能够使用该数据分析交互的状态，甚至能够实时感知彼此的情感。当汽车销售员将这种装置应用于工作时能很快地识别消费者对汽车特性的正面和负面情感，从而大大提高推销的可能性。但是，这对消费者而言是否公平呢？消费者也许会设法把自己真正的所需和所想隐藏起来，从而使自己能够真正公平地获得车辆的信息。消费者也许并不希望销售员实时掌握自己的情感，以便在价格谈判时避免卖方优势带来的被动。

对普通大众而言，控制好自己的情感让真实的情感不轻易表露出来是作为社会人的一项重要规则，特别是愧疚、抑郁、害怕、焦虑等负面情感。在具体情境中，人们甚至可能会表现出虚假的情感以迎合当时的情形，如善意的谎言。不愿被暴露的情感状态则属于个人私密信息。但是，可穿戴情感设备通过极强的“侵入性”技术，“无情”地将人们在公开场合保持个人情感隐私的期待化为泡影。

虽然根据外显的表情来推断情感状态可能并不足以定性为“窥探”隐私，但是微表情或由刺激产生的瞬间面部表情都是一种非自愿情感泄露（揭露真实情感）行为。《民法典》第 1033 条规定，除“法律另有规定或权利人明示同意”之外，任何侵犯隐私均不具有合法性。因此，对情感隐私的取得若未取得权利人之明示同意，即存在侵权之可能性。

③ 情感智能机器人

情感智能机器人基于用户的情感来选择情感反馈并进行情感交互，进而给用户带来更高质量的使用体验。目前，该类研究主要集中于机器人物理外观对其拟人化趋向的影响、机器人营造的服务氛围、消费者反应等方面。经过强化情感智能后，情感智能机器人会采取与人更加相似的行为。在这种趋势下，在实际应用推广时仍然有很多问题亟待确认并寻求解决对策。例如：如何提升情感智能机器人的被接受度与被喜爱度；过度拟人化是否会导致消费者的反感和抵触；如何能让消费者产生更加积极的态度并乐于接受此类机器人提供的服务；面对情感智能机器人用户是否会形成情感障碍。

雇员所表现出来的积极情感能引起消费者积极情感的共鸣，这就是情感传染。消费者在和情感强化机器人交互时会产生情感传染吗？如何构建情感智能机器人与消费者的和谐关系？如何把控情感智能机器人对消费者情感影响的深度？随着情感分析技术的发展和成熟，情感智能机器人在商业服务领域的应用将更加普遍，触及的情感层次也将更加深入和隐蔽。在关注情感智能机器人在商业活动中展现的有效性和高效性的同时，也需要反思其安全性和可控性。

5.4.2　情感计算面临的技术瓶颈

情感计算的底层依据来自基本情感理论（Basic Emotion Theory，BET）。该理论由美国著名心理学家保罗·埃克曼（Paul Ekman）在 1970 年提出，认为人们可以从面部表情中可靠地辨别出情感状态，并且此种表情与情感的关联具有跨文化的普遍性。依据该理论，情感计算的应用是建立在 3 个假设之上的：一是可以从一个人的外在表达来衡量一个人的内在情感，如面部表情、声音、姿态等各类生物信息；二是内在情感的外在表达在世界范围内既离散又统一，用技术话语来解读就是具有提取特征上的普遍性；三是这种推论足够可靠，可以用于辅助决策。但是，在情感计算的发展过程中，对上述 3 个假设的质疑是始终存在的。

（1）情感理解和适应

已有情感模型采用高风格化人格类型，情感反应刻板印象与现实中人们实际行为不符。对于如何界定情感，目前还存在许多争议。通过情感模型进行情感计算，其最终目标就是帮助计算机了解用户的感受与含义后做出恰当的响应，进而习惯用户情感上的改变。目前，有些工作是采用人工辅助方式来评价用户情感的。如何对用户情感进行动态特征分析，如何让计算机能够基于情感信息识别结果做出正确响应，仍是当前研究的重要课题。由于情感与个性、环境、文化背景等因素紧密相关，准确的情感理解模型需要综合多个维度的信息。动态情感信息机制的缺失是限制现有情感模型发展的又一主要原因。因此，如何界定并融合这些信息，如何对动态情感信息进行刻画或融合，以及如何提高与自然场景相适应的算法等，都应成为今后的研究热点。

（2）真实环境下的情感特征捕捉

目前，多数情感特征捕捉还只限于实验室或者演播室等场所，环境相对单一且背景噪声较低。捕捉到的可利用信息大多仅能应用于信息检索及常见特征识别等方面，而针对复杂情感变化的情感特征捕捉仍难以实现。在发展高质量情感交互的同时，仍有很多技术难题需要攻关。例如：建立来自真实环境的情感信息自动捕捉，获取更加可靠、细致的信息；对具体面部特征进行追踪与描述；对手部或人体姿态进行有力的追踪与建模；对生理声学参数进行更加丰富的捕捉与建模。

（3）外在表达与内在情感之间的关联

迄今为止，关于微表情的少数实证研究表明，尽管微表情确实存在，但是它们的频率太低，难以解释情感的一致性。加拿大达尔豪西大学斯蒂芬·波特（Stephen Porter）等发现，在观看情感激发刺激的受试者所展示的 1 711 个表情中，只有 18 个符合“微表情”的条件（表情时间短于 500 毫秒），而中国科学院心理研究所的颜文靖等只将“相机中记录的 1 000 多个面部表情”中的 109 个归为微表情。此外，这两项研究观察的微表情无一例外都仅仅是基本情感的简单表达，如在快乐的情况下皱起的眼睛或扬起的嘴唇。总之，观察到的微表情只是研究人员分析中所发现的表情的弱化版本。因此，由情感刺激引起的瞬间情感表达是罕见和不完整的。

面部表情所显示的反应在生理学数据中并不明显。由于个体习惯，有些用户的面部表达能力很强，有些则很弱。这并不意味着表达能力强的用户体验到的情感感知较强，或表达能力低的用户的情感感知较弱。事实上，目前暂无研究表明面部表情可以反映人类所有的情感。因此，仅从面部活动中确定潜在情感状态的尝试大多会受到现有经验数据的影响，导致解读结果的片面性。

（4）世界范围内的差异性

假设某种反应在生理信号中被确定下来，它的实际意义可能仍然存在不确定性，其主要原因是文化背景、语言习惯等带来的世界范围内的差异。但是，在大多数可用性测试中，研究者并没有关心差异性问题，只是聚焦于改变唤醒水平或用户生理学等研究内容本身。如果想要进一步推测情感体验，那么不可避免就会遇到困难，这也是情感计算类产品难以在全球范围内大量推广的原因之一。有学者回顾了上千项关于情感表达的研究后发现，由于不同的文化环境等，人们在沟通过程中所呈现的情感状态可能存在很大的差异。因此，无论情感计算算法多么复杂、严谨，都要充分考虑差异性和不确定性，对分析结果都不能一概而论。

第六章　工业制造行业应用及案例

以情感为基础的设计是指将设计和人的情感反应结合在一起，研发出能引起人的情感认同或者符合消费者情感需要的商品或者服务。此研究涉及依据地域和研究理论体系重点的差异，以情感为核心的设计对不同领域有不同称谓。日本科研人员倾向于把人类情感和工程学的有关知识相结合，以建构设计特征和用户感受的模式来研究情感和设计，即所谓“感性工学”（Kansei Engineering）。欧美学者往往把建立在情感基础上的设计和人文社会科学整合在一起，也就是把研究与心理学、美学和社会学进行结合，以找到它们之间的关联，并把有关研究称为“设计与情绪的研究”（Design for Emotion）。

情感设计在汽车制造业也得到了日益广泛的运用，在自动驾驶系统和内部监控系统增加情感计算，这可以通过监控驾驶员和乘员来辅助安全驾驶和提供更加舒适的乘车体验。同时，将情感计算技融入机器人特别是仿人机器人设计中，能够帮助机器了解人的情感和思想，让机器人更有“温度”。

6.1 学术研究概况

6.1.1 国外研究概况

（1）感性工学

理解顾客对商品所引发的情感与印象，对设计出具有强吸引力的商品是至关重要的。把情感价值融入产品设计之中需要在产品设计过程中捕获产品主观印象，甚至是不由自主产生的情感，并转化成特定的设计参数。这种方法常被称为情感工程，其中一个重要组成部分就是感性工学。感性工学是由日本首先提出的，是感性与工学相结合的技术。该技术主要是通过捕捉顾客或使用者的个人印象并使之能够被描述乃至被衡量，从而基于该类情感来评价产品。

1986 年，马自达汽车公司的经理山本健一（Kenichi Yamamoto）在美国密歇根大学演讲中第一次使用“感性工学”这个词。自那时开始，感性工学被众多研究者使用。日本广岛大学工学部首先把感性分析引入工学研究，在住宅设计开始时就综合考虑居住者情感。时任工学部副教授长町三生（Mitsuo Nagamachi）在同企业合作中觉察到，日本产业模式正在悄然发生变化，为了适应消费者的普遍需求而进行批量生产的模式正逐步淡化，展现消费者个性需求的“感性时代”已经来临。感性工学相对于传统工程学而言，其差异性主要体现在对使用者“感性”的考察上。长町三生认为，感性就是运用视觉、听觉、嗅觉、味觉等感受来自一定的人工制品或者环境所产生的个体主观印象。因此，感性工学又可以被称为“感觉工程”或者“情感可用性”，它的主要目的就是量化包括情感在内的使用者的心理感知，使之转化为设计元素。这是把人的工学知识变成可感的设计特征，把使用者的感觉变成设计规范的一种技术手段。感性工学借助心理学、人体工学、医学、工程学等学科来实现，通过把感性认知变成设计参数与标准，满足人在追求幸福与生活质量时的情感需求。

日本筑波大学教授原田昭（Akira Harada）界定的感性工学是包括审美、情感、感觉、敏感在内具有广泛含义的词汇。筑波大学研究所采用多学科视角共同研究，包括艺术科学、心理学、残疾研究、基础医学、临床医学、运动生理学等六大类领域专家，通过眼球追踪、机器人检测、脑电波监测等多种高科技手段，设计系列试验并对试验数据进行统计，构建理论模型假设。例如，在检测人们在欣赏艺术作品过程中脑电波和眼球轨迹发生的改变，并将其代入评价“量表”，进而找到一般认知规律。研究实验都立足于“理性”，其深层逻辑就是“用理性方法研究感性”，力图为心理学寻找生理基础并把人们的“感觉”定量地描述出来，从而获得一种“客观”法则。

在感性工学中，用户感性认识及其设计应用主要由以下 3 个环节组成：一是确定目标用户群；二是清楚目标用户群想拥有什么、需要什么、对产品有哪些感性认识；三是设计师要懂得对用户感性认识进行衡量和分析，并且要用统计学或者心理学的方法来计算、换算成设计领域内可利用的参数。结合工业制造发展趋势，人工智能推动的产品感性设计方法主要包含两方面的研究目标：一方面，梳理用户感性认识的研究状况；另一方面将计算机科学与用户感性认识特点相结合，提出一种能够满足用户心理需求且能够利用该方法提高产品竞争力的高效设计方法。在日本感性设计中，大多都是通过语义分析与脑波测试、眼动测试相结合来全面捕捉人类情感与思维变化并使之具象化。可以看出，要把感性应用于设计，不断改进捕获感性信息手段显得尤为重要。

（2）汽车设计

在工业制造领域，情感计算在汽车设计领域的相关研究较多，特别是在情感识别与检测、驾驶情感辅助与调节、情感监控与反馈等方面。

① 情感识别与检测

在驾驶情感识别与检测方面，美国麻省理工学院媒体实验室的珍妮弗·希利（Jennifer Healey）通过对驾驶员肌电图、心电图、皮肤电泳反应以及通过胸腔扩张进行呼吸等特性进行测量和分析，确定其情感压力水平。德国吕讷堡大学米夏埃尔·厄尔（Michael Oehl）等研究了用“握力”这一新型非侵入式方法在驾驶汽车时直接探测情感。他考察了积极情感与消极情感分别对方向盘握持产生的影响。结果显示，愉快的驾驶员握力会有小幅度的提高，生气时握力会降低。以此可以判断，握力有助于在多模态方法下对驾驶员非情感状态与愤怒等关键情感状态的判别。此类研究通过运用情感计算，可以推动以人为本的人机交互设计，如基于驾驶员情感状态的高级驾驶辅助系统（Advanced Driving Assistance System，ADAS），以改善交通安全性或通过调整驾驶员情感状态来改善驾驶舒适度。

随着驾驶功能日益自动化，驾驶员在行车时可能会遇到认知之外的危险。热红外成像已被证实是一种评价认知负荷变化情况的有效技术手段，能够非侵入性实时感知驾驶员的状态，不会对驾驶造成干扰，也不像 RGB 相机会让驾驶员受到外界光线条件的影响。实验发现，精神压力变大可使鼻子与额头之间温度差变大。因此，热红外成像可以用于识别驾驶员在驾驶时的精神压力水平。

② 情感辅助与调节

人们很早就认识到情感对人的普遍行为尤其是对道路安全的影响力。近年来，驾驶情感辅助与调节方面的研究逐渐增多。负面或正面情感状态的高强度表现均会导致驾驶性能的下降。攻击性驾驶，也就是人们常说的“路怒症”，发生的概率比大多数人想象的要多。2021 年，美国汽车协会交通安全基金会曾做过调查，几乎 80% 的驾驶员都承认自己在驾车时会时常产生愤怒情感且会出现攻击性。常见的表现有追尾、向对方车辆大吼或者鸣笛等，致命车祸的半数以上都是由此类行为引发的。导致路怒症的原因有很多，如堵车、迟到、漠视别人与法律，或是模仿他人的不文明行为等。2021 年，美国平均每月有 44 名患者死于路怒症引发的枪击案件。

2002 年，美国内华达大学拉斯维加斯分校法蒂玛·纳索兹（Fatma Nasoz）等提出了防止与情感有关的危险情况发生的新方法——情感型用户界面。通过非侵入性多模态系统，包括可穿戴计算机、语音识别器、面部表情识别器、自然语言处理器等，对驾驶员进行监测，对驾驶员生理信号进行测量，对其面部表情进行观察，还可以听取驾驶员讲话。通过分析此类多模态数据，确定驾驶员的情感状态。若发现驾驶员情感将对行车会造成不利影响时则立即发出示警。例如：当确定驾驶员疲惫困乏时，系统会建议驾驶员停车并适当休息；当确定驾驶员情感低落时，系统则会告知驾驶员当前的情感情况并提醒驾驶员调整情感。研究发现，情感型用户界面不仅可以预警愤怒、悲伤等影响行车安全的情感状态，还可以纠正部分不良行车习惯。

越来越多的汽车制造商把语音交互技术视为一种营销战略。车载语音界面与驾驶员的情感交互对注意力、判断力等因素的影响成为研究重点。研究显示，即便是同样的路况，同样的语音在同一时间发出同样的声音，活力欢快的语音与低沉的语音会对驾驶员的情感产生不同的影响。值得关注的是，设计者仅仅是改变车载语音界面的语音和语调就影响了驾驶员对道路的关注程度和对汽车系统的行车参与度。

③ 情感监控与反馈

目前，大多数研究人员把注意力放在改善情感识别准确度上，且已有部分研究结果表明情感识别有望达到较高的精度，但是仅能通过离线进行识别。2016 年，澳大利亚迪肯大学智能系统研究与创新研究所戈库尔・蒂鲁纳武卡拉苏（Gokul Thirunavukkarasu）等提出了一个可以提高汽车驾驶安全的系统，该系统基于脑电信号和从车载诊断系统（On-Board Diagnostics，OBD）数据中获得的基本车辆信息，将情感预测系统与定制的智能人机界面相结合。系统软硬件算法的实时集成，实现了情感识别精度的提升。该系统是集大脑活动、功率谱密度特征提取技术（Power Spectral Density，PSD）和分类支持向量机于一体的高效情感预测系统，通过开源电子原型平台 Arduino 与树莓派（Raspberry Pi）接口构成的硬件单元进行控制，可以实时监控与反馈驾驶员大脑活动以及车辆行驶参数。借助可穿戴传感器以及镶嵌于现代汽车中的传感功能，人类距离实现车内无所不在的传感环境更进了一步。研究者利用传感器可采用基于摄像头和生理感应的方式，探测驾驶员是否瞌睡，追踪探测驾驶员压力状况是否符合健康标准，也可使用生理传感器探测驾驶员是否有认知负荷及中断能力。尽管人们已经意识到行车时保持一种平衡情感状态是非常重要的，但是通过既能感知情感又能给出反馈以达到闭环的研究却寥寥无几。

2019 年，德国慕尼黑大学玛丽亚姆・哈西布（Mariam Hassib）等提出一种探测并影响驾驶员情感的理念，即以生理心理信号作为依据对情感分类，以环境光作为反馈手段。由可穿戴生物电传感器（脑机接口及心率传感器）来监测情感反应是否被唤醒。同时，通过使用轻量级的心理生理传感器作为隐性情感检测方法。该研究已证明传感器具有在可接受精度下探测情感与认知状态的能力。实验探讨了蓝色和橙色两种不同环境光的颜色及颜色对驾驶性能、生理数据、自我报告情感状态等方面的影响。研究结果表明，环境照明反馈能够有助于提高驾驶性能，使驾驶员精神更趋于集中或者处于更加轻松的状态。车内环境照明已成为提供舒适内部环境的工具之一，也可以发出警告信号来提醒驾驶员冷静面对突发的行驶状况。

美国麻省理工学院约瑟夫·库格林（Joseph Coughlin）等于 2011 年研发了 AwareCar 平台。该平台可以利用环境智能概念与普适计算技术监测驾驶员的状态并将向驾驶员展示，同时支援车载系统调整驾驶员精神状态以提高行驶性能与安全性。驾驶员状态指的是驾驶员在行车过程中的适应程度、疲劳程度、注意力集中程度以及精神工作负荷等总体生理及功能特征。状态监测可建立在公开或隐蔽设施之上，其中将驾驶员生理唤醒、明显的情感、视觉注意力的分配、驾驶风格和驾驶行为的数据与车辆性能及环境条件等信息相结合，从而提供个性化的驾驶员状态检测。通过生理及眼球追踪技术，该系统可以实现 3 个方面的功能：识别并检测驾驶员的状态；向驾驶员、车辆系统以及不断发展的智慧交通系统等基础设施显示或提供这些信息；当驾驶员有需要时，启动相关功能来提醒或抚慰驾驶人，以满足当前驾驶情况的要求。

（3）仿人机器人

要实现人与机器人之间高效、直观地交互，机器人就需要获取关于人的情感状态信息来响应其动作。在这一互动交流中，人们把它看作是一种更为自然的协作。

① 情感识别与情感估计

澳大利亚蒙纳士大学达纳·库利奇（Dana Kulić）等在 2007 年提出隐马尔可夫模型（Hidden Markov Model，HMM）的实现与验证方法，以机器人运动为刺激来实时估计人的情感状态。相关研究主要集中在将情感状态应用于实时人机交互，通过增强机器人响应人类主体隐性交流信息来提高交互安全性与可感知安全性。该系统以物理学信号为基础，如心率、出汗率、面部肌肉收缩等，利用自行开发出的模糊推理引擎来在线估计人类和机器人交互时的小型工业机器人情感状态，并利用该情感状态估计来修正机器人靠近用户时的动作。

通常，大多数机器人是基于面部表情等视觉信息来进行情感识别的。但是，通过面部表情表达的情感状态本来就是一个主动控制的过程，是人与人互动的典型体现，人类还没有习惯使用这种方式与机器人交流。基于热红外成像的情感计算已被证实能够非侵入性地监控生理参数并且具有从生理参数中推断情感状态的能力，此项技术很可能成为解决人际交流问题的一种途径。罗马尼亚锡比乌卢西恩・布拉加大学拉杜・索罗斯蒂内安（Radu Sorostinean）等通过描述装在仿人机器人表面的热红外成像系统，能够实现人面部温度变化的无接触测量和交互。研究结果表明，机器人与人类的距离及机器人的注视方向与鼻部及鼻周区域温度变化在统计学上具有明显的相关性。这也佐证了热成像传感器能被成功应用于反映机器人生理感应能力，让机器人理解人类偏好和构建反应性行为等方面。2017 年，法国巴黎萨克雷大学罗克萨纳・阿格里戈罗亚耶（Roxana Agrigoroaie）等报告了此类研究的初步结果，并尝试用移动热像仪判断某人是否企图欺骗机器人。2016 年，美国耶鲁大学劳拉・博坎富索（Laura Boccanfuso）等通过追踪被试者脸部 5 个受关注区域（Region of Interest，ROI）热变化来评价热红外成像对机器人引起情感反应和视频引起情感反应的检测效果，在个别面部 ROI 中研究了条件（机器人-视频）与情感（高兴-生气）的交互影响。尽管未发现多数 ROI 中温度斜率存在交互作用，但是在鼻尖处温度斜率评价中，观测条件与情感交互作用具有较强的统计学意义。这再一次验证鼻部为情感检测突出区的假说。

② 仿人机器人制造

仿人机器人要求可以模仿人的一些行为和技能，如两脚直立行走，通过对外界事物的观察进行独立判断和决策，以及情感交互控制等高级智能行为。可以说，仿人机器人的研发融合了机械工程、以仿人机器人为核心的人机交互和合作研究工程、计算机工程、自动控制工程、人工智能等众多学科，这代表着机电一体化发展的最高水平，也是当今研发领域最活跃的一个课题。

1996 年，美国斯坦福大学拜伦·里夫斯（Byron Reeves）等对人类与机器人之间的沟通问题展开了系列研究，经过理论和实验分析后得出：人类与机器人间的关联既具有自然性又具有社会性，人机交互要解决的问题与人类沟通时出现的主要问题要具有一致性，关键在于要使机器人具有“以人的认知心理为基础的情感智能”。自此以后，仿人机器人的研究步入基于认知心理模型的全新阶段。

1999 年，美国麻省理工学院人工智能实验室计算机专家辛西娅·布雷泽尔（Cynthia Breazeal）受人类婴儿和看护者沟通方式的启发，研制了婴儿机器人 Kismet。Kismet 由仿人面部结构和计算机组件构成，面部结构包含 15 个自由区间，分别分布于眉毛、耳朵、眼球、眼睑、嘴唇等处，眼睛采用焦距为 5.6 毫米的彩色 CCD 摄像机，耳朵处安装有微型麦克风，让机器人有了视觉和听觉功能。Kismet 能模拟父母与孩子的感情交互，表达宝宝的需要和欲望，并且能以机器学习形式实现智能发育，拥有类似人类宝宝的行为模式和技能。

日本东京理科大学教授小林宽司（Hiroshi Kobayashi）于 2002 年研发出仿人机器人 SAYA。该机器人可以通过扫描注视者的表情，测量眼睛、嘴巴、鼻子、眉毛之间的距离，将距离与记忆库中带有自然表情的脸相对照，以确定表情表达的情感状态，再通过控制人工肌肉，可以达到 18 种面部关键点运动调整，真实呈现 SAYA“内在”对应的高兴、愤怒、惊奇等情感状态。该研究既能识别交互者表情，又能通过机器学习持续提升机器人情感表达能力，以实现人类与机器人交互关系自适应的提升。

美国麻省理工学院个人机器人团队与斯坦·温斯顿工作室（Stan Winston Studio）在 2008 年共同研制了一款社交智能机器人 Leonardo，它将艺术与科学完美结合。这种机器人的特征内置了情感移情系统，具有猜测交互者的目的与意图的功能。Leonardo 还具备对可感知面部表情进行评价与模仿的能力。Leonardo 在与他人进行沟通时能够学习具体的面部表情，通过传感器来评价人的声音特质，并且把它们与其他反应关联起来，以判断交互者的表情和声音之间是否存在情感联系和情感反馈。

日本大阪大学着重强调扩展认知发展机器人技术，其目的是协助科学家研究人在婴儿时期社交意识的形成和发展。2011 年，大阪大学的研究团队开发了仿人儿童机器人 Affetto。该机器人能够模仿 1 ~ 3 岁幼儿面部表情，还能够通过自主学习和发展推动智力发展，且能够通过人机互动体现出来。

综上所述，近年来随着科技的进步，仿人机器人互动和协作的研究也在逐步升温。国外表情机器人研究已经不仅仅限于皮肤材料制造、机械结构设计、多传感器信息融合等领域，而是向具备表情表达、心理模型、发育机制、学习和认知能力等智能人机交互的方向发力。

6.1.2　国内研究概况

情感计算在国内制造业中的应用研究也较为广泛，主要包括汽车造型设计、汽车内饰功能设计、整车设计、智能安全驾驶系统以及智能机器人研发等。

（1）汽车造型设计

情感是人们对客观事物所产生的态度体验。用户对汽车造型的情感认知是一个复杂的获取与再创造的过程。汽车造型要素以网络特性组成特定的整体造型，用户进而对造型形成意象的认知，而造型则在用户心里产生情感的触发。例如，当人们看到一件产品时，在大脑中会产生可用于描述该对象或表达自身感受的词汇，如“豪华”“虎头虎脑”“速度感”等，这些都能反应用户的情感。因此，造型、意象和情感是紧密相通的。

2016 年，江南大学梁峭为了更深入地了解用户情感意象的特点，为汽车造型要素的合理使用提供帮助，基于体量、形面和图形等汽车造型要素，探讨了用户的情感意象，并对两者的关联情况进行了研究。该研究选取了汽车造型要素中的整车体量、车身形面、前脸图形为对象，通过认知实验和文本情感计算获取用户情感意象，采取定量统计与定性分析，获取汽车造型要素与用户情感意象的关联关系，并进一步研究了这种关系在汽车造型设计中的意义。研究结果表明，汽车造型要素与用户情感意象之间存在毋庸置疑的密切关系。一方面，用户对不同的汽车造型要素的情感反馈存在一定差异，形面和图形相比体量就具有更突出的语义认知优势。另一方面，不同的用户群体对汽车造型要素的情感反馈也存在差异，相比普通用户，专家用户因拥有专业知识对各造型要素的情感意象认知更丰富且统一度也更高。这对汽车造型设计师如何在造型自由度与用户情感之间找到最佳平衡点具有一定的辅助作用。

同年，西安交通大学李然和董石羽以汽车造型设计为对象，研究了情感词与汽车造型原型的拟合关系，并进一步研究了如何将情感词应用于造型概念辅助设计。该团队采用口语分析法，围绕“SUV 汽车给你怎样的感觉”这一话题，根据访谈者的回复内容，筛选出 SUV 车型专属的初级情感词共计 501 个。在此基础上，由专家小组将众多的情感词聚类并精炼到 11 个词组，然后使用原型匹配、回归统计等方法，综合分析不同典型程度样本造型特点与造型原型之间的关系，借助 SUV 车型专属情感词对样本进行分值评价，就得到人们在面对样本造型时表现出的情感状态。最后，通过回归分析各样本的专属情感词分值与定量原型特征测量值，研究人员构建出了情感词与造型原型的拟合模型，可输出造型原型的三维空间辅助图，对汽车造型概念草图给予较好的辅助设计支持。东风柳汽景逸 X5 外形设计项目在概念设计阶段引入这套拟合模型，为设计师的草图设计提供有力支持。此种造型辅助设计方法将用户的情感诉求以一种准确、直观、易领悟的方式向设计师传递，这可以提升用户对造型方案的满意度。

产品情感设计水平是影响用户购买决策的重要因素，产品外观特征是产品情感表达的主要形式。2017 年，东北大学屈庆星和郭伏等针对目前产品外观特征情感设计研究中存在的忽视产品的整体性、设计特征的多维性对用户情感体验的影响，以 SUV 汽车为例，提出了一种以产品外观特征取代产品构件的外观解构方法。首先，综合考虑产品外观造型、色彩、材质等多维设计特征，运用多维尺度分析和聚类分析选取代表性研究对象，并采用项目分析、相关性分析和因子分析的方法获取产品外观情感意象词对。然后，从用户感知产品外观整体性的视角出发，提出产品的外观解构方法。此外，该团队还基于眼动追踪技术，根据不同性别用户在产品外观特征认知时眼动行为数据的显著差异性，分别得到了影响不同性别用户情感的关键人机界面元件，为不同性别用户的情感设计变量识别与个性化产品设计等情感设计提供了技术支持。

随着互联网的迅速发展，关于汽车造型的用户在线评论越来越多，这其中蕴含了大量汽车造型与用户情感倾向的信息，通过挖掘分析此类信息，可以为汽车造型设计提供帮助。2021 年，南京工业大学李兰友和陆金桂等为了解决 SUV 车型外观海量评论文本隐藏信息挖掘分析的问题，提出了一个基于潜在狄利克雷分布（Latent Dirichlet Allocation，LDA）主题模型的数据挖掘方法。该方法通过 LDA 主题模型识别评论文本中潜藏的主题信息，计算感兴趣的文本主题和文本涵盖的主题比例。经过情感信息抽取、情感信息分类、情感分析建模等步骤，实现对文本评论的倾向性判断和隐藏信息挖掘，得到 SUV 车型的用户情感倾向分析结果并挖掘特定 SUV 车型外观的优缺点。同时，为汽车企业在迎合用户需求的外观设计方面提供了一种可供借鉴的解决方案。

除了将情感计算应用于汽车整体造型设计之外，研究人员还将情感计算应用于针对某项局部造型的设计，如表面色彩、前大灯造型、方向盘等。关于表面色彩设计，2022 年河北工业大学丁满和袁云磊等为准确把握用户对产品色彩的情感意象感知规律，创新性生成符合用户情感偏好的产品色彩设计方案，提出了一种基于深度学习的产品色彩情感化设计方法。该研究团队以出租车色彩设计为例，验证了所提方法的有效性与适用性。关于汽车前大灯，2021 年江苏大学尹磊和黄黎清等针对电动汽车造型设计中的前大灯意象造型问题，分析设计要素与用户情感之间的关系。首先，分析了现有电动汽车前大灯样本，提出一种新的前大灯造型描述方法，形成设计要素。其次，结合用户意象调研分析方法获得关键意象，建立语义量表，并构建机器学习模型分析设计要素与用户情感的关联性。最后，分析获得目标意象下的电动汽车前大灯设计要素最优组合形式，以及设计要素与目标意象的相关性，并结合实验数据提出造型综合评价模型以获得设计要素与造型综合评价的相关性。该研究为设计符合用户情感的预期造型提供了参考。关于方向盘设计，2020 年河北工业大学丁满和张寿宇等针对产品造型、色彩、材质等外观特征要素与用户情感需求的复杂关联性问题，提出基于支持向量机回归和模拟退火算法（Simulated Annealing，SA）的产品外观意象优化设计方法。首先，结合聚类分析、因子分析等方法确定代表性样本和情感意象词汇对，构建产品外观特征评价量表。其次，通过支持向量机回归方法构建产品外观意象评价模型，建立产品外观设计推荐系统。最后，他们将这套方法应用于汽车方向盘的设计，为相关产品设计提供了有效的借鉴和支持。

（2）汽车内饰设计

除了在汽车造型设计中应用了情感计算之外，汽车内饰设计也是情感计算的一个重要应用领域。

2016 年，湖南大学顾方舟和赵丹华简析了汽车内饰造型的认知要素，探讨了情感词语在汽车内饰造型评价中的可行性和必要性，并为内饰造型的评价提取提供了辅助工具。该团队首先对常用情感词语进行筛选，分析其与内饰造型的关联度，获得情感类别词语相似度。然后，结合综合数据统计分析和专家意见，构建了词义精准的内饰造型评价情感语义池。通过该情感语义池，能够将用户认知外显化，提供科学和结构化的造型设计与评价依据，对汽车内饰造型的设计与评价具有实践意义。同年，该校赵丹华和尹彦青等从用户感知模态出发，构建了内饰品质感性意象评价模型。该方法以情感计算为背景，从感知觉特性出发，通过用户对汽车内饰皮质纹理样本质感的评价进行情感语义量化，形成皮质纹理意象感知尺度。然后，研究人员又从触觉单模态感知和视觉、触觉双模态感知的角度，验证了用户不同感觉模态下对汽车内饰皮质纹理情感的感知差异。这些研究为汽车内饰的造型设计以及内饰制造中材料的选择提供了重要帮助。

2020 年，广东工业大学张超和魏昕等也聚焦汽车内饰的材质设计与情感计算，实现了材质的情感化表达与智能化推理，提升了产品材质设计的准确性和可靠性。他们还运用可拓学和感性工学研究了材质的形式化表达与推理，过分析体感评价特征，确定了用户情感意象与材质要素间的关系。该研究可以辅助设计人员制定设计方案，为材质感性设计提供可量化的推理方法，增强材质感性设计创新的效率。

（3）整车设计

对汽车用户的网络评论文本进行情感计算与需求挖掘，可以为汽车的整体设计规划的制定提供参考和依据。

2021 年，武汉理工大学张国方和寇姣姣等将网络评论文本中的关键信息应用于汽车设计开发，通过提取产品特征以及基于机器学习预训练模型进行文本情感分析，并结合用户需求把握产品设计方向，得到评论数据驱动的产品规划方法。他们将该方法用于微型汽车设计规划，不仅能快速获取用户的客观反馈，缩短产品开发周期，还能有效地将用户需求转化为可执行的设计问题，验证了方法的可行性。相似的研究还有 2022 年贵州大学徐帆的研究，他以新能源轿车用户网络评论作为研究对象，运用情感分析、词频统计、语义网络图等文本挖掘方法，挖掘新能源轿车用户情感。研究发现，空间、动力、舒适性是新能源轿车用户情感最主要的影响因素。其中，用户对汽车动力和外观的情感最为积极，对空间和电耗的情感最为消极。用户负面情感因素主要包括后排空间不够用，充电、续航性能不好等多种因素；正面情感因素则主要包括车身线条流畅、造型大气时尚、加速快等多种因素。该研究为汽车企业的整车设计与制造提供了较好的参考和依据。

（4）智能安全驾驶系统

随着人工智能技术的迅速发展，关于智能驾驶的研究也进行得如火如荼。目前，随着自动驾驶技术的逐渐成熟，传统人工驾驶车辆和自动驾驶车辆之间的混行将成为常态。为使车辆安全、高效行驶，自动驾驶车辆的决策机制须与人类决策一致，这使得将情感计算在智能驾驶的应用成为必然趋势。

在危险工况下，驾驶环境较为复杂，紧张、恐惧等情感是驾驶决策不可忽视的因素。2021 年，北京交通大学李思贤和山东科技大学张俊友等以一典型危险场景为例，利用虚拟驾驶实验还原场景，分析了场景内驾驶决策的影响因素，建立了包括情感强度等输入性指标的改进驾驶决策模型，探究情感强度对驾驶决策的影响。该研究可为在危险工况下的自动驾驶车辆的拟人决策提供理论参考。

为了减少因驾驶员的生理和心理健康状况变化引发的交通事故，实现对驾驶员健康状态的自动监测和实时优化，2021 年北京工业大学牟伦田和周朝等提出驾驶员健康状态闭环反馈系统框架。在最关键的实时监测环节，通过基于注意力的卷积神经网络-长短期记忆网络的多模态融合模型，实现对驾驶员压力、情感、疲劳等 3 个方面的健康状态估计。该研究的模型和方法可以实时准确监测驾驶员的压力、情感和疲劳状态，为实现驾驶员的个性化智能健康驾驶系统提供有力支撑。

不良的驾驶情感易使驾驶员产生不利于安全驾驶的行为。有研究表明，通过氛围灯色彩可缓解不良驾驶情感，提升驾驶安全系数。2021 年，江苏大学李正盛和河海大学邢文等通过结合语音情感识别捕捉驾驶情感，建立了色彩情感维度模型，可将情感状况进行分类并相应地控制氛围灯的色彩，以安抚不良驾驶情感，这在一定程度上可以缓解驾驶安全问题。

智能驾驶的人机交互也需要情感计算的参与。随着智能化时代的到来，人机智能交互逐渐融入人们的日常生活，并成为人工智能、数据分析、机器视觉等领域十分重要的研究课题。汽车行业亦将人机智能交互应用于提升用户行车服务水平，从而为用户提供更加精准和贴心的人文关怀，提高用户行车体验。2022 年，上汽通用五菱汽车股份有限公司广西汽车新四化重点实验室丁晓雯和刘威等通过利用用户使用车载设备的语音行为数据和用户驾驶行为数据，基于自然语言处理模型理论对当前智能车载情感交互技术进行分析，提出了情感交互技术设计策略，为后续智能车载的情感交互技术的实施提供了参考。

（5）智能机器人研发

除了汽车设计等领域之外，情感计算在智能机器人研发领域也有许多相关研究。要使机器人可以更好地与人互动，并在日常生活中协助人类，机器人必须能够正确地理解用户的情感，并友好地给予反馈，以表现出友好的特点和个性。这是设计智能机器人时重点关注的环节，也是提高用户体验的关键。

2009 年，北京科技大学刘遥峰和王志良等依据仿生学原理和情感计算，研制了一台仿人头部机器人，并建立了机器人的行为决策模型。该机器人具有人类的 6 种基本面部表情，以及人脸检测、语音情感识别与合成、情感行为决策等能力，能够通过机器视觉、语音交互、情感表达等方式与人进行有效的情感交互。

为了赋予表情机器人更丰富的面部表情，并最终实现与人之间更和谐的交互，2016 年上海大学卢孔笔和柯显信等从对人类面部形态特征的分析出发，总结了不同面部表情下，人体面部眉毛、眼睑、眼球、下颚和颈部等各部位的运动状态，提出了一种仿人面部表情机器人头部的机械结构设计方案。该方案为赋予机器人一定的人类表情提供了硬件平台支持。

表情机器人具备一定的表情后，与人类的双向交互还需要一定的情感识别能力。2017 年，华侨大学张国亮和赵竹珺等针对表情机器人双向情感交互的需求，从系统集成的角度提出了一种以视觉分析处理作为情感计算内核的综合表情分析、识别及交互动作映射的表情机器人系统建模方案，该方案不仅使机器人具备了情感表达能力，而且定性的表情分析还提高了传统表情机器人的人机交互能力。为了进一步提升仿人机器人人机交互体验，2019 年上海大学温雷和柯显信等以序列到序列（Seq2Seq）神经网络模型为基础设计出来了 SHFR-Ⅲ仿人机器人的对话系统，并以集成学习形式构建了适用于机器人交互的情感分析模型。他们在情感分析模型设计过程中测试了多个模型分类效果，并通过多模型的集成，提升了基于文本的情感分析的准确率。最终，实验模拟验证了对话系统设计的有效性，该方法可以提升人机交互质量，为机器人的制造提供了有效的支持。

6.2　应用发展情况

6.2.1　国外应用概况

（1）感性工学

随着顾客对产品设计的要求越来越高，产品设计已经不能仅仅停留在满足基本需求的功能与可用性上。目前，很多企业都在考虑在产品设计时融入情感，从而提升产品的吸引力和顾客满意度。为衡量不同产品对顾客与用户情感的影响，将不同方法融合于产品设计的技术被不断开发出来。感性工学就是其中之一，其主要目的在于查明需求者的感受同产品特性的联系。该方法具有通过顾客的感受来决定产品具体设计方案的特点。

感性工学被分为 3 个层面：感性工学Ⅰ型、感性工学Ⅱ型和感性工学Ⅲ型。感性工学Ⅰ型主要涉及对产品设计元素的应用。感性工学Ⅱ型主要涉及对当前计算机技术的应用，如专家系统、神经网络模型和遗传算法。感性工学Ⅲ型主要涉及对基于数学模型结构的应用。目前，感性工学已经渗透到日本的各个行业，包括汽车、电器、建筑、服装等。

日本从 20 世纪 90 年代起开展感性工学的研究。日产、马自达、三菱等公司渴望推行感性工学并研发制造了很多新型乘用车。从制造西玛（CIMA）汽车开始，日产就把全新的人体工程学技术应用于新品牌。马自达第一次将感性工学应用到 Persona 汽车及后来的 Miyata 汽车。三菱开始应用感性工学的时间要早于其他汽车公司，并在 Diamante 汽车上推行。丰田、本田等其他日本汽车制造商都热衷于感性工学Ⅰ型的研究，纷纷将相关成果投入新产品设计。美国福特汽车公司原首席执行官唐纳德·彼得森（Donald Petersen）在其一书中表示，福特向马自达学习感性工学并且在金牛座汽车的设计上加以运用。意大利菲亚特、德国保时捷也都跻身感性工学研发、应用之列。

感性工学系统（Kansei Engineering System，KES）作为以计算机辅助的感性工学工具在日本感性工学程序中最为著名。以 KES 为代表的感性工学Ⅱ型已被应用于女大学生的服装设计、房屋设计、日产公司的汽车内饰设计、夏普公司的色彩规划系统等。夏普公司曾要求感性工学创始人长町三生在设计师与技术工程师之间做一个关于颜色的解释系统。当开发新产品时，设计师要求工程师根据设计师的概念来制造它。例如，设计师要求工程师在壶的外表面涂上“自然”的颜色。然而，工程师很难理解“自然”是什么颜色。长町三生做了一个实验来评估感性社会期望量表（Social Desirability Scale，简称 SD 量表）中的颜色，并成功地获得颜色-情感词解释图，从而在计算机辅助设计（Computer Aided Design，CAD）系统中实现了色彩图谱，然后工程师通过检索 KES 轻松获得图谱上的色彩规格。这个系统被命名为“色彩规划系统”（Color Planning System，CPS）。

感性工学Ⅲ型是感性工学的数学模型，用于分析感性词与人体工程学相结合的相关研究。1995年，日本福岛县立医科大学的福岛孝一郎（Koichiro Fukushima）希望在彩色打印机上采用感官图像处理的手段，利用“模糊逻辑”，依据日本人感官感受量化来有选择地控制颜色，从而重现日本人较为理想的面部肤色。该研究通过实验使用感性SD量表来评估各类女生面部肤色。SD量表包括“漂亮”“漂亮的脸”等感性词，将评价色彩分别划分为色相、数值、色度等3个层次，用三角模糊成员函数来表达。在智能彩色打印机中央处理器上对成员函数结果进行处理，再经过复杂色彩处理，就能得到更加精美的彩色图片。

（2）驾驶员监控系统

驾驶员监控系统是一种基于人体生理反应特征的驾驶员疲劳监控预警系统，最早出现于飞机、高铁等具有自动驾驶或高阶级辅助驾驶的领域中，2005年以后逐渐用于汽车领域。2015年3月，由欧洲新车评估项目（The European New Car Assessment Programme，Euro NCAP）所发布的《技术报告》（*Technical Paper*）就包括一个推广虚拟副驾驶概念和驾驶员状态监控领域的创新计划。对于自动驾驶汽车，驾驶员必须在关键或复杂的情况下接管控制权。然而，接管的决定也取决于驾驶员的状态，因此自驾车必须对驾驶员状态进行监测。减少车祸的致命伤害等社会义务促使汽车制造商建立的传感器系统，不仅要观察车辆的外部环境状况，还要监控车辆的内部，特别是驾驶员的身体和情感状态。

Smart Eye公司的驾驶员监控系统软件，在93个汽车型号上被14个原始设备制造商厂商（Original Equipment Manufacturer，OEM）选中，以实现安全、可持续的交通和更好的移动体验。Smart Eye驾驶人监控系统利用车载摄像头、计算机视觉、人工智能等传感器洞察驾驶人状态与行为。该公司的汽车经销商管理系统（Dealer Management System，DMS）是发现驾驶员走神、打瞌睡等现象的一项关键技术。

Eyeris Technologies公司采用单一二维图像传感器为所有清晰可见的车辆乘员提供二维及三维上身姿势估计与跟踪算法。Eyeris动作识别模型使用从上半身关节运动及物体理解中获取的时间资料，能够识别基于姿态或动作的行为、人员及物体活动、人员交互、人员表面行为及预判等，如手动开车、抽烟、饮酒、用手机、触摸车辆按键等。Eyeris 舱内人脸分析模型主要由功能强大的多面检测、3D 头部姿势估计、3D 眼睛注视跟踪、疲劳监控、瞌睡检测、人脸识别、性别与年龄组划分以及情感识别组成。Eyeris 车内人脸分析模型是针对多个种族、不同面部属性、多种可见及活动照明情况，来自不同相机类型、位置及视场（Field of View，FOV）及不同车辆几何结构中。

Gestigon GmbH 公司披露了用于估算车辆驾驶员状况的计算机系统及方法。该系统通过深度传感器采集含有深度及任选红外线图像、RGB 颜色图像，确定属于驾驶员头部像素，建立头部三维模型（包括强度模型），并对深度、灰度及颜色信息进行变异性估计，同时对主头部姿势及中性面部表情进行估计。划分空间及时间模式，确定驾驶员状态及分心事件。通过头部姿势、眼睑运动、面部表情等物理表现以及它们在时空上的演化来获得用专心程度、疲劳程度、分心程度以及唤醒程度这些名词所界定的驾驶员抽象状态。相同方法还可用于监控其他机械（如飞机、船舶、建筑机械、起重机以及生产设施等）操作者状态，可以避免由于不专注、疲劳或紧张等引发的严重故障或者产生的损失。

NVISO 公司提供的人工智能可以感知、评估人类行为并采取相对应的行动，为未来移动服务提供更安全、更个性化、更便捷的体验。NVISO 人类行为软件开发工具包包含构建模块和工具，可以加速车内监控的开发，包括眼睛状态（如凝视）跟踪、身体跟踪以及活动和手势识别。驾驶员监控系统可以通过精确测量眼睛和头部位置、注意力和疲劳度来检测驾驶员是否处于分心或瞌睡的状态。驾驶员监控系统在检测到瞌睡或分心等风险时就会向驾驶员和综合安全系统发出警报。这种反馈能够使驾驶员和车辆在安全受到伤害之前采取行动。摄像头的位置使所有座位都在驾驶员的视野范围内。NVISO 公司的内部监控系统可以检测座位上是否有其他乘员。内部监控系统可以使用机器学习使车载系统能够感知乘员的情感状态和手势，以便在向自动驾驶过渡时提供个性化的体验。

汽车助手随着智能化的提高可以帮助驾驶员解决更多的困难。今天的车载助手已经从基本的问答系统转变为智能对话系统，可以更加人性化地胜任大多数与行车相关的任务，为驾驶员营造更有效、更愉快的体验。Cerence 公司推出的 Co-Pilot 开创了多模式驾驶体验的先河，使汽车语音助手变得主动、直观，为驾驶员带来强大的支持和全新的体验。Co-Pilot 能够直接运行于汽车主机单元之上，通过对汽车传感器及数据进行人工智能深度融合来理解汽车内部及周边复杂状态。作为车辆的中央大脑，Co-Pilot 通过对语音、眼神、手势、触摸等输入组合及从车辆传感器中获取的信息进行解析，灵活安全地将边缘技术和云服务结合起来，让行车变得更直观、更具有相互连接性。Co-Pilot 以主动式人工智能为核心，通过实时数据、内置智能、用户喜好以及车辆传感器等信息使驾驶员能够知晓状况，在驾驶员提出需求前完成操作，以达到行车安全的目的。

车载语音助手的应用已成为创新差异化的焦点。移动设备制造商都在寻求一种能提供最为自然且最接近人类思维的语音输出方案。Cerence 公司推出的 Cerence Drive 通过一个开放的平台支持用户的个性化需求，可实现完全定制化的外观、感觉、功能、可配置性、内容选择和用户体验。有了自然语言理解以及准确的语音识别技术，可以实现驾驶员以最自然的方式与智能语音沟通，不需要去学习使用指令，也不需要用刻板生硬的固定语言来下达命令。例如，用户只需要说“我冷了”，智能系统就会打开暖气。同时，该系统兼容性强，可以接入外部服务并且可以和第三方助手进行交互操作，这有利于满足复杂和多维的需求。通过以神经网络为核心的文本—语音（Text To Speech）技术，Cerence Reader 把一种与人相似的虚拟人格引入汽车程序，为驾驶员提供了高质量语音输出。Cerence Reader 随着内容、背景的不同以及驾驶员的情感能变换说话风格、情感语调等，甚至有长篇阅读能力（如自然停顿、气息等），也有以内容（如时事、体育、纪录片等）为基础的各种音调。

捷豹路虎公司正致力于新型人工智能研究，实时了解驾驶员行车中的心理状态，并通过调整使其状态保证行车安全。该公司开发的情感探测与舒缓系统可以识别人与人之间面部表情上的细微差异，自动对车内环境进行调整与优化。与此同时，该系统还能学习驾驶员的喜好，带来更多个性化环境设定。该项技术利用针对驾驶员的摄像头及生物识别传感对驾驶员情感进行监控与评价，调节车厢内系列功能，包括加热系统、通风与空调系统、媒体及环境照明等。这些设定会随着驾驶员面部表情的变化而变化，有助于缓解紧张情感。情感探测系统采用最新的人工智能来持续适应驾驶员面部表情的细微差异和自动执行恰当的设定。久而久之，系统会根据驾驶员喜好完成更多个性化的设置。系统若探测到驾驶员处于紧张状态，会把环境照明换成利于冷静的色彩；若探测到疲倦的信号则从播放列表中挑选较为合适的音乐并适当降低车内温度。捷豹路虎公司还将摄像头设置于头枕处对后排乘客测试相似的内容。系统若发现后排乘客有疲倦迹象时，通过调暗灯光、改变车窗颜色、升高后排温度等方式来帮助后排乘客进入睡眠状态。

在 2017 国际消费类电子产品展览会（Consumer Electronics Show，CES）上，丰田公司展示了能读懂驾驶人员情感的 Concept-i 概念车型。这款车是美国加利福尼亚州新港沙滩丰田“Calty”（车型）设计部设计、旧金山丰田创新中心用户体验技术研发的。Concept-i 以“动感温暖”概念为核心，借助先进的人工智能之力，预测人之所需、启发人之所想、改善人之生活。Concept-i 通过对驾驶员表情、行动、语调等复杂行为数据的读取，预估其情感与警觉程度。Concept-i 还通过驾驶员检测系统，对驾驶员情况进行估算，对驾驶员及车辆可靠性进行监控。例如，当车辆可靠性高且外部环境复杂，或驾驶员受到危险或者情感状态不佳时，Concept-i 将转向自动驾驶。另外，Concept-i 还可以依据驾驶员的情感、疲劳程度及警觉程度，通过激发视觉、触觉、嗅觉等 5 种感官，将驾驶员唤醒至警觉状态。Concept-i 也可以按照驾驶员的情感和偏好来交谈，以驾驶员情感为基础推荐感兴趣的主题，达到双向自由对话新格调，还通过对驾驶员情感及 GPS 数据进行定期渲染来建立“情感地图”。通过采集个人情感方面的数据，Concept-i 会推荐一些新颖的绕行线路以提供行车体验的新鲜感。

（3）仿人机器人

Pepper 为日本软银集团与法国阿德巴兰机器人（Aldebaran Robotics）公司所开发的人形机器人，能全面监测周边环境而主动做出反应。它装有语音识别技术、呈优美姿态的关节技术、解析表情及语气的情感识别技术等。新款 Pepper 的情感机制基于软银集团开发的云端人工智慧技术。新款

Pepper 将 RGB 相机安装于前额和嘴上，左眼设有距离传感器，通过相机分辨人的神情并结合利用麦克风收录的语音来分析人的悲欢。利用内建的多层内分泌形态神经网络将摄影镜头、触控感测元件、加速度计等感测元件融合在一起，能自动检测和整理人的情感反应和情感数据。如今，已有近 200 款应用情感计算的 Pepper 上线。例如，Pepper 日记不仅可以在家庭活动中拍照留念，还可以写日记，像智能影集一样储存家庭成员的回忆，也能够猜测人此时的心理状态，然后切入情景与家庭成员聊天。Pepper 在企业和学校都有销售，目前超过 1 万个 Pepper 正在为日本和欧洲的家庭服务。

6.2.2　国内应用情况

在国内工业制造领域，汽车行业与仿人机器人行业最先关注并应用了情感计算。

（1）汽车设计

中国车联网智库研究院执行院长刘文海提出，情感计算为智能汽车插上了拉瓦尔喷管（Laval nozzle）。拉瓦尔喷管是火箭发动机的重要组成部分，刘文海将智能汽车类比为火箭，将情感计算类比为拉瓦尔喷管，这反映了情感计算推动了智能汽车的发展，同时也反映了此类技术的应用需要大量的时间克服众多技术性挑战。下面主要从情感识别与状态监测、耦合辅助驾驶功能、自我进化能力、智能座舱应用等 4 个情感计算与中国工业汽车设计融合的特点展开介绍。

① 情感识别与驾驶状态检测

2019 年，长城魏牌（WEY）推出的“Collie 智行 +”车型引起了大家的注意。Collie 的全称是 Collie 牧羊犬全维智能安全系统，而 2020 款 WEY VV6 则是第一款搭载该系统的车型。Collie 牧羊犬全维智能安全系统的面部识别功能可以采集驾驶员的面部表情数据来实现对疲劳状态、分心状态等的实时监测，并对驾驶员实施相应的提醒。当提醒不足以让驾驶员集中注意力或无法阻止出现不良驾驶状态、与前车及行人的距离小于安全距离、突发危险等情况时，自动紧急制动系统将主动刹车，从而保证行车安全。

在警示负面状态功能的基础上，2021 年长城魏牌推出的摩卡车型还可以在智能识别驾驶员情感后播放与情感场景相应的歌曲。

2020 年 11 月，科大讯飞在 iFlyAuto 新产品发布会上同时推出了 3 套车联网系统解决方案：飞鱼 OS MATE 2021、飞鱼智能助理 MM2021、飞鱼智云 1.0。其中，飞鱼智能助理 MM 2021（简称飞鱼助理）是科大讯飞面向汽车前端市场的智能交互产品，MM 代表着多模态交互（Multi-Modal），即运用声源定位和声纹识别技术来实现车内无疆界交互，并且支持多种外语和多种方言。此外，通过独特的声音复刻功能，飞鱼智能助理还可以为驾驶员实现定制化、个性化的交互服务。同时，飞鱼助理融入了情感识别技术，可以通过视线追踪、唇形检测等自动判定用户意图并提供服务，当在用户驾驶出现疲劳或者分心状态时，飞鱼助理会及时进行语音提醒，从而有效保证驾驶安全。

2021 年 1 月，在哈弗品牌举办的初恋之夜活动上，哈弗初恋型号汽车首次亮相。哈弗初恋定位为“年轻人的第一台车”，不仅是因为它具有时尚个性的外表，更是因为它搭载了主动情感识别系统，这与爱尝试新鲜事物的年轻人一拍即合。哈弗初恋搭载的主动情感识别系统专为驾驶员服务，该系统可以通过驾驶侧 A 柱的摄像头实时采集驾驶员的面部表情来判断驾驶员的即时情感状态以及其他精神状态。此功能通过实时自主判断驾驶员是高兴、生气还是惊讶，根据表情推送相应信息。在漫长旅途中，驾驶员极易出现分神、疲劳等情况，哈弗初恋能凭借摄像头根据驾驶员的注视方向、视线在特定区域的停留时间等信息判断驾驶员是否处于分心或疲劳驾驶状态，并自动通过声音、震动等方式提醒驾驶员，督促驾驶员专心、清醒地驾驶。

2022 年，本田中国发布了两款纯电动汽车，全系列搭载的 DMC 驾驶员状态感知系统是这两款车型的一大亮点。基于车舱内置的红外摄像头，SenseAuto Cabin-D 商汤绝影驾驶员感知系统可实时感知驾驶员的表情、视线、姿态动作，准确判定疲劳、分心、危险动作等危险驾驶行为，并将结果快速反馈给 DMC 驾驶员状态感知系统，及时预警，规避危险情况的发生。

② 耦合辅助功能

随着汽车行业的发展，人工智能、大数据等技术的深度应用以及用户需求的不断升级，汽车除了作为交通工具之外，还承担着将人与物、物与物连接起来的媒介角色。因此，智能汽车领域和传媒领域的跨界融合也进入人们的视野。新华网和一汽集团联合研发了基于情感交互用户体验研究的“情绪流”车媒体智能新闻推荐系统，对现有车机系统向智能化、人性化的传媒方向进行改造和升级。该系统利用新华网独家研发的可穿戴智能戒指来采集驾驶员在驾驶过程中的生理信号，并实时监测驾驶员的生理状态。当驾驶员疲劳时，系统会进行实时的情感识别并震动和报警。同时，将驾驶员的疲劳信息发送到云端，云端监测中心能够基于该生理状态数据、用户身份特征、日常车内信息消费习惯，对用户标签实时更新并依据驾乘人员的当前标签属性精准推送新闻和音乐信息，从而定制个性化服务，优化驾驶员的体验。

2021 年 3 月，广汽埃安在杭州举办了埃安 AION Y 的预售发布会。AION Y 型号汽车是同级中唯一装配情感姿态自主识别功能的车型。它能通过车内摄像头和感应系统实时监测车内驾驶员和乘客的表情和声音，通过情感计算提供自动推荐情感歌单、疲劳监测等服务，还搭载了抽烟自动开窗、打电话自动降低音乐音量等功能，这些大大提升了用户的体验。

作为威马汽车的第一款智能纯电动汽车，威马 M7 凭借卓越的综合智能实力，首创车外情感化智能交互。威马 M7 是首款实现了基于超宽带通信技术的车外情感化智能交互的汽车，首次采用 i-Rota 超级旋钮，将“智能手表”概念引入车内。该配置不但可化身为控制功能的中枢旋钮，实现不同场景下不同功能的控制，还可以进化为情感交互的载体，显示图片、表情、符号等具有趣味交互的内容，带给用户全新交互体验。

也有一些汽车企业将情感计算与汽车体系和思维融合应用在了更加广泛的工业制造中。2021 年 9 月，鹏行智能发布了首款智能机器马第三代原型机，内部代号为“小白龙”，这是全球首款可骑乘智能机器马，代表了智能机器人设计和汽车设计的一次深度融合。智能机器马最大的特点在于交互与情感表达。首先，机器马的前脸屏幕可以显示不同的表情。该款机器马的尾部也有一个与狗一样可以活动的尾巴，这条尾巴的作用也是用来表达心情的。机器马可以通过灵活的四肢、可以摇动的尾巴，以及声音和表情与人类互动。除了能根据声纹识别不同的人之外，机器马还能对触摸做出反应，识别人类的不同情感并通过情感计算提供适宜的反馈。

多数情感计算应用的采集环节和分析环节都是基于同种数据实现的，但在汽车行驶的过程中，驾驶员的情感状态是复杂多变的，涉及面部表情、语音、生理信号等多种数据。特别是对生理信号数据的采集难度最大，一般只能通过佩戴设备完成，在实际应用中较难实现。深圳市科思创动科技有限公司研发的驾驶人员生物识别系统（DBS）通过摄像头捕捉图像，以非接触的方式利用独有的算法通过图像处理获取驾驶员的心率、心率变异性、血压变化等生理指标，并分析出表情、年龄段、性别等生理特征。然后，利用情感计算处理这些指标，识别出驾驶员 7 种面部表情（平静、高兴、生气、惊讶、厌恶、恐惧、悲伤）和 4 种精神状态（清醒状态、紧张状态、疲惫状态、昏昏欲睡状态），还可以进一步通过房颤检测、高血压检测等分析驾驶员的健康程度。DBS 提供了可靠的生物识别结果，保障了驾驶安全和提高了驾驶体验，为一些不具备自主研发能力的汽车厂商实现人机耦合提供了可能性。

③ 自我进化能力

在 2020 世界人工智能大会上，智能汽车头部企业华人运通与微软宣布达成战略合作，表示双方将共同在高合汽车上落地全球首个主动式人工智能伙伴 HiPhiGo。在同年 9 月的发布会上，高合推出的 HiPhiX 型号汽车首次搭载了该系统。HiPhiGo 已经不能以传统车机系统去定义，它是具备可持续进化能力的前沿科技。HiPhiGo 是整车智能，可以控制车上的大多数硬件和软件。它通过舱内的各类传感器，察觉用户情感的变化，主动调用车辆的音响、香氛等各种配置功能，为用户营造轻松、温馨的驾乘环境，还能在驾驶员疲惫时主动接入语音聊天，为驾驶员提神。HiPhiGo 具备极强的情感智能和推理能力，除了传统的智能驾驶之外，还具有其他车型少有的人性化智能功能。例如，它的核心情感引擎会让汽车在与驾驶员的交互中带上其他智能系统所没有的情感波动，为驾驶员提供情感陪伴，让驾驶员感觉自己在和一个朋友对话，而非机器。

2022 年 6 月，百度旗下智能汽车公司品牌集度发布了首款汽车机器人概念车 ROBO-01。ROBO-01 具备情感识别能力，能与外界交互自身状态与情感，其机器人化的前脸设计集成了交互式 AI 像素大灯和高识别率 AI 语音交互系统，具备车外语音识别功能，拥有一套属于自己的“灯语”，可实现“人-车-环境”之间的自然沟通，让车从冷冰冰的座驾，变成了一个能够理解用户的需求和表达自己情感的机器人。ROBO-01 还是一辆会自我进化和升级的汽车机器人。集度的这款概念车搭载了百度多项 AI 技术，其中就有一套百度领先行业的全车语音交互系统。AI 系统会根据驾驶员的性格持续更新语音语调和内容偏好，实现自我成长。

2022 年，在重庆国际车展上，阿维塔 11 正式亮相，并于同年 8 月正式发布上市。阿维塔 11 是阿维塔科技旗下的首款车型，也是全球首款情感智能电动汽车。阿维塔品牌诞生于长安汽车、华为、宁德时代搭建的全新的智能电动汽车技术平台 CHN 之上，在强大的硬件计算能力和软件标准化支持下，具备空前强大的中央算力和深度学习能力。通过位于驾驶舱正中央的 Vortex 情感涡流的介入，阿维塔 11 拥有逐级实现更高阶智驾的能力。同时，阿维塔 11 具备人的情感和意识，成为用户的信息集散节点、生活和工作上的助理，而不是只关注驾驶员下达的命令，还具备与人一样的自我学习能力，通过不断学习，会对驾驶员的喜好和行为习惯更加了解。阿维塔 11 不仅具有智驾能力，还具有包括感知人类情感、提供舒缓的氛围、隔绝都市生活的压力的能力，是与人类情感连接的媒介。

④ 情感智能座舱应用

实现自动驾驶的两大主要载体就是“智能驾驶”和“智能座舱”。随着人工智能的不断成熟，通过人脸识别、姿势识别、语音和语义识别、情感识别等技术的应用，再配合车辆数据的采集，基于智能座舱独立感知层的形成，车辆具备了“理解”人的能力。2019 年 3 月，合众汽车发布了旗下第二款量产车型，命名为“U”。它首次搭载的合众汽车 PIVOT 系统主要包含“智能座舱”和“智能驾驶”两大模块。除了人脸识别系统、疲劳驾驶监控、车内生命体征监测等功能之外，合众 U 型号汽车在配备了合众自主设计的拥有 40 多种表情的小 You 智能机器人后，不但可主动为用户提供基于情感计算的情感服务，还能远程控制智能家居，实现智能互联。

在 2020 年国际消费类电子产品展览会上，未动科技首次展示了智能驾舱 U-SAFE，在智能驾舱的安全方向延伸出了更多新场景。通过综合判断驾驶员的生理状态（如人脸、面部特征等）和行为状态（如驾驶行为、声音、肢体动作等），汽车能够更充分地“理解”驾驶员的状态和意图。通过不同的分析层，可以同时实现针对驾驶员的疲劳检测、视线追踪、注意力检测、情感识别以及基于针对乘客的疲劳程度、情感感知、危险动作检测、物品遗留等功能。分层应用的情感计算为智能汽车的个性化服务提供了新方向。

2022 年，上汽集团在全新第三代荣威 RX5 车型内打造了一套情感智能交互座舱。该座舱配有 27 英寸（1 英寸 = 2.54 厘米）的无边界滑移大屏、高通 8155 芯片、多点手势触控，还独创了智驾模式与智享模式两种驾乘模式。搭载的洛神智能座舱具备 AI 场景引擎，除了能随时倾听、主动智能推送以及听得懂方言之外，还具备更贴心的实时交互能力，车上所有成员不论坐哪儿都能与洛神对话，向它发出指令后，能得到更像人一样的交互式体验。该座舱配备了业界首款“小狮子”潮玩智能助手，可以进行多模式的人际交流，在全新的智能汽车环境下给用户带来一种充满乐趣和人文关怀的用车体验。

从功能角度来看，情感计算应用于汽车设计领域的最基础的功能就是情感识别，即能感知驾驶员的喜怒哀乐，能根据驾驶员的情感状态进行相应操作，特别是当驾驶员出现负面情感时。例如，当检测到驾驶员处于疲劳或分心状态时，汽车就会做出相应的提醒；当检测到愤怒情感时，汽车能帮助驾驶员平复心绪，避免因“路怒症”的产生而导致意外。情感计算应用于汽车设计领域的科技配置不仅是为了有趣，让座驾不再是冷冰冰的汽车而是一位有温度的伙伴，也是为了保证安全。除了安全保障功能之外，情感计算也可以与其他系统互联实现更好效果，接入音乐系统可以根据驾驶员的实时状态播放歌曲，接入新闻推荐系统可以智能推送适合的新闻……这使原本枯燥的驾驶过程变得生动有趣，富有情感。从技术应用角度来看，目前应用于汽车领域的情感计算多为基于多模态的情感数据，如面部表情、语音、生理信号等，也有基于生理信号或视觉数据的单一模式，这可能是因为对驾驶员和乘客来说，面部表情是最直观的情感表达方式，声音其次，而生理信号因难以获取而较少利用。从时间来看，情感计算应用的大量场景基本是从 2019 年开始的，这主要是与智能汽车、自动驾驶等领域的发展有关。从研发主体来看，大多研发主体为企业本身，主要原因有两点：一是情感计算的有效应用可以极大地提高企业的竞争力，企业会积极地采纳和应用；二是有专门的情感计算公司与汽车企业达成合作，研发相关产品。

（2）仿人机器人

随着现代科学技术的蓬勃发展，机器人的存在形式不再单一，各种各样的机器人在市场上层出不穷。其中，仿人机器人是模仿人的形态和行为而设计制造的机器人，它集成了机械、电子、计算机、材料、传感器、控制技术等多门科学技术。仿人机器人的一举一动都可以像人一样，甚至还能具有与人相似的外表、思维和情感。仿人机器人的动作、表情、行为可以由人类映射，能更好地适应人类社会环境并被人类所接受。情感计算可以赋予仿人机器人观察、理解和生成与人类相似的各种情感特征的能力，最终使仿人机器人能像人类那样自然、亲切、生动地交流。

在 2021 世界人工智能大会上，优必选科技公司的大型仿人服务机器人 Walker X 全球首发。Walker X 机器人仿人外观和全方位感知系统充分考虑了家庭服务场景中的各类需要注意的问题，全新升级的多模态交互系统也是 Walker X 机器人的一大亮点。多模态情感交互使得 Walker X 机器人可以进行仿人情感表达，拥有了生命感，可以更加生动和灵活地与人交互。Walker X 机器人通过视觉、听觉、触觉根据环境进行多方面和全方位的感知，通过情感识别算法和情感分析算法，可以在复杂环境中准确理解和感知情感。内置的原生“28 + 机器人情感体系”使得 Walker X 可以进行主动式交互，与用户建立共情。

2022 年 8 月，在小米秋季新产品发布会上，小米旗下第一款人形仿生机器人 CyberOne 首次登场。作为小米仿生机器人中的全新一员，CyberOne 拥有能感知人类情感的高情商，可以对真实世界进行三维虚拟重建的“视觉”，峰值扭矩达 300 牛米的健壮肢体等，或将引领新的时代潮流。

CyberOne 高 177 厘米，质量为 52 千克，是名副其实的全形人形仿生机器人。深度相机搭配人工智能相机辅助机器人收录真实场景与对象，利用计算机视觉算法得到对象三维模型以达到避障的目的，配备了自主研发的 Mi-Sense 深度视觉模组与人工智能交互算法相结合，使它不仅具有完备的三维空间感知能力，还可以实现对人物的身份识别、手势识别、表情识别等功能。此外，CyberOne 在对外沟通和交流时通过配备自主研发的 MiAI 环境语义识别引擎、MiAI 语音情感识别引擎等，可实现 85 种环境音识别、6 类 45 种人的情感语言识别，这能更好地感知人类的情感并做出回应。

由于中国仿人机器人行业本身的发展还处于萌芽期，在仿人机器人的设计中应用情感计算的实际产品还相对较少。但是，已经有越来越多的仿人机器人设计者关注了情感因素。例如，乐聚机器人公司的 PANDO 机器人是国内首款可与用户进行情感交互的益智编程人形机器人，能实现集语言、动作、表情于一体的情感表达，拥有 20 种情感和 24 种表情。今后，情感计算在仿人机器人行业中的应用前景依然较为乐观。

6.3 典型案例

6.3.1 案例 1：Smart Eye 公司

Smart Eye 作为 AI 技术的世界领先者，可以在复杂环境下对人类行为进行理解、支持与预测。该公司从 1999 年起就以建立人类与机器沟通的桥梁、实现安全与可持续发展为目标，目前已经在汽车、航空与航天、辅助技术、媒体与营销、心理学等多个领域取得了长足发展。

（1）驾驶员监控系统

世界上每隔 24 秒就会有人死于交通事故，其中大部分都是人为造成的，如驾驶员心烦意乱、过度疲劳等。因此，汽车制造商陆续部署驾驶员监控系统，对驾驶员情况进行检测及干预，以减少行车安全事故。Smart Eye 公司的驾驶员监控系统利用车载摄像头、计算机视觉等人工智能传感器对驾驶员状态与行为进行识别。凭借 20 多年的从业经历，Smart Eye 公司成为汽车行业首选合作伙伴，旗下道路驾驶员监控系统已经由全球 14 个领先原始设备制造商植入 93 款汽车。

Smart Eye 公司的新一代驾驶员监控系统能够识别各种人与物，包括对登记用户座椅的自动适应、感知驾驶员心情与情感的信息娱乐系统等，使得汽车内部系统与功能更趋向于定制化、个性化。20 多年以来，Smart Eye 始终走在发展的最前沿，为汽车行业提供了高品质的驾驶员监控系统。其中，该公司以人工智能为动力的多模态软件成为目前汽车驾驶员监控系统的核心，能够提供更加安全、更加优秀的行车体验。

在 Affectiva 公司情感人工智能技术的支持下，Smart Eye 公司在驾驶员监控系统技术的基础上已经能实现以下功能：识别驾驶员身份以调整汽车的功能，并确保车辆由经过认证的驾驶员驾驶；追踪驾驶员的眼睛、头部和面部运动，以检测分心，甚至识别最早期的疲劳迹象以确保注意力保持在前方的道路上；检测可能分心的行为，如吃饭、喝酒、吸烟或使用手机；识别存在于车辆中的物体，以及驾驶员是如何与它们进行互动行为的；实时监测驾驶员所从事的活动；追踪驾驶员如何与车辆物体或界面互动的；分析驾驶员的面部表情，以帮助汽车了解他们的情感和行为；通过分析驾驶员的身体关键点和眼睛、头和脸部动作，识别出无意识或其他损伤的迹象；具有系统软件灵活性，允许应用于任何车辆，以适应不同客户的不同需求。

Smart Eye 公司首次集最先进软件及汽车级硬件于一身，设计并研发了一整套优质高性价比汽车级驾驶员监控系统 AIS，该系统主要面向商用车及汽车后市场。尽管驾驶员监控系统市场需求正呈爆发式增长态势，但是技术落地过程中仍存在诸多问题，如摄像头和其他感知设备定位不灵活，以视觉为主的驾驶员监控系统技术面临强光或者弱光时性能较差等。然而，Smart Eye 公司发布的 AIS 系统对以上许多问题均有良好的改进，如 AIS 不但能识别出包括口罩或太阳镜阻挡在内的多种面孔，而且能通过追踪驾驶员视线、脸部及头部运动来发现注意力不集中及危险行为，并能提醒其出现早期嗜睡迹象。AIS 集高智能与极大的灵活性于一身，该系统即插即用，非常便于安装，且成本效益高。同时，AIS 具有可扩展性，并制定多个不同输出选项对驾驶员进行报警。AIS 易于升级并便于与其他系统集成，还可接入汽车控制器局域网络（Controller Area Network，CAN）总线，实现人机界面一体化。

（2）内部传感系统

Smart Eye 公司将驾驶员监控与座舱监测系统相结合，以便了解并处理车内所有状况，包括驾驶员、座舱以及每一位乘客。多少年来，人们利用摄像头、传感器等使汽车更清楚地认识前面的路。汽车内部传感系统（Interior Sensing System）把这些摄像头及传感器转向内部，集驾驶员监控和车厢监控于一体，从而深刻地、以人为本地洞悉汽车内部状况。凭借多年为汽车行业提供最为先进的驾驶员监控系统软件经验，Smart Eye 公司汽车内部传感系统可以超越驾驶员并把智能延伸至全车厢。

Smart Eye 公司内部感应系统是由其子公司 Affectiva 公司的情感人工智能驱动的。Affectiva 在机器学习、数据采集和注释等领域的精深专业知识使系统具备人类洞察力，了解在复杂环境下的人类行为，并进行支持与预测。当 Affectiva 的技术融入 Smart Eye 内部传感解决方案时，就可以测量出复杂而微妙的情感与认知状态。内部传感系统可通过对细微情感、反应及面部表情的实时监测来达成以下功能：辨识驾驶员及乘客以协助根据他们的偏好来调整车辆的特性及功能；判断车厢内有多少人及坐在何处，包括座椅位置、安全带侦测、安全气囊布置分析；检测行驶中或停放的车辆中存在的任何宠物及儿童，防止热车死亡或中暑；确定可能导致驾驶员分心的原因，帮助车辆理解车内人员的情感及行为并分析车内人对周围环境及内容的响应，如音乐、录像等。

为了避免儿童或者宠物在车上停留而导致中暑或死亡，调节如安全气囊启动、安全带使用等传统安全功能，车内感应系统正逐渐成为新车的标配。众所周知，通过侦测驾驶员是否走神或者瞌睡，能预防意外的发生。通过充分了解车内的情况，车内感应系统既可以识别驾驶员分心的状态，也可以识别造成驾驶员分心的原因。同时，基于车内人的生理、情感、认知情况来调整温度、照明、座椅高度以及娱乐信息的播放等。这使汽车不只是将旅客安全送至目的地的工具，更是为全体旅客提供高舒适度、安全性及满足娱乐需求而量身定制的环境管家。

（3）航空航天应用

Smart Eye 公司开发了先进的远程眼球追踪器，用于航空和航天研究、飞行员监测和飞行员培训。Smart Eye 公司研发的系统被用来培训未来的飞行员，帮助他们纠正未来飞行的扫描技术，依据各项对人类行为分析的结果，帮助航空业进一步提高安全标准。在空中，眼球追踪器保证飞行员对监测仪器的警觉与专注从而增加飞行的安全性。在航空航天领域中，美国国家航空航天局在飞行甲板模拟器中使用了这一技术，以对飞行员状态与行为进行监控。Smart Eye 眼球追踪器在分析飞行员自动化认知与响应的基础上，进一步促进对人类因素的研究，使航空旅行变得更平稳、更安全。

迄今为止，近一半较为严重的航空事故都是由于座舱重要参数扫描不足。通过对飞行员凝视运动、头部姿势、瞳孔测量以及眼睑运动等情况进行分析，Smart Eye 眼球追踪器可以帮助发现和预防分心以及打瞌睡。此技术在飞行员监控系统中发挥着重要作用，能够及时发现错误并改善飞机飞行的安全性。在飞行训练时采用的 Smart Eye 技术改进了未来飞行员扫描技术，对眼球追踪器所提供的实时数据加以分析，可以侦测飞行员的表现，还有助于飞行员招募筛选。

目前，飞行员对关键参数的监控不到位是造成意外事件发生的主要原因之一。眼睛跟踪技术与模拟器训练一起使用，可以发现飞行员仪表扫描的问题，并帮助他们提高飞行技能。该技术不仅让飞行员受益，保障飞行安全，还可以用于对模拟课程数据的积累和分析，对今后航空航天事业的发展也具有长远的意义。

6.3.2　案例 2：NVISO 公司

NVISO 公司将在全球范围内部署人类行为人工智能，主要应用于自动驾驶汽车、机器人、医疗等领域，体现在先进的车内监测、远程医疗患者监测、智能机器人技术，以及智能家居的智能设备。这些技术建立在对人和物体的实时感知和观察的基础上，并与基于已有科学研究成果的人类行为推理和语义相结合。

（1）人工智能软件开发工具

NVISO 公司提供的人工智能可以感知、评估人类行为并采取相应的行动，为未来移动服务提供更安全、更个性化、更便捷的体验。NVISO 人类行为软件开发工具包包括构建模块和工具，可以加速车内监控的开发，包括凝视和眼睛状态跟踪、身体跟踪以及活动和手势识别。SDK 通过传感器与边缘设备对人的行为进行探测与预测，并在更大的人的行为专有数据集上建立人工智能应用，从而为解决处于边缘状态的产业问题提供了人工智能解决方案。SDK 有助于构建并部署一个功能强大的内部监控系统。通过搭建模块与工具，人工智能的感知与交互功能（主要有凝视与眼睛状态追踪，身体追踪与活动与手势识别等）得到强化，从而提升了车内监测的效率。

此外，驾驶员监控系统（Driver Monitoring System，DMS）可以通过精确测量眼睛和头部位置、注意力和疲劳度来检测分心和打瞌睡的驾驶员。驾驶员监控系统在检测到打瞌睡或分心等风险时向驾驶员和综合安全系统发出警报。这种反馈使驾驶员和车辆能够在安全受到伤害之前采取行动。另外，不仅仅是驾驶员的所在范围，NVISO 公司的内部监控系统（Interior Monitoring System，IMS）可以检测到任何乘客的存在。例如，如果有儿童安全座椅存在，系统会自动停用安全气囊。内部监控系统使用机器学习使车载系统能够感知其乘员的情感状态和手势，以便更好地提供个性化的体验。

NVISO 公司的高性能计算（High Performance Computing，HPC）提供功能强大的实时人类行为人工智能应用程序编程接口，可与 NVISO Neuro Models 实现互操作，并且针对神经形态计算进行优化，可灵活整合及摆放传感器，也为软件开发商及集成商缩短开发周期。它使系统可以感知和理解人的行为，并且针对这些行为采取行动，包括情感识别、凝视检测、分心检测、瞌睡检测、手势识别、三维人脸跟踪、人脸分析、面部识别、物体检测以及人体姿势估计等。NVISO 利用边缘计算来构建在可信科学研究基础上的真实世界环境的系统，凭借其特有的高嵌入式系统深度学习对上下文语境下人与对象进行实时感知与观测，同时将人类行为的推理与语义相结合。NVISO HPC SDK 由长时段维护协议支持的人工智能系统开发工具包多方执行，可以应用于大型神经形态计算系统。在配合神经形态芯片时，

NVISO HPC SDK 可用来构建凝视检测系统、分心及瞌睡检测系统、面部情感识别软件等一系列神经形态计算应用，其中对人的行为进行实时监测与分析是最重要的工作之一。

此外，NVISO 将自己的人类行为人工智能 SDK 加以拓展，通过加入动物、宠物检测等功能，不但有助于制造商构建更加智能化的体系，而且能更具包容性地与残疾人恰当地交互。例如，检测出有人坐轮椅、有视力障碍时，系统会给予恰当的响应来满足用户的特殊需求。

（2）人工智能应用程序

NVISO 通过视觉观察、感知及语义推理等系列人工智能应用，识别问题，制定决策并支持独立的“类人型”交互。这些人工智能应用程序为分析人类行为提供核心信号，如身体运动、面部表情、头部姿势、凝视、手势和高级情感等，并确定用户交互的物体。NVISO 人工智能应用程序能够面向一般资源受限的低功率、低内存处理平台，并部署于边缘而无须互联网连接。另外，这些应用程序能够被轻松配置以便适应于任意相机系统；并在距离以及相机角度上达到最佳性能。这是因为在 NVISO 的大规模专有人类行为数据库的支持下，NVISO 人工智能应用程序对现实世界中部署时通常会被检测到的成像条件有更强的适应性。不同于基于云端的解决方案，NVISO 方案无须向设备外发送信息来处理，从而保护了用户的隐私安全。

通过将检测与观察同推理、语义结合在一起，当前的 NVISO 人工智能应用程序可以实现以下六大功能。

第一，对视野中全体成员各项活动进行监控。程序关注的事件因环境不同而异，小至汽车环境下可能使驾驶员分心的事件（如吃饭、喝水、吸烟、讲话、睡眠），大至任何人接近机器人视角时所涉及的事件（如坐立、与他人对话、行走等等）。识别活动除了提供一个触发器作为实时决策的先例之外，还可以滤除各类核心信号，从而增强信号的稳健性与相关性具有重要意义。

第二，手势控制的人机互动新形式。以视觉为基础的人工智能为人机互动打开了新的维度，它不再局限于键盘或者触摸屏等以触摸为主的输入方式，而是利用以视觉为核心的手势控制来实现与下一代智能机器（包括汽车、无人机、社交机器人、墙面显示器以及工业机械等）的交互。另外，无须以接触为主的传感器改用以视觉为主的手势识别，具有远距离、无须可穿戴和附加传感器、环境影响小等优点。

第三，对驾驶员专注度进行实时监控。分心一般与某个对象、某个人、某个思想或者某个事件联系在一起，会导致人们在执行任务时注意力发生偏移。分心检测系统利用头部姿势或者凝视信息，检测一个人是否充分注意到了某一项工作。困倦则有所不同，虽然困倦状态也许只有数分钟，但是可能引发的结果十分危险。人的困倦往往伴随睁眼困难、打哈欠、经常眨眼、精神不集中、点头困难等征象。这些征象随困倦的程度逐渐变深，故可用作困倦程度的标志。此外，昏睡可由体力和脑力劳动引起，也可由长期从事同样工作引起。结合表情及头部运动及其他技术可将眼睛状态（睁、闭、局部闭）解读为可完成任务的程度（如开车、操作机械等），对防止事故发生很有帮助。

第四，对驾驶员疲劳和压力程度进行实时监控。疲劳的定义是指生理上或者心理上唤醒程度的整体降低，从而造成性能缺陷以及完成任务能力的降低。人在步入疲劳状态时会出现两种情况：一是为保护自己而不知不觉中眨眼频繁；二是目光呆滞、模糊。相对于意识状态而言，对眨眼次数增减的监控能反映出疲劳程度。另外，通过生气、害怕等面部特征也可以进行综合推断。应用程序结合两种测量值可给出疲劳和压力的高低程度。

第五，检测危险、可疑行为。驾驶中的一些行为可分类为危险行为（如驾驶时视线离开路面）或者可疑行为（如汽车重复游街）。通过与物体检测，身体与脸部分析等核心信号相结合，实现了对周围环境的精确识别以及对其中认为是危险或者疑似行为与活动的标注。

第六，确定瞬时情感反应诱因。多数时候，情感反应中头部的指向或者凝视矢量都会指示刺激指向。例如，识别并记录情感反应后，从注意方向发现对象，则可推测为情感反应源。

（3）与 BrainChip 公司的合作

神经形态人工智能芯片制造商 BrainChip 与人类行为人工智能公司

NVISO 建立了合作关系，双方在机器人及自动驾驶领域联合关注电池动力应用问题，从而满足利用超低功耗技术实现高水准人工智能性能要求。合作初期双方将 NVISO 人工智能解决方案运用到 BrainChip 公司 Akida 处理器中，实现社交机器人与车内监控系统的融合。

汽车与消费技术研发人员正致力于研发能对人的行为做出更好反应的装置，因此需要工具与应用来解释捕捉到的人类行为。但是，当前的应用系统往往会被有限的计算性能、功耗以及云连接故障等因素制约。依靠高性能与超低功耗（低至毫瓦级），并直接对设备而不是远程云上的视 / 像、动 / 声数据进行人工智能 / 机器学习处理，Akida 处理器能够更好地解决环境和设备条件带来的制约问题。由于该类信息不向装置外部发送，用户的隐私安全同样得到了保障。

BrainChip 公司热衷于依靠高效处理器性能及能源效率实现多样功能。两家公司的合作旨在借助边缘 AI 设备平台促进人工智能发展，以更快、更准确地诠释人类行为，继而提升产品性能与用户体验。

6.3.3　案例 3：机器人 pepper

软银机器人（SoftBank Robotics）公司是日本的一家情感机器人制造商，机器人 Pepper 就是其代表产品之一。自 2012 年成立以来，软银机器人公司就致力于设计并制造具有情感的交互式机器人，并以“让所有人都能接触到机器人”为目标。在不到 10 年的时间里，该公司已经成为仿人机器人市场的领导者。该公司生产出的人形机器人具有情感属性、交互性、可升级性，旨在帮助人们解决问题的同时，增加互动。目前，已有超过 2.5 万个软银机器人公司生产的机器人，活跃在全球 70 多个国家的多个行业之中。

（1）Pepper 概况

Pepper 是世界上第一个能够识别人脸和基本人类情感的社交人形机器人，针对人类互动进行了优化，能够通过对话和触摸屏与人交流。Pepper 于 2015 年首次亮相，旨在与人们进行互动。软银集团首席执行官孙正义

（Masayoshi Son）回忆，自己小时候看动画片《阿童木》时，就希望赋予机器人一颗有丰富情感的心灵，而 Pepper 的设计理念就是用来陪伴人类的。

Pepper 身高 120 厘米，造型可爱，底部有轮子，胸部中央有一个电脑显示屏。它具备 15 种语言的语音识别和对话系统，其内置的感知模块、触摸传感器、LED 和麦克风可以帮助它快速地认识对象并与之进行多模态互动。红外传感器、保险杠、惯性装置、2D 和 3D 摄像机以及声呐可以帮助 Pepper 进行全方位自主导航。因此，它可以毫不费力地感知周围的环境，并与面前的人进行交谈。其胸前的触摸屏可以显示消息和主要内容来辅助沟通，曲线设计也确保了美观和使用安全。

Pepper 之所以被称为“情感机器人”，是因为配备了语音识别技术、呈现优美姿态的关节技术以及情感计算，具备听觉、触觉以及情感系统等人类能理解的最直观的感官系统。Pepper 的头部嵌入了大量传感器元件，如麦克风阵列、扬声器和触摸传感等。仿生学的眼部设计安装的是距离图像传感器，通过左右眼的发射和接收来检测距离。围绕图像传感器上面有一圈 LED，可以根据 Pepper 的设置状态让“眼睛”呈现出不同的神采。视觉感知摄像头被安排在头部额头上和嘴巴两个开口中，便于记录和观察外界的情况。如此一来，其视野系统可以帮助 Pepper 察觉人类的微笑、皱眉以及惊讶等表情，语音识别系统可以识别人类的语音语调以及特定表现人类强烈感情的词语，然后通过对面部表情、语音语调和特定词语量化处理，最终判断人类的情感种类，并运用表情、动作、语言进行沟通交流，实现实时感知用户的情感状态并做出对应的反馈。Pepper 还能够理解更多细微的人类情感状态，如微笑和假笑之间的区别。情感识别功能除了能够识别人们的笑声之外，还可以分辨喜悦、厌恶、惊讶、恐惧和蔑视等面部表情，甚至能分析出关于一个人的特定特征，如年龄、性别和种族等。在 Pepper 受用户冷落的情况下，它会展现出寂寞与悲伤，在得到赞美与沐浴爱意的时候，它会表现出快乐的样子。另外，Pepper 可量化诠释人的情感，通过云端及大数据收集使用者的习性，将不同消费者的行为模式及情感反应之关联性加以整合分析，为后续诠释及回应人之情感及行为模式之参考基础。

此外，Pepper 具备更高的主动性，会主动与视野中的人们搭话，参与人们的日常交流中。Pepper 与主人相处的时间越长，就会越了解主人的习惯，进而能够更好地去阅读主人的情感。这些复杂的情感状态将使 Pepper 能够与人们进行更有意义的互动。

（2）Pepper 的应用场景

机器人 Pepper 不仅看起来像人类，而且具备一定的情感识别能力，更加人性化。Pepper 还具有一定的数据收集功能，定制的主动性与交互能力可以方便相关机构收集用户反馈，还能通过执行重复性任务为企业提高效率。Pepper 还可以通过社交技巧娱乐用户，并有效地向市民传递正确的信息。丰富的功能与强大的情感属性使 Pepper 具备广泛的应用场景。

① 在德国伍珀塔尔疫苗接种中心的应用

通过与德国合作伙伴 entry Robotics 的合作，Pepper 在伍珀塔尔（Wuppertal）疫苗接种中心承担了介绍疫苗相关信息并帮助克服疫苗接种前紧张情感的工作。特别是突如其来的新型冠状病毒感染和持续不断的新闻报道，令许多人不知所措。为疫苗接种的有效性和后续护理方法传递正确的信息是非常迫切且有必要的。一个具有增强性人工智能和类似人类外观的人形机器人为医疗机构向人们传递此类信息发挥了巨大作用，此举被普遍认为对世界各地的疫苗接种中心、医疗机构均有借鉴作用。另外，在接种疫苗后的停留观察中，Pepper 也可以通过与用户进行互动收集用户的体验反馈。伍珀塔尔疫苗分销部门的负责人托比亚斯・克雷贝尔（Tobias Krebber）说："疫苗中心每天提供数百种疫苗接种服务，社交机器人是一种资产，可以提供简单重复的信息，使工作人员可以专注于其他更重要的任务。"

② 在巴黎第 15 区市政厅的应用

巴黎第 15 区市政厅是该区的市政服务建筑，市政厅为居民提供各类便民服务和行政服务。巴黎第 15 区市政厅希望通过数字化技术来提高引导效率并拉近与居民的关系。Pepper 与合作伙伴 Hoomano 一起，承担了迎宾引导服务的工作，给访客留下深刻印象。Pepper 还通过登记、确认和通知访客来完成预约服务。此外，Pepper 还以独特的交流互动方式，令访客的等待也变得有趣起来。在Pepper的有效协助下，员工有更多的时间和精力进行更有价值的活动，访客的等待时间也得到了优化，居民对市政厅服务的满意度也得到了提升。

③ 在隔离酒店的应用

在东京一家政府指定的为轻度新冠感染患者设立的隔离酒店中，Pepper担任起了接待患者的任务。接待处的Pepper为轻度新冠感染患者普及有关病毒和护理的知识、提醒患者检查体温等。患者可以在电脑和平板电脑上访问健康管理应用程序，以记录他们的体温和症状。Pepper通过拟人化的服务协助工作人员完成对隔离在酒店中的轻度新冠感染患者的接待工作，并有效降低了相互传染的可能性。

④ 在购物中心的应用

在电子商务迅速发展的当下，大多数购物中心面临如何增加客流量、提高品牌知名度的难题。如今，顾客到访购物中心的主要目的不仅仅是进行线下购物，更多的是渴望情感互动和高度个性化的休闲体验。Gis是覆盖高加索、中亚和中东地区的领先技术解决方案提供商。作为创新和现代技术产品的“先锋”，Gis已经成为高科技的一个品牌标识。通过与Pepper的合作，Gis将Pepper带入很多城市的购物中心，这在一定程度上增加了与顾客的互动，提升了购物中心的吸引力，为增加客流量，提高销售业绩作出了贡献。

以上仅仅是Pepper的一部分应用场景，从本质上来说，人形机器人Pepper是一个非常重要的工具，在具备情感属性的同时可以不知疲倦地工作，不仅可以满足人们的情感需求、提高互动体验感，还可以更智能、无误的进行排队管理、信息宣传、数据统计以及处理其他重复性工作等。

6.3.4 案例4：优必选科技的Walker X机器人

深圳市优必选科技股份有限公司（简称“优必选科技”）成立于2012年，是一家位于深圳的集人工智能和人形机器人研发、平台软件开发运用及产品销售为一体的全球性高科技创新企业。优必选科技一直以智能机器人为载体，人工智能技术为核心，为各行各业的客户提供一站式服务，并致力于打造“硬件 + 软件 + 服务 + 内容”的智能服务生态圈。其高性能伺服驱动器及控制算法、运动控制算法、面向服务机器人的计算机视觉算法、智能机器人自主导航定位算法、ROSA 机器人操作系统应用框架、语音等核心技术，使其在智能机器人制造中取得了卓越的成就。2019 年，优必选科技的 Walker 系列机器人被美国知名的机器人行业媒体《The Robot Report》评选为最值得关注的五大人形机器人之一，同时入选榜单的其他 4 款人形机器人分别是美国波士顿动力公司的 Atlas、AgilityRobotics 公司的 Cassie、日本丰田公司的 T-HR3s、本田公司的 E2-DR，优必选科技成为榜单中唯一一家中国企业。2020 年，优必选科技还被全球知名商业杂志《快公司》（*Fast Company*）评选为“机器人科学类企业 TOP10”。

（1）Walker X 的发展

机器人已经渗透到了日常生活中，但有手有脚、能走能跳的仿人机器人并不多见。现阶段，大多数机器人仍然只凸显“机器”属性，成为人类生产生活的辅助“工具”，而作为人形服务机器人，要求相对更高一些，如要具备“人类思维方式”，了解并呈现出“人类情感”等。

Walker 系列是中国机器人厂商在全球该领域的一个代表性产品。为了实现 Walker 机器人走入家庭的终极目标，优必选科技一直在优化 Walker 系列，提升完成工作的能力，让其更加的“仿人化”。2021 年，首次在世界人工智能大会上亮相的 Walker X，已经是该系列产品从 2016 年开始研发至今的第四次迭代的成果。正是开发者的坚持，使得 Walker 系列在人形服务机器人领域，特别是落地应用方面，走在了世界的前列。对人形服务机器人来说，其最核心的能力主要在于能够灵活运动，同时足够“聪明”，能够较好地理解用户的情感，并进行多模态的交互。Walker X 相比上一代，在这两方面都有明显的升级。

在运动能力方面，Walker X 身高 1.30 米，体重 63 千克，相比上一代产品，身高降低了 10 厘米，重量减轻了 14 千克，最大行走速度提升至 3 千米 / 时，在行走过程中承受外部冲击时还可以保持平衡，甚至单脚承受冲击后依然可以保持平衡。Walker X 还采用了六自由度手掌，每个手指自带力传感器，同时手臂的操作速度提速 40%，手臂操作空间增大 50%。也就是说，机器人用这双手干活变得更“麻利”了。Walker X 还具备 41 个高性能伺服关节构成的灵巧四肢，以及多维力觉、多目立体视觉、全向听觉和惯性、测距等全方位的感知系统，步态规划与控制技术升级，实现了更快更稳的行走：最快行走速度可达到 3 千米 / 时；可以在 20° 斜坡行走，并实现坡度实时自适应；可以在 15 厘米高度的台阶上下楼梯，以及在 3 厘米不平整地面稳定行走。

另外，Walker X 也变得更“聪明”了。在导航避障方面，Walker X 搭载了优必选科技自主研发的基于多传感器的三维立体视觉定位系统，支持 2.5D 避障，同时通过 Coarse-to-fine 多层规划算法，实现自动规划全局最优路径。通过深度学习算法，Walker X 可以同时检测出物体的类别和空间位置，从而完成更加复杂的抓取动作。在智能化方面，Walker X 实现了多项技术的升级：采用 U-SLAM 视觉导航技术，实现自主路径规划；基于深度学习的物体检测与识别算法、人脸识别算法和跨风格人脸数据生成技术，可以在复杂环境中识别人脸、手势、物体等信息，准确地理解和感知外部环境；手眼协调等 AI 和机器人集成技术，可以提供更加精准、灵活的服务，具备物体识别分拣与操作能力，可以自主操控冰箱、咖啡机、吸尘器等家用电器；末端柔顺控制技术，可以完成按摩、拧瓶盖、端茶倒水等家居任务；内置的原生“28 +”机器人情感体系，可以进行主动式交互，与用户建立共情。

基于以上功能，一个能让居家幸福感不断提升的“好管家”就诞生了。在成为“家庭管家”的道路上，Walker 机器人在 5 年内经历了 4 次更迭，从最开始的原型机，到“脖子以下都是腿”的第一代，到增加了双臂双手可以“提供更多服务”的第二代，最终才有了最新发布的更“仿人”和更智能的 Walker X。

（2）Walker X 的情感识别

Walker X 可以通过面部识别、手势识别更好地了解人类的情感和需求。同时，通过视觉、听觉、触觉等多种感知能力，更生动、更自然地交流沟通，从而更加“人性化”。当然，除了“仿人”之外，Walker X 还能够主动与人进行互动。例如，用户结束了劳累的一天，回到家后说一句“我累了”，Walker X 就可以判断出用户当前的情感状态和需求，主动提供优质的按摩服务等。

能“看到”并“理解”人类的需求，对机器人的智能感知和交互能力要求非常高。Walker X 可利用计算机视觉来“看到”用户的脸，在逆光、暗光场景中也可以准确识别。在识别到人脸图像后，Walker X 的情感识别系统对识别到的人脸图像进行形态学特征提取。然后，将人脸图像与相应的形态学特征输入其预训练的情感识别神经网络中，获取对应人脸图像的脸部情感。

Walker X 的语音情感识别也是其情感识别系统中的重要一环。其语音识别功能以深度学习技术为基础，实现在线语音识别，可以将语音快速、实时转换成文字，同时支持一句话识别和实时语音转写。然后，系统会对转换后的文本，判断其主观性文本的倾向是肯定还是否定的，或者说是正面还是负面的，抽取出其中有价值的情感信息。此外，Walker X 还具备多模态的情感识别功能。通过获取包括视频数据、音频数据和文本数据中的至少两个待识别的多模态数据组，提取视频数据的视频语义特征序列，提取音频数据的音频语义特征序列和文本数据中的文本语义特征序列。然后，将这些特征序列按照时间维度融合，生成多模态的语义特征序列，并输入预训练的情感识别神经网络中，将其输出的结果作为待识别数据组对应的情感状态。此外，它还能“听到”指令，可以无感唤醒并理解用户的需求，甚至能通过不同的灯光与颜色表达自己的情感，与用户进行交互。

Walker X 还具备情感共鸣的能力。除了拥有自然流畅的情感互动能力之外，很多人都希望机器人可以产生和人类一样的同理心与情感共鸣。Walker X 的多模式情感交互功能已经可以实现“仿人”的共情表达。其利用情感计算，通过调整语气、声调等“说话”方式，赋予声音以不同的情感特征，包括高兴、生气、平静和悲伤，进而能够生成用户愿意接受乃至感到满意的回答，实现了人机交互的突破性体验。

（3）Walker X 的应用

2021 年 7 月，世界人工智能大会在上海举行，优必选科技全新一代大型仿人机器人 Walker X 在会上大放光彩，展示了国内领先、国际先进的人工智能及人形机器人技术的发展成果，以及巨大的应用潜力。

在此次大会上，Walker X 现场演示了上楼梯、下斜坡、下象棋、柔顺力控按摩、视觉定位导航、快速行走、单腿平衡、不平整地面行走等功能，展示了在家庭应用场景下，更丰富、更智能、更稳定的服务能力，也体现了 Walker X 在步态规划与控制、柔顺力控、全身运动规划、视觉定位导航、视觉感知、全链路语音交互等方面的技术提升。

以商用服务为例，为了给来宾打造创新型的人工智能服务及科技体验，2020 迪拜世博会中国馆首次采用 Walker X 担任“智能导览讲解员”，通过前沿 AI 技术介绍中国最高科技成果，呈现智慧生活的创新变革趋势。在科研开发领域，针对运动控制、机器视觉、定位导航、任务规划、行为决策、人机交互等方向，全新升级的 Walker X 提供技术开放平台和仿真开放平台，开放了更多的物理接口，支持更丰富的扩展和更高效的开发。

从曾经生硬的肢体动作、机械的对话，到今天动作顺滑的上楼梯、倒果汁、捶背按摩，甚至是理解人类的情感，机器人逐渐从“机器”具备了更多“人”的属性。Walker X 作为中国首款可商业化的大型仿人机器人，在运动能力和人工智能能力两方面不断升级，已经逐步具备了走入家庭，成为我们的“朋友”“管家”的商业化潜力。

6.3.5　案例 5：高合 HiPhiGo

2020 年 9 月，豪华智能纯电品牌高合汽车旗下首款旗舰车型智能电动车高合 HiPhi X 创始版正式上市，而这款汽车搭载的 HiPhiGo 情感化智能出行伙伴更是引起广泛的关注，被称为“知冷暖、懂悲欢的出行伙伴”，将人车交互体验提升到了新的高度。HiPhiGo 由华人运通与微软公司联合研发，依托微软小冰人工智能技术，是全球首个主动式人工智能伙伴，致力于从智能汽车的前装设计阶段开始提供整体解决方案。双方正在探讨成立联合智能计算实验室，以智能汽车为载体，在智捷交通等多个领域展开深度合作。

（1）情感对话

由于微软公司和小冰公司的深入合作，车载情感化智能伙伴 HiPhiGo 也拥有了人工智能小冰的功能，得以很好地兼顾到了人性化与科技化的双重发展。HiPhiGo 可以与乘客进行自然且富有情感的互动，其定位不仅仅是一个车载工具，更是一个可以在驾驶途中时刻关注你、提醒你、帮助你的可靠伙伴。

HiPhiGo 最引人注目的一点在于拥有情感对话的能力，并且可以实时感知驾驶员并为驾驶员主动提供帮助，为乘客营造轻松、舒适、安逸的行车氛围，有利于乘客保持良好的情感。驾驶员监测系统会采集乘客当前的体征数据（如人脸图像），进而基于训练好的情感识别模块得到乘客的情感状态，如紧张、疲劳、高兴、愤怒、伤心等，并触发语音交互模块，根据乘客不同的情感数据而执行相对应的语音交互功能，并且可以根据需求，进行目标座椅的切换，无论是主驾驶位还是副驾驶位，HiPhiGo 都可以主动发起对话，帮助乘客舒缓和排解不良情感，有利个人身心健康，提升用户体验。

HiPhiGo 可实现系统级全覆盖的语音控制，还能合成出自然而富有情感、足以媲美人类的声音，使用户与人工智能的交互流畅愉悦，也可以让用户更加感受到 HiPhiGo 带来的温暖陪伴。当理性的人工智能被赋予感性的情感化基因之后，HiPhiGo 让冷冰冰的汽车变得有温度，让枯燥乏味的驾驶过程变得富有趣味，让烦闷压抑的负面情感得以纾解。不仅能发起对话，HiPhiGo 还可以根据乘客的实际心情，为用户读诗唱歌，在轻松愉悦的气氛中到达目的地；当路途中出现阴雨天气，HiPhiGo 会适时提醒减速慢行，小心转弯，为每一次的安全出行保驾护航；当乘客有情景化需求时，HiPhiGo 会给出多种多样的帮助，如在为友人挑选礼物时提供意见，在面见客户前提醒带齐文件，它还会毫不吝啬地夸奖赞美乘客，为其加油鼓劲，让用户时刻保持好心情，每天都充满活力。

（2）整车智能

HiPhiGo 的强大之处在于它是整车智能，可以控制车上的硬件和软件，也包含场景卡和智能应用。与普通车载人工智能相比，HiPhiGo 就像是来自高维空间的产物。它可以通过舱内的各类传感器，察觉用户情感变化，主动调用车辆的音响、香氛、氛围灯等各种配置功能，还能主动调节空气净化、车窗、音量调节、空调等模块，为用户打造一个轻松、温馨的驾乘环境，甚至还能在驾驶员疲惫时，主动接入语音聊天，为驾驶员提神，防止危险驾驶的产生。

HiPhiGo智能化功能的实现，离不开H-SOA超体电子电气架构的加持，基于H-SOA，高合 HiPhi X 实现了整车软硬件分离，除了 HiPhiGo，像合作伙伴、第三方开发者和用户也都可以自由重组、调动各个硬件的功能，开发场景卡与车辆智能应用，打造“千人千乘”的科技豪华驾乘体验。

HiPhiGo 能够实现出色的人车交互，离不开小冰人工智能技术框架的支持，使设备上的智能助力更加智能，也更加先进。依托于小冰框架，第三方可以推出并升级自己的虚拟助手产品，在多个复杂使用场景下实现人工智能高度拟人的交互。更重要的是，小冰还为智能助手增加了一分情感。从机械化到数字化，再从单车智能化走向群体智能化，高合汽车站在时代变革的风口上，一直致力于为消费者规划出美好的智能出行与未来。HiPhiGo 作为高合 HiPhi X 引领智能新纪元的出行伙伴，也将随着微软和小冰的强强联手不断进化、不断创新。HiPhiGo 不仅是智慧出行的最佳拍档，更是和驾驶员一起创造出无限可能的“超强大脑”。

（3）自动剪辑情感 Vlog

HiPhiGo 具备的人工智能创造能力，直接打破了消费者对人工智能片面且固化的传统认知。每当驾驶员在开车上下班的路途中，路边各处的风景，都会变成 HiPhiGo 创作思路的灵感和来源，这不仅能激发 HiPhiGo 的诗歌创作以及绘画创作能力，同时 HiPhiGo 还能将每天的路程自动剪辑并转化为 Vlog 的形式，让驾驶员在短视频的平台中分享驾驶高合 HiPhi X 汽车旅途中的美好瞬间。HiPhiGo 在担当着车内高效助手的同时，更像一位想要与用户共同记录、共同分享悲欢冷暖的亲密伙伴。

在小冰的赋能下，HiPhiGo 变得极具创造力，不仅可以为驾驶员创造出独一无二的专属诗歌、绘画，将车途记录视频自动进行 Vlog 剪辑，还能加入片头片尾、转场特效、配音配乐等，记录用户旅途精彩时刻。值得注意的是，这也是小冰人工智能自动剪辑导演能力的首次应用落地。

车内的传感器会采集目标用户的面部图像，从而确定所述目标用户的情感状态，并控制控制车载多媒体组件采集对应的多媒体资源，向云端发送作品创作请求，同时也将对应的创作参数一并发送至云端。HiPhiGo 内置的创作模型通过大量的样本数据训练深度学习神经网络而得到，其种类多样，包括诗歌创作模型、绘画创作模型、音乐创作模型、视频剪辑模型等。得益于强大的情感计算与智能创作能力，云端可以根据驾驶员的情感状态的不同选择不同的创作模型，创作对应的作品，如温暖治愈的漫画、风景画、轻音乐、诗歌等。

6.3.6　案例 6：科思创动公司

深圳市科思创动科技有限公司（简称“科思创动”）是全球领先的非接触式生理和心理健康感知技术及方案提供商，其自主研发的非接触式人体生理、情感指标检测算法引擎和相关业务产品属于国内唯一并拥有多项专利，在该领域处于绝对领先地位。

随着汽车数量的不断增加，道路交通安全形势日益严峻，汽车交通事故不断增长，这不仅造成了大量的人员伤亡和巨大的经济损失，还引发了许多社会问题。调查研究显示，造成交通事故的两个重要原因是内心紧张（如路怒）和疲劳驾驶。当驾驶员心理紧张或疲劳时，他们感知和判断周围环境的能力以及控制车辆的能力大大降低，就容易发生交通事故。

（1）非接触生理心理检测

机器帮助人类进行情感分析的历史并不长，但近年来，它以惊人的速度不断发展。随着机器视觉、深度学习等人工智能技术的快速发展，国内外情感分析技术的实现方式不尽相同，主要表现为依托的数据类型多种多样，如基于语音的、基于面部表情的、基于文本的、基于肌肉振动的等。与上述方法不同，科思创动借助机器视觉的处理方法以非接触方式获取自主神经系统所引起的生理指标变化，并利用人工智能技术结合生理特征和微动作以及微表情进行最为真实的心理情感识别与分析。

非接触方式最显著的优点是使被测者无感知以及能够适应多重复杂场

景。非接触生理和心理情感识别技术使用小型摄像机，让被测者在感知不到的情况下就能完成识别和分析，有效减少对抗和紧张等负面情感的产生。除了实现无须佩戴设备即可实时采集乘客的生理和心理数据之外，该技术还能实现生理和心理监测、心理跟踪、心理评估等功能，大大地丰富了在智能驾驶领域的应用。

“目前，市场上部分情感识别类产品是基于表情识别法并在广告效果评估等领域得到应用，但依据表情识别情感在很多应用里面存在天然缺陷，人们可以通过伪装面部表情来掩饰自己的真实情感，而这种伪装往往不易被发现，不能保证情感识别的可靠性、真实性。”科思创动创始人曾光博士说。

通过机器视觉捕捉主观不可控的生理指标数据，并在此基础上推断出真实的内心情感，就能够弥补表情识别可以人为控制的弊端，因此非接触式生理心理识别技术在智能驾驶领域得到广泛的认可。科思创动通过非接触的手段，使用摄像机获取心率和心率变异性、血压变化、血氧浓度、呼吸等生理指标，并结合被测者的年龄、性别、眼球旋转频率、摇头频率、面部微表情变化等因素，利用科思创动深度学习算法进行分析计算，从而可以确定被测者的心理和情感变化。

科思创动研发的生物识别 SDK 引擎“深识”通过摄像机捕捉图像，利用独特的图像处理和人工智能算法，在被测者无感知的情况下，以非接触方式分析得出表情、生理信息、生理特征、情感反应等指标，并将分析结果以应用程序编程接口的形式提供给上层业务系统。通过对多种技术、多种数据以及多种算法的集成，“深识”引擎使合作伙伴系统能够理解人类情感（如图 6-1 所示）。

“深识”具有较强的普适性，有以下 4 个特点：一是多种系统版本，提供了基于 Windows、Linux、Andriod、Web、小程序等多个主流系统的 SDK 版本；二是多种部署方式，支持单机方式、局域网方式、公有云方式、私有云方式等多种方式可以灵活部署；三是多指标监测，支持对生理特征检测、面部表情检测、生理指标检测、心理状态检测、疾病检测等多维指标进行监测；四是多种接口方式，支持工业相机、USB 相机、IP 相机接入，提供基于 http 或 websocket 协议的 API，支持 RTSP/RTMP 流媒体视频流接入，并且支持 H.264/H.265 编码的视频数据。

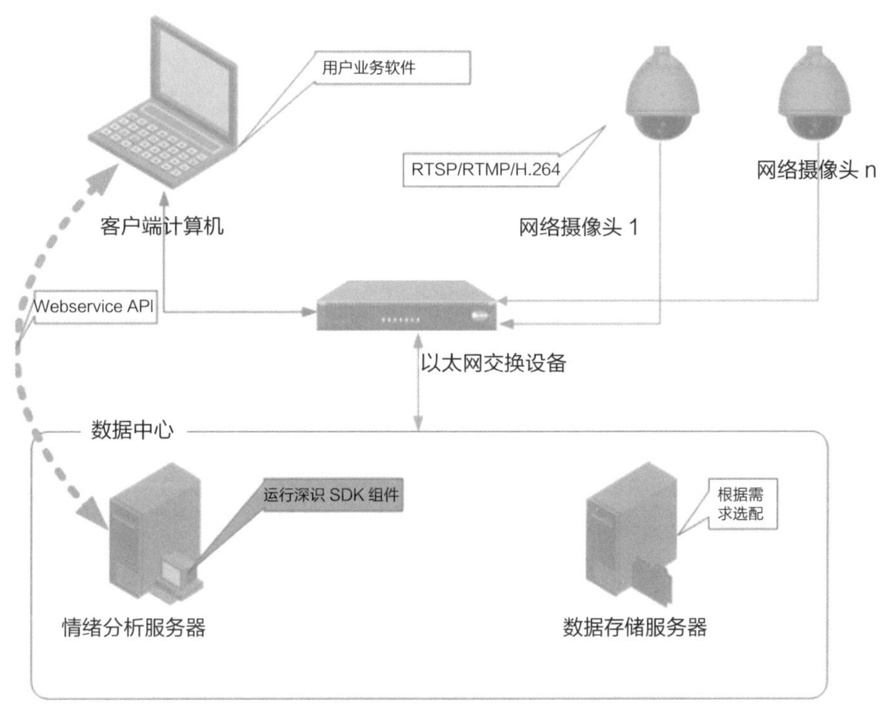

图 6-1　科思创动生物识别 SDK 引擎（“深识”）

（2）驾乘人员生物识别系统

科思创动开发了一套驾驶员状态的监测方法及终端设备，以解决现有技术中单纯的图像监测无法准确地判断出驾驶员的身体状态，导致对危险驾驶的防范效果欠佳的问题。科思创动驾驶人员生物识别系统（DBS）能够通过图像采集装置和麦克风采集人脸视频及所述语音信息来确定所述驾驶员的生理指标和心理指标，并进一步对所述驾驶员的健康指标进行检测，从而针对得到的生理、心理、健康指标情况生成相应的防预措施。该系统通过监测视频和音频双重因素来确定驾驶员的生理指标、心理指标和健康指标，可以使生理指标、心理指标和健康指标的检测结果更加准确，从而根据准确的检测结果对驾驶行为进行干预，进而避免驾驶员因疲劳、心理紧张或突发疾病等危险驾驶而引发交通事故，确保驾驶员的驾驶安全。

科思创动驾驶人员生物识别系统可以实现以下五大功能：一是生理特征识别，包括年龄识别、性别识别、人种识别；二是生理指标检测，包括心率实时监测、血氧饱和度实时监测、血压实时监测、呼吸率实时监测、心率变异性（HRV）实时监测；三是面部表情识别，如识别平静、高兴、生气、惊讶、厌恶、恐惧、悲伤等表情；四是精神状态识别，如识别清醒状态、紧张状态、疲惫状态、昏昏欲睡状态；五是健康程度检测，包括房颤检测、高血压检测、成人 II 型糖尿病检测等。

作为人工智能领域的前沿应用，在新兴市场爆发前夕，情感识别正成为业界关注的焦点。作为专注于人工智能情感识别的代表性制造商，科思创动多年来一直坚持原创技术，并将商业应用作为技术创新的检验标准，如今已成为生理情感识别行业的领头人。凭借深厚的原创技术积累和丰富的商业实践经验，以“人工智能 +”为能量核心的 C2C 市场产业生态圈也正在形成，人工智能情感计算时代即将到来。

（3）与其他公司开展技术合作

2021 年，科思创动分别与科大讯飞智能汽车、比亚迪汽车以及上海博泰车联网签署战略合作协议，将在非接触式驾乘生物识别领域展开合作。

科大讯飞将智能语音和人工智能的核心技术应用于汽车，解决了高噪声驾驶场景中的人机交互技术问题，并致力于将业界领先的远场识别、全双工、多轮交互等最新技术应用于汽车，使汽车拥有一个能够听、说、理解和思考的“汽车大脑”，为汽车行业带来了新发展。

比亚迪是一家致力于“用技术创新满足人们对美好生活的向往”的高科技企业，其业务布局涵盖电子、汽车、新能源、轨道交通等领域。从能源获取、储存，再到应用，比亚迪正在打造零排放新能源整体解决方案。

博泰是汽车电子、底层汽车软件、智能操作系统、国内国际互联网汽车生态、HMI 与用户体验、TSP 平台开发与运营服务、内容服务集成与运营、地图引擎软件与云端架构、语音嵌入式与云平台解决方案、PAAS 平台、人工智能、loT 与穿戴式设备等的综合车联网服务提供商，服务全国多个汽车集团。

通过与科大讯飞智能汽车、比亚迪汽车以及上海博泰车联网的合作，科思创动将其开发的具有情感分析功能的非接触式生物识别系统应用在汽车上，加速了驾驶员监控系统的迭代，增强了车辆的感知能力，并不断尝试通过技术创新和产业合作的方式推动中国汽车智能化的进程。

6.4　应用挑战

6.4.1　伦理问题

（1）情感智能汽车

随着人工智能的快速发展，人们开始关注机器是怎样做出伦理决策的。人类对机器的要求从辅助生产和生活，提升到增进幸福和减少危险，这势必会涉及伦理的范畴。情感智能汽车作为自动驾驶车辆的主要组成部分，存在许多尚未解决的伦理问题。

当前，有关自动驾驶车辆伦理问题的讨论大多集中于“电车难题”这一具有重要意义的问题上。“电车难题”是美国哲学家菲利帕·富特（Philippa Foot）在 1967 年提出的一项有名的思维实验，其目的在于对功利主义进行批判。实验针对一列失去控制的有轨电车，假设可以选择用拉杆使电车变轨，在撞向 1 名无辜的人与撞向 5 名无辜的人之间会如何做出选择。在随后的数十年里，伦理学家提出了很多不同的观点。当自动驾驶汽车遇到同样的问题时，它应该如何选择：是优先保护乘客还是优先保护路人？ 2015 年，美国耶鲁大学的米切尔·瓦尔德洛普（Mitchell Waldrop）在《自然》杂志上发表的一篇文章中指出，如果没有明确的道德准则来指导自动驾驶汽车所做出的决策，那么人们很难信任它，而且人们也不会购买。自动驾驶车辆的“道德算法”是以降低伤亡为准则还是以保护乘客为准则，这对自动驾驶汽车的算法在伦理上提出质疑。自动驾驶汽车需要决定怎样把损失和危险降到最低，正如美国科幻小说作家艾萨克·阿西莫夫（Isaac Asimov）所说的“机器定律”。因此，对自动驾驶汽车的伦理标准进行定义是十分必要的，但目前相关理论还处在初级阶段。

为了让更多的人接受基于情感的人工智能驱动的车辆，不能只依赖于开发者来决定汽车设计标准的行为道德准则。包括情感智能汽车在内的自动驾驶类的伦理规范、道德准则的制定是社会中每一个利益相关者不可推卸的责任。

（2）仿人机器人

随着科技的进步，许多生产厂商开始追捧逼真的仿人机器人，但是过度逼真很可能会导致人类的恐慌。2015 年，在上海举办的中国国际机器人展览会上，出现一个仿照时任日本首相安倍晋三模样的机器人，因外貌过度相似引发了部分观众的恐惧。此类恐惧心理会对用户造成无形的、潜在的精神创伤。目前，对仿人机器人外形的研究主要集中于老幼病残群体。由于中国人口老龄化的不断加剧，空巢老人数量逐渐增多，对老人的陪护需求日益高涨，对仿人机器人的需求也日益增加。留守儿童也需要陪伴，但碍于人工精力和时间的有限性，人们开始寻求仿人机器人的帮助。值得注意的是，儿童与病患普遍心理承受能力弱，易受外界刺激和影响。仿人机器人是否会对此类人群造成精神上的压力，怎样的外形和功能可以使人们放下戒备，这些都是设计者不可回避的伦理课题。

6.4.2 数据与网络安全

为确保行驶安全，智能情感汽车需要持续采集大量数据，包括车辆安全、交通安全、功能状况、行驶位置、环境因素等数据，以及驾驶员和乘客的个人信息，如面部信息、情感信息、个人喜好、导航目的地等，甚至与路人相关的信息。企业和个体若对这些数据使用不当，会侵犯用户及他人的隐私权。德国卡尔斯鲁厄理工学院教授阿明·格伦瓦尔德（Armin Grunwald）在分析智能车的社交危险时说，智能车的所有数据都是海量数据，如果数据丢失、被盗或遭到黑客攻击，很容易被不法分子利用。现有的数据保护法无法覆盖智能汽车收集到的所有数据类型，如乘车时间、地点、目的地等。目前，我国有关机动车驾驶数据丢失、盗用等方面的规定也存在不足。因此，完善覆盖所有利益相关者、所有数据类型的公民隐私保障的法律法规是智能情感类工业更进一步的重要前提。

在国家对个人数据及资料的保护方面，除法律法规自身所能提供的保障之外，还应建立“匿名化处理”等技术手段来加强保护，以在数据利用的过程中降低个人隐私风险。所谓匿名化，是指将个人数据移除可识别个人信息的部分，通过这一方法，数据主体不会再被识别。国内专家也表示，目前国内需要尽快制定有关资料匿名的法规，其中应明确匿名资料的法定定义及判定准则，并着重对资料的不可辨识性实施技术保障等。

随着互联网、人工智能、云计算、大数据等技术的不断普及，情感智能化、联网化的自动驾驶车辆成为一个真正意义上的“无接触”的智能终端。情感智能汽车作为自动驾驶汽车的一个重要分支，其网络安全问题是目前互联网安全的一个主要问题，因为控制车辆的手机应用程序、复杂的传感器控制系统、软件漏洞等都有潜在的风险。除了远程侵入并篡改数据、控制情感智能汽车系统等严重不法行为之外，在没有经过许可的前提下监测车辆、采集车辆位置等行为也对车辆的安全性构成了威胁。2015 年 7 月，“白帽黑客”查利・米勒（Charlie Miller）和克里斯・瓦拉塞克（Chris Valasek）展示了怎样遥控命令“劫持”Jeep 自由光汽车，最后造成它“翻车”的场景。近年来，欧美部分国家和地区相继出台了相应的法律法规，试图通过加强管理，解决智能驾驶车辆的网络安全问题。

6.4.3　法律风险

我国《新一代人工智能发展规划》将智能机器人列为重点发展的新型人工智能工业，并提出了相应的标准和安全规范。所谓的智能机器人，就是能够感知和分析周围环境，从而进行自我控制的一种机器。仿人机器人属于一种典型的智能机器人，能够为人类提供智力、情感等方面的服务，同时具备一定的亲和力。因此，最适合的形态并非是轮式机器人，而应该是具有人类躯体构造的仿人机器人。当前，服务机械特别是仿人机械的使用越来越广泛，其市场范围也在不断地扩展，如迎宾、餐饮、宣传、教育、娱乐等领域。因为机器人是从 AI 和机器人行业高度融合中诞生的，仿人机器人被具象和拟人化了，所以对仿人机器人的探究不仅在于探究机器人在现实社会中的角色和局限性，还在于探究人机互动的层面和边界。因此，仿人机器人一直是不同学科重点研究与开发的热门方向。机器人的仿人性带来了一系列伦理与法律风险，其中比较突出的有肖像权被侵犯的风险、广告代言责任的风险、“恐怖谷”效应的风险等，这些风险须引起我们的高度重视，进行谨慎监管，以推动人工智能与机器人产业的良性发展，维护消费者的合法权益，捍卫社会公共秩序。

（1）专利风险

当前，许多服务机器人的外观造型较为相似，主要是由于大众审美引导及技术和生产方面的局限性导致的。这往往会引发侵权、不正当的竞争等方面的法律问题。我国仿人机器人发展相对较晚，在专利申请量方面，我国现有 100 多项，而国外已有 700 多项，特别是美国、日本等国家。部分企业法律意识薄弱导致我国仿人机器人行业存在剽窃现象。从专利的密集度上，国内外对该领域的专利研究多以控制和机身的构造为主，我国机械手技术多为控制，特别是手的操控。过去，机器人手部控制系统多采用钢丝和弹簧，但随着科技的发展，新兴材料、智能化的功能层出不穷。这也导致了仿人机器人在技术上的竞争日益激烈，部分缺乏竞争力的公司会通过寻找法律漏洞实施技术盗用、侵权等不良竞争手段。

（2）广告侵权风险

许多仿生机器人都是模仿名人或明星的形象而制造的，最著名的就是香港汉森机器人公司模仿了明星奥黛丽·赫本，制造了名叫“索菲亚”的仿人机器人。这种模仿名人或明星的方式主要有两方面的考虑：一是名人或明星能快速地吸引社会和市场的关注；二是明星的肖像、声音、身材、姿态等具有很高的可读性。但是，这种仿人机器人常常会受到侵犯名人或明星肖像权的质疑。近年来，利用 AI 技术制造的虚拟仿生机器人越来越多，这极大地增加了侵权行为的法律和道德隐患。为了避免上述肖像权纠纷，满足消费者的需求，很多公司都会采用名人画像作为宣传手段。名人画像的易获取性和高传播性为公司在进行设计与营销时提供了便利，同时由于其粉丝基础，仿名人机器人在市场上具有更强的竞争力。

6.4.4 智能化工业引发的就业问题

随着数字经济的发展，智能化工业逐步成为投资的热门。智能化工业不仅将成为推动经济发展的新动力，也将对全球产业价值链产生巨大的影响，甚至改变国家和地区之间劳动资源的分布。未来，制造业甚至更多行业将出现大量工作被机器人取代的情况。

在世界范围内，工业机器人已经成为许多企业生产不可或缺的组成部分。对机器人技术的投资不断增加，也促进了全球制造业的繁荣。机器人的不断智能化和普适化正在引起人们的重视，究竟会对劳动力市场产生怎样的影响也引发了学术界和产业界持续高热度的讨论，人们普遍担忧新科技将造成大量就业机会的流失，造成“技术型的失业”。众多学者预测，目前由人工完成的许多工作将在未来几年被机器人所代替。现阶段，大多数机器人可以完成系列常规任务，随着功能的日益强大，执行包括“智能化判断”“共情”等非常规任务也逐渐成为可能。但是，迄今为止，对机器人工业的发展仍然褒贬不一。

第七章　文娱传媒行业应用及案例

作为当代传媒的重要组成部分，社交媒体平台为用户提供了自由发表观点的途径。按照应用用途主要可以划分为四大类，即：内容社区（Content communities），如油管（YouTube）、照片墙（Instagram）等；社交网络，如脸书（Facebook）、领英（LinkedIn）等；博客，如红迪网（Reddit）、问与答（Quora）等；微博，如推特、汤博乐（Tumblr）等。其中，微博主要用于采集用户的意见信息。推特用户可以自由表达自己对某人、某事或者某商品的感受，并与其他用户进行交流。脸书是全球最大的社交媒体之一，拥有庞大的用户群体，但对情感分析而言，其数据杂乱且结构较差。脸书用户的表达内容往往采用缩写、简写等方式，拼写错误比较多，这给数据分析带来了一定的困难。

情感分析通过计算机程序能够自动检测书面形式（如推特、脸书、电子邮件等）所反映的情感。情感分析可以在文档级（document level）、句子级（sentence level）、方面级（aspect level）等3个不同层次上进行。用于分析情感的方法主要可以分为词库技术、机器学习技术和混合方法三大类。基于词库的方法依赖于已知和预编译的情感术语的集合，机器学习方法则是基于不同算法的应用，而混合方法则是基于这些方法的组合。

7.1 学术研究概况

7.1.1 国外研究发展

印度巴勒延戈代（Palayamkottai）圣泽维尔学院 A. 帕普·拉詹（A. Pappu Rajan）于 2014 年开展了一项研究，选取了 5 家企业，然后分析了推特上关于这 5 家企业的推文，共计 114 500 篇。该研究主要采用有监督与无监督机器学习相结合、基于词库学习等多种方式。此外，该研究者还提出了在适当系数的基础上形成分数值的方法，通过单词的正面和负面情感强度确定相关推文的情感分数值。2016 年，印度尼特米纳克希技术学院克里希纳·库马尔（Krishna Kumar）等利用朴素贝叶斯分类器、逻辑回归分析和基于情感词网（SentiWordNet）的分析方法，对从亚马逊网站获得的产品评论进行了情感分类和分析。结果显示，其准确率为 60%～85%。2018 年，土耳其发电公司哈姆杜拉·卡拉莫拉奥卢（Hamdullah Karamollaoğlu）与土耳其加齐大学易卜拉欣·多鲁（IbrahimğDoru）等收集了网站上各类可用来进行情感分析的用户评论，把它们整理为一个数据集，利用基于词库的情感分析系统对社交媒体中有关某一特定话题或情境的评论进行情感权重分析。从情感层面将分析结果划分为积极、消极、中性、稍微积极、很积极、稍微消极以及很消极。实验结果表明，此系统的情感分类和分析的平均成功率高达 80%。

社交媒体平台的内容除了新闻资讯、个人喜好外，还包括商业热点、政治倾向、舆情动向等，通过有效的分析，有助于应用范围的不断扩展。

（1）舆情分析与公共管理

当海量的用户利用社会媒体平台围绕一个共同的话题发表看法时，大量的数据会快速生成并被共享，这类用户被称为人类传感器或社会传感器。社会传感器所生成的数据具有两个方面的特性：一是它由社会传感器的主观信息构成（如情感、观点等）；二是它包含了社会传感器的时空信息。情感分析可以帮助人们在主观信息上抽取并了解人的行为、趋势、态度、情感等方面的动态变化。另外，社会传感器数据所包含的时空信息也给洞悉人类以地理位置为主的各种活动带来了契机。因此，结合这两个特征有利于理解基于不同地理位置的情感。澳大利亚皇家墨尔本理工大学卡西夫·阿里（Kashif Ali）和董海（Hai Dong）等于2017年提出了“情感分析即服务”（Sentiment Analysis as a Service，SAaaS）的框架，从众多社会信息服务中将情感进行抽象、分析、转换，将它们变成有用信息以服务形式提供给用户。SAaaS采用了通用信息组合方法将社会传感器数据组合为来自多个来源的服务，以进行情感分析。传统方法未考虑情感分析所用社会信息服务种类与特征各异，相比之下，SAaaS综合考虑不同属性（如数据的规模、种类），在情感分析中动态构成合适的服务。SAaaS采用这种分类法来动态地构成去噪、位置提取等地理标签以及情感提取等业务，最终的成果采用地图、图表等多种方式显示。此外，该研究团队还提出评价社会信息服务质量的新型质量模型，以社交媒体为载体对公共卫生进行监测，并着重于关注社交媒体中用户情感的时空属性来确定疾病暴发的地点。

由于覆盖面广、传播快，社交网络逐步被应用于紧急通信及援助呼叫。当发生灾害时，快速、准确地从大数据池中挖掘这类紧急援助呼叫并做出正确决策，对实施有效的救援工作至关重要。表达自身的观点和情感是人的直觉和本性所在，通过对信息进行情感负荷分析来理解文本真实内涵具有重要意义。这类分析最早出现于海地地震相关文本，大数据被有效地应用于帮助受灾的人们。数字人道主义就是海地地震时首次被提出的。2018年，印度斯坦科学技术学院雷西伦·拉吉尼（Rexiline Ragini）等提出了一种通过情感分析的大数据驱动的灾难响应方法。该模型在社交网络上采集灾害数据并按照受灾人群需求划分类别，利用机器学习算法将分类得到的灾害数据归类到人的情感中，通过分析语音、词库等多种特征来确定灾难数据最优分类策略。研究结果表明，基于词库的方法适合灾难发生过程中民众需求分析，其现实意义在于将社会媒体大数据实时归类并应用到灾难应对与修复中。这也有助于应急人员、救援人员在瞬息万变的灾害环境中制定针对性的救援计划并实施有效的内部管理。

除了基于文本信息进行情感分析之外，2015年美国罗切斯特大学袁剑波（Jianbo Yuan）等提出以图片为载体的社交媒体情感分析方法。社交媒体的用户规模庞大，大量用户会在多种社交媒体中表达自己的观点，这些数据蕴含极大的价值。例如，马来西亚经济管理学院冯锡伟（Seuk Wai Phoong）等在 2017 年对马来西亚就业情感得分及失业率进行了研究调查。就业情感得分从多个渠道的社会媒体上采集，采用以词汇为单位的技术把情感划分为 3 种不同类型，并以关键词为单位进行分类。失业率则是从数据流数据库（Datastream，世界上最大且最具盛名的历史金融资料数据库）里搜集而来。该团队搜集了自 2015 年 1 月至 2016 年 12 月大量社交媒体平台上发表的信息，利用机器学习技术把评论转换成情感评分，通过分析就业情感得分对比马来西亚失业率。结果显示，尽管近几年失业率波动不大，但是就业情感得分很低（消极情感）。

除了用于支持救援、促进就业等公共服务领域之外，舆情分析也渗透到了公共卫生管理领域。当新型冠状病毒在全球传播，民众、媒体组织和政府机构都参与了相关新闻的讨论。为了解世界各地不同的应对情况和对用户行为提供支持，科研人员对社交媒体推特上的推文作了情感分析。

2020 年，印度古鲁喀什大学（Guru Kashi University）钦德·考尔（Chhinder Kau）和阿南德·夏尔马（Anand Sharma）利用推特应用程序编程接口在推特上搜集了关于新型冠状病毒感染的有关推文，使用自然语言处理工具包（Natural Language Toolkit，NLTK）和 Textblob 数据集（用 Python 编写的开源的文本处理库）对推文进行预处理，然后使用机器学习方法和工具分析推文背后用户的积极、消极和中性情感，以此探究不同人对新型冠状病毒感染的看法。2020 年，美国天普大学穆罕默德·阿尔哈吉（Mohammed Alhajji）等收集并分析了与政府实施的 7 项防治新型冠状病毒感染的措施相关的推文，通过 Python 中的 NLTK 库和朴素贝叶斯机器学习模型对阿拉伯语推文进行情感分析。结果显示，除 1 项措施之外，其他措施都显示，积极的推文多于消极的推文，特别是与宗教活动有关的措施显示了最积极的情感。2020 年，菲律宾邦雅斯兰国立大学切利斯（Cherish Kay Pastor）等通过收集菲律宾吕宋岛的推特用户推文，利用自然语言处理技术分析了菲律宾人对新型冠状病毒感染大流行引起的极端社区隔离的情感。分析结果显示，在食品供应和政府支持方面，一些基本的需求受到影响，同时吕宋岛的大多数推特用户因新型冠状病毒感染抱有负面情感，且具有随着时间的推移而增强的趋势。2020 年，美国得克萨斯大学西南医学中心理查德·梅德福（Richard Medford）等利用推特应用程序接口提取了2020年1月14日至28日与新型冠状病毒感染相关的标签相匹配的推文，识别并分析与频率相关的关键词（如感染预防措施、疫苗接种和种族偏见），进行情感分析以确定每条推文的情感价值（积极、消极或中性）和主要情感（愤怒、厌恶、恐惧、喜悦、悲伤或惊讶）。最后，通过使用无监督的机器学习方法来识别和分析相关主题的推文。结果显示，从2020年1月21日起，每小时与新型冠状病毒感染相关的推文数量明显增加。大约一半（49.5%）的推文表现出了“恐惧”情感，大约30%表现出了“惊讶”。

抑郁症作为世界上第四大疾病，全球发生过不少抑郁症导致自杀的案例。社交平台成为很多患者表达情感的窗口，甚至通过社交网络平台发出自杀前的最后一篇文章。推文带有某种消极意义的词汇可能蕴含用户某种消极的情感，对推文中一些关键词及语句进行分析，可确定抑郁症风险高的用户。研究表明，在情感分析中，若用户情感强度维持在低水平，则表明用户存在一定程度的心理问题，即用户可能患有抑郁症。2017年，美国哈佛大学安德鲁·里斯（Andrew Reece）等通过采集204人的推特数据以及抑郁症的历史细节，提取测量情感、语言风格以及背景的预测特征，构建了一个基于监督学习算法，对推特用户创伤后应激障碍抑郁症进展情况进行了预测。该数据驱动的预测方法有助于将发布健康内容的用户与描述抑郁症内容的用户区分开来，这能够对抑郁症进行早期检测。2012年，以色列内盖夫本古里安大学亚伊尔·诺伊曼（Yair Neuman）等提供了一种筛选与抑郁症相关词汇的方法，通过提取抑郁症或抑郁症相关子集的隐喻关系，利用这些结果生成了一个词汇表，自动评估文本中的抑郁程度或整个文本是否涉及抑郁症。2014年，美国得克萨斯理工大学莫莉·爱尔兰（Molly Ireland）和亚利桑那大学马蒂亚斯·梅尔（Matthias Mehl）等认为，抑郁症患者比较容易陷入自我反思的境地，他们往往以自我为中心，即使在交谈时也会经常聊到自己。通过对文本记录上单数第一人称代词的评估和研究后发现，抑郁状态与人们较多使用单数第一人称代词的确存在关联性。

（2）舆情分析与商业活动

舆情情感分析对进一步了解客户的反馈起着极其重要的作用，可以帮助企业或机构采取适当的行动来改善产品、服务或战略，以提高竞争力。

社交媒体平台的用户发表的内容可以提供有关产品质量不良或产品造假的早期线索。2014 年，英国布拉德福德大学哈鲁纳 · 伊萨（Haruna Isah）等开发了一个框架，利用机器学习、文本挖掘和情感分析来收集和分析药品和化妆品用户的观点和经验。该团队将提出的框架应用脸书的评论和推特的数据对品牌进行分析，并阐述如何制定产品安全词典及训练数据，从而对药品、化妆品等产品情感预测机器学习分类器进行建模。品牌与产品对比的结果表明，利用社交媒体数据的文本挖掘与情感分析是有一定效果的。同时，利用机器学习分类器对情感取向进行预测也为用户、产品制造商、监管与执法机构在负面情感骤增时对品牌或者产品进行监控提供了渠道。

因为使用一般情感词库的情感分析技术不能全部覆盖特定领域，所以大多数情感词典需要不断进行调整以适应所应用的特定领域。2018 年，英国曼彻斯特大学维多利亚 · 伊科罗（Victoria Ikoro）等研究和比较了两类公司消费者的情感，一类是英国六大能源公司，另一类是 3 个新进入市场的能源公司。研究人员通过结合两个情感词库的功能，使用其中一个词库来提取带有情感的术语和负面情感，使用另一个词库来对其余的数据进行分类。实验结果表明，与只使用一个词库的常见做法相比，这种方法提高了结果的准确性。另外，六大能源公司消费者的情感比新进入市场能源公司的消费者更加消极。

广告作为传媒的一个重要组成部分，具有娱乐性、相关性、移情性和刺激性等维度的特征。然而，这样的特征很难客观地进行量化，同时在现实中很难把握广告受众群体的真实想法，即便自我报告的结果也存在很大的不准确性。2014 年，美国雷德蒙德微软研究院丹尼尔 · 麦克杜夫（Daniel McDuff）及其研究小组根据在网络上收集的超过 1 500 个对媒体内容的面部反应，提出了一个对“喜欢”和“想再看”进行自动分类的方法。该模式的识别问题包括在不受控制环境下微笑强度稳健探测问题和个体差异大的自然与自发时间数据分类问题。分析结果表明，有望仅仅依据面部反应就能在生态学中有效且非侵入性地评价对商业广告的“喜欢”“想再看一次”的直观反应。对此类广告受众群体的情感分析将为广告效果评价提供强有力的工具。

预测股票市场的行为是众多专业人士十分关注的问题。近十几年来，对股票市场的关注热潮推动了公众舆情的情感分析。美国股票社区StockTwits是一个金融领域的微博平台，主要用于投资者、交易员、企业家等分享自己的观点，使用者能够发布或者读取多达140字符的消息。2017年，印度杰培信息技术大学尼桑特·苏曼（Nishant Suman）等利用机器学习中的朴素贝叶斯技术，将语句中的情感进行归类以发现信息和股票价格之间的关联程度。研究发现，苹果公司股价波动和StockTwits对苹果公司的情感变动具有一定的关联性，这说明微博舆论的情感对股市波动具有一定的影响力。当然，股票走势主要依赖企业的交易政策、产品受欢迎情况等因素。社交网络上的相关帖子或评论可以直观地反映民众的真实想法和情感，对此有效挖掘和分析可用于对股市未来变动进行较为精确的预测。

（3）数据监控与社群情感

2021年，IBM公司发布了最新的数据泄露成本报告。该报告称，目前全球数据泄露的平均成本为435万美元，过去两年数据泄露成本增加了近13%，创历史新高。开展实时分析并时刻关注公众对各类安全漏洞的情感，对进一步增强数据安全意识大有裨益。传统的舆论数据采集与传播方式速度慢、成本高，而社交网络给调查人员提供了实时的大数据，大数据可用以探测与监控消费者对安全漏洞问题的情感、意见和反应。美国肯塔基大学郝建强（Jianqiang Hao）等首次以社交媒体为工具测量消费者安全漏洞的情感，提出监控框架并进行了实证研究，以厘清民众对安全漏洞问题的态度与顾虑。该研究团队在2015年8月收集了推特上的113 340条推文。研究发现，大部分用户担心身份被窃取或数据被泄露，这与全美犯罪受害调查（National Crime Victimization Survey，NCVS）的调查结果相符，这也说明社交媒体数据能够为理解民众安全漏洞的情感提供有价值的信息。另外，研究人员还将所搜集的数据资料划分为5个相关话题，发现这5个话题在情感得分上存在明显差异。“医疗”话题的情感得分最低，“塔吉特百货公司”（Target）和“英国伦敦的手机零售商”（Carphone）话题的情感得分最高，这表明公众对数据泄露或者身份被盗行为的认知存在差异。“医疗”

话题的用户转发量最高，这表明公众对医疗相关的身份被盗事件尤为关注。

社交网络平台每一秒都在创造大量的数据，每个帖子、评论或点赞的背后都代表着人的情感。对大量舆论情感数据的分类与抽取可以探测一段时间内的某个地域或团体的社群情感，还有可能从某些现象或事件评论中发掘新的商业价值。例如，2016 年孟加拉国北方大学桑吉达·阿克特尔（Sanjida Akter）等通过 FOODBANK（一个在孟加拉国非常受欢迎的脸书小组）展示了如何预测具有非结构化数据集、跨语言领域和嘈杂性质的脸书帖子背后的社群用户情感。研究结果显示，通过情感分析可识别出公众饮食习惯的最新发展趋势与特征，也可识别出“未来饮食习惯趋势”与“投资者潜在焦点”等商业价值。

用户原创内容正为机场服务质量（Airport Service Quality，ASQ）提供一个全新的、大量的信息数据集。之前，很多机场服务质量相关文献主要建立在临时调查问卷管理上，但在机场设施上调查问卷的管理除了消耗大量的人力和时间之外，还可能对安全及旅客舒适度造成影响。因此，一种新型的方式——对旅客在社交媒体上的数字足迹进行分析，正逐渐成为替代调查问卷的新途径。2019 年，土耳其厄兹耶因大学路易斯·多明戈（Luis Domingo）使用英国希思罗机场推特账户的数据集对 ASQ 进行情感分析，旨在探讨情感分析技术是如何发现传统调查方法外的新方法。研究结果显示，在一定条件下旅客提及量表属性频次存在显著差异，当机场服务质量得到提高后，区分这些差异可为机场管理提出建设性意见。

7.1.2 国内研究概况

随着科学技术的飞速进步和传播媒体形式的数字化发展，在线社交媒体已成为在科技与媒体融合下信息生产和传播的重要平台和载体，探索社交媒体的传播规律和影响机制已成为学术界和文娱传媒界关注的重要问题。在社交媒体中，信息传播是一个用户高度参与和交互的过程，情感对信息传播有着重要的影响。在我国学术界，情感计算在社交媒体用户情感分析、特定事件网络舆论情感分析、资源稀缺语言社交媒体情感分析等 3 个方面有着广泛的应用。

（1）社交媒体用户日常情感监测

如今，微博等社交媒体平台已经成为人们对各种社会现象表达态度、观点和情感的主要场所。对网民评论进行情感分析有助于观察和监测网络舆论走向，对网络空间治理具有极大的现实意义。浙江理工大学周芷菁和潘旭伟对社交媒体信息进行主题聚合，探讨了社交媒体信息流行与信息情感之间的关系，在对社交媒体信息主题建模基础上结合主题熵的概念构建信息主题流行性和情感值度量指标，并对代表性微信公众号信息进行研究，得出了情感因素对信息传播起到积极且正向作用的结论。

对企业而言，微博是了解用户对自己品牌看法最直接的渠道。对微博用户群分布的分析可以快速了解微博话题中用户构成和情感倾向，帮助企业了解用户群，更有针对性地推荐产品。安徽理工大学张梦瑶从用户发表的微博文本和文本情感的角度入手构建了用户分类模型，通过微博情感词库与情感计算规则的构建与基于用户情感观点表示向量提取用户特征，构建了一个微博话题中用户的分类模型。该模型能根据用户发布的微博文本与对话题的情感态度划分用户群体，可以用于提供企业更精准的服务。湘潭大学李知谕、杨柳和邓春林通过残差网络思想连接多层基于转换器的双向编码表征模型（Bidirectional Enoceder Representations from Transformers，BERT）、双向门控循环单元网络模型（Bidirectional Gated Recurrent Unit Network，BiGRU）和前馈神经网络构建双层编码循环单元模型，用于针对弹幕文本的情感分析，同时分析网民的实时情感状态与理性思考后的情感状态，并在情感标签划分中提出“假中性”的概念以增强模型的情感判别能力，基于弹幕与评论的情感倾向建立了一个可以用于食品安全舆情预警的负面舆情自动预警系统，有助于增强食品企业应对舆情的能力。

随着经济社会的进一步全球化发展，社交媒体的国界线也越来越模糊。为了更好地分析社交媒体国际化背景下网民的情感，东北大学李爱黎、张子帅等提出了一种面向中日语料的民众情感监测系统，该系统能够同时分析微博、推特等社交平台的中日文数据中包含的情感倾向，并以可视化的形式展现给用户。在情感分析算法上，研究人员以BERT模型为基础结合自扩展的中日文情感词典，提出了一个新的情感分类模型EmoBERT。实验结果表明，相比于原始BERT模型，EmoBERT模型在中文情感分类任务和日文情感分类任务上都取得了很好的效果。

微博平台数据含有大量反映用户情感喜恶的信息，对于涉及博文倾向性分析尤为重要。为解决微博倾向性分析问题，实现博文立场判定，中国科学院信息工程研究所王泽辰、王树鹏等采用半监督学习的方法，通过合作训练和主动学习训练实体识别模型，并构建了基于主成分分析的情感规则提取句子的主成分，将口语文本归一化为指定格式。然后，他们利用方向实体的正负方面、情感词的正负意义以及情感词的句子成分来实现情感分类的立场判断。

由于中文语言的博大精深，网民所用的语言往往带有反讽语义，传统文本分析模型无法准确判别掺杂“正话反说”文本的情感极性。中国人民公安大学公安管理学院潘宏鹏和中国人民解放军火箭军士官学校作战保障系汪东等设计了一种协同双向编码表示模型。结合两种普通双向编码表征模型，分别训练反讽语义 / 非反讽语义和积极情感 / 消极情感的语义理解能力。然后，通过附加的全连接层将获得的反语识别向量和情感识别向量组合，以构建协作双向编码表示模型。该模型在反语识别向量的指导下，根据评论文本的不同属性，在输出层进行不同的对应处理。在此基础上进行主题挖掘可以实现舆情评论情感极性的主题可视化，为相关部门控制舆情提供更准确的决策支持。

（2）特定事件网络舆论情感分析

近年来，新浪微博、推特（现改名为“X”）等社交网络平台逐渐成为反映社会舆情的主要载体，为网民发表观点和表达情感提供了便捷的平台。当有特定事件发生时，民众会第一时间在社交网络平台发布微博、推文等来表达他们对某事件的态度。这些信息通过社交网络进一步传播会产生一定的社会影响。对网络舆情事件的评论进行情感分析是帮助相关部门及时掌握网民需求、合理引导舆情的重要途径。利用网络大数据进行民众情感分析有助于直接掌握特定事件发生后人们的情感趋势。学术界开始广泛利用情感分析技术对特定事件展开舆情监测与管理，而不同学者的研究侧重点有所不同。

对电影评价的情感分析是获取观众观点的基础，它可以客观量化观众的评价，对控制电影舆情、刺激潜在消费者观影等都有非常重要的影响。

四川大学计算机学院谢治海和朱敏等提出了一种基于影评情感类型与强度的自回归票房预测模型，并设计了面向票房预测的影评情感可视分析系统，可以对一部电影在上映前后的影评情感进行多角度探索与分析并进行票房预测。中国电影科学技术研究所张尚乾和刘知一对中文影评进行了本体特征和正负向情感特征分析，提出基于关键特征的影评情感分析方法，实现了影评文本级和特征级的情感分析。

重庆邮电大学赵珍妮响应了舆情管控的应用需求，重点研究微博平台用户的情感及相关舆情演变。对微博情感分类方法、用户情感演化分析方法和用户情感与网络事件的相关性分析方法展开研究，构建了多通道文本卷积神经网络模型，提出了基于社区划分的用户情感演化分析方法和基于情感词云图的情感可视化方法，并分析了用户情感与网络事件的相关性。研究发现，危害性越大的事件越易产生消极情感。江苏理工学院计算机工程学院习海旭和蒋红芬等提出了一种短文本的情感分析和可视化方法，在融合情感贡献度的情感极性计算方法中引入词频-逆向文件频率（Term Frequency-Inverse Document Frequency，TF-IDF）算法，对网民情感极性进行计算，并通过关键词、情感词、实体抽取、情感倾向的时序演化等可视化方法多维度展示网民情感表达状况及关注的焦点内容。西北工业大学马克思主义学院黄立赫和石映昕从视频弹幕的视角出发，对视频弹幕进行了主题与情感分析，提升了网络舆情事件在线监测精准度。在此基础上，他们提出并构建弹幕迁移指数，建立了一种基于弹幕迁移指数的情感监测方法，可以实现网络舆情事件的在线监测并且能够较为准确地识别网络舆情事件迁移的关键时间窗口，进一步实现视频分享平台的情感可视化。中山大学信息管理学院华玮和吴思洋等构建了一个网络舆情事件多层次情感分歧度分析模型，基于网络舆情事件层、评论对象层、用户层，提出多层次情感分歧度分析方法，并将 3 个层次进行关联分析。实验结果表明，事件层情感分歧度可以识别舆情事件中的关键节点，评论对象层情感分歧度可以识别争议较大的评论对象并判断舆情引导效果，用户层情感分歧度数反映了意见领袖对其他用户的主导作用，而对 3 个层面的情感分歧程度进行相关分析则可以实现对舆论争议成因的准确定位。

对网络暴力的识别和多角度分析对网络舆论的态势感知和控制具有

重要意义。目前，对网络暴力的研究主要集中在用户负面情感分析、舆论危机管理、外部网络生态优化等方面。由于网络暴力难以量化，因此无法在复杂的网络环境中及时感知网络暴力的发展状况和构成，但对网络发言文本的情感分析可以实现对网络暴力的定量分析以便开展相关研究。蚌埠医学院刘玉文和翟菊叶等通过分析网络暴力在文本中的存在形式和结构特征，提出了一种基于文本语义的网络暴力分析方法（Text Semantic Based Approach For Cyber Violence Analysis，TSCA）。实验结果显示，该方法在多维网络暴力分析方面达到了比较理想的效果。

对突发事件的舆论引导有助于维护社会稳定。社交媒体是公众舆论传播的重要渠道。通过微博评论了解用户的在线情感和关注话题，有助于相关舆情监测部门把握公众热点，从而选择合适的干预节点应对在线舆情，引导公众情感，这是应急管理的重要组成部分。突发公共卫生事件是公众关注的重要话题，容易引发网络信息泛滥和公众恐慌。近年来，世界各地突发公共卫生事件的数量逐渐增多，特别是突发的新型冠状病毒感染不断影响着公众的敏感神经。如何快速了解网民的情感发展过程，澄清当前的舆论，有效引导舆论走向，避免舆论危机，是政府有关部门面临的一大工作挑战。以微博和推特为代表的在线社交媒体是当前舆论传播的主要阵地。由于网络媒体信息具有传播范围广、速度快、负载大的特点，一旦虚假信息没有被遏制，网络谣言就会在网络上迅速扩散，导致舆论爆炸，甚至引发舆论危机，严重影响社会稳定。因此，基于社交媒体的突发公共卫生事件舆情分析与演化研究引起了学术界的广泛关注。

为了帮助政府掌握社会舆情，科学有效地做好防控宣传和舆情引导工作，许多学者以与疫情相关的微博内容为研究对象，运用深度学习技术分析和识别网民情感。南京大学信息管理学院黄仕靖和吴川徽等分析了网民在突发公共卫生事件中的情感演化历程，探究影响网民情感波动的因素及其时空演化的差异。通过采集微博与疫情相关的文本数据进行情感分析，并对不同阶段及不同群体的舆情时空演化及差异进行内容分析。武汉大学曾子明和孙晶晶采用融合用户特征的舆情情感演化方法，提出一种基于用户注意力机制的情感分析模型（U-BiLSTM），并以新冠疫情事件为例分析舆情情感演化过程。南京大学信息管理学院张楠楠和邓三鸿等通过采集新浪微博的新型冠状病毒感染每日疫情通报博文下的评论文本，运用情感分析和词频统计探讨地区舆情演变特征及其原因，并对网络舆情情感得分进行预测。

援助物资的使用情况是疫情暴发以来民众最关注的问题之一，而有关部门不恰当的回应会直接影响政府形象与政府公信力。哈尔滨工业大学经济与管理学院马宁、于光和北京科技大学经济管理学院闫相斌对微博平台援助物资使用的相关舆情事件中民众评论数据进行情感分析与主题提取，提出了基于民众情感反应制定政府回应策略的方法。研究表明，挖掘微博评论数据能获取民众的情感和真实需求，民众的情感反应能直接反映出不同政府回应措施的有效程度。因此，在应对舆情事件时，政府应根据民众的情感反应与需求调整优化回应策略，正确疏导民众情感，有效管控舆情传播，及时纠正如援助物资使用不当等不良行为，以树立良好的政府形象。

除了对突发公共事件舆情的监测之外，社交媒体数据还可以为灾害追踪、灾时救援和灾情评估提供及时有效的信息。浙江大学海洋学院金城和杭州师范大学理学院吴文渊等以台风“利奇马”为例，在浙江省域范围内，以新浪微博数据为研究对象，首先从词频分析、台风关注度时空变化、特定灾害事件响应等 3 个角度探讨了微博数据对台风灾情响应的有效性，其次采用隐含狄利克雷分布主题模型技术挖掘微博文本主题信息并对主题社团进行划分，最后开发了一种基于自定义情感词典的情感分析方法用于情感指数计算，并分析了台风期间官方和民众在新浪微博平台上的话题关注以及情感演变差异。福州大学数字中国研究院林筱妍和吴升根据微博评论文本的特点，综合考虑情感词以及表情符号等多重情感源，构建了台风灾害领域情感词典。在此基础上，他们提出了一种基于情感词语义规则的情感倾向计算方法，以及基于词向量的话题聚类方法。他们通过时空分析发现，随着时间的推移，微博评论文本的数量发生一定变化，评论数量多的地区大多集中在沿海地区和经济水平高的地区，台风登陆当天浙江省的恐惧情感达到最高。

当前，在网络舆情事件中，分析网民情感的研究多聚焦于文本内容，缺乏针对图片的探讨。南京大学信息管理学院范涛和王昊等借鉴多模态融合思想，以此作为多视觉语义特征融合的理论指导，按照特征层融合、中间层融合、决策层融合和混合融合策略，设计对应的网络舆情视觉情感分析模型。湖北工业大学经济与管理学院张继东和张慧迪为了充分挖掘突发事件中用户的意见，在情感分析中引入注意力机制，提出一个融合注意力机制的多模态情感分析模型，并以“7·20 河南特大暴雨”突发事件为例，通过词向量嵌入和文本、图像特征提取，融合图文特征进行情感分类。与单模态的情感分析效果相比，多模态模型能够提供更加丰富的信息内容。在多模态情感模型基础上，对比有无注意力机制的分析效果后证实，注意力机制能够突出文本中情感信息量的部分，这提升了突发事件情感分析的效率和准确性。

（3）资源稀缺语言社交媒体情感分析

随着互联网自媒体的兴起，越来越多的藏族人开始使用微博，并在微博上发表观点和看法，与微博相关的藏文信息处理和研究随之得到学术界的广泛关注。藏文微博具有独特的语法特点，传统方法对藏文文本进行情感分类很难取得较好效果。结合藏文句法结构和语义特征向量构建语义特征空间，西北民族大学中国民族信息技术研究院袁斌、江涛和于洪志提出了一种基于语义空间的藏文微博情感分析方法，结合句法树和文本特征生成语义特征空间（SVS），最终在 SVS 实现文本情感分类。青海师范大学张瑞从海量大数据信息中选取藏文新闻文本作为研究对象，将藏文新闻文本情感分析的流程分为语料的抓取和预处理、基础情感词词典的构建、情感词词典的扩充、情感计算等阶段，针对每一个阶段的工作特点提出了各自的理论基础和研究方法，并设计相应的实验加以实现和验证。青海大学孙本旺和田芳将卷积神经网络-长短期记忆网络深度学习模型引入藏文微博情感计算，弥补了少数民族语言自然语言处理研究的不足，对藏文研究具有一定的推动作用。针对藏文语料的不公开，通过藏文同 / 反义情感词典对标注好的藏文微博语料中情感词汇的同 / 反义词进行替换，进一步扩充了藏文微博语料，以适合深度学习对大数据语料的要求。西北民族大学中国民族语言文字信息技术教育部重点实验室单睿和康江涛等针对藏文情感标注资源匮乏的情况，提出一种基于改进情感倾向点互信息算法（Semantic Orientation Pointwise Mutual Information，SO-PMI）的藏文情感词典自动构建方法。该方法使用情感关联修正对点互信息计算方式进行改进，提升了SO-PMI方法从复杂句式中抽取情感词的准确率，可以从藏文句子级文本中自动构建情感词典。

另一种资源稀缺语言阿拉伯语也受到了我国学术界的关注。阿拉伯国家是“一带一路”建设的重要合作伙伴，关注阿拉伯语的社交媒体情感分析有利于促进民心相通，为中国在阿拉伯地区推进“一带一路”建设提供良好的环境，为构建中阿命运共同体提供有力的支撑。北京语言大学中东学院史廪霏和北京邮电大学人工智能学院李思奇基于近年来推特上涉及中美博弈舆情的6万余条阿拉伯语推文和近5万条评论，运用大数据方法和深度学习技术展开分析工作，分析得出2018年以来阿拉伯国家对中美经贸时政类议题关注度显著加大，主流媒体是推文主要内容贡献方，少数专家或学者型个人用户成为舆情传播过程中的意见领袖。中美博弈相关舆情在阿拉伯社交媒体上存在偏态传播，推文情感倾向以中立为主，但推文评论以消极负面为主，呈现出草根性和较为强烈的情感态度表达特点，与用户的相关性较强。由此可以看出，阿拉伯社交媒体的“有限理性”特征明显，这给中方辟谣工作带来难度，对构建中国在该地区的国际形象提出了更高的要求。

总体而言，在我国学术研究中社交媒体用户情感分析可应用于企业提高服务水平以及有效舆情应对、电影评价管理、国际民众情感监测等方面，聚焦于情感因素有利于社交媒体上信息的正向传播。针对特定事件网络舆情的情感分析可以实现对公共卫生事件、灾害事件等特定事件的舆情监测与预测，有助于政府更快地了解公众需求以及稳定公众情感，这有助于社会、经济等方面的稳定。特别是新型冠状病毒感染疫情暴发以来，情感计算被大量应用在舆情管理中，对稳定公众情感、把握疫情管理发挥了重要作用。另外，情感计算也被应用于把握藏文、阿拉伯语等资源稀缺语言的社交媒体情感，对资源稀缺语言的分析能更好地了解不同民族、不同语言表达习惯的人的内在情感。从情感计算和文娱传媒领域的融合来看，由于用户的表达是基于文本和图像的，文娱传媒的情感分析大多运用的是文本情感计算，也有结合文本和图像数据的多模态情感计算。

7.2 应用发展情况

7.2.1 国外应用情况

（1）舆情情感分析

股票价格的波动代表了当前的市场趋势、业务增长及其他外在因素的影响。英特尔公司相信可以根据分析反映企业实时情况的每日新闻预测股价。英特尔公司使用《纽约时报》存档应用程序接口搜集《纽约时报》10年间的新闻文本资料，并进行情感分析，再把分析结果导入机器学习模型对道琼斯工业平均指数价格进行预测。英特尔公司首先筛选了在《纽约时报》存档应用程序接口中搜集的文章资料，去掉了那些与股票完全不相关的内容（如传记、讣告、时间表等），保留了可供情感分析使用的关键词所涉范围，这些关键词主要有“商业”“国家”“世界”“美国”“政治”“观点”“科技”“科学”“健康”“外国”等。筛选出相关内容之后，把当天所有文章标题联系起来构成字符串，得到当天单个字符串之后，再与合适的日期即时间序列以及道琼斯工业平均指数股票指数值进行融合。然后，利用自然语言工具包来划分文本的情感，给文章单个融合字符串打分，得出字符串的正、负、中性得分。最后，把情感分析输出的结果送入机器学习模型，从而预测道琼斯工业平均指数的股票价格。2021年，英国布鲁内尔大学与英国ALA公司合作，目的是采用创新的人工智能及语义技术，发展一种基于情感的预测算法并研究情感对股市走势有关决策过程的影响。本次合作利用更加高效、具体的市场语料库产生情感识别自动化技术，以便能帮助ALA公司建立一套独特的计划，通过定性研究来理解不同细分市场和情感在其中的作用，研发出金融市场领域情感检测新机器算法，从而在金融市场领域揭示交易者的情感过程。

一个企业的成功往往体现在消费者是否喜欢并认可该公司的产品或服务。因此，对企业营销战略而言，搜集消费者数据并分析、了解顾客喜好，对未来营销决策的制定有着重要意义。口碑是指顾客通过社交媒体平台将自己的购物经验以及对一些商品或者服务所留下的印象分享给其他人，这一方式在社交媒体平台上形成较为广泛的传播，电子口碑营销模式也应运而生。

社交媒体是消费者真实想法和意见的数据金矿。但是，社交帖子充斥着繁杂的缩略词、谐音词、表情符号等，很多社交媒体平台的分析工具都不能很好地解决这些问题。Lexalytics 公司利用自然语言处理、机器学习等技术，把海量标签、俚语、不良语法等转换成结构化数据，并从中提取有用的信息。数据分析师通过对海量社交文本数据进行上传、加工与分析，从而提取围绕产品、品牌、人与服务等话题的相关分析结果。Lexalytics 公司为一家体育科技公司就世界顶级运动员和球队的品牌表现提供了切实可行的建议。虽然体育公司能够在领先的体育数据提供商及社交媒体平台上搜集资讯及社交数据，但是因数据充斥着口语化及双重意义的词语而无法进行进一步分析。Lexalytics 公司强大的自然语言处理系统可以解决这一问题。Lexalytics 公司的 Semantria API 与体育科技公司专有算法协作，形成了体育指数平台支柱。它可以理解 19 种语言的“粉丝方言”，并根据上下文准确地将语言翻译为“正面情感”或“负面情感”。此外，Lexalytics 公司还可以协助该体育科技公司团队从同名体育公司中辨别品牌，帮助球员经纪人在关于自己品牌或者球队的一般性的讨论文本中选择具体提到的问题，并且在问题失去控制前加以干预。

在社交媒体时代，负面评论的病毒式传播甚至能摧毁一个品牌。业务分析师通过对推文、在线评论、新闻文章等进行大范围的本文分析，能够及时洞察消费者对品牌、产品、服务等方面的情感。在问题大范围扩散之前，顾客支持总监及社交媒体经理会对趋势问题进行标注，并把问题传达给产品经理，以便做出针对性的干预。Talkwalker 公司通过特有的机器学习与自然语言处理技术，可以通过关注消费者的舆论文本来抓住潜在机遇，从而实现产品创新和精准营销。Talkwalker 研发的 Blue Silk™ 情感人工智能，能够从超过 127 种语言和多种缩略语及讽刺用语中了解语句背后的真实意思。通过针对不同平台上不同形态消费者的顾客之声（Voice of Customer，VoC）洞察，促进更加快速和有针对性地进行企业内部决策。

（2）情感交互技术

Raydiant 公司旗下的 Sightcorp 公司从 2013 年起开始担任户外广告、

数码标牌、店内分析等匿名受众情报专家，把最新计算机视觉及深度学习的研究变成商业及易用软件解决方案，向全球客户实时提供精准及可操作的受众洞察力。Sightcorp 公司的 DeepSight SDK 以先进的专有深度学习模型为基础，在人脸分析库方面有着一流的精度与性能，并且能够对人脸进行任意角度、任意距离的检测，对边缘处进行精确的人口统计分析，也可以基于检测出的笑容进行情感估计，并通过定义个体的情感是中性、愉快或者很愉快，从而判断顾客情感得分。DeepSight SDK 研发了户外数码标牌（Digital Out-Of-Home，DOOH）显示屏，通过部署匿名人脸分析技术，能够制作出具有动态性、针对性、程序化特征的广告，以及判断所展示的讯息及广告与所述顾客之间是否存在有效联系。DeepSight 以数码屏幕与受众相连的方式为人们带来更具吸引力的视觉导购。在 DeepSight 人脸分析技术的帮助下，屏幕附近顾客的受众人口特征及观看行为特征是可以被统计出来的，商户能够根据受众人口特征实时定位合适的广告，从而提升顾客的兴趣值，实施精准营销。

MorphCast 是目前世界上唯一一款情感 AI 交互视频平台，该平台以注意力、参与度、地理位置、设备等受众属性为基础，可以使用户很容易设计并构建受众面部表情即时引发的交互体验。MorphCast 视频平台实现了对用户在看视频过程中对受众特征的剖析，采集在线用户数据来强化策略、提升业务价值。用户还可建立互动式在线学习内容以满足每一位学员在交互、注意力水平、出勤率等方面的节奏要求，让教育培训变得更加高效且更有意义。此外，MorphCast 还可以让用户基于每一位员工之间的交互、情感反应以及参与情况进行预测，构建并且提供一条自适应培训路径从而提高人员软技能，从而提升绩效。MorphCast 是一种非常灵活且对用户友善的手段，它还可以被用来建立概念验证（Proof of Concept）以及真正意义上的创新产品。不仅如此，MorphCast 能够通过个性化和打动人心的情感互动体验来有效吸引在线用户关注，提高观众参与程度，增强数码广告的效果。MorphCast 作为驱动情感互动视频平台的人工智能，是市场上最具成本效益的面部表情人工智能之一。Emotion AI HTML5 SDK 是一款基于深度神经网络、可对面部表情及特征进行分析，用户可嵌入任意网页及应用程序的独立小型且功能强大的 JavaScript 引擎，容量在 1 MB 以下。

MorphCast SDK 工作于多数热门浏览器，不受任何具体平台及系统限制，并且在更多平台及设备（智能手机、平板电脑及个人电脑）上也一样能正常使用，应用前景非常广泛。

（3）情感洞察技术

传统的洞察情感的方法代价昂贵、费时且缺乏明确的衡量标准。情感人工智能是一项创新技术，可以对顾客未被过滤且没有偏见的情感与认知反应进行大范围度量而不会引发顾客过多的关注，能分析并提取出顾客无法或者不愿意说出的潜在情感。得出的分析结果能切实运用于提升品牌体验、与顾客建立更加主动且更有意义的商业关系、优化营销方案等方面。

Affectiva 公司的媒体分析解决方案对面部动作进行分析，以理解复杂而微妙的情感与认知状态，主要采用业界领先的情感人工智能搭建而成，软件则是利用计算机视觉、深度学习等技术，通过云端或者设备进行交付，并且支持在媒体分析等领域的多种不同用途。在广告测试中，Affectiva 将对受众在收看广告过程中的面部情感表达进行测量，使用者可以直接在仪表板上观察分析结果。整个流程除了 Affectiva 提供的系统之外，仅需要连接互联网以及配备标准网络摄像头，简单、方便、准确性高。从媒体内容测试来看，Affectiva 情感人工智能让用户具备解码受众反应的功能，同时可以识别娱乐传媒内容中的一些关键情感瞬间，从而有助于编辑出更具吸引力的内容。Affectiva 对未过滤、无偏见的观众情感反应有很深的洞见，Affectiva 情感人工智能通过从电影、流媒体、电视等内容里识别出关键的情感瞬间，从而增强可编辑性，帮助创作者在内容推广的过程中不断接受受众反馈，灵活学习并优化内容。

因为人的行为大多以非意识过程为指导，所以对行为的研究会比较复杂。iMotions 公司将多种生物识别传感器无缝集成与同步，为人类提供不一样的洞察力，将复杂问题简单化，令使用者可以通过全途径获取调查对象的情感、认知与行为数据。iMotions 公司通过对人的行为、感受以及语言进行客观的衡量，帮助使用者对用户体验有更加全面的认识。该公司采用眼动跟踪、面部表情识别等技术，能够更加精准地确定用户体验的满意点和潜在问题点。iMotions 公司对具有情感相关性的皱眉、微笑以及视觉注意力进行测量，能够更好地判断出产品或服务响应效果好坏，以帮助优化用户体验。iMotions公司还加入眼动跟踪、皮肤电反应、脑电等心理生理学测量方式，对用户的非意识注意力及认知有了更加深刻的认识，这有助于更深层次地了解被观察者认知工作负荷水平及其非语言反应。上述生物传感器数据流能够更加微妙而细致地洞察用户情感，理解用户体验。

7.2.2 国内应用情况

在我国文娱传媒领域，越来越多的企业开始关注并应用情感计算。以舆情监测为代表，大量科技公司和传媒企业将情感计算应用于网络舆情监测和企业品牌舆情管理，这既增强了舆情监测能力，也推动了整个文娱传媒行业的进一步发展。当前，情感计算在助力相关行业蓬勃发展的同时也面临各种挑战。下面将从热点话题舆情监测、企业品牌舆情管理、舆情数据库服务、广告 / 视频效果评估应用等 4 个方面对我国情感计算应用现状展开介绍。

（1）热点话题舆情监测

近年来，互联网社交媒体信息量迅速增长，人们参与社会事件的形式已经从以往单方面获取信息转变为通过网络获取信息并发表言论的双向信息流动。如何及时、全面、精准地分析舆论热点话题，对及时有效地感知事件的发展变化、准确预测舆情的走向、提高网络生态环境的预警与监控能力具有重要的意义。为提供相应的解决方案，许多企业已经将情感计算应用到相关舆情监测中。

中移舆情是中国移动研发的一款互联网舆情监测分析系统，拥有行业领先的信息采集、语义分析和情感判断技术，能够进行实时动态的舆情监控、短视频监控，提供舆情报告，支持多种方式舆情预警，还具有图片舆情、评论分析、小视频监测、可视化大屏展示等功能，帮助政企单位实时捕捉负面舆情、洞察舆情发展趋势。目前，中移舆情已经在江苏、浙江、山东、陕西、河南等 18 个省份，为政府宣传部门、网信办、公安、应急管理、银行、医院、学校等 1 万余家政企机构提供了舆情监测服务。

在舆情监测领域，上海蜜度信息技术有限公司研发的新浪舆情通是一个强大的舆情监测工具。新浪舆情通可以为政企机构提供专业的舆情大数据服务。结合情感计算，平台对互联网信息进行自动采集、自动分类、智能过滤、自动聚类、主题检测和统计分析，实现社会热点话题、突发事件、重大情报的快速识别和定向追踪，并实时展示数据与分析结果，为政企机构提供舆情发现、舆情预警、舆情分析、舆情服务、舆情报告、数据大屏等全方位舆情服务。

2015 年 7 月，北京百分点科技集团股份有限公司推出了百分点舆情洞察系统，可以智能化的实施数据洞察与产品分析，帮助各类机构全面、准确、快速、专业地掌握自身舆情态势，提高舆情应对和危机处理能力。通过自主研发的智能语义分析技术，基于业界领先的深度迁移学习技术，结合自然语言处理、音视频识别、机器翻译等前沿技术能力，对信息检索相关性 95% 以上话题进行聚类，图片、音视频多模态语义分析和情感计算，精准识别舆情内容，快速洞察舆情态势。该系统能够自动监测全网公开信息，实时提供相关信息列表，帮助机构及时掌握舆情动态，发现负面信息或重大突发事件，实现快速研判和应对。该系统还能够结合行业特性定制专属模型，实现负面情感识别、相关性判断、文本相似度计算等智能分析，从而提供舆情走势、媒体分布、热词云图等可视化图表，全网事件传播分析以及微博单帖分析，帮助客户实时追踪舆情传播态势。对于发现的重要舆情信息，系统第一时间通过邮件、微信等渠道进行及时预警。此外，基于精准的智能排序算法、可视化的报告模板和灵活的触达方式，系统可以自动生成日报、周报、月报，为客户提供更加便捷的报告使用体验。

2017 年 9 月，物知（北京）信息技术有限公司推出了一款企业数据服务产品发现舆情监测系统。发现舆情监测系统提供“7 × 24”信息监测服务，采集新闻、微信、微博、贴吧、论坛、视频等网络数据，利用数据挖掘技术与自然语言处理技术，对采集的文本数据进行自动分类、聚类、权重分析、话题抽取、情感判断、数据统计等，搭建具备机器学习能力的情感训练和判断系统，为客户提供在线舆情分析、系统危机预警、危机跟踪、分析报表和人工辅助等一系列全方位的舆情监测服务。通过该系统判断的负面信息的准确度可以达到 60%，通过机器学习后准确度可以达到 80%，随着时间和数据的积累准确度越来越高，部分早期服务的用户系统自动判断的准确度可以达到 90% 以上。

互联网时代自媒体的发展和壮大极大地刺激了高校舆论场的产生，网络互动已成为高校生活中一个重要的组成部分，也是师生获取信息的主要来源之一。近年来，一系列高校舆论危机对高校声誉产生巨大冲击和影响，这种情况不仅引起了传媒界的关注，更引起各大高校管理者的重视。

为此，中科云计算研究院在引入百度大脑 NLP 的情感倾向分析技术后，成功研发出中科云计算-高校舆情管理系统。该系统可对涉及高校的相关文章中包含的主观信息文本进行情感倾向分析、提取情感极性（积极、消极、中性）以及高校用户发表内容的舆情分析。该系统可从舆情事件的发生识别、舆情预警、舆情信息推送提醒等环节，形成对舆情管理的整体流程支撑。该系统能够及时、有效地将舆情预警信息发送到高校用户负责人的手中，帮助用户快速响应舆情事件。该系统还可进一步进行分析和跟踪，为该系统的用户提前获得下一个舆情热点，为防范负面舆情事件的不断发酵提供了便捷、高效的保障。

此外，百度公司自主研发的情感倾向分析技术也可以应用于舆情监控领域。该技术针对通用场景下带有主观描述的中文文本，自动判断该文本的情感极性类别并给出相应的置信度。通过对需要舆情监控的实时文字数据流进行情感倾向性分析，百度的技术产品能够把握社会对热点信息的情感倾向性变化，对包含主观信息的文本进行情感倾向性判断，为口碑分析、话题监控、舆情分析等应用提供帮助。

（2）企业品牌舆情管理

新媒体时代，人人都是自媒体，在企业危机事件爆发时，快速地传播和发酵会对企业造成巨大的且不可逆的影响。及时捕获负面危机的苗头并预警，为企业争取更多公关时间，显得尤为重要。因此，企业舆情管理对企业品牌的建设具有重要意义。

识微科技公司推出应用情感计算的识微商情就是专门为品牌建设人员准备的一项舆情监测系统。例如，识微商情可每日处理超过 10 亿条实时数据，覆盖新闻媒体、社交媒体等多个平台，注重网络口碑和企业形象监测，实行在线服务，把握舆情态势，帮助客户全面了解事件特点、梳理事件发展及相关舆情变化的脉络及趋势。在此基础上，针对事件负面情感爆发原因、话题倾向特点提前预警，该系统能对处置方法提出专业建议或观点，帮助客户快速了解网络上与企业有关的声音，助力企业处置突发舆情。该系统的情感分析功能还可以评估目标客户的态度，了解客户对品牌抱有的情感极性，帮助企业深入了解网络口碑，提高企业形象，为各项相关工作提供科学决策依据。此外，识微商情还提供竞品监测，实现对行业竞争对手以及上下游企业的产品、服务、市场等项目的网络舆情监测，形成与竞争对手之间的网络声量对比分析等，帮助企业实现竞品的对比管理和分析。

2016 年 8 月，清博智能公司推出了一个舆情大数据分析软件运营服务（SaaS）软件清博舆情。该软件通过整合互联网数据，自动对互联网海量数据进行收录、分类、聚焦，实现对海量网络舆论进行采集和分析，并结合情感计算对所有采集内容进行情感值判断，跟踪受众喜好倾向，根据正面倾向占比来定义媒体与企业的关系属于何种范围，鉴别新闻真伪炒作，进行多维度分析挖掘，识别其中的关键舆情信息，快速了解舆情态势。该技术可以自动实时掌握互联网舆论，实现对民众的网络舆情分析，了解民众心声并形成简报、日周和月报，及时通知相关人员关注重点企业信息，为企业形象舆论导向及收集网友意见提供一站式信息化平台。此外，清博舆情还能实现舆论事件发展、演变及未来走向的自动化预测、研判，以进行实时动态监测和预测。当突发舆情事件时，清博智能可以回溯突发舆情事件相关数据，宏观分析整体舆情事件，预测舆情发展趋势，为进一步应对舆情提供决策参考，帮助客户实时预判风险和机遇，为企业决策提供有力参考。

梅花数据公司基于深度爬虫引擎、智能网页内容提取技术、自然语言处理技术，针对文本内容进行噪声杂质过滤、情感倾向性分析、内容相关度计算、内容相似度指纹识别、特征词提取、自动摘要、自动归类等多种文本处理，推出了一套全媒体舆情监测工具。此项服务帮助企业、传媒部门以及相应的公关代理公司进行企业自身及竞品的媒体舆情监测、评估公关传播，同时还可提供负面预警推送、负面流程管理及不实信息优化（SEO

口碑提升和官方网站 SEO 排名提升服务）等整体解决方案。

客户情感往往是舆论发酵的导火索，也是企业密切关注的要素。近年来，某大型跨国快消品牌联合竹间智能，依托竹间 Gemini 知识工程平台与独有的情感计算，能识别 22 种文字情感、4 种语音情感和 7 种图像情感，创新性地推出了全网、实时、多渠道覆盖的智能 AI 舆情分析平台，自动完成舆情分析、聚类、标签、生成回复等。这不仅可以节省人力回复的成本，实现 90% 的效率提升，更能实现“7×24”小时的舆情监测，实时洞察用户情感，及时启动舆论风险预警，在第一时间识别捕捉负面情感并进行妥善应对。这既保证了时效，又兼顾了用户的情感，还可以避免舆情的失控发酵。

（3）舆情数据库服务

在大数据时代，我国数字经济保持着快速发展的态势。一些数据科技公司正通过情感计算将非结构化数据转化为可量化、可测量的结构化数据，为相关企业提供一系列新型数据库服务。

通联数据科技股份有限公司（简称“通联数据”）作为我国领先的数据智能金融科技公司，具有种类丰富的数据库。其中，新闻舆情数据作为另类数据（Alternative Data）的模块之一，蕴含丰富的上市公司舆情信息。该另类数据库中的新闻舆情数据可以为金融机构提供新型的研究数据。此外，通联数据还运用情感计算构建了一套研报情感数据服务，通过记录每篇研报的多个核心观点，抽取每个观点并分别进行情感分析，获取研报核心观点情感，通过记录公司研报的基础信息，如标题、券商、分析师、股票代码、评级等，对研报的多个核心观点的情感得分进行加权计算，获取研报情感总分。其新版研报中与情感相关的数据，具体包含研报 ID、记录 ID、情感分类、普通正面情感概率、实质性正面情感概率、负面情感概率、中性情感概率、情感分等。这类研报情感舆情数据不仅可以为投资者提供服务，也可以为相关企业进行自身的市场形象管理提供一定的支持。

（4）视频广告情感计算

在新媒体时代，情感计算也可以被应用于视频广告领域，用来测评广告效果。竹间智能推出的 Emoti-Ad 广告效果分析系统，可以通过图像 AI 技术分析数以万计受试者对视频广告的真实反映。Emoti-Ad 能够识别人类 9 类情感，包括喜、怒、哀、惊、惧、中性、厌恶、蔑视、疑惑，进而判断受试者观看视频广告的专注程度，对视频广告画面热区进行追踪，将获得的数据整合成分析报告，评估视频广告影片中的“关键情节”“关键商品”“关键人物”效果，为相关企业提供决策支持。

阅面科技推出的情感认知引擎 ReadFace 也是这方面的一个例子。ReadFace 由云和端共同组成，嵌入带有摄像头的设备来感知并识别表情，输出人类基本的表情运动单元、情感颗粒和人的认知状态。通过对海量人脸数据的深度学习，结合计算机视觉对人脸关键点和表情单元的检测，进行情感、认知状态和面部动作的识别，准确判断人的情感认知状态，并通过“云 + 端”的服务形式提供给不同系统平台的 To B 或 To C 上层应用。关于其成功率，阅面科技首席执行官赵京雷表示，其基本情感识别的准确率约为 90%，但这是基于标准数据集测试得出的，在真实情况下，灯光、距离等因素都可能导致准确率下降，这是所有基于图像的识别引擎中都不可避免的，ReadFace 将通过积累更多数据不断提升识别的准确率。情感认知引擎 ReadFace 已被广泛应用于互动游戏智能机器人（或智能硬件）、视频广告效果分析、智能汽车、人工情感陪伴等领域。

此外，一些科研院校实验室也正在尝试将情感计算应用到视频提取中，并结合部分研究成果推出了相应的产品。例如，为了有效进行视频情感计算研究，华中科技大学智能媒体计算与网络安全实验室把视频的“内容”划分成为 3 个不同的抽象层次，即特征层、认知层和情感层。研究人员以情感层的视频内容分析与检索为重点，结合情感计算、心理学和影视创作领域的相关理论对位于情感层的视频语义内容分析和处理技术进行深入的研究，建立了一个统一的视频情感语义空间，并在该空间上定义一套完备的情感向量运算系统，这将有效地解决视频情感内容理解的“情感鸿沟”问题。最终，基于以上技术推出的视频情感内容分析与检索系统（VACAR）和基于情感激励的视频精彩镜头提取软件（SHE），可以应用于视频（如电影）的设计和制作。

7.3 典型案例

7.3.1 案例 1：情感人工智能 Affectiva

Affectiva 公司的情感人工智能技术可以在征得客户同意的情况下，以不引人注意的方式大规模地测量客户未经过滤的、无偏见的情感和认知反应。自 Affectiva 公司在 2021 年 6 月被 Smart Eye 公司收购之后，其媒体分析技术和情感人工智能得到了显著提升，这也带来了应用层面的突破。例如，公司的面部追踪器可以在各种照明条件和面部角度下精确定位面部在画面中的位置。公司还研发了全新的增强型脸部情感指标，以提高对消费者情感状态理解的精确性。

（1）广告测试

2020 年 10 月，Affectiva 公司发布了过去 8 年消费者对广告内容的情感参与情况的调查结果和分析报告。分析显示，广告商激发消费者情感反应的能力正变得越来越成熟，并趋向于诱发消费者产生更深刻的情感，如兴奋、悲伤。研究发现，观众对广告的情感反应整体呈上升趋势，但在全球范围内，目前广告受众较多呈现皱眉或耷拉着嘴角等消极反应，而不是微笑这种积极反应。在某些情况下，悲伤等负面情感可以带来更好的营销效果，但是广告商应该尝试通过激发积极的情感反应吸引受众。此外，消费者对相同内容广告的反应也呈现两极分化高积极回应与高消极回应在消费群体中并存。Affectiva 公司用于广告测试的媒体分析技术能够基于其世界上最大的情感数据库，提供直接与品牌记忆、销售提升、购买意向等结果挂钩的可视化控制面板展示产品（如图 7-1 所示），有助于按地域、产品类别、媒体长度和重复浏览来衡量企业与竞争对手的广告表现差异。

Affectiva 公司的情感人工智能技术能够为企业提供针对各种受众反应的明确指导，并为企业提供广告的剪辑、配音、叙事流程优化等服务。Affectiva 媒体分析是在含有 6.5 万余条广告、90 多个国家及地区 1 200 余万张面孔的全球最大规模情感数据库的基础上搭建而成的。该数据库中面部识别技术可以测量 9 类情感、31 类面部表情，实时监控受众在收看广告过程中微小的情感变化，同时无缝融入企业调查研究手段，从地理位置、产

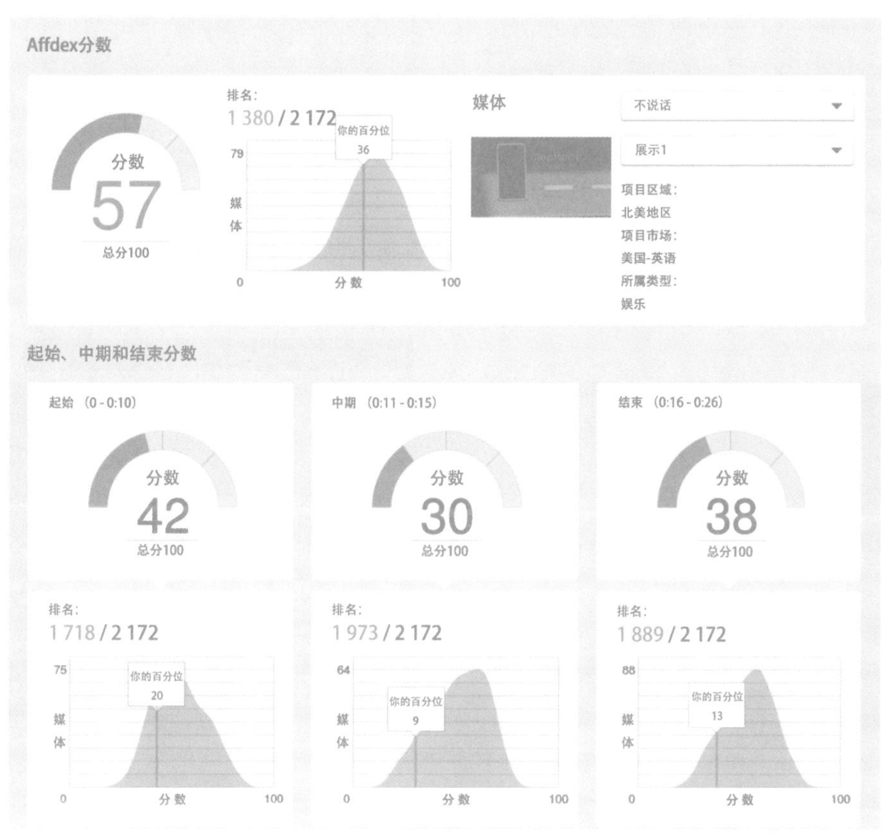

图 7-1　Affectiva 媒体分析的可视化控制面板

品类型、媒体长度、重复浏览量等指标对内容有效性进行标准度量。借助这些科技，Affectiva 的相关产品目前可以提供如提升广告故事情节、编辑广告中最具影响力的部分、检验最后广告的情感参与度、识别潜在磨损、检验画外音及品牌展示的有效性等更多的服务。

（2）电影预告测试

对电影预告片而言，分析受众在内容上的情感参与度是营造共鸣、增强吸引力的关键所在。Affecttiva 公司的媒体分析解决方案可深入洞察未经过滤和公正的观众情感反应，还可以帮助电影工作室及其合作伙伴了解和优化内容，从而在目标观众中产生真正的影响。另外，Affectiva 公司的情感人工智能还能识别电影、流媒体和电视内容中的关键情感时刻，从而加强对创意内容的编辑与提升，同时通过对不同版预告片以及视频营销内容进行检测，提升市场营销能力。

例如，Affectiva 公司以詹姆斯·邦德（James Bond）的电影预告片《无暇赴死》为研究对象，将观众分为“邦德迷”和“非邦德迷”两种类型，衡量包括受众效价在内的诸多反应维度，即受众对于内容的“净积极性”。通过观察观众情感积极性的峰值，显然可以发现高峰取决于某些经典邦德镜头（如黑色领带画面），尤其是从阿斯顿马丁的车头灯中出现枪支的标志性动作时刻（如图 7-2 所示）。随着预告片的播放，动作和标志性图像的混合确保了观众保持情绪高涨，预告片成功地引发了人们对这部电影的积极情感。抓住观众眼球的根本是从情感上抓住观众，当观众对于内容本身有了更高的要求时，如何在最初就能产生强烈的情感共鸣也许才是真正的难题。在该预告片中，邦德和玛德琳·斯旺（Madeleine Swann）之间的对话立即吸引了“邦德迷”，在预告片的前几秒钟后，他们的情感效价飙升（见图 7-3 蓝色突出区域）。但是，“非邦德迷”在最初几秒后，情感积极性下降。可以推断，他们可能对上一部邦德电影中发展的角色之间的关系没有太多的了解。由于预告片开头的场景很可能被“非邦德迷”所理解，而对“完整背景故事”的图片却记忆不清，因此若有意通过剪辑预告片来

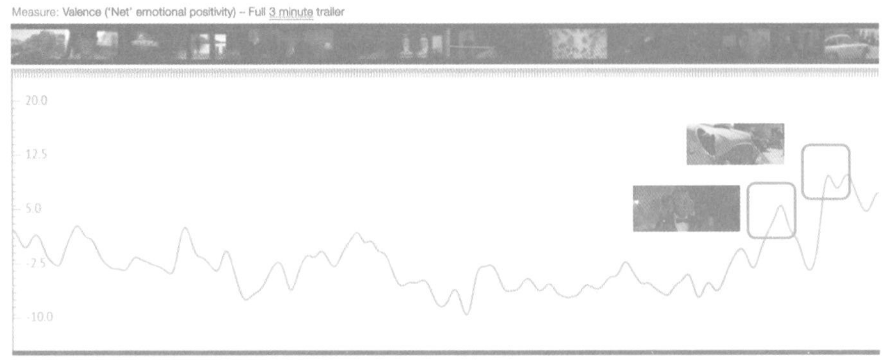

图 7-2　情感人工智能仪表盘显示观众情绪效价实时曲线

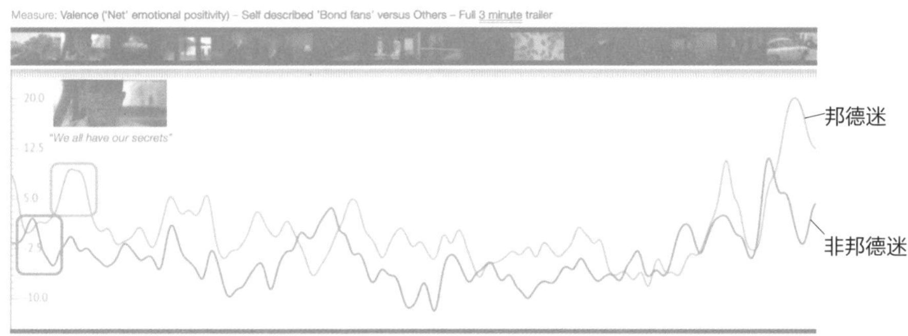

图 7-3　邦德迷和非邦德迷情绪效价实时曲线
（图片来源：https://blog.affectiva.com/movie-trailers-and-emotion-the-full-story）

进一步提高这一系列对“邦德迷”的吸引力，“非邦德迷”就需要更为直接的关联来即时用积极态度应对。

（3）背景音乐测试

声音对我们的情感波动有着深远的影响。但是，当研究人员试图了解观众在观看电影内容时的感受时，传统的研究方法可能忽视了音乐、旁白以及音效所可能带来的情感影响。很多研究方法中洞察力都源自消费者怎样用自己的语言描述刚经历的创意内容。观众往往围绕着自己所看到的内容及感受进行描述，而音乐或音频的影响往往被忽略，或在分析和优化中被掩盖。在没有解锁关于如何处理创造性刺激的“全脑图”前，研究人员看不到声音在影响观众未经过滤的情感反应方面所起的作用。屡获殊荣的独立电影制片人克里斯蒂安・温格（Christian Wenger）与 Affectiva 公司合作，将声音置于科幻剧情感测试的中心创作了短片《Three Pills》。短片描绘了一个深刻的反乌托邦背景，探索了健康、死亡、稀缺和作为人类的意义等存在主义主题。影片成功的核心是为短片营造出预期的黑暗氛围和情感基调。克里斯蒂安・温格使用 Affectiva 公司的情感人工智能技术，在整个观看体验中通过分析整个电影观看过程中观众的面部运动，剖析了他们复杂而细微的情感和认知状态。Affectiva 公司的实时报告和可视化展示了短片中每个节点受众所感受到的情感强度、广度和深度，帮助诊断出重要受众群体的普遍特征，如年长的男性在整部电影中感到最“愤怒”，同时说明“同理心”的表现差异取决于观众的背景。研究分析还表明，令人不适的声音效果实际上调动了观众的情绪，增强了电影与观众的联系，这迎合了电影制作人的初衷。

7.3.2 案例 2：情感分析工具 Talkwalker

情感分析可以帮助企业完善产品开发和提升客户忠诚度，但是传统情感分析往往需要人工采集数据。Talkwalker 公司开发的消费者智能平台可作为情感分析工具为企业提供标签跟踪、社交聆听、竞争分析、声誉管理、图像识别、视觉分析、语音分析、危机管理等多种服务。借助独特的图像、视频和语音识别技术，Talkwalker 公司的产品可以在社交、博客、论坛和新闻网站上与数十亿在线消费者对话，跟踪社交图像和视频中的 4 万多个品牌徽标、对象和场景，依据人工智能先进的情感分析，发现最具关联及影响的观点。利用 Talkwalker 公司的文本分析内置的情感分析检测技术，可以理解 127 种语言，且平均准确率高达 90%，并根据评估词的正面、负面或中性情感分类来帮助企业了解客户流失的原因，协助企业了解消费者评论背后的情感、对品牌的真实感受。同时，Talkwalker 公司在开展营销活动、推出新产品后寻找积极与消极的情感变化，能够及时掌握负面评论。不仅如此，Talkwalker 公司开发的危机管理系统可以通过情感分析对消费者评论进行实时监测，并随着时间推移对净情感升降情况进行监控，从而使品牌可以对引发消极情感事件进行确认并及时做出反应。总之，企业团队通过跟踪客户情感，可以在其负面情感引发的社会舆论广泛传播之前解决问题，从而避免声誉受损。

默克（Merck KGaA）是德国领先的科技公司，其主要产品之一是可控制屏幕光线的液晶显示屏。由于缺少消费者的真实反馈，默克公司一度面临是追求更高分辨率和亮度还是提高对比度的技术选择困境，对此 Talkwalker 公司的情感分析工具给出了答案。Talkwalker 公司通过在各媒体平台上搜集筛选信息，并依据情感对比高端智能手机各功能，结果显示，消费者认为分辨率和亮度，连同颜色和电池都至关重要，而相比而言对比度就没那么重要。经过深度挖掘，Talkwalker 公司还发现消费者对高分辨率屏幕的需求在情感上具有积极意义，此分析结果帮助默克制定了以提升分辨率与亮度为重点的产品策略。

日本知名游戏发行商史克威尔·艾尼克斯（Square Enix）发售了一系列经典的角色扮演游戏，凭借其华丽的计算机动画技术、精美的画面和曲折多变的故事等征服了广大玩家。为了考察玩家对重制的《最终幻想 7》游戏内容的反应，该公司开发团队利用 Talkwalker 公司的情感分析工具筛选最具吸引力的游戏场景，并确定哪些场景需要进一步修改。最终，团队在游戏发布前成功打造出能引起玩家共鸣的最佳内容。在发布之后，团队将 Talkwalker 公司的技术用于辨明热情玩家是否会因为不在店内购物而感到不安。通过监测那些购买了游戏实体版的玩家在运输延迟方面的对话，为团队提供了与玩家更透明的沟通，并为团队制定进一步的行动方案提供了参考。在游戏发行后，怎样提高销量和吸引用户成为团队的主要工作。在 Talkwalker 公司的帮助下，团队可以对各类想法进行监测、训练、培养，实时接收用户的真实反馈，共同促进游戏在推出过程中的参与度和积极性。另外，在互联网时代，无论是游戏中的小缺陷还是短暂的服务器故障，都可能导致负面评论的传播和不良口碑的形成。因此，团队对用户的游戏体验时刻保持关注和警惕，通过 Talkwalker 的产品对用户情感的实时监测能够确定问题的严重程度，及时与玩家进行沟通，并根据危机的规模及时调整团队的回应方式。

英国伦敦大学城市学院贝叶斯商学院以世界一流的商业教育、卓越的研究声誉和与实践的深入接触而闻名，该学院曾被命名为卡斯商学院（Cass Business School），但在发现约翰·卡斯（John Cass）爵士的部分财富是通过他参与奴隶贸易获得之后，学院于 2021 年 9 月重新命名。对于更名这一举措，部分人对此持否定态度，贝叶斯商学院出于品牌重塑、理解整个活动中利益相关者的真实感受的考虑，通过 Hootsuite（国外一个社交媒体管理平台）和 Talkwalker 公司的产品来跟踪围绕改名而产生的社会媒体情感。贝叶斯商学院有 4 000 名学员，300 名员工和 5 万名校友，并且 60% 的本科生和近 80% 的研究生来自海外，而社交媒体能使学校的影响力扩展到伦敦以外。Talkwalker 公司的产品技术在推特、领英、脸书和照片墙等平台上创建和分享内容，从而与不同受众产生联系，透过跟踪这些渠道的情感，对错误信息做出回应，推动人们围绕多样性和包容性等更广泛的主题进行对话。学校能够忍受负面情感，但当不实之词可能会损害学校正常发展或影响舆论方向时，学校需要积极主动地进行纠正。Talkwalker公司的产品借助情感分析工具，可以实时监测众多社交媒体，并结合上下文识别更深层次的内容，判断其中的情感属性，并将负面内容及时转达至学校以便做出回应。最终，Talkwalker公司的研究结果显示推特上的推文情感最为积极，而照片墙上的推文内容最为消极。9个月后，对学校改名活动的净情感值达到了93.7%（净情感值代表企业为客户提供的情感价值）。

HelloFresh公司作为欧洲最大的生鲜电商之一，在2018年9月至2018年11月的3个月内向全球184万活跃客户提供了4 650万份餐食。HelloFresh非常关注自己的品牌声誉，因此企业选择利用Talkwalker公司的消费者智能平台对顾客反馈进行分析，从而对产品及包装进行改进，并对自己在营销活动中的品牌声誉和业绩进行测量。之前，HelloFresh公司使用人工方式分析社交聆听和情感数据，往往漏掉那些未直接标注品牌的重要信息。与此同时，品牌团队缺乏跟踪业内可能存在风险的社交活动的软件与手段，极大地影响了公关反应时效。在企业持续成长的过程中，HelloFresh公司的营销与传播团队一直在寻找更高效地倾听消费者声音的途径。借助Talkwalker公司的技术，HelloFresh公司不但可以跟踪全网的品牌，更构建了综合预警及报告系统。HelloFresh公司的危机管理系统现在可以将粉丝数在10万名以上的任何作者的积极和消极内容归类，给出主要内容摘要并且产生每周报表，汇报在社交媒体中的实时品牌形象、行业趋势及竞争对手情报等。此外，社交数据也可应用于改善企业食谱、包装以及配送路线等方面，从而提供更优质的顾客体验，Talkwalker公司在发现顾客反馈后，会把其定性分析传递给企业的产品及顾客关怀部门，让顾客来判断问题是否真实并进行对应。消费者评论等数据的可信度和有效性给了HelloFresh公司的团队成员很大的启发，同时也让企业管理者看到社交聆听所具有的重要价值。

7.3.3　案例 3：互动视频平台 MorphCast

（1）面部情感识别技术

MorphCast 是全球唯一的互动视频平台公司。它集成了强大的面部情感人工智能技术，能够检测和分析 130 多种面部表情和特征，可以根据每个观众的情感、注意力水平、参与度等独特的特征来定制视频的内容，从而增强视频互动性。由于每个面部表情都会激活不同的肌肉，深度学习能够确定基本情感，如悲伤、快乐、愤怒、厌恶、恐惧、惊讶或蔑视。MorphCast 公司提供的产品使用了人工智能来评估用户对信息、产品、商品和服务的非语言反应和回应。高效利用平台采集的观众情感数据可以了解目标受众需求，提高客户对产品或服务的满意度，改善品牌形象，并根据接受者的情感进行内容定位，获得对拓展业务有价值的洞察力。MorphCast 公司的面部情感识别软件 AI HTML5 SDK，只需要通过与互联网相连的普通摄像头就可实现对用户进行全方位的情感分析。该软件以功能强大的深度神经网络为基础，可嵌入任意网页及应用程序，在识别出用户性别，推测出用户年龄范围之外，通过面部情感的微妙差异，将情感划分为愤怒、失望、恐惧、开心、悲伤、惊喜、中性等 7 种类型，可实时观察情感变化以及注意力专注程度。同时，该软件也可以对使用者面部特征进行分析，并对使用者当前情感唤醒和效价介于“-1”到“1”之间进行等级评判。MorphCast 公司平台的分析仪表板可透过图表及互动指标对体验结果进行评价，测量用户在内容上的绩效，根据用户情感反应来调整用户体验。另外，MorphCast 公司的面部表情识别软件完全符合通用数据保护条例（General Data Protection Regulation，GDPR）规定，这意味着所有数据都是匿名处理的，图像转化为数据后会被立即删除。

但是，实现上述功能并非易事。首先，该系统必须建立情感和注意力共同作用的数据集，还必须对人脸检测、情感识别等计算机视觉架构进行研究，确保这些架构能够以浏览器可接受的速率进行操作。其次，要建立足够规模的数据集，让用户能够看到各种视频。因为要基于用户现场反应向其提供个性化内容，所以该平台还要建立数据集来刻画用户对各种视频类型的观看情况。该数据集需要包括面部检测、情感识别、年龄与性别估计、注意力检测等基本功能。在这种程度上，该系统还需要建立一个工具来搜集此类数据。鉴于上述需求，平台开发团队研发出一套网络注解工具，为用户呈现一组录像和录制用户情感反应。在观看视频时，系统会要求用户注释自己的心情以及对每一段视频的关注程度。最后，系统会将视频内容呈现给用户，通过设备摄像头来观察用户的响应情况。在这个过程中，计算机通过摄像头检测人脸，从所识别的人脸里提取出情感和人口统计学数据，并监测用户的注意力变化。为此，MorphCast 公司开发出利于移动的网络结构，该网络结构可以在中等移动设备上运行 10 帧以上，并在所得数据集上进行训练生成情感和注意力信息，且内存仅占用 100 ~ 200 KB。

（2）智能情感广告

雅虎工作室出品短片《汤姆的故事》为增进人们对社会话题以及相关慈善机构的了解，在 MorphCast 公司的情感人工智能交互视频平台的支持下，充分运用人工智能和情感计算等创新技术，拍摄 3 部短片（截至 2022 年 8 月仅推出首部）。短片描述了主人公汤姆作为一个年轻的变性人上班的第一天，影片共有 8 个不同分支的叙事版本。利用 MorphCast 公司的面部情感识别技术可以识别出受众在每个时间节点上不同的情感，以贴合情感触发共鸣来改变叙事方式。雅虎创意工作室资深主管杰弗里·古德温（Jeffrey Goodwin）表示，拍摄出具有奇妙互动及分支叙事剧不失为一个广告新思路，尽管它也为受众提供了内容，但它更具有互动性，更能充分地调动受众情感。这也说明 5G、移动边缘计算以及人工智能不只是一种革新，还可用于制造共鸣、变革学习以及把情感引入技术世界。

随着消费者在品牌上不断追求更加个性化的体验，雷克萨斯希望探索利用人工智能让广告响应受众，从而说明广告细微而实时的变化能够给用户带来情感上的正面效果。于是，雷克萨斯（ES 车型）在发布时使用了根据受众当前情感状态而动态生成的体验式广告《人工智能情感旅程》。广告借助 MorphCast 的人工智能情感分析技术，制作出实时变化的个性化视频来识别和检测受众的情感，并基于改变实现实时数据可视化。广告所采用的 MorphCast 软件开发工具包能够对人脸进行识别和检测，采用深度卷积神经网络对情感、年龄、性别以及头部姿势进行了分析。在受众与人工智能交互过程中，影片将依据受众情感状态通过视觉、音乐等形式展示对应内容。系统一旦识别出受众当前情感（紧张、惊奇、轻松、迷茫或者愉悦），就会对色彩、视频、声音以及动画图形元素进行相应调整，编辑节奏变快或变慢，音乐更兴奋或更冷静，色彩更明亮或不明亮，或导入“情感序列”蒙太奇来配合影片。最后，在广告体验结束后，系统将产生一段可以共享的、独一无二的录像量身定制受众全程感受，并同步展示以情感为导向的录像改变视觉的全过程回顾。视频结束后，用户可通过浏览时间轴来展示数据可视化过程中所记录到的所有情感。

7.3.4 案例 4：政企舆情监测平台新浪舆情通

（1）舆情数据监测与可视化

蜜度旗下政企舆情大数据服务平台——新浪舆情通舆情信息监测系统，依托中文互联网大数据和新浪微博专属官方数据，结合先进人工智能技术协助政企客户实现“7×24”小时全天候舆情监测、舆情预警、舆情大数据分析和舆情报告。新浪舆情通舆情分析系统运用领先的自然语言分析技术对监测内容进行有效聚焦、自动检索、多维度深度以及自动统计分析。分析系统通过后台对用户的监测主题进行轮询和分析，提前抽取相关信息，并优先显示可能引发危机的负面情感信息。新浪舆情通舆情分析系统采用情感分析和其他技术对与监控主题有关内容进行消极、疑似消极和非消极情感属性分析。当涉及某一地域、有可能引发危机的消极及可疑消极属性的内容将集中呈现在用户面前时，新浪舆情通的后台可以通过监测分析系统开展日常监控，时刻掌握口碑变化，迅速发现异常，并在此基础上通过大数据智库分析报告等方式开展周期性的总体评价。新浪舆情通品牌情感地图可以分析出消费者对于品牌情感类型、情感变化趋势等信息，帮助商家站在消费者的立场上改进产品、提高品牌竞争力。同时，平台从消费者关注的焦点、总体情感分布与变化、积极与消极高频词、营销活动的扩散等多个角度进行分析，还可以对特定舆论危机事件在传播特征、种类分布、应对分析等方面进行集中研究，并且可以一键输出报道，掌握内外不同的评估，增强品牌竞争力。在对消费者的洞察中，该体系通过对多个渠道的品牌信息进行实时监控、分析和跟踪，掌握消费者的决策路径和用户的喜好，利用大数据对品牌进行全方位的洞察，从而实现营销决策的最优化。

（2）热点舆情情感分析

① 奥运表情包

2020 年，东京奥运会拉开了帷幕，除了为国争光的中国选手频繁在社交网络上爆红之外，许多相关表情包也风靡网络。例如，吴京“奥运助威”系列表情包中吴京一袭绿运动衣上印着“中国”两个字，非常醒目，很多网友都在这张照片中自由发挥，做出了不一样的表情包，为奥运健儿加油助威。新浪舆情通大数据平台数据显示，截至 7 月 27 日 18 点，奥运版吴京表情包共触发 8.86 万条相关消息，特别是 24 日中国选手在奥运会第一天就收获 3 枚金牌，让我国网民对奥运会热情高涨。为奥运祈福、为夺金庆功的吴京表情包更是刷爆全网，吴京“奥运助威”系列表情包成为网民群体一种重要的情感传达手段。观察“吴京表情包”这一网络传播热词，“夺冠”“首金”“金牌”“摘金”“冠军”这些关键词频繁出现，奥运赛场运动健儿的奋力拼搏以及频传的佳绩让表情包成了人们直观而热情的欢庆方式。另外，面对与奖牌失之交臂的选手，大家纷纷以“不管是否排名靠前，都以中国为荣”的表情包寄予关心，对于个别国外选手的挑衅行为，网友们很快就更新了“不守规矩者不配与中国较量”之类的表情包，以宣泄心中“愤怒”。随着东京奥运会的举行，中国网民的各类情感在吴京的表情包里得到了充分的表达。

② 洪涝灾害

2021 年 7 月 20 日前后，河南省连续遭受极端强降雨袭击，郑州等多个地区出现了严重洪涝灾害，牵动着全国人民的心弦。新浪舆情通报道，“河南暴雨”仅在 7 月 20 日 14 点至 21 日 14 点 24 小时内就触发全网 1 135.72 万条相关资讯，20 日 23 点为资讯峰值，达到 159.89 万条，且“河南暴雨”传播热度一直未减，平均事件热度为 90.28 度。随着新闻媒体的快速跟踪报道，以及自媒体和广大网民受情感力量推动而自发地参与扩散，河南大雨已成为一个全社会关注的公共事件。新浪舆情通借助自身大数据计算和自然语言处理技术，迅速抽取事件中的传播核心词汇“电话”“救援”“报警”。极端强降雨导致人员被困牵动了网友的心，在灾害面前如何“求助”“求救”“急救”“互助”成了关注焦点。

③ 教育考试

2022 年，全国共有 113.3 万考生面临人生重大考验。在这段时间里，与高考有关的题目引起了亿万网友的热议，并衍生出许多有趣而又富有内涵的题目。在此基础上，新浪舆情通多维度分析了高考过程中的信息数据，以期为教育考试等有关部门在舆情数据方面提供支撑与借鉴。其中，在网友情感分析中，“高考”诱发微博情感中中性情感居多，喜悦情感次之（如图 7-4 所示）。与此同时，愤怒情感在微博的情感上也凸显出来。甘肃一考生考试作弊案和广东一考生作弊案是恶意编辑的“占坑帖”。这两起案件都在很短的时间内引起了舆论的激烈讨论。有关部门公开的权威调查结果能够抚慰广大考生及网民负面情感（如图 7-5 所示）。此外，公众人物在高考中被围，接到舆论热议后，对微博网民在话题讨论中常见表情符号进行了统计，发现“泪目”“伤心”“愤怒”“NO”表情符号出现频率较高。一方面，舆论对“私生饭”的现象进行了激烈的声讨，要求不要将追星的现象搬到考场上；另一方面，考生对考场秩序的破坏也引起了市民的担忧，

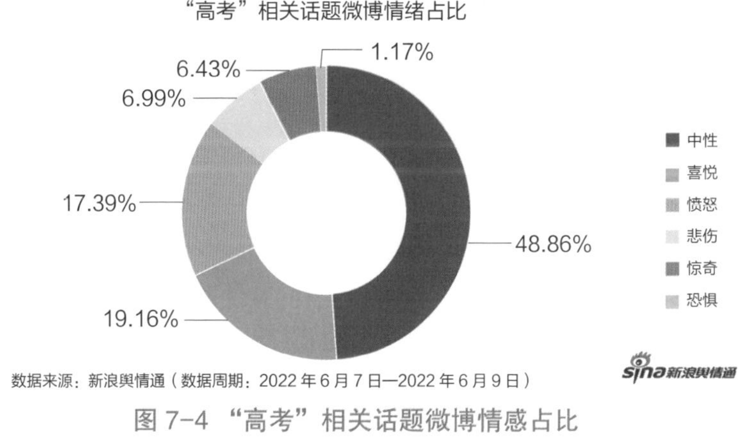

图 7-4 “高考”相关话题微博情感占比

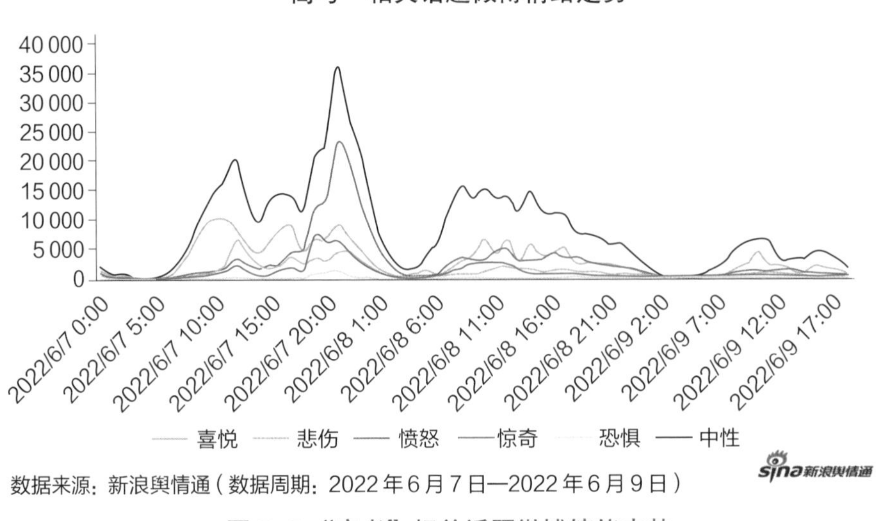

数据来源：新浪舆情通（数据周期：2022 年 6 月 7 日—2022 年 6 月 9 日）

图 7-5 “高考”相关话题微博情绪走势

应引起有关部门的警觉。

④ 品牌形象

理想 L9 于 2022 年 6 月 21 日发布，众多网友一针见血地指出“理想 L9 太贵了”，这让这款车引起了广泛争论。新浪舆情通从传播度、参与度、美誉度和偏好度 4 个角度出发，借助大数据和自身舆情监测分析系统，用“车企品牌 + 车型”或者“车型”与这 4 个关键词的搭配进行了分析。平台利用自身的智能内容提取技术采集了理想 L9 正反两方面评论，其中针对理想 L9 的正面评价居多，“舒适”“升级”“创新”类评价占大多数，而“天价”“质疑”类词语却位居负面高频词前 5 位，这表明网友还没有充分认可该车型的表现力，品牌溢价能力还没有凸显出来，品牌形象还有待提高。新浪舆情通对网民进行情感分析后发现，理想 L9 上市后，大部分微博网民持有中性态度，表现出“高兴”的微博网民比例为 14.5%，而表现出“不满”的微博网民比例为 11.1%。总体来说，网民的态度较为平淡。另外，当网民对理想 L9 的相关内容进行评论和转发时，“掩面哭泣”“doge”“二哈”“笑哭”的表情用得比较多，“点赞”的正向表情用得比较少。由此可见：一方面，因价格昂贵而令人望而却步；另一方面，车型自身的性能、智能化程度没有达到消费者的心理预期，引起了一些网友的不满。

7.3.5　案例 5：公关舆情监测平台梅花数据

（1）公关舆情服务与竞争企业监测

梅花数据公关舆情服务为企业公关与传播部门及其对应公关代理公司提供公关舆情服务，协助客户对企业本身及其竞品开展媒体舆情监测，对公关传播量化结果做出评价，并提供负面预警推送，负面流程管理与不实信息优化总体解决方案。平台以自主开发的深度爬虫引擎为基础，支持全网开放数据的动态获取，并提供加工、入库和多层深入数据爬虫等解决方案，以分布式集群部署为支撑，实现采集资源和优先度的灵活配置，满足用户定制化的数据获取需求。梅花监测系统的数据监测范围很广，包括传统媒体、社交媒体、新媒体、电商平台和新兴短视频，基本涵盖了全渠道媒体。平台以自然语言处理技术为基础，以文本内容为研究对象，通过噪声杂质筛选、情感倾向性分析、内容相关度计算、内容相似度识别、特征词抽取、自动摘要和自动归类为文本处理方案，并结合深度学习和机器学习中内容自定义分类与关联度计算，有效地帮助筛选出无效杂质数据，实现内容高相关判定和情感倾向性分析。

在当今人人皆为自媒体的大环境中，当企业危机事件发生后，往往一石激起千层浪，如何迅速且及时捕捉负面信息，赢得更多的公关时间就显得格外重要。梅花数据将营销中常用的积极内容布局方法与搜索引擎优化技术相结合，通过提升积极内容的排名来淡化、优化负面内容，促进整个良好搜索生态环境的形成，并进一步改善消费者心目中积极形象。从预警布置到公关任务的分工合作，构建了一套完善的危机公关管理流程以高效率地促进负面事件的处理和对量化统计数据的把握。平台根据客户对预警频次的要求，可以为商家提供全天候预警服务，并且拥有一支独家预警服务团队来实时跟踪事态发展动态。

梅花数据凭借 19 年的品牌优势及服务经验，将数据、技术、服务三要素有机融合，可对任何企业进行品牌调性及监控，同时基于客户对商业数据的实际场景要求，搭建一个贴合企业品牌，配套监控框架的独家服务平台，为用户量身打造高定制的商业数据解决方案。另外，梅花数据的战略情报服务可以针对顾客所关注的竞品或者竞争企业制定有针对性的竞争监控方案，随时关注他们在市场上、策略上、产品创新上的每一个动向，向商家透露竞品或竞争者当前的策略、能力表现以及市场反馈等情况，从而为商家制定各类发展策略提供有效的数据支持。

（2）负面舆情监测案例

2022 年 7 月 28 日，一条 15 分 38 秒的会议记录录音传遍网络，每日优鲜某高管和一位人力资源部同事联合发布消息称，因投资款项未按期到位，每日优鲜工薪停发，多数职工工作时间截至 7 月 28 日，7 月后社保公积金等要由所有人自理。录音流传到社交平台之后，“每日优鲜解散”迅速登上热搜。根据梅花数据舆情监测系统的监测显示，在 7 月 25 日至 31 日，此事件监测到的相关舆情声量为 62 149 个，敏感度为 51.91%。其中，在信息来源中，声量主要集中在客户端，占比 48.59%，微博的占比为 17.4%，网站平台的占比为 15.747%，微信的占比为 7.21%，其他信息来源占比不超过 10%。在声量热词方面，热词云图中“解散”“亏损”“关闭”“员工离职”“拖欠”等负面情感词汇排名较前。在热搜方面，每日优鲜事件相关热搜热度总计 6 067.36 万次，上榜 24 次，上榜平台 8 家，总持续时长达 100 小时。

2022 年 8 月初，媒体报道曾收到消费者投诉称，自己购买的白象方便面面饼上满是蚂蚁，但客服最终只给出 100 元的赔偿方案。8 月 3 日晚间，“白象方便面被曝面饼上满是蚂蚁”的微博登上了热搜。白象食品于 4 日上午在其官方微博上发表声明：日前，该公司在网上发现消费者反映所购白象方便面面饼中含有活体蚂蚁的信息，公司非常重视。经过查证，这件事绝不是该公司在制造时发生的质量问题。网络上关于此事件的讨论持续发酵，意见不一。根据梅花数据舆情监测系统监测，8 月 1 日至 7 日此事件共监测相关舆情声量总计 20 060 条，敏感度达 85.3%。其中，在信息来源中，声量以微博为主，占比 58.2%，客户端占比 23.9%，视频占比

9.28%，其他信息来源占比不超过 10%。在声量热词方面，热词云图中的“蚂蚁”“品质问题”“消费者投诉”“不符安全标准”“食品安全法”等词语排名较前。在热搜中，白象事件相关热搜热度总计 5 639.94 万，上榜 14 次，上榜平台 8 家，持续时长 118 小时。

作为商业主体的企业更容易被公众置于对立面。因此，当负面事件暴露出来后，即使没有准确的证据来证明这些负面事件的真实性，人们也很容易被影响。尤其是当信息来源于草根时，网民站队现象更加突出。负面舆情所造成的冲击是全方位且易引发一系列连锁反应。特别是在信息网络日益发达的今天，这一现象越来越普遍。就企业来说，对企业形象的损害是长期的，甚至是不可逆的，直接结果是影响企业销售额与竞争力。在上市公司中，企业形象的冲击会造成股价波动，并动摇投资者和商业合作伙伴的信任。梅花数据负面舆情监测系统可以及时控制企业负面舆情态势，在负面舆情苗头显现时，能及时做出舆情态势多维分析，了解公众情感及态度，结合舆情大数据分析其主要情感倾向及诉求，从而判断问题之所在并对症处理，有效控制舆论走向，遏制负面风险的扩张。

7.3.6 案例 6：识微科技舆情监测系统

（1）识微商情与舆情情感倾向分析

由于互联网技术和在线传媒的不断发展，公众获得信息和表达观点的平台与渠道愈发多样。互联网每天会产出大量信息，网络上的舆情数量也呈井喷式爆发。对舆情工作者以及相关部门来说，针对特定热点事件进行舆情分析并非易事，单是舆情收集工作就需要耗费大量的精力与时间，对舆情进行针对性、代表性的数据分析更是有着不小的难度。

湖南识微科技有限公司（简称“识微科技”）开发了舆情监测系统来帮助企业快速发现和整理全网舆情，通过实时监测社交媒体、博客、论坛、新闻站点等平台，实现管理互联网声誉、了解竞争对手、洞察行业动态等功能。识微科技将网络舆情热点事件的分析分为具体的来源分析、传播路径分析、传播声量分析、传播地域分析、滋生话题分析、情感倾向分析、发展趋势分析等 7 个方面的内容，将网络舆情热点事件分析视作一项系统性的工作。识微科技的舆情监测系统具体有以下功能。

一是舆情来源分析。对舆情进行溯源分析能够了解舆情的滋生渠道并第一时间发现和干预舆情。识微商情网络舆情分析平台除了可以进行全网舆情监测收集之外，还可以同步进行对舆情来源的分析，帮助用户掌握舆情发布的第一来源渠道，从时间上与舆情的发展和演化进行赛跑，及时进行干预和引导，从而防止舆情危机的发生。

二是舆情传播路径分析。为了掌握舆情现状，便于下一步采取舆情应对措施，有必要进行舆情传播路径分析。识微商情在线舆情分析平台可以实现舆情的自动跟踪，帮助用户了解舆情的整体传播状况，以及需要使用哪些渠道进行舆情干预。

三是舆情传播声量分析。当舆论滋生时，为了合理影响舆情反应，有必要对舆情进行评估。一般来说，就是分析舆情传播的声量。借助在线舆情分析平台，可以自动统计舆情传播过程中的转载量、评论量、发布平台等，通过量化的数据进一步对舆情进行把握。

四是舆情传播地域分析。为了从整体上理解和把握舆情的影响，对舆情传播的区域分析同样重要。识微商情网络舆情分析平台可以分析不同地区的舆情信息传输量大小、言论的集中度以及不同地区网民的关注侧重点等。

五是滋生话题分析。为了科学分析舆情热点事件的后续影响，有必要分析其带来的衍生话题。识微商情网络舆情分析平台可以分析舆情传播各个阶段的热点话题，并使用多个分析项目快速了解舆情事件。

六是舆情情感倾向分析。无论是企业还是各级政府部门，最重要的是在舆情滋生后及时处理负面舆情，将危机影响造成的损失降到最低。网络舆情分析平台能够准确识别和分析网民和媒体的正面、负面、中性等舆情信息，并提供舆情预调整通知，用户可以有针对性地完成引导和处理工作。

七是舆情发展趋势分析。识微商情网络舆情分析平台还可以实时监控和分析舆情发展趋势，方便用户掌握舆情发展情况，做出有效预测，防止二次或次生舆情滋生。

对企业而言，最重要的是了解消费者对品牌、产品的感官情感。消费者在产品使用过程中遇到任何不愉快的事情，都有可能演变为舆情危机。

因此，情感分析可帮助企业了解最关键的两个方面：一是客户对企业的品牌和品牌产品的总体感觉如何；二是客户对企业提供的体验有何感想。

情感分析处理各种类型的客户沟通和反馈、电子邮件、评论、论坛帖子等，提取数据中表示主观性和语气的信息，并将其量化评分，可以帮助企业做到以下几个方面。

一是提供机会。情感分析使企业可以将整个客户群划分为不同的细分市场，如最快乐的客户、购买潜力最大的客户、沮丧的客户以及准备离开品牌的客户。企业可以利用满意的客户来创造销售机会。

二是提供卓越的支持。企业可以使用情感分析来组建聊天机器人，在聊天过程中通过检测客户的情感，判断当下由机器人继续对话还是由经验丰富的专业人员与客户沟通，这将大幅改善客户的聊天体验。

三是识别情感触发。客户的大多数行为来自他们的情感和所获得的经验。积极的客户服务可以唤起积极的情感，从而导致积极的行动。相反，服务水平低下会激发负面情感和行为。通过情感分析，企业可以确定哪些消息和聊天会为客户带来情感上的触发。例如，短语“我们将在一段时间内与您联系”可能使客户烦恼。又如，将表情符号添加到聊天、消息或电子邮件中会触发客户的友好响应。情感分析可以解码客户的情感和行为，从而使企业做出有根据的决策，以提高客户服务的质量。

四是积极与客户互动。情感分析可以解读客户的语气、态度和心情，使企业有机会在适当的时间与适当的人打交道。企业将知道应该与谁联系，应该谈论什么以及应该使用哪个渠道。以正确的方式与客户互动，可以提升客户对企业的满意度，进而为企业带来更多的价值。

（2）识微舆情情感分析经典应用案例

① 2021 世界人工智能大会热点情感分析

2021 年 7 月 7 日—10 日，2021 世界人工智能大会在上海世博展览馆和上海世博中心举行。国内外人工智能领域的科技界和产业界代表相聚上海世博会中心，围绕数字城市、工业数字化和数据治理等主题开展分享和交流。

2021 年 7 月 7 日—10 日，2021 世界人工智能大会在上海世博展览馆和上海世博中心举行。国内外人工智能领域的科技界和产业界代表相聚上海世博会中心，围绕数字城市、工业数字化和数据治理等主题开展分享和交流。

在 7 月 7 日开幕当日，关于这届人工智能大会的网络舆情并不多，直到 7 月 8 日—9 日才有较高热度。到了 7 月 12 日，大会过后间隔了一个周末，舆情突然高涨起来，热度值超过了大会期间。

识微科技舆情监测系统分析显示，大会热门的话题多数来自互联网科技公司，如腾讯、百度等。在热度靠前的 14 个话题中，有 4 个关于腾讯。其他热度较高的话题包括："美团无人机发布""AI 可以识别甲骨文""刘慈欣加入商汤科技""李彦宏：人工智能将影响人类未来 40 年""华为将推出 AI 开发新模式，预训练大模型'盘古'"等。同时，识微科技舆情监测系统还进行了情感分析。分析结果显示，整场大会获得很多好评，积极情感高达 91%（如图 7-6 所示）。

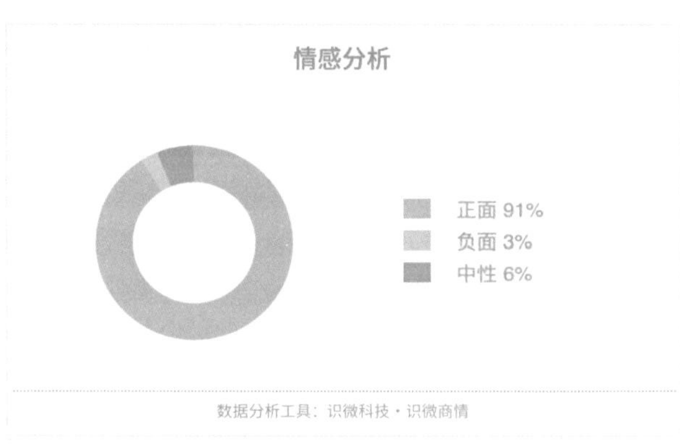

图 7-6　2021 世界人工智能大会热点情感分析
（图片来源：识微科技官方网站）

② 新东方双语直播带货模式走红事件分析

2021 年 12 月 28 日，在正式宣布开启直播带货平台东方甄选半年后，新东方的带货业务突然走红。在 2022 年 6 月 9 日的直播中，东方甄选旗下的主播用中文和英文双语对产品展开介绍，并在白板上进行书写，顺势给观众带来了一套相关单词和短语的英语教学。这一行动很快引起了网民的注意。越来越多的人来到直播室并调侃“我来上课了”。

数据显示，2022 年 6 月 11 日，东方甄选直播的观众人数达到 1 274.6 万人，当日商品交易总额达到 2 100.43 万元，在抖音平台的带货榜排名第六位。然而，在 6 月 1 日时，东方甄选尚排在 229 名，短短 10 天就上涨了 200 多个名次。新东方直播带货的喜人之势，也带动了股价的上涨。6 月 9 日至 14 日，新东方港股日内涨幅最高为 39%，新东方在线港股日内增幅最高为 196%。

其实，新东方的双语带货模式一直都有，突然走红的原因离不开其旗下主播董宇辉。董宇辉曾在新东方担任英语教师 8 年。一些网民说，他“不仅仅是英语讲得好，其他知识储备也很足”，且因其“自黑”为兵马俑脸型，其直播片段热传于网络，带动了新东方双语直播带货模式的整体“出圈”。识微商情分析，从情感比例来看，网民对事件的表达主要是正面情感，占 85%，中性和负面情感分别占 12% 和 3%。大多数人都表示喜欢东方甄选的直播模式，或者对这种转变持乐观态度。

7.4　应用挑战

近年来，情感计算在文娱传媒领域的应用逐渐增多，特别是在舆情监测、广告推广、视频传播等方面。但是从整体上看，情感计算在文娱传媒领域的应用尚处于探索发展阶段，应用面尚不广泛，大多集中在舆情监测方面，而在舆情监测中应用情感计算的又多以文本情感计算为主。因此，将情感计算应用于文娱传媒领域除了面临情感计算在应用过程中可能会带来的数据所属与保护问题、用户个人隐私权问题等法律及伦理问题之外，还面临文本情感计算在该领域应用的特定问题，如认知情景的多样性、主题的多样性、上下文的稀疏性，以及专业情感词典的完善和模型创新等技术问题。只有对这些问题进行深入思考要，才能使得情感计算更好地应用于文娱传媒领域。

7.4.1 文本情感分析的难点

现有的文本情感计算方法在文娱传媒中的情感识别上还存在若干难点。例如，由于网络认知情景的多样性、主题的多样性、上下文的稀疏性等，难以做到精准的情感识别及实时的情感状态跟踪等。下面将从文娱传媒中网络认知情景的多样性、主题的多样性、上下文的稀疏性等3个方面，梳理现阶段文本情感计算应用于文娱传媒领域所面临的挑战，也是情感计算在真正推动文娱传媒的发展、实现数字化和智能化过程中亟待解决的问题。

（1）认知情景多样性背景下的情感认知问题

目前，应用于文娱传媒的情感计算主要是对文本内容的情感特征词、上下文的信息辅助分类模型进行分类，但情感和心理活动是有关联的，心理活动又与当时的认知情景密切相关。因此，当前在情感分析中如何科学有效地引入认识性的分析仍面临困难。

根据心理学的基本原理，人的情感分为4类：一是与情景相关，从历来都有的触景生情这一说法可以看出，情景对人的情感影响较大；二是与需求相关，需求得到满足，情感就是正向的，否则情感可能就是负向的；三是与人的认知有关，即仁者见仁、智者见智；四是与行为有关，情感是行为的最终表达，行为的实施对情感产生影响，如助人为乐，把做好事作为一件快乐的事情，这就是行为的影响。当前，在文娱传媒中所使用的原生态数据多是未经过修饰的、鲜活的、直观的，包含了语境、语构、语义等方面的不确定性。对此类数据进行挖掘并进行情感计算具有较大的难度。如果可以结合所处的认知情景进行分析，那么情感识别的准确性将大大提高。

由于文娱传媒涉及多样化的网络认知情景，在情感计算时就有必要研究相应的情感认知，主要包括以下两个方面。一是从心理学的角度研究情感认知的内在机理。例如，特定的网络用户在网络虚拟社会环境下，对网络媒体这种新兴媒体的认知心理与传统的认知心理有何不同？二是要利用网络大数据来挖掘情感产生的外在原因，可以把这种外在原因称为社会因素，要试图从人的心理与大数据的关联角度找出情感间的关系。例如，中国人为什么喜欢红色？原因很难解释，但可以从大数据挖掘中找出相应的社会关联。因此，如何基于情感认知的心理机理和数据挖掘来提高情感计算的准确率？如何从情感认知方面研究内在机理和外在诱因？如何能够把这些关联起来？这些问题还需要进行更深入的研究，这势必推动情感计算在文娱传媒应用中的进一步发展。

（2）主题的多样性

情感计算与在舆情监测中一个亟须解决的问题是文本对应主题的多样性，即同样的词会随着事件主题或描述对象的不同表现出不同情感极性，如“低”，在“性能低”中是消极情感，而在“风险低”中则是积极情感。

网络媒体在传播信息的同时也为人们提供了一个线上交流的场所。一直以来，一些特定平台的用户大部分是由对特定主题感兴趣的人群构成，例如，某高校舆情论坛的用户大部分是高校师生，某球类运动媒体平台的用户则大部分是对该运动感兴趣的人群。因此，特定媒体平台用户的讨论往往是针对大主题下的一系列小主题展开的，讨论内容不会太过于分散，即具有主题集中的性质。然而，随着用户急剧增多和数据量的爆炸式增长，特定平台的用户组成越来越复杂，内容也趋于多元化。例如，高校论坛会出现对某专业研究方向的深入探讨，球类运动节目平台会出现对网红球星的争论等。从发展趋势看，同一平台包含主题差异极大帖子的概率会越来越大，而主题间的差异会对情感挖掘形成挑战。

因主题多元化而形成的另一个问题是适用性问题，即针对某一主题开发的情感分析方法是否适用于同一媒体平台下的其他主题，如在微博中不同事件的帖子所讨论的内容就具有较大差异性。在特定社交话题下，网络短文本情感分析的情感的极性和话题具有极大的依赖性。在分析之前，要先确定这个话题的主题。例如，从海量无标注的数据中提取话题的特征知识，包括词的极性知识以及词与词相似性的知识，然后把这些知识融入标注数据的模型中进行分类。

可以看出，主题适用性是媒体平台情感挖掘的重要问题，而随着网络媒体的主题趋于多元化，解决方案的提出迫在眉睫。目前，针对跨领域主题带来的语境复杂性的解决方案各有缺陷，成熟的标准方案仍有待进一步研究。

（3）上下文的稀疏性

在文娱传媒中，情感准确识别的困难还表现为情感词极性的歧义性、情感词强度的模糊性等。在情感词极性的歧义性方面主要有两个问题：一是依赖文本语境信息，在不同的文本语境下极性不一样；二是依赖用户的上下文语境信息。

从事语言工作的人都知道，语言最大的难度是语义，在进行分析的时候主要是词的情感和噪声具有不确定性。例如工资上涨及物价上涨，同样是上涨的词，工资上涨令人高兴，物价上涨肯定是令人不高兴的。对一个句子来说，如果说“国足太差了”，另一个用户说“我同意”，单从“我同意”这 3 个字很难理解他的网络情感极性，需要联合上下文加以分析。

在文本的语境信息里，情感词极性具有一定的上下文依赖性。但是，网络媒体的文本一般来说都较小，普遍在 200 字以内，存在很多词汇特征的稀疏性问题，但情感信息是很丰富的。例如，作为短文本，微博上下文缺失和特征稀疏的特性会影响情感分析的准确性。一个微博在不同的背景下可能显现不同的情感。例如：“为期两天的高考开始了……”“2010 年世界杯即将开始！”在同一时间、区间内，同样是两个事件的“开始”，表达的情感却不一样。在一般认知中，“高考”通常会给人带来紧张、严肃的感觉，而世界杯则常常联想到“激情”“汗水”“欢乐”，甚至“干杯”。因此，结合上下文进行情感分析显得尤为重要，要通过营造微博存在的外部环境来帮助读者理解每条微博的真实含义。然而，微博的简短性不可避免地会造成上下文缺失和特征稀疏，这也为情感分析带来了挑战。

7.4.2 技术突破的挑战

人类个体的情感交流是一个十分复杂的过程，除了受具体的交流者对象、经历以及交流时间、地点及环境的影响之外，每种情感还具有各自独特的情感表达。另外，网络情感词汇的快速更新、不同模型的局限性、多模态数据的融合处理等，也都会对情感计算的准确性产生影响。因此，现阶段大多数在文娱传媒领域对情感分析的应用突破仍面临众多问题与挑战。

（1）专业情感词典的完善

由于目前情感计算主要还依赖于文本情感计算，文本情感计算需要丰富完善的情感词典，在文娱传媒中情感计算面临的一个重要技术问题便是专业情感词典的完善。

文娱传媒不同于其他领域的情感计算，首先是跨语言情感词典的问题。随着国际化脚步的加快和教育水平的提高，越来越多的人掌握了多门外语，浏览他国媒体信息的需求也在与日俱增。在出国旅行、国际文化交流、学术研讨等活动中，常常涉及提取其他语言媒体信息的过程。因此，多语言网络媒体平台的出现是大趋势，情感挖掘在日后发展中很可能涉及双语言甚至多语言数据处理，这将为情感分析带来极大挑战。跨语言问题的解决有多种方案，常见的是利用一门语言的情感资源去分析另一门语言。实际上，目前跨语言分析的关注度比多语言分析要高，因为现阶段多语言平台不多，而情感分析资源一直具有分布不均衡性，即比较完善的、开放的语义知识库或语料库等情感词典主要是英文资源的，其他语言的情感分析资源库较为贫乏或不够完善。例如，像 How Net 这样的中文情感词典虽有一定认可度，却忽略了语言灵活性的特点，且无法保证低频词的质量和稳定性。

其次是网络情感词典的更新问题。随着互联网的高速发展，各种网络用语也应运而生，而网络用语的形式和传统词语有着很大区别。其一，网络是非正式的语言，在日常生活中，人们会避免错别字、语句不通等问题，但在网络上，表达方式的严谨性大大降低，这样的文本载体对情感分析带来很大的挑战。其二，网络新词不断更新。例如，“yyds”“绝绝子”“emo”等网络新词往往具有强烈的情感色彩。这些词语是不包含在基础情感词典中的，但在判别情感倾向时它们起着重要的作用。当前，网络情感词典更新最大的困难在于语言的不规范。例如，在微博中出现大量的错字、别字组成的词语，甚至很多人为的谐音梗，如“杯具”（悲剧，带有负向的情感倾向性）、“油菜花”（有才华，正向的情感倾向性）等。这些不规范的词语导致基于传统长文本训练的词典在网络媒体情感计算中并不适用。此外，微博中还有大量的文本表情符号，如微博自带的图形交换格式（GIF）表情图片以及从日本传入的颜文字。这些表情符号不同于文字或者一般符号，在认知上人们更倾向于将它看作是一张图片。这一特点使得人们在表达情感的时候更倾向于加入这些符号，以表达一种更强的额外情感。但是，传统的文本情感分析方法并没有抓住这一特点。在网络媒体环境下语料的特点导致传统的构造情感词典的方法出现偏差。因此，结合网络媒体短文本自身的特点，训练出新的社交网络的情感词典成为一个亟须解决的问题。

最后是新型颜文字情感词典的构建与完善问题。颜文字作为一种新的网络热词形式，在多语言符号的基础上逐渐演化成包含多种字符与图案集的亚文化语言，广泛存在于各大网站中。颜文字词典构建需要与传统情感词典相结合，并结合否定词表与程度副词表等，才能够实现多元化的情感发现，才能使情感计算适用于快速发展的媒体文化。

（2）模型的创新

情感分类是情感分析的重要基础，传统的方法主要基于情感词典和机器学习方法，由于语言的多样性和复杂性，不同语言在不同领域中的情感表达可能有所差异。因此，除了需要构建高效的通用情感词典外，对情感分析模型不断开发创新也是当前文娱传媒情感计算所面临的一大挑战。

文本情感分析的巨大价值诱导出各式各样的微博情感分析方法。然而，这些方法都不同程度地存在自身不足的缺点。例如：基于词典等的方法受制于词典覆盖率的问题；像 word2vec 这种表示学习的方法，虽然可以依赖海量的数据学习并形成新的表征模型，但这些模型无法体现个性化。此外，有监督的情感挖掘方法不同程度地利用训练语料来训练生成文本情感分类器，一般具有较高的分类准确率，但获取训练样本的高昂成本极大地限制了此类方法的应用。因此，以 JST、SLDA 和 DPLDA 等为代表的无监督情感分类方法近年来备受青睐。此类方法能够有效地避免传统无监督情感分类方法所具有的情感词典依赖性缺点，达到较好的情感识别效果。

然而，现有的无监督情感分析方法都不同程度地忽略了一些基本的现实问题。首先，情感极性是与相应的主题密切相关的，主要是指一个与主题密切相关的变量，并不是具体指某种确定的情感极性，这个变量可以取值为积极（赞成、同情）或消极（反对、厌恶）等。例如，在微博话题“厦门公交车纵火案”中，随着对主题事件的深入了解，网民在发表关于该事件的微博中表现出来的情感极性会发生改变，如从愤怒到同情。因此，如果情感计算模型脱离了主题的情感挖掘模型，那么结果将有所偏离。其次，一些媒体信息具有篇幅短小、不规范、多模态等特性，许多在传统文本挖掘中被视为噪声的数据在相应的情感计算中却可能显得格外重要，例如，ACSII 艺术的表情符号在构建模型时，不得不考虑此类信息。此外，网络媒体用户群的性格存在差异性，不同性格的媒体用户的思想情感表达方式不同，含蓄委婉抑或坦率直接。对这些基本事实的忽略导致此类无监督方法的情感分析与主题检测效果难尽如人意，在构建模型时仍需要针对这些问题进行不断的创新。

（3）情感数据的多模态相关性

随着数字媒体技术的发展，互联网逐渐向移动社交化转变，网络媒体中的内容不再局限于文本，而是融合了视频、图像、音频等媒体的多样化形式。图片、视频等载体综合了画面、色彩、文字等特征成为网民表达情感的新形式，用户表达情感的渠道得到很大拓展。然而，目前情感分析任务更多关注于文本内容，对其他情感表达方式关注不足。

目前，在文娱传媒中使用的情感计算多为文本情感计算，文本情感分析是自然语言处理的重要研究领域。考虑到自然语言的复杂特性，网络媒体的评论数据除了直接性的情感表达之外，往往伴有多种复杂的修辞特征，最常见的是反讽型。例如，网友对央视主持人朱广权被修图的照片进行评论，“这样穿戴就是寒风中最靓的仔”。“最靓的仔”是用来形容央视主持人朱广权被修图后诙谐搞怪的形象，并非对其形象的认同或夸奖。“靓”原意为“俊俏、漂亮”，与修图照之“丑”形成语境对立，很显然网友是在反话正说，看似表达的是积极的情感，实则蕴含着具有强烈讽刺意味的负面情感。但是，传统的自然语言处理模型会根据“靓”“仔”等词将这句话判为正面情感，无法做到对文本信息的精确处理，这显然是不符合任务要求的，也正是目前舆情情感识别技术的难点所在。

另外，用户群在微博上的言行表现也是一种复杂系统行为，用户可以采用不同模态形式的媒介（如文本、图像、音频与视频等）、不同种类的语言（如姿态语言、文字语言等）与不同交互行为（如点赞、收藏、评论等）来表现自己对事物的态度与情感。因此，太过依赖于文本情感计算必然会限制文娱传媒领域情感计算准确度的提高，需要结合多模态数据进行协同分析。

未来，文娱传媒领域情感分析需要充分考虑这类媒体的挖掘，将视频和音频情感分析、图片处理、跨媒体共同特征学习等进行多模态融合。相较于单模态信息，多模态信息情感表达更加丰富与复杂，多模态情感分析也具有更高的准确性和稳定性。目前，虽然已有学者对图片和视频的情感信息进行了相关研究并取得了不错的进展，但如何将这种新载体的情感分析应用于网络舆情领域，以及在对网络舆情情感分析时如何根据模态的不同选择适当的模态融合方法，仍然面临一定的挑战，这些也将是未来需要研究的课题。

第八章　社会治理行业应用及案例

情感计算持续发展，在行政执法、刑侦审讯、政府选举等方面都逐渐得到了运用和推广。在边境检查、案件侦查和其他执法过程中，运用情感计算可以识别公众的非特定情感，发现公众异常行为并锁定嫌疑人。在案件审讯过程中，对嫌疑人生理反应、面部微表情等信息的监控，能够发掘嫌疑人对相关问题的回应度，把握嫌疑人心理和生理反应并突破心理防线获取供述。应用于智慧城市和智慧司法建设的情感计算可筛选出具有自体原发性焦虑紧张状态的潜在危险人员，从而协助安检人员进行检查。另外，社交媒体公众情感分析还可以应用于筛选危险分子、预测政治选举等更广范围的社会治理领域。

8.1　学术研究概况

8.1.1　国外研究概况

（1）民意调查与政治选举

21 世纪，人工智能在多个领域迅速崛起，包括公共管理领域。全球政府机构已经达到了 20 世纪无法想象的自动化水平，机器学习、情感分析、文本挖掘、模式识别等人工智能技术已经成为公共管理部门最具代表性的应用技术。例如，运用了人工智能技术的数据分析、预测分析等，在治安管理、预防新型冠状病毒感染等活动中得到了广泛的应用。某些政府服务已经实现自动化和数字化，呈现以社交媒体为主的新型沟通形式。在学术领域，对于社交媒体所生成数据的发展与认识多侧重于单模态情感分析，以一维情感分析为主。特别是目前对政治运动的研究较少有多模态情感分析的研究，且多侧重于极性分析。对社交媒体在选举中的研究始于美国前总统奥巴马，他亲手推动了脸书和其他社交媒体工具的密集使用，打造自身品牌价值，最终赢得了总统竞选。此后，社交媒体平台常被用于实施针对性的改变选民认知和决定等策略。有相关研究将社交媒体用户的行为与其他变量联系起来，以解释不同类型的结果，还有一些研究则使用情感分析来理解选民情感倾向。

2013 年，荷兰特文特大学罗宾·埃芬（Robin Effing）等在荷兰测试了社会媒体参与模型（Social Media Participation Model，SMPM），发现用户对社交媒体的使用频率与社会责任感之间呈负相关。随后，这些学者在 2016 年的一项研究报告中推出了 SMI2（Social Media Indicator-2）框架和相关的计分算法，该算法有助于对政治家的社交媒体活动进行更可靠的影响度量。同时，学者利用该研究的框架和算法对 2014 年荷兰市政选举进行了测试。结果表明，基于 SMI2 的影响力得分较高的政治家和政党在选举中也获得了更多的倾向性投票。

2010 年，美国卡内基·梅隆大学计算机科学学院布伦丹·奥康纳（Brendan O'Connor）等收集了 2008 年至 2009 年总统选举时包含“麦凯恩”（McCain）或“奥巴马”（Obama）短语的推特推文，应用词库情感分析技术对推文的内容进行分析，并将其结果与民调数据进行了比较。为对比推文与民调数据情感得分，研究采用特定主题（指总统候选人）正负面推文的比率，最终获得高达 44% 的相关系数。

2014 年，印度 PSG 艺术与科学学院弗朗西斯·巴克利（Francis Barclay）等对 2012 年美国总统选举前在脸书和推特两大网络社交媒体平台上表达的政治观点进行研究。通过与选举结果的对比分析，研究人员推断网络社交媒体所发表的政治观点和情感与代表公众意见的选举结果这两个变量之间的关联强度。研究统计了推文提及美国总统选举的主要候选人奥巴马与米特・罗姆尼（Mitt Romney）的相关推文的频率，利用人工情感分析将推文分为正面、负面和中性等 3 个类别，并与选举结果进行比较。研究结果显示，用户的观点情感与选举结果之间具有很强的正相关性。

为推断推文中表达的情感，再通过对比该情感与民调数据来观察二者的相关程度，2017 年美国北卡罗来纳大学格林斯伯勒分校布兰登・乔伊斯（Brandon Joyce）和邓静（Jing Deng）采用词库及朴素贝叶斯机器学习算法，使用手动标注和根据标注内容及话题自动标注的方式，统计了大选前 100 天内搜集到的政治推文中的情感。研究结果表明，相较于传统方式，推特正逐渐成为民意调查中更为可靠的平台。

2019 年，美国宾夕法尼亚大学科基尔・贾德卡（Kokil Jaidka）等利用机器学习模型，采用体积分析、情感分析、网络分析等方法对马来西亚、印度和巴基斯坦选举结果进行了预测。结果表明，在独立候选人以及地区党派等投票份额比较小时，上述方法能够对选举结果进行有效预测。其中，情感分析旨在衡量社交媒体中各方正面、负面及净情感印象并根据有正面及负面情感推文之数量进行简单统计。该研究在推特中执行两种估计正负面情感的方式：一是无监督地利用标准词汇表在推文中查找词语，再在整篇推文中给正负面情感打分；二是有监督方法，即由系统在一组人工注释的政治推文中学习预测情感的特点，再依据构成推文的词语对一组未见过的推文进行情感自动注释。

目前，以社交媒体为主要广播方式来发送消息并与候选人交流已成为普遍规范。2015 年，西班牙巴伦西亚大学阿格尼斯・桑彼特罗（Agnese Sampietro）和利迪娅・巴莱拉-奥尔达斯（Lidia Valera-Ordaz）研究分析了 2014 年崛起的西班牙左翼新政党“我们能”（Podemos，西班牙语）在 2014 年西班牙选举期间在脸书上的推文内容和背后情感。研究提出了一种语言学方法对推文和评论的内容进行了情感分析，能够同时关注评价手段（充满情感的词汇选择）和接近手段（使用代词和词缀来创造与追随者的接近或距离），并将含有情感的推文依据情感的极性（积极、消极或两者都有）归类。研究结果表明，该政党发布的推文及演讲以积极情感为主，而公民的评论中消极情感较为常见。

对推文的情感分析是实时选举监控和现代选举预测中快速且廉价的方

法。2018 年，印度诺斯卡普大学巴尔卡・班萨尔（Barkha Bansal）和桑吉特・斯里瓦斯塔瓦（Sangeet Srivastava）收集了 2017 年 2 月 1 日—20 日的 30 多万条推文，通过 Biterm Topic 模型从丰富的短文语料库中利用词的共现性提取潜在的话题并将推文分为正性、负性和中性，然后从预先存在的词汇资源中学习每个话题的情感，并使用情感方向和其中包含的每个话题的权重来计算每条推文的情感评分。研究提出的混合主题基本情感分析（Hybrid Topic Basic Sentiment Analysis，HTBSA）模型，能够显示每个数据集主题对应的情感和权重，同时也揭示了每个语料库最普遍的 5 个话题的名称与对应情感，如“犯罪”对应的是负面情感，“支持”对应的是积极情感。最后，研究人员通过使用不同方法对各党派的选票份额进行预测，结果显示基于混合主题的情感分析方法计算的票数份额为 42.73% 和 41.19%，这使平均绝对误差提高了约 4%，且北方邦（Uttar Pradesh）得票率超过 13% 更接近真实值 22.2%。

（2）公众情感与社会安全

社会安全一直受到各国政府的密切关注。在互联网时代，社交网络已经成为用户间进行思想传播的重要渠道。推特不仅有利于追踪不良事件和识别威胁，而且通过分析用户的推文还可能成为用户对不同违法组织看法的优良信息来源。社交媒体的普及和用户通过社交媒体传输和接收信息的速度都增强了分析其数据的必要性和重要性。应用情感分析和文本挖掘技术来分析推文的非结构化内容，可以发现许多现实世界中的隐藏模式。如何利用推文作为不良事件应对信息学的工具，追踪并直观展示各国民众面对不良事件所采取的应对措施，已经成为学者关注的重要课题。“伊拉克和大叙利亚伊斯兰国”（“Islamic State of Iraq and al-Sham”，“ISIS”）因在伊拉克和叙利亚的迅速蔓延及残暴行为引起了世界的关注。2011 年，澳大利亚蒙纳什大学马克昌（Marc Cheong）等基于对 2009 年印度尼西亚雅加达和印度孟买的恐怖袭击事件中民众在推特上表现出的情感反应，提出了一个结构化框架并结合智能数据挖掘、可视化和过滤方法对收集到的推文数据进行知识库整理，以获取事件发生期间推特中平民的情感和回应。研究证明，该框架可以直观地展示具有实际意义的图形化信息，从而揭示应对地区安全威胁可能采取的应对措施，这对政府决策者应对此类事件进行快速响应与监控具有较大帮助。2018 年，美国大峡谷州立大学萨玛·曼苏尔（Samah Mansour）对 8 个不同的东西方国家推特上的推文进行了文本挖掘和情感分析，旨在探讨西方国家与东方国家民众对某犯罪组织的观点是否存在差异与分歧。所收集到的结果中的负面词汇占绝大多数，这表明用户普遍将该犯罪组织视为威胁和恐惧的来源，同时大多数人都希望击败该犯罪组织以获得和平生活。

（3）情感智能化欺骗检测

自 20 世纪 20 年代出现传统测谎仪以来，测谎系统一直被人力资源管理者以及许多法院和公共政策分析家所诟病。传统的测谎方法涉及使用多种设备，如测谎仪、汗液和呼吸频率测量仪、心跳传感器和血压计。作为最常用的方法，测谎仪在检测谎言方面达到了 81%~91% 的精确度。然而，传统测量仪具有侵入性，并且要求经验丰富的面谈者进行讯问并解释调查结果。此外，已被证实经过培训的人员欺骗系统具有很高的成功率，由此可见这些技术并非都是可靠的。近年来，一些用于改善欺骗检测的技术倡议集中在纳入情感人工智能方法的策略上。测谎工作的主要关注点之一是减少说谎者通过造假和诱导检测的可能性。目前，为测谎分析收集数据的模式越来越丰富，穿戴式设备、眼球扫描追踪、网络摄像头等多种新型工具取代了笨重的传感器广泛应用于收集反欺骗措施数据。

面部微表情、身体动作、语言和语音等分析都为测谎提供了强有力的手段。面部微表情具有非自主反应和不可伪造性，说谎者体验到的压力会反映在肢体语言等线索上。2016 年，印度 SRM 大学苏米亚·巴拉蒂（Soumya Barathi）基于面部微表情、肢体语言和语音分析的系统，提出了一种使用加速稳健特征算法（Speeded Up Robust Features，SURF）来识别被试者肢体语言的方法，从而获知被试者是否表现出说谎者的肢体语言。结果表明，系统的面部微表情检测器的准确率为 82%，语音分析器准确率为 92%，系统也会自动将面部表情结果与语言分析结果相匹配以检查结果是否一致，如若不一致则及时通知用户。

审讯是信息收集过程中的一个关键环节，但是若受讯人试图通过欺骗手段来误导审讯人，则所收集的信息就会受到严重影响。倘若能够定量评估受讯人的情感状态，对欺诈检测将是一个巨大的优势。1978 年，美国心理学家保罗・埃克曼（Paul Ekman）等基于解剖学的动作单元提出了面部动作编码系统，通过对面部行为的观察和肌电图研究，系统能够确定每块面部肌肉的收缩与变化情况。尽管 FACS 在面部表情描述中具有高效性与客观性，但是被试者在视频中的编码却是一项耗时长、劳动力集中且必须逐帧完成的工作。一名经过培训和认证的 FACS 编码员，平均要花 2 小时才能完成 2 分钟的录像。当要求实时反馈时，人工 FACS 编码是不可行的。2009 年，美国海军犯罪调查处安德鲁・瑞安（Andrew Ryan）与美国卡内基・梅隆大学杰弗里・科恩（Jeffery Cohn）等提出的自动面部动作编码系统，可以兼容大部分标准视频摄像机，利用受限的局部模型提取面部特征，并采用支持向量机进行情感分类。该系统可以实时检测 7 种普遍的情感（厌恶、恐怖、愤怒、蔑视、悲伤、惊讶、开心），从而为调查人员提供访谈过程中欺骗行为的指标，同时也为加强国家安全、反间谍和反恐任务调查提供有力支持。2019 年，斯里兰卡信息技术学院伊玛沙・拉克山（Imasha Lakshan）等基于脑电分析建立了一个实时的欺骗检测应用程序，在特殊头戴式硬件 MUSE 2 的辅助下，通过实时的谎言检测、情感监测和注意力监测技术来识别嫌疑人所说的真实性、情感和专注度。

（4）情感分析在网络安全中的应用

在网络社交媒体不断进步的同时，也伴随种种安全问题。社交媒体蕴藏着海量数据，而其繁杂性渐渐引起人们对安全问题的重视。随着社交网站使用人数的增加，社交媒体数据的易获得性也引发人们对敏感信息及隐私的担忧，包括社交媒体用户的个人信息、社交媒体上交流的内容及信息、社交媒体上其他成员之间的相互关系等。情感分析对社交媒体安全与分析具有决定性影响，已经有效应用于社会媒体内容分析与各类安全问题识别，有助于提供高效解决方案。

社交媒体中的欺骗检测涉及对欺骗性意见的识别，更常见的是欺骗性意见垃圾邮件。欺骗性意见是指虚构的文字或意见，看起来像是一个真实的观点。就社交媒体而言，欺骗性意见一般会存在于各类评论之中，如对酒店和餐厅的评论，对任何产品的评论或者是任何刊登于社交媒体的文字。情感分析是检测欺骗性评论或垃圾邮件过程中一个非常重要的维度。2011 年，美国康奈尔大学迈尔・奥特（Myle Ott）等利用亚马逊机械干线（Amazon Mechanical Trunk）基于欺骗性意见和想象性写作之间的关系（POS 分布的相似性）以及真实意见和信息性写作之间的关系，创建了一个黄金标准的欺骗性意见数据集，但只针对欺骗性的正面评论。2013 年，他们补充了对欺骗性负面评论的研究，提出了一种标准的 n-gram 文本分类技术，能够检测负面的欺骗性意见垃圾邮件，且其性能远远超过了人工判断。此外，相对于真实正面评论而言，欺骗性评论所覆盖的描写积极情感的词所占比重较大，欺骗性负面评论所占比重大于真实负面评论。2017 年，印度劳尔克拉国立技术学院吉滕德拉・鲁特（Jitendra Rout）等提出了情感分数作为评估评论评级和文本的情感极性之间的变化的特征，并通过观察句子中的情感特征数量以及每个特征的情感极性、负面单词数量以及特征与文本中确切单词之间的距离等来建立情感分数模型。

社交媒体异常行为是指用户通过社交媒体平台与其他用户进行互动交流时的非正当、非必要行为。异常检测所要解决的问题就是发现这类异常行为，防止其中任何一人从事恶意活动而危害社会。这些怀有恶意的人通常与良性的用户不同，在社交媒体中呈现出不同的互动模式。此类人在社交媒体平台上的行为导致了严重的社会问题，如网络欺凌、网络骚扰、网络攻击和诽谤。对社交媒体上紊乱行为的分析可以帮助检测欺凌、激进主义和对犯罪活动的预测。2017 年，美国亚利桑那州立大学哈什・达尼（Harsh Dani）等建立了一个情感模型和一个亲和图，其上的每一个节点代表一篇社会媒体帖子，用边缘的权重表示情感相似度，同时构建 K-近邻（k-Nearest Neighbor，KNN）图来模拟社交媒体帖子之间的情感亲和力。研究人员通过比较正常帖子与欺凌帖子之间的情感差异，并对其分布进行了分析以检测网络欺凌行为。

8.1.2 国内研究概况

在社会治理方面，我国对情感计算的应用研究方兴未艾。与教育、医疗、商业服务、工业制造和文娱传媒领域相比，我国情感计算研究相对较少，研究角度、研究领域以及涉及情感计算的方法也相对单一，研究多集中于刑侦审讯方面，情感计算方法多为行为情感计算中的微表情情感分析，也有部分涉及多模态情感计算的研究。因此，下文主要从行为情感计算和多模态情感计算两个方面介绍我国情感计算在社会治理中的研究概况。

（1）行为情感计算研究

刑侦审讯是社会治理的一个重要方面，办案人员在刑侦审讯中可以借助行为情感计算，通过识别嫌疑人的情感状态来判断嫌疑人所提供的线索的真实性，以提高办案效率。早些年，有学者对审讯中的语音情感计算进行了研究。2015 年，中国人民公安大学罗宪华和徐海明构建了一个基于特定犯罪嫌疑人的语音情感识别系统，通过录制若干特定犯罪嫌疑人的口供语音，进行人工听取、标记，组成一个情感语音数据库，然后为这些嫌疑人训练语音情感模型，最后在嫌疑人接受审讯时，识别他们的情感，进而辅助案件的侦破。但是，刑侦审讯涉及的行为情感计算研究多为微表情情感分析。微表情分析技术起源于国外对于人类表情中的微表情研究。微表情是一种瞬间微妙的表情，不受自主神经系统的控制，属于特殊的面部表情，具有短暂时间性、生理自发性和真实情感性三大特性。自发的微表情表明一个人在有意识地隐藏自己的真实情感，因此微表情与测谎息息相关。这种特殊表情的发现对侦查审讯工作具有尤为重要的实践意义。早在 2015 年，就有国内学者对微表情情感分析技术在刑侦审讯中的应用进行了探索性研究。中国人民公安大学侦查学院彭玉伟认为，微表情分析技术具有确定嫌疑程度、掌控应讯心理、识别口供真伪、审核证据材料、扩大取证线索五大应用价值，因此微表情情感识别在这方面具备广阔的应用前景。他还建议，可以通过建立犯罪嫌疑人微表情数据库、开发犯罪嫌疑人微表情自动分析软件、加强对侦查人员的技术培训和改善讯问室的硬件配置等方法，充分发挥微表情分析技术的侦查应用价值。

由于通过人类观察来识别微表情非常困难，研究人员将重点放在了微表情自动识别上。2019 年，合肥工业大学计算机与信息学院李秋雨和徐梁峰等提出了一种新的微表情自动识别算法，该算法结合了用于检测面部标志的深度多任务卷积网络和用于估计微表情光流特征的融合深度卷积网络。他们先采用深度多任务卷积网络检测具有多种相关任务的面部标志，并利用这些面部标志划分面部区域。然后，应用融合卷积网络从包含微表情出现时肌肉变化的面部区域中提取光流特征。最后，应用增强光流对特征信息进行细化，将这些细化的光流特征通过支持向量机分类器进行分类，以识别微表情。实验结果表明，他们提出的方法在微表情识别方面具有良好的效果，可以为刑侦测谎提供帮助。

与普通的面部表情相比，微表情是不由自主的，具有瞬态和低强度的特点。这使得微表情检测很困难，并且过度依赖专家经验。为此，2022 年山东大学周颖和宋焱鑫等提出了一种基于转换器的双向编码表征（BERT）网络的微表情检测方法，它包括候选片段生成模块、时空特征提取模块和分组模块。具体来说，先由候选片段生成模块生成候选片段，然后每个候选片段被时空特征提取模块划分为更小的时隙，其中时空特征通过 3D 卷积神经网络和 BERT 网络提取。最后，通过分组模块合并连续片段并抑制重叠片段，可以准确地定位微表情的起始帧和偏移帧的位置，帮助微表情的精确检测和情感识别。同年，中国科学技术大学计算机科学与技术学院赵思睿和唐华英等进一步提出了一个深度原型学习框架 ME-PLAN。它具有针对微表情识别问题的局部注意力机制。具体来说，ME-PLAN 由 3D 残差原型网络和局部注意模块两部分组成，前者旨在通过与表达相关的知识转移和情景训练来学习精确的微表情特征原型，后者便于注意局部面部动作。此外，为了摆脱大多数微表情识别方法需要依赖于手动注释顶点帧的困境，该团队还提出了一种具有单峰模式约束的顶点帧定位方法，并根据检测到的顶点帧进一步提取微表情关键帧序列来训练他们的 ME-PLAN。实验表明，此方法在微表情识别和情感分析上具有一定的优越性和有效性，可用于测谎、刑事调查领域。

近年来，跨数据库微表情问题因其在分析人类行为方面的重要作用以及与刑事侦查、测谎等密切相关的潜在应用价值而成为情感计算领域的研究热点。与常见的微表情识别问题不同，跨库微表情使用一个数据库作为训练集（源数据库），另一个数据库作为测试集（目标数据库）进行微表情识别，比普通微表情识别更具挑战性，因为它在源数据库和目标数据库之间存在严重的特征分布不一致。值得注意的是，当前大多数微表情识别方法仅依赖于单个微表情数据库。如果训练样本和测试样本属于不同的领域，如不同的微表情数据库，现有的微表情识别方法的准确率可能会急剧下降。为了解决这个问题，2022 年山东大学李冰和周颖等提出了一种基于分布适应的无监督跨数据库微表情识别方法，与最先进的无监督跨数据库识别方法相比，该方法在微表情识别任务上具有更好的性能。针对关键的跨数据库微表达问题，2022 年东南大学刘嘉腾和宗元等提出了一种新的迁移双稀疏学习方法。该模型的优点是可以有效地选择对跨数据库微表情问题有贡献的特征和面部区域，同时根据这些特征在跨数据库中的重要性进一步细化其对应的特征。在 3 个被广泛使用的微表情数据库上进行的大量实验表明，该团队提出的迁移双稀疏学习模型比其他方法表现出了更好的性能。特别地，该方法因为成功地细化了面部特征并弥合了不同领域之间的情感鸿沟，所以能够有效地处理跨数据库的微表情问题，这对刑侦测谎中的微表情识别与情感计算具有一定价值。

然而，由于通过短暂的面部细微反应来学习辨别微表情特征并进行情感分析具有一定挑战，且可用的微表情数据短缺，微表情情感识别仍然远未得到充分研究。

（2）多模态情感计算研究

公安机关日常审讯办案是一个高强度的心理对抗和心理博弈过程，审讯过程中犯罪嫌疑人的微表情、眼动、语音、体态等生物行为表达往往隐含了其真实的思维意识、意志行为。如果公安机关能够及时、准确地识别和利用犯罪嫌疑人的这些情感表达，那么情感计算就可以有效辅助侦查讯问人员识别谎言，发现线索，防范心理风险，提升办案效率和办案质量。

2021 年，中国人民公安大学魏昭质对刑侦审讯中的多模态情感计算应用进行了探索性分析，认为公安部门可通过眼动分析技术、微表情分析技术、肢体行为分析技术及语音情感分析技术的多模态情感计算进行非接触式审讯。通过隐蔽方式对嫌疑人的多源生理及行为数据进行非接触测量和整体分析，能有效辅助侦查人员在讯问中探测嫌疑人隐藏的真实情感，并由面到线至点地逐步缩小侦查范围，发现案件的讯问重点及讯问的突破口，具有较高的实战效能和广阔的应用前景。

在我国公安机关的日常审讯工作中，同步影像及语音采集和基础的网络设施已经非常完善，为审讯影像及语音的智能化应用打下了坚实的基础。2021 年，沈阳康泰电子科技股份有限公司李永春和王智勇等研究提出了一种基于多模态情感计算的智能审讯系统。该系统运用多模态情感计算，结合公安业务场景进行实践，建立能够适用于公安智能化审讯系统和装备所需要的基础审讯心理语义及特征指标体系，以及与之相适应的神经网络机器学习算法模型，能够有效促进公安现有审讯系统和装备的智能化升级。

如果在微表情识别任务中应用视频的语音和音频模态作为辅助信息，进行多模态情感分析，可以有效地提高测谎的准确性。为此，2021 年哈尔滨工程大学孙建国和殷黄琦等提出了一种数据级和决策级融合的两级多模态融合方法来完成相应的情感分析任务。在数据级融合阶段，利用张量融合网络通过分别融合文本与音频和视频特征来获得文本-音频和文本-视频嵌入；在决策级融合阶段，采用软融合方法融合上游分类器的分类或预测结果，使最终的分类或预测结果尽可能准确。实验也验证了该方法在多模态情感分析和情感分类任务上的有效性。

除了在刑侦测谎方面的研究之外，研究人员对公共安全管理方面的情感计算进行了研究。人群情感与人群行为有很强的相关性。然而，使用来自视频监控数据的人类常规面部表情或身体姿势等情感线索来预测人群情感是非常具有挑战性的。为了应对这一挑战，2021 年杭州电子科技大学张旭光和杨秀新等根据人群运动的唤醒效价模型，提出了一种使用模糊推理的人群情感评估方法。具体来说，通过提取焓、幅度方差、混淆指数和人群密度来描述人群情感，以焓值和幅度方差作为唤醒模糊推理系统的输入，以混淆指数和人群密度作为效价模糊系统的输入，以唤醒值和效价作为输出，建立唤醒度、效价和人群特征之间的关系，构建模糊规则来推断人群场景中的情感。实验结果表明，该方法可以有效地评估人群情感的唤醒度和效价。该研究对人群密集区域的公共安全管理具有一定的价值。

8.2 应用发展情况

8.2.1 国外应用情况

（1）欺骗检测

大多数测谎仪是应用于人们回答问题时测量其生理方面变化的仪器。该理论认为，如果一个人对特定类型的问题反应更强烈，则可以确定该人是无辜的还是有罪的。如果一个人的反应被认为既不是无辜的也不是有罪的，那么就会被称为不确定的结果。多年来，实验室和实地研究表明，大多数说谎者表现出类似的物理行为变化模式，通过敏感度高的设备可以捕捉此类信号并进行测量。当然，在某些情况下可能存在出入，如一些说谎者的体征与大多数人不同。正是由于这个原因，测谎仪有误差范围。研究发现，当撒谎时大脑必须更加努力地工作，谎言带来的后果越大，工作负荷（认知负荷）就越大，而这些都能够透过眼睛反映出来。

Converus 公司推出的产品眼球监测（EyeDetect）是新一代的眼球测谎仪，可通过测量瞳孔直径、眼球运动、眨眼、注视和其他事物的变化来检测参与者是否说谎。测试期间，参与者会被邀请在计算机上回答真假问题，高速摄像机会记录眼睛的行为和运动。在测试完成后，问题测量结果会上传到网络服务器以供分析和即时评分。科学研究表明，EyeDetect 的准确度范围为 86%～88%，具体取决于所执行的测试类型。EyeDetect 作为新一代的眼球测谎，与传统的侵入式测谎不同，它无须传感器连接，参与者在计算机上只需 15～30 分钟便可以完成测试，且不到 5 分钟就可得出结果。一套完整的 EyeDetect 设备只需要 1 台计算机、1 个耳机、1 个鼠标、1 个眼球追踪器和下巴托即可，具有足够的便携性，可以携带到相关区域测试。另外，参与者进行自动化的计算机化测试，测试管理员无法更改测试结果，且测试数据使用银行所使用的安全功能以及军用级模式进行加密和存储。

Converus 公司的另一项产品“EyeDetect +”是在 EyeDetect 的基础上增添了多通道生理监测器 Physio Tracker。除了来自眼球追踪器的眼球运动信号之外，EyeDetect+2.0 还记录了心电，并利用光电容积描记

（Photoplethysmography，PPG）技术记录了非惯用手的手指表面的一次性电极记录皮肤电活动，以及通过胸部或腹部的应变仪记录呼吸变化，从连接在每只手臂上的电极中记录周边血管运动情况。从心电图和 PPG 信号中，计算机得出一种间接测量血压的方法即脉搏传递时间（Pulse Transit Time，PTT）。PTT 与血压的变化成反比，随着血压的增加，脉搏从心脏到周围的时间会减少。研究表明，对于可能说谎的测谎仪测试结果，PTT 至少与传统的心电图一样具有诊断性。EyeDetect+2.0 用 PTT 取代了心电图仪，PTT 比心电图仪的侵入性更小，减轻了测试对象的不适感，并在测试结构上提供了更多的灵活性。

Converus 的 EyeDetect 已经被巴拿马的联邦快递和墨西哥的优步（Uber）用于筛选有犯罪记录的司机，还被信用评级机构艾派利（Experian）用于测试其在哥伦比亚的员工，以确保他们不会操纵公司的数据库为家庭成员获得贷款。在英国，警方也在开展一项试点计划，计划利用 EyeDetect 来衡量性犯罪者的康复情况。

Discern Science 公司的产品阿凡达（AVATAR）作为一款实时真相评估的自动虚拟智能体，配备了专有算法来处理和分析自动面试期间产生的复杂信号。像其他人工智能系统一样，阿凡达可以被训练并通过反馈进行学习。阿凡达作为虚拟智能体能够对每位受试者的测试做到完全一致，并且执行起来没有疲劳感，永远不会分心并保持完全的专注。同时，阿凡达可以适应不同的背景和情况，科学地设计和测试不同的面试内容。作为一款非入侵式测谎工具，阿凡达的传感器能在对话的距离内无形地收集被访者的信息且不会对受试者本人造成任何伤害。另外，测试结果显示，阿凡达的欺骗检测算法能够明确识别所有检测的欺骗者，逃避了人类检测的欺骗者也能被明确地识别出来。根据对测试中语音文本的上下文的理解，阿凡达欺骗检测准确率为 80%～85%，远远超过了人类 54% 的平均准确率。

阿凡达已在欧洲、加拿大和美国的机场以及亚利桑那州诺加莱斯（美墨边境）的入境口岸接受了严格的基于地面实况的科学研究，这使边境安全的检查过程更加有效，比人类警卫能够更准确地剔除具有危险或非法意图的人。在测试时，阿凡达的“脸”会出现在屏幕上并向旅客提出一系列预先配置的问题，从而判断屏幕前的受试者是否在撒谎。通过拍摄记录每个人的反应，分析他们包括面部表情、语气和口头反应在内的信息来寻找欺骗“信号”，如可能由试图欺骗的认知压力引发的不自主微表情。然后，阿凡达对受试者的真实性做出判断，将他们分为绿色、黄色或红色。在边境管制的情况下，那些被归类为绿色的人将无须进一步检查，而其他人将由人类警卫人员进行询问。

2021 年 11 月 11 日，美国加利福尼亚州圣何塞 Discern Science 公司宣布加入高通公司的智能城市加速器计划，将通过高通的物联网服务套件带来的探测技术解决方案，支持智能城市和空间的推广。两家公司预备开发一个新的阿凡达小型平台，用于在全球所有地方提供其欺骗检测访谈测试。利用高通公司领先的物联网生态系统和 Discern Science 自身包括专业传感器、人工智能、机器学习、拓展现实和 5G 在内的高新技术推动威胁 / 欺骗检测的转型举措，为关键任务的决策提供高度可靠和低延迟的结果，也为包括政府、航空公司、企业、安全和执法部门在内的垂直领域的需求提供智能解决方案。

（2）社会情感测量

G-Cloud 是英国政府的开创性举措，其目的在于给公共部门提供云计算在效率、规模以及成本等方面优势。举措有两个：一是与供应商订立一系列框架协议，公共部门能够从这些协议中采购服务，不需要运作招标和竞争采购的完整流程。二是在线商店——数字市场（Digital Marketplace），使公共部门能够在 G-Cloud 框架范围内查找服务。FlyingBinary 是欧洲首批推出物联网监管科技云服务的公司之一，同时也是第一家为物联网提供这项技术的网络科学公司。目前，FlyingBinary 公司包含了数据可视化、制图、地理空间解决、数据仓库解决、智慧城市和物联网以及服务集成与项目管理等多种服务。

在社会职能可视化方面，FlyingBinary 通过大数据获取新闻杂志与社交媒体平台上的推文中词汇的提及次数、用户的地理位置、推文的来源类型以及提及的品牌关键词等内容，利用自然语言分析技术证明网络平台上的公民对话符合通用数据保护条例（General Data Protection Regulation，GDPR），并使用 Tableau 软件对数据进行可视化展示。该服务能够在政府引入新政策或服务时创建证据基础，展示公民团体在通用数据保护条例上的合规性，评估政府举措、政策和服务的成本和收益，评估潜在变化影响公民的证据导向机制。另外，FlyingBinary 还能识别未满足需求的目标公民群体，了解积极情感公民与消极情感公民之间的差异并与之互动，并快速参与到新兴趋势或社会实践中。

情感人工智能可视化服务是 FlyingBinary 网络规模分析中的一部分，作为社会职能的补充内容，它使用了神经网络与人工智能计算 5 个情感分数来洞察社交网络中用户的情感，了解公民对不同政策服务的情感分数，以实现政策调整和活动优先级排列。

FlyingBinary 联合情感人工智能公司 Emrays BV 共同搭建人工智能情感引擎，利用人工智能技术从情感角度理解数字内容和内容共享后与在线观众的共鸣程度，通过探测社交媒体情感来测量并理解民众对于不同主题的情感。FlyingBinary 将利用在网络科学、GDPR 和安全维护专业知识来支持 3.9 万个政府组织更好地了解社交网络和大众媒体空间中的情感动态。Emrays BV 的情感人工智能能在任何数字内容上探测出超过 20 种不同情感，可以帮助企业与政府组织衡量和了解民众对于任何话题（包括企业，品牌与理念）的情感。

（3）语音智能洞察

目前，公安部门以及其他公共部门越来越重视来自电话联络中心等的音频数据，并着手进行记录和存储。由于其高度敏感性和时间关键性，这些数据带来了较大的处理挑战。在传统意义上，基于语音的数据并不是一种有价值的洞察来源。事实上，这些数据可能包含改善服务质量、提升资源管理、减少欺诈风险、提供更优质的工作环境，以及更有效地满足客户需求等极具价值的信息。尽管互联网无处不在，但民众对基于电话的服务仍有巨大的需求，大多数英国公众在遇到紧急和复杂问题时，仍然会选择通过电话寻求帮助。999（国际性报警号码）、101（英国的非紧急报警电话）、111（英国报警电话）、英国税务海关总署（Her Majesty's Revenue and Customs，HMRC）、英国就业服务（Jobcentre Plus）以及英国司机车辆执照局（Driver and Vehicle Licensing Agency，DVLA）等服务机构每年会接到超过 1 亿个电话。因此，大规模地提供关键服务并减少员工的精神、身体压力，成为英国公共联络中心（英国公共部门服务的重要组成部分）不可逃避的责任。

Intelligent Voice 公司新一代的语音技术正在将语音数据转化为可以实现联络中心转型的洞察力，从而使人们能够进一步了解音频内容。录制对话并将其转换为文本只是实现音频内容价值的第一步。Intelligent Voice 利用现代分析技术对自动语音识别输出执行运算，可以揭示出过去被掩盖或者难以发现的重要倾向、规律和话题。自动语音识别技术以说话语言系统（不同于书写语言系统）为基础，提供了一个从标准语音发展为文本的解决方案。Intelligent Voice 公司所开发系统能侦测出更多的方言及口音，该系统现在能实现 25 种以上的语言及方言，并且能自动地为每一个通话挑选最佳的沟通方式。除了智能音频转录功能之外，Intelligent Voice 公司结合使用自然语言技术和复杂的搜索技术来帮助查明应收听的呼叫，从而实现更好的定位和更快的审核。配合其超加速的语音识别算法，Intelligent Voice 的系统可以快速处理数千小时的电话、虚拟通话和视频。Intelligent Voice 的系统通过获得专利的语音自然语言处理技术预先突出显示转录文本以及聆听人声来审查录音，从而快速评估任务和通话价值。该系统可以轻松筛选出说话者特别感兴趣的单词或短语，呈现最贴近口语的语言分析，同时保留所有已处理语言的完整索引。

Intelligent Voice 公司的最新产品 LexiQal 基于其独特的会话分析技术，可以识别录音中说话者的行为特征，根据自动语音识别的输出进行调整，提供对说话者的可信度、情感状态或在上下文中显著的行为变化的洞察。LexiQal 还可以在话语级别以极高的准确度测量呼叫者的情感（正面、中性、负面）。会话分析的工作原理是通过一系列标记检测语音中的模式，并触发这些指标的基于时间的接近度。LexiQal 有一个决策引擎，可以就感兴趣的呼叫或录音向管理员提出建议。另外，LexiQal 的情感评分方法仅使用语言分析来确定可能感兴趣的行为，能自动识别会话特征并权衡重要性，然后提出建议。目前，会话分析可用于恶作剧呼叫检测、信息隐瞒检测、精神心理脆弱性检测以及情感状态检测。

8.2.2 国内应用概况

在国内社会治理领域，越来越多的企业开始关注并应用情感计算。以刑侦审讯为代表，大量科技公司将情感计算用于研发非接触式智能审讯，助力公安部门提高办案效率，为刑侦审讯开拓了新的思路和发展方向。还有部分企业将情感计算融入安防科技，助力构建智能安防系统。下文将从情感计算在刑侦审讯和智能安防两个领域的应用展开介绍。

（1）刑侦审讯中的情感计算

2017 年 4 月，科技部发布《公安科技创新“十三五”专项规划》，提出促进技术与装备应用智能化、数据化、网络化、集成化、移动化，侦查破案从循迹追踪向精准发力转变，建成高水平公安科技创新人才队伍等一系列要求。因此，针对公安审讯这一场景，如何结合最新的人工智能技术、信息技术、大数据技术等，实现由普通审讯到电子审讯，乃至智能数字审讯的转变，如何减轻审讯人员的负担、提高审讯效率与准确性，以及如何确保阳光审讯、文明审讯成为相关部门的当务之急，也为相关企业提供了业务扩展空间。

南京云思创智信息科技有限公司为提高民警办案效率，结合情感计算推出了“公安智能审讯室”服务。该产品由软硬件共同组成，将多模态情感分析研判系统与一体式终端相结合，同时提供多模态情感分析研判管理平台。其多模态情感分析研判系统是基于审讯心理学、社会行为学和机器学习方法，以多模态情感识别技术、大数据分析为核心的综合系统。通过利用视频采集终端采集目标对象在审讯、谈话时的人脸视频，实时获取嫌疑人的心理情感特征，针对异常情感输出“侥幸”“抵触”和“恐慌”3 种示警，可以帮助审讯人员准确把握心理突破的关键时间点，同时融入语音转写与双向声源识别技术，将情感异常波动与问题智能关联，精准定位可疑线索。该产品实现了前端审讯室民警办案的实时辅助和后台专家领导的远程指挥，提高了办案效率。

2019 年，深圳力维智联技术有限公司通过结合心理学、生物生理学以及机器学习、图像识别等技术，检测被审讯人生理指标，如血氧、心率等，推出了心理与情感识别系统。通过结合专家智能评判系统对采集的数据进行分析，进而更加准确地判断出被审讯人情感状况、心理变化情况、是否说谎以及谎言背后的真相等信息。此款系统主要适用于公安审讯场景，帮助办案人员锁定犯罪嫌疑人、缩小线索范围以及掌握被审讯人的实时健康状态。在此基础上，该公司还针对审讯谈话、智能点名、智慧边检等业务需求进行了功能扩展，面向公安审讯、看守所、边检等领域，采用领先的非接触情感识别算法，推出了情感识别与智能审讯大数据系统。这款系统可以提供准确的微表情微动作分析、生理指标提取、情感实时分析与研判、心理跟踪、异常人员识别、人脸识别和大数据分析等功能。此外，该系统支持海量设备接入与多平台资源整合，并通过综合管理平台进行统一接入与统一管理，充分构建以“人”的情感识别为核心的智能分析服务。

2019 年，为了提升审讯与谈话的准确性，减轻办案人员的负担，堃乾智能公司基于生物学原理，通过非接触式视频影像等技术推出了情感识别与智能审讯大数据系统，可对图像中的人物头颈部肌肉因情感变化而产生的微小振幅和振动频率变化进行计算分析，从而得出目标人物潜在的情感结论。该系统结合了专家智能评判系统对采集的数据进行分析，进而更加准确地判断出被审讯人情感状况、心理变化情况、是否说谎以及谎言背后的真相信息。此项技术可应用于公共安全预警、心理咨询、特殊岗位预警等多个领域，尤其在公安审讯场景中，可以帮助办案人员锁定犯罪嫌疑人、缩小线索范围以及掌握被审讯人的实时健康状态。在此基础上，该公司还针对公安审讯、看守所、边检等领域，采用领先的非接触情感识别算法，推出了符合监察机关实际办案过程和办案程序的监察办案指挥系统。通过实现监察机关业务统一协调和管理，立足于先进的视频分析技术，对被询问人、双规人表情行为、微表情行为进行分析，智能分析办案过程嫌疑人的情感状态及行为，以提升监察委工作效能。

2019 年，杭州捷途慧声科技有限公司表示，将在警务、监察、检务等一系列公检法产品中嵌入语音情感分析技术，以达到筛选、测试作用，筛选出嫌疑值较高的人群，并对其敏感问题重点关注。该公司研发的慧听智能语音审讯系统结合语音情感分析技术，可以通过被调查者回答问题时的语音感知其情感的变动，辨别对方的谎言和识别对方的欺诈意图。在调查询问时，该系统还可以实时接收被调查者的语音，从而实时分析其说话时的感受，在出现风险较高的时候，会提醒调查人员以便更快、更准确地发现真相。

2020 年 7 月，厦门法度信息科技公司推出了一款名为“法度智能笔录系统”的实用型电子笔录系统。该产品将情感监测集成在智能笔录系统中，运行在系统的底层，通过高清摄像机，以非接触的形式提供实时监测数据，针对实时审讯视频，实时捕捉、检测人体头部、颈部肌肉细微变化。然后，基于海量临床脑电、肌电、心电数据分析构建的数据模型，基于生物统计学和深度学习分类算法的融合（非微表情识别技术），实现对被审讯人异常情感状态（激动、抑郁、压力、焦虑等）的动态分析。该系统还支持基于实时审讯视频或者审讯视频文件进行分析和测谎。系统从视频流中采集、测量头部脸部细微肌肉抖动产生的振幅频率，基于中枢神经递质传输信息的心理生理学反应参数，分析、判定被审讯人陈述的真实性，帮助办案人员实时掌握被审讯人情感状态，并通过生成情感监测报告，给审讯人员提供参考判断依据，及时调整审讯策略。

2020 年 12 月，北京毕思特联合科技有限公司结合多模态情感计算推出了“面部微表情情绪分析审讯系统 / 刑事技术侦查取证鉴定设备”。该产品具备测谎问题库系统、实时识别系统、面部表情分析系统、心率分析系统、声强分析系统等众多功能系统。其实时识别系统可对审讯过程异常情况进行智能识别，抓拍、录像及示警。在审讯过程中，通过识别人脸的分类和微表情，对其进行图标数据和示警数据显示。其面部表情分析系统可通过摄像头识别人脸，建立档案进行匹配，通过深度学习的方式进行人脸图像分类和微表情的识别，支持 8 种微表情（自然状态、高兴、悲伤、愤怒、惊讶、害怕、厌恶、轻蔑）分析，可以提取人脸 68 个特征点，利用深度卷积网络进行微表情识别。其心率分析系统通过摄像头识别面部表情计算出心率信息，并通过采集到的红、绿、蓝三色通道的亮度变化包含动脉信息，将其进行计算处理后获得输入信号，对其信号进行计算分析得出心率。另外，其声强分析系统还支持通过声强数据提取韵律性特征来识别语音中的情感。

2021 年，上海思泷智能科技有限公司基于 ZBOX 边缘计算终端，利用人脸识别、语音分析及生理无感监测技术，结合专家经验和公安资源，研发了“智能感知审讯研判系统”。该系统结合语音情感分析技术，通过嫌疑人的语音分析判断其兴奋、压力、专注等多种实时情感和撒谎、思考、紧张、犹豫等 16 种状态指标，帮助侦查员掌握嫌疑人的情感变化，系统发现异常时以红色示警方式提醒侦查员。产品实现了问话策略指引、语音识别转录、情报辅助研判、随案实时审查，从而大幅提高警务系统从个案到犯罪组织的侦查水平，可应用于派出所训诫、办案中心审讯、监所教育谈话等各类应用场景。

（2）智能安防中的情感计算

情感计算在智能安防领域也具有广泛的应用前景。计算机通过人类面部表情、语音、姿态、生理数据等的获取、分类和识别，可以及时获取目标对象的情感变化，并对异常危险行为提出预警，实施相应的应当措施，帮助智能安防的建设。

宁波阿尔法鹰眼安防科技有限公司以先进的“阿尔法鹰眼人脸 + 情感识别”技术为核心，通过精准的“人脸 + 情感”采集、人证比对和“人脸 + 情感”比对技术，推出了多种阿尔法鹰眼系列产品。例如，基于前庭情感反射理论，通过视频动态分析精神生理参数来监测危险人物。摄像头采集的人体面部视频流能够分析头部和颈部微小肌肉振动的频率和振幅，计算出个人压力、侵略性和焦虑度等参数，甄别有自体原发性焦虑紧张状态的潜在可疑危险人员以辅助安检人工排查。另外，该公司推出的阿尔法鹰眼分析识别预警系统可实现对于压力、攻击性和紧张状态相关的心理生理学上的情感识别，可以通过远程自动实时监控模式下感知被监测者是否可疑，已广泛应用于反恐、安保、公共安全等方面。该公司还对原有视频监控系统进行升级改造，建立安保警卫区内人员定位和轨迹分析系统。此举可提升安全管控质量，防范人身伤害，结合情感计算能够通过人脸识别技术实现人流量统计、分流。既能够实现对于强特征的犯罪分子、恐怖分子进行全面动态布控，也能够对弱特征、无特征的犯罪分子、恐怖分子进行事前预警防范，并进行事前控制与快速打击。

近年来，随着校园袭击事件和学员抑郁自杀现象的相继出现，如何构建更加有效的校园安防系统成了校园安全管理的一大难题。随着科技的飞速发展，人工智能和心理情感感知深度融合推动了落实校园安全防护产品的研发和应用。为助力校园智能安防的建设，深圳埃尔姆科技有限公司推出了智慧校园异常情绪预警分析系统。该系统的动态情绪识别智能分析技术基于运动的心理生理学，依据身体振动及庞大的基本特征数据库，通过专用摄像机采集的视频，分析头颈、脸部及身体的振动频率和振幅，计算出攻击性、压力和紧张等参数，分析人员的精神状态（情感）。该系统还可以用颜色条进行数据可视化，直观显示被检测人员的可疑度，事先筛选出可疑人员，并提供自动示警功能。该系统可重点对宿舍、食堂、教室出入管理通道、楼梯、宿舍楼出入口、图书馆等进行情绪识别布控，助力构建全方位的数字化和智能化的校园安防监控系统。

8.3　典型案例

8.3.1　案例 1：Converus 公司

美国犹他州创业公司 Converus 开发了一款名为 EyeDetect 的产品，通过算法监控瞳孔扩张来判断对方是否说谎，准确率可达 85% 左右。EyeDetect 能够协助有关部门及企业进行招聘流程优化及银行诈骗检测，主要检测内容包括甄别先前罪行、过往或现在吸毒情况、未报告的纪律处分、求职面试中的谎言、是否与恐怖分子有关联等内容。同时，在刑侦中警察也可利用 EyeDetect 查询有关罪行的特定事项，以进行可信度评估测试。

（1）执法部门招聘流程优化

① 空军军校

防止恐怖分子、犯罪分子向军队、执法部门、安全部门渗透，历来都是国防安全的重大课题。空军是哥伦比亚三大军种中最庞大的一支，并因在打击毒品贩运及有关恐怖主义中日益重要的地位而不断加大行动力度。哥伦比亚空军军校的申请者拥有各种不同的背景和经历，要通过一系列严格的筛选测试，包括审查是否同区域、宗教恐怖组织发生过联系等，以确定没有涉及非法或不适当的行为。

由于 EyeDetect 拥有独有的测谎技术，哥伦比亚空军军校使用 EyeDetect 的眼动测谎仪来检测申请者与恐怖组织之间是否存在关联等敏感问题，EyeDetect 能够辅助每个考官每天审核 30 位以上申请者的工作。2016 年，共有 1 237 名军事学校候选人接受了此项测试。在测试的申请人中，哥伦比亚空军发现有 7 人与恐怖组织有过相关联系，有效进行了防范。印证结果表明，EyeDetect 在检测包括恐怖主义在内的非法活动的欺骗测试中有高达 86% 的准确性。

② 警察办公室

伯纳利欧县（Bernalillo County）成立于 1879 年，拥有超过 75 万居民，是美国新墨西哥州人口最多的县。该县雇用了约 2 450 名警力人员，其中近 300 人是宣誓就职的官员。所有的执法申请者都必须成功通过一系列的就业前审查，其中包括提供就业前诚信调查表和个人简历，通过笔试、体能测试、背景调查、口试、心理测试以及测谎。对于背景调查，由警长办公室的人员直接负责，费用支出为 540 ~ 1 500 美元。

2021 年年初，伯纳利欧县警长办公室购买了 EyeDetect 产品，希望能够节约人力支出，同时改进招聘及背景调查流程。所有应聘者首先要经过 EyeDetect 的测试，测试合格之后直接进入背景调查部分。如果 EyeDetect 测试未合格，应聘者将接受补充测谎测试，仍未合格者将被取消测谎资格。

2021 年 7 月至 12 月，46 位候选人申请入职，共 11 位候选人在进一步的背景调查之前被 EyeDetect 淘汰。该部门为调查前的预筛选流程节省了超过 11 600 美元，在支付了审核员的费用后净节省约 5 400 美元。审核员需要审查的应聘者数量大大减少，他们可以集中精力完成核心执法工作。此外，EyeDetect 测试可以帮助审核员揭露应聘者企图隐瞒的不当行为，从而帮助审查员专注于潜在的问题领域。

（2）刑侦调查中的欺骗检测

美国爱达荷州楠帕警察局（The Nampa Police Department，NPD）成立于 1891 年，有 134 名全职警察，为楠帕大约 10.7 万居民及附近地区提供服务。马克·帕夫里曼（Mark Paverman）探员以从事测谎考试12年以上的测谎员身份任职于NPD财产犯罪部门，其职责是将EyeDetect技术用于刑事案件。EyeDetect的测谎技术不仅能够揭露和帮助追究有罪方的责任，还能帮助无辜者开脱罪责。曾经，一名横向调动工作的候选人参加了由NPD考官主持的就业前测谎考试，考官和帕夫里曼探员分别采用人工测谎和EyeDetect测谎两种形式。结果表明，人工测谎的成绩与EyeDetect测谎成绩相符，均表明考生存在欺骗嫌疑。

帕夫里曼探员于2020年1月开始在刑事调查中使用EyeDetect产品，他更倾向于先使用EyeDetect进行数字测试，向嫌疑人介绍这项技术，以判断这个人是否服从审讯流程。研究发现，无罪者希望保证EyeDetect工作精确和有效来消除自身嫌疑；反之，有罪者希望检验结果不准确。经过进一步的调查验证，EyeDetect的识别准确率高达90%。目前，EyeDetect已被证明可作为刑事调查高效、高可信度的评估工具辅助探员进行判断。EyeDetect不会受到任何考官的意见影响，疑犯的检测结果会直接上传到计算机系统进行打分，不会出现数据篡改等现象，非常精准且高效。

（3）可信度评估测试

美国康涅狄格州的TCI（The Connection Inc.）为非营利性组织，最初成立于1972年，提供基于社区的心理治疗方案。方案主要关注行为健康、家庭支持和社区司法等问题。问题性行为治疗中心（Center for Treatment of Problem Sexual Behavior，CTPSB）作为TCI的社区司法项目之一，与州和联邦的惩戒和缓刑部门协调，为成年男子和妇女提供门诊服务。CTPSB通过评估、治疗和培训来防止性虐待和减少性暴力行为。客户在评估中有一方面涉及可信度评估考试管理问题，这类考试主要通过心理生理学检测（即测谎仪检测）实施。

2017年，康涅狄格州的联邦缓刑局面临质疑，一些当事人投诉其测谎考试不及格，并坚称成绩不准、考试存在缺陷。因此，联邦缓刑局不得不对每一次失败的考试进行调查，即使当事人对结果没有异议。由于工作量的增加，联邦缓刑局开始寻求一种新的谎言检测形式。2020年年初，州政府启动了项目试点计划来评估EyeDetect用作测谎工具的可行性。随后，

CTPSB 发现 EyeDetect 与传统测谎仪相比具有一定优越性，如 EyeDetect 可以用来检测那些由于医疗或者精神健康受限等原因不宜测谎的客户。此外，EyeDetect 测试所需的时间比以往测谎减少很多，使用 EyeDetect 的考官每天能够安排更多的客户，有助于 TCI 实现其增加测试数量的目标。测谎考试未及格、对考试结果有异议的当事人，在经过随后 EyeDetect 考试但同样未及格后，往往会承认其欺骗行为。这种承认意味着联邦缓刑局无须再人为地二次调查不及格的测试，极大地减少了工作量。

随着新型冠状病毒感染的大范围暴发，客户测谎工作不得不停止。州政府指导方针规定，考官与客户之间必须全程保持超过 3 米的距离，才可以进行可信度评估考试。在这种情况下，传统测谎考试是无法做到的，而 EyeDetect 的技术辅助为考官提供了极大的帮助。凭借完全自动化的观察测量和分析，在满足遵守流行病规定的同时，能够实施有效的可信度评估测试。

8.3.2 案例 2：Intelligent Voice 公司

Intelligent Voice 是全球领先的语音、视频等媒体主动合规与电子发现技术解决方案研发企业。借助 Intelligent Voice 开发的系统可以协助呼叫中心和公共部门智能地转录音频（记录对话并转换成文本），然后使用自然语言技术对记录内容进行审查，对记录价值进行评估，最后使用特有的会话分析技术来确定记录语音中讲话人的行为特点，对讲话人的可信度、情感状态或者是对语境中明显行为改变的洞察等方面加以分析。Intelligent Voice 公司的产品现在被用于包括政公共部门录音分析，机构、银行、证券公司、呼叫中心、诉讼支持提供商进行咨询以及欺诈识别等多种场景。

（1）公共部门录音分析

公共部门联络中心的业务通常比银行和公用事业更为复杂，还会受到公共危机、意外事件，甚至经济衰退和其他季节性的影响。公众出于多种多样的原因与顾问进行交谈，其中有的原因是有价值的，有的原因并不重要，有的甚至是欺诈性的。公共部门联络中心需要调整资源为真正有需要的人提供有效服务。例如，就报警电话而言，通过搜集大量的电话录音，发现大部分来电并不涉及警察业务，而是由地方当局、国家卫生服务和其他救助组织负责。借助 Intelligent Voice 公司的自动语音识别、情感分析以及会话分析等技术，公共部门联络中心已经能够通过分析多意图来电，从而辨别出来电的主要目的，协助顾问更加高效地处理来电。同时，在音频分析的基础上精确记录来电者意图，为联络中心的服务需求提供更加完整的视角。

① 警察局来电录音分析

英国兰开夏郡警察局（Lancashire Constabulary）每年接到约 120 万个电话，并对每个通话均做了相应的记录，但仅对业务电话进行了官方录音，而其他种类的电话每年约有 60 万个。这类电话被称作“失败需求”，因为警察无从了解这类电话都是什么性质或是否得到了妥善处理。

为了获得更多关于未记录电话的信息，兰开夏郡警察局委托 HPE（Hewlett Packard Enterprise）公司和 Intelligent Voice 公司共同构建了一套基于机器学习进行语音至文本分析的解决方案，以协助警方洞察紧急及非紧急来电情况，获取对于全部来电有价值的统计洞察力，提升为公众服务的效率与成效。

HPE 邀请欧洲卓越中心技术专家进行广泛意见听取，以便对警方联络中心存在的问题、数据环境及需求对象进行调查。与此同时，公司还成立了集计算工程师、数据科学家以及软件合作伙伴 Intelligent Voice 语音转文字专家为一体的项目小组，使用归档后的音频样本构建语音分析解决方案原型，与英国兰开夏郡警察局小组共同定义该软件可供倾听及抽取的关键词及短语，从而创建词语范畴。利用从音频文件中提取的数据，HPE 还建立了一个实时呼叫数据仪表盘，将大约 20 个呼叫类别与元数据（如每个呼叫的时间和日期、持续时间和运营商 ID）结合起来，经过数据清理发现 60% 的非紧急呼叫没有被记录，占整个联络中心工作量的 40%。数据还显示，每天晚上 10 点的非紧急电话数量激增，3% 的需求与精神健康有关，消耗了呼叫中心约 5% 的时间。凭借调查结果，兰开夏郡警察局探讨了通过其他联络方式来降低非紧急需求的发生率。2019 年，兰开夏郡警察局获得英国皇家警察监察局授予的“卓越”称号，以表彰其在理解需求、合理使用经费以及服务民众方面的贡献。HPE 与 Intelligent Voice 等机构联手打造的智能语音还获得“2020 年度安全创新奖”。

② 监狱囚犯通话分析

为了避免囚犯使用电话对外进行非法交易，美国监狱对囚犯通话均采用了录音监听。但是，庞大的录音量使得人耳监听的成本高得令人望而却步。新型冠状病毒感染的影响将囚犯电话的需求提高到了前所未有的程度。一家英国监狱透露，随着探视限制的实施，通话需求激增了 600%。

为了更好地识别监控录音和加快审查速度，美国中西部的一所监狱使用了 Intelligent Voice 公司开发的机器学习系统来分析每月生成的数千小时的录音。该系统使用其超加速语音识别算法，可以加速识别囚犯的电话和视频数据。然后，系统将自然语言技术和复杂的情感分析关键词技术相结合，辅助确定应听通话，从而实现更准确、更快的审查。

（2）种族歧视嫌疑分析

种族歧视等问题在很大程度上影响着部分人民的生活秩序。Relativity 公司基于“发现真相对于创造一个更加公正的世界至关重要”的信念，创立了“正义变革”（Justice for Change）项目，以期发挥 Relativity 公司及其生态系统特有的能力，对种族平等与社会正义产生积极影响。该项目通过从穿戴式设备和审讯录音、监狱电话录音分析等方式，帮助因受种族歧视而被错误定罪的人找到真实的、帮助脱罪的证据。此前，一些非营利组织尝试人工转录视频和音频进行分析以提供援助，但是仅仅是被拘留者的问讯录音每次也有 2~3 个小时的时长，分析则需要 10 多个小时甚至更长时间。同时，由于手动转录效率较低，很多第三方团体没有大规模公益基金支持等原因，导致项目无法持续推进。Intelligent Voice 公司作为该项目的合作伙伴正式加入之后，形势有了很大的改善。其运用智能情感语音分析技术，向所涉及的服务提供商、律师事务所及非营利组织无偿提供穿戴式设备，紧急呼叫录音、访谈及审讯录音、监狱电话录音等分析软件及服务，通过对数据的自动化分析，能够快速掌握被拘者的真实情感与想法，成为辅助脱罪的证据之一。

（3）保险欺诈识别

2017年，保险欺诈导致英国损失了30亿英镑，针对反欺诈行业研发突破性人工智能技术的计划是英国政府推进的诸多新计划之一。在英国政府斥资1 300万英镑资助的40项计划中，英国Intelligent Voice公司、Strenuus公司以及东伦敦大学研发的人工智能软件，将综合运用人工智能与语音识别技术，对情感与语言进行探测与解读，从而对保险索赔进行可信度评估。

针对欺诈，反保险欺诈联盟2021年的一项调查显示，21%的受访者计划在未来两年内投资人工智能以进行欺诈检测。然而，在此背景下，大多数保险公司只能处理持有数据的10%～15%。目前，保险公司分析的大多数数据都是结构化的，易于搜索并存储在关系数据库中。虽然保险公司正在削弱非结构化数据，但该类数据中心隐藏着有价值的见解。有效利用非结构化数据可以帮助保险公司识别潜在的欺诈行为，还可以通过更有效的验证信息来缩短客户审查时间。其中，一种未被充分利用的非结构化数据形式就是语音。Intelligent Voice公司能够在客户服务效率和严谨的欺诈检测之间找到适当的平衡，减少对真正的客户投入过度的审查成本。同时，在欺诈者与联络中心互动的过程中，更早地发现欺诈行为，揭露其不为人知的潜在欺诈行为。另外，Intelligent Voice公司的产品还能发现欺诈攻击之间的联系，即同一个人使用不同的电话或伪装的方法来欺骗保险人。例如，通过智能情感语音系统可以快速发现两通语音电话是否出自同一个人，这大大提高了人工审核的效率和准确率。

8.3.3 案例3：阿尔法鹰眼预警系统助力智能安防

宁波阿尔法鹰眼安防科技有限公司成立于2016年7月，是一家专注于生物识别情感识别技术，集研发、销售、工程、服务于一体的智能安防科技公司。该公司主要提供阿尔法鹰眼安检系列产品。目前，其主力产品是包括服务器和摄像头在内的阿尔法鹰眼系列，并经历了多次技术迭代。第一代阿尔法鹰眼视频情感分析系统，能够实现在特定区域探测嫌疑人；第二代“阿尔法鹰眼＋人脸识别”智能分析系统，结合了人脸识别数据库，可以进行实时比对；第三代“阿尔法鹰眼＋云计算”移动智能系统，将建立起一套高危人群数据库并与全国人脸识别数据库进行联动，可支持远程监控中心云计算管理化和移动设备的整合，进一步搭建情感识别平台和生物识别 3.0 研发平台。应用最广泛的产品还是结合情感计算技术并自主研发的阿尔法鹰眼预警系统。

（1）阿尔法鹰眼预警系统的情感计算

提及生物识别和智能安防，目前国内大多还是采用人脸识别、指纹、步态等方式进行分析，基于情感计算的产品较少。在国外市场上，Affectiva 算是美国一家发展最快的应用情感计算的创业公司，主要基于脸部微表情分析，实现追踪和判定不同的情感。但是，基于微表情的识别通常会面临很大的数据计算难题，不同文化、环境、年龄等因素的影响都会使分析存在很大的差异。

该公司创始人金湘范表示，紧张一般分为两种类型：一种为神经源性紧张，是神经系统的反射紧张；另一种是自体原发紧张，是肌肉末梢性紧张。一般通过语言、微表情、行为特征等传统情感分析手段只能发现神经系统反射性紧张，对于恐怖攻击行为表现出的自体原发性紧张则难以准确识别。

对此，阿尔法鹰眼预警系统基于前庭情感反射理论，通过视频动态分析精神生理参数来监测危险人物。即通过摄像头采集的人体面部视频流，分析头部和颈部微小肌肉振动的频率和振幅，计算出个人压力、侵略性和焦虑度等参数，甄别有自体原发性焦虑紧张状态的潜在可疑危险人员以辅助安检人工排查。根据振动图像的物理学测定，能够非常准确地分析出人的情感状态，所有人产生的细微肌肉颤动，通过数字化视频摄像机和高速计算机快速处理，实现情感识别，阿尔法鹰眼预警系统正是以这些理论为基础应用情感识别技术进行了进一步的开发。阿尔法鹰眼预警系统通过摄像机图像分析人的细微运动（颤动），根据 1 ~ 3 秒的实时监控动态视频流影像，对头部和颈部的肌肉微振动进行分析，以图像每帧率之间的变化分析三维动态的头部-颈部运动时所产生的人的心理生理反应参数值。基于每个参数值，对人物的三维空间的动态图像在正常状态和潜在意识反应下的生气、紧张、攻击性状态等多种情感和精神状态进行关联分辨。然后，以彩图、热力图或 X 射线图等相结合的新型图像形态进行显示，其中每个图像都会产生独特的信息，并以所有像素点的振动参数-频率和振幅（如图 8-1 和图 8-2 所示）形式进行分别显示。

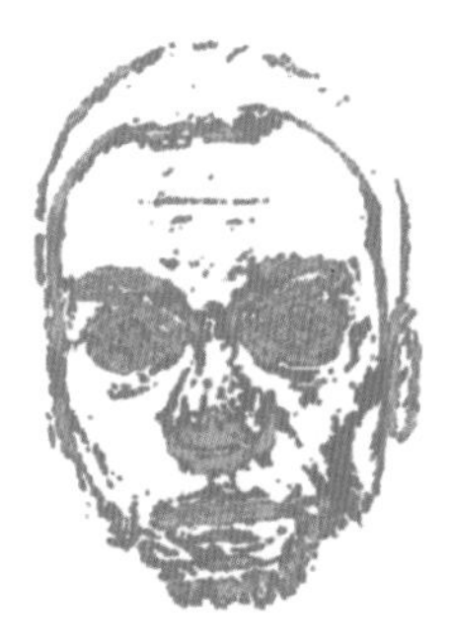

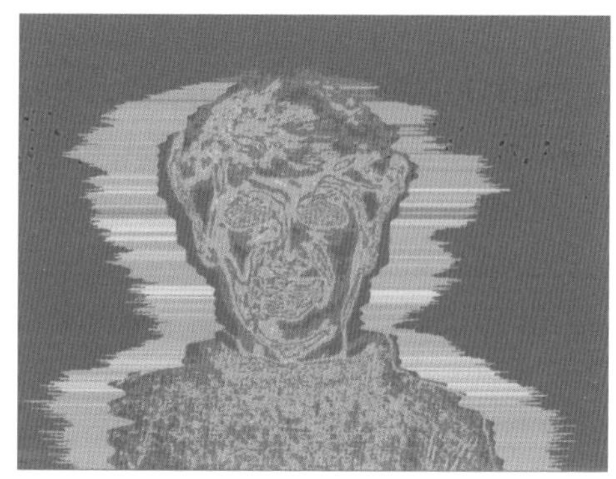

图 8-1　振幅图像和频率图像
（资料来源：http://news.21csp.com.cn/c19/201907/11383210.html）

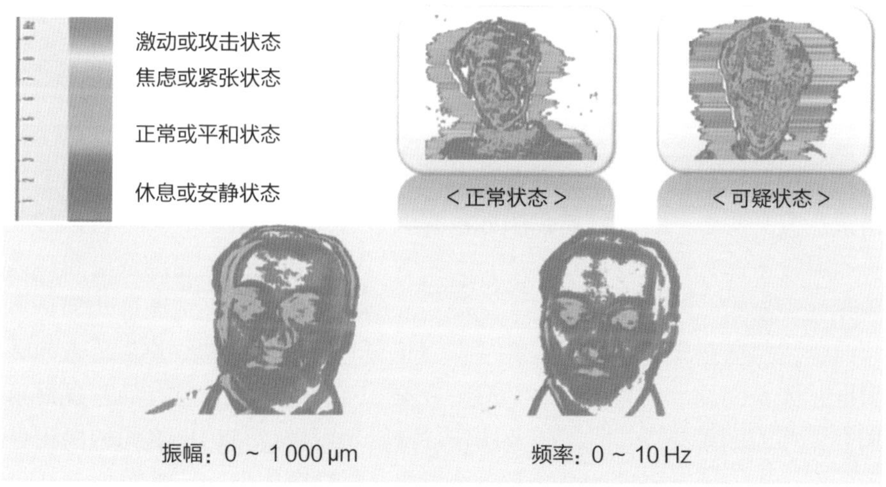

图 8-2　情感状态的判断
（资料来源：https://www.36kr.com/p/1721484935169）

此外，阿尔法鹰眼预警系统可以通过远程自动实时监控模式对压力、攻击性和紧张状态相关的心理生理学上的情感水平进行感知，以此来判断被监测者是否可疑，甄别人群中那些看起来平静却有恶意、负面、焦虑情绪，具有潜在威胁的人，以“先知”的形式筛查过滤出可能带来安全威胁的潜在危险人物或可疑人物。

（2）应用范围及领域

阿尔法鹰眼预警系统通过最新的图像技术来监测人的心理生理上的情感状态，进行独创性测定和预警的现代化应用，可用于安全检查、安保等领域，针对心理生理状态异常的潜在可疑人员和危险人员，进行检测、记录、分析、识别来实现安全管控。以先进的阿尔法鹰眼“人脸＋情绪”识别技术为核心，通过精准的“人脸＋情绪”采集、人证比对和“人脸＋情绪”比对技术，设立先进的分类安检通道，提升乘客安检通关效率。同时，对原有视频监控系统进行升级改造，建立安保警卫区内人员定位和轨迹分析，提升安全管控质量。通过人脸识别技术实现人流量统计、分流，既能够实现对于强特征的犯罪分子、恐怖分子进行全面动态布控，也能够对弱特征、无特征的犯罪分子、恐怖分子进行事前预警防范，并进行事前控制与快速打击。

对于高密度人流量的场所，如机场、地铁、火车站、汽车站和大型场馆等，阿尔法鹰眼预警系统经过检测后会给出一定的阈值，并给予“通过”或“可疑”的分析判断，进而辅助人工进行盘问验证甄别，可以更好地协助进行分类安检。首先，借助阿尔法鹰眼预警系统可以对情感监测正常且无犯罪记录的人员，以及政府人员、重要人物，可以在验证身份证件、人脸情绪识别后，帮助快速通行。其次，对情感监测异常但无犯罪记录的人员，阿尔法鹰眼预警系统可以在验证身份证件、人脸情绪识别后，要求人包同步安检，助力常规安检。最后，在高安保等级通道安检中，对情感监测异常且有犯罪记录的人员，阿尔法鹰眼预警系统可以在验证身份证件、人脸情绪识别后，要求他接受最高等级的安保检查。

数年的应用经验显示，在不同人员流量、密度、可疑人员渗入数、安全危险系数的场景中，阿尔法鹰眼预警系统平均可从 1 万人中筛选出有焦虑性恶意负面情绪者 10 ~ 100 人，筛选率为 0.1% ~ 1%，其中确定有问题（证件、违禁品、前科、在逃、潜在犯罪动机、心理生理明显波动冲动等）的数量在 90% 以上，拒真率小于 10%，具备较高的准确率。从成本角度来看，美国议员财务监督局政府问责办公厅（GAO）曾有报告显示，通过传统评估方法，在每一个可疑人员上花费的软硬件成本为 20 美元，而阿尔法情感分析评估方法下每个可疑人员仅需 0.8 美元。因此，阿尔法鹰眼预警系统的应用不仅可以提高分类安检的效率，让正常人员快速通行，还可以降低人力成本，在实现“向人工智能科技要警力、向人工智能科技要安全”的同时，减轻安保警卫人员的工作强度，提高工作效率。

阿尔法鹰眼系列产品及其配套的解决方案还广泛应用于公检法司、海关、机场、国际港口、火车站、汽车站、地铁站等场所，以及交通管理、平安城市、智慧城市、“雪亮工程”“一带一路”反恐等行业及领域。特别是在缉毒和缉私方面，常规毒品查验为抽检模式，而阿尔法鹰眼预警系统可全面快速筛查，大大提高查出率。在防谍方面，阿尔法鹰眼预警系统可以帮助实时布防侦测谍报人员。在防偷渡方面，阿尔法鹰眼预警系统可以帮助快速识别伪造证件的人员。在刑侦领域，阿尔法鹰眼预警系统通过情感识别可以帮助实时布防或通过分析视频图像资料筛查可疑人员。此技术还可以应用于大型场馆展览会、运动会、大型活动的临时安保，将潜在暴力恐怖袭击及违法犯罪活动人员提早筛查出来，以提升安防等级。

目前，阿尔法鹰眼系统技术产品及其解决方案现已在国内完成多处项目试点，其中包括义乌火车站售票大厅、二连浩特边检站、杭州临平和龙翔地铁站、北京南站三号出发口、北京首都机场 T2 海关、广州国际机场等。同时，阿尔法鹰眼公司也在围绕公共安全、商业安全、国家重点项目和产业链聚集四大方面搭建完整的智慧安全产业体系，相信未来的应用将会更加广泛。

8.3.4 案例 4：智慧校园异常情绪预警分析系统

近年来，校园袭击事件和学员抑郁自杀现象屡屡发生，如何构建更加有效的校园安防系统成了校园安全管理的一大难题。利用新兴技术，快速准确地识别大规模人群的心理问题，尤其是防范心理问题产生的社会风险和安全隐患，主动式地识别危险性，有其社会和科技发展的必要性。人工智能技术可准确感知、预测、预警校园安全运行的重大态势，及时把握群体认知及心理变化，主动决策反应，将显著提高校园安全治理的能力和水平，对有效维护校园安全具有不可替代的作用。

智慧校园异常情绪预警分析系统是由深圳埃尔姆科技有限公司（AiERM）研发的一款面向校园安防的产品。该公司成立于2019年，是一家专注于情感计算的人工智能创新科技公司，深度学习是AiERM的核心竞争力，也是支撑人工智能革命的关键。目前，AiERM专注于算法能创造极大价值的领域，如异常情绪预警分析、生理心理健康大数据分析和视频测谎分析，主要向客户提供包括算法、软件和硬件产品在内的全栈式、一体化解决方案。AiERM拥有中国领先的情绪识别技术研发团队，成立了深圳大学人工智能联合实验室，开发出了先进的情绪识别算法，为中国情绪识别行业应用作出了贡献。为助力校园智能安防的建设，AiERM结合情感计算，推出了“智慧校园异常情绪预警分析系统”。

（1）预警系统中的情感计算

如今，情感识别技术已成为国内外智能安全系统建设中备受关注的重要技术手段之一。智慧校园异常情绪预警分析系统，能够对人体前庭系统支配下的头、颈部肌肉群行为中的微小振动进行分析，匹配人体生理心理特征，进行情绪识别，准确分辨处于精神高度紧张状态的人员。通过事先筛选情绪异常的可疑人员，抓拍图片和人脸识别结合，系统能够快速锁定可疑人员并提出警示。系统还能与现场手持终端设备进行连接，可实时查看可疑人员信息，进行动态情绪识别，并实时显示可疑人员情绪值。

AiERM自主研发的动态情绪识别系统是用来构建“智慧校园异常情绪预警分析系统”的关键。通过动态情绪识别系统，实现远程自动实时监控模式下感知被检测者压力、攻击性和紧张状态相关的心理生理学上的情感水平，判断其是否可疑，进而帮助检测和识别侵略性人员（如暴力、自杀、逃跑、毒贩、吸毒、携带违禁物品、持用伪假证件、走私夹带等人员），检测有潜在危险的可疑人员，实现远程监视相关人员以及非接触式视频精神状态（如暴力、自杀等）检测。

动态情绪识别智能分析技术是以运动的心理生理学为基础的，依据身体振动及庞大的基本特征数据库，通过专用摄像机采集的视频，分析头颈、脸部及身体的振动频率和振幅，计算出攻击性、压力和紧张等参数，分析人员的精神状态（情感和情绪）。然后，通过数据可视化，该技术结合潜在异常情绪快速筛查的检测理论确定异常情绪人员，判定可疑度并通过颜色条进行直观显示。此外，摄像机还能捕捉个人生理及情绪变化的倾向性，可以用来判定是否有极端行为要发生，从而事先筛选出可疑人员并示警。动态情绪识别包含两个系统：可疑人员预警分析系统和精神辅助判定系统。可疑人员预警分析系统主要应用于安保方面；精神辅助判定系统主要应用于高压、高危和特定人群的情绪状态定期检测。无论是否有犯罪记录，动态情绪识别智能分析技术都能更快地筛选识别出来。

（2）校园安全应用

在高新技术迅速发展的今天，校园异常情绪预警分析系统全方位的数字化和智能化既是校园对监控系统的新需求，也是实现“向科技要效率”的重要途径。校园异常情绪预警分析系统能对所有人员当前的精神状态进行智能视频分析，发现可疑情况及时触发报警并通知监控中心。该系统可以进行情绪分类管理，将人员分为正常情绪和异常情绪人员，重点关注情绪异常人员。动态情绪识别系统会将情绪异常的可疑人员信息，通过管理平台实时推送到现场管理人员手持设备或现场显示屏，可以节省管理时间，提升校园管理效率。

为了提升安全保障的有效性，应用情绪预警分析系统的学校管理方会重点对宿舍、食堂、教室出入管理通道、楼梯、宿舍楼出入口、图书馆等进行情绪识别布控。对于不同人流区域还可选择不同的监控方式，监控情绪识别可以在各个主要通道入口进行固定监控，而对图书馆、操场等大人流区域使用动态情绪识别系统进行轮巡监控，使有情绪异常的人员能被提前发现，事先预防。系统会对筛查出的情绪异常人员进行脸部截图并传输到管理平台。管理人员通过分析情绪识别提供的脸部截图照片，综合监控系统提供的信息和各种智能视频分析结果判断是否采取下一步的措施，还能够采取警报示警，由管理平台启动各种报警方式，一般为声音报警，即输出到现场的喇叭发声报警，也可现场进行查验，结合现场实时分析和利用后台数据库进行综合分析后，对可疑人员进行现场人工询问。

系统如果判断情绪异常人员是在校学员，那么会通知学员辅导员等校方负责人进行面对面交流，也可以借助精神辅助设备，在心理辅导室进行进一步判定。预警系统会对被发现的情绪异常学员自动创建数据档案，统计并分析，将档案上传到管理平台，按照可疑度值从高到低分为重点关注人员和一般关注人员，进行两级预警管理，从而预防各种事件的发生，达到预警预防的目的。

通过情感计算，可准确感知、预测、预警基础设施和社会安全运行的重大态势，及时把握群体认知及心理变化，主动决策反应，这将显著提高治理的能力和水平。人工智能和情绪感知深度融合应用是落实校园安全防护的必由之路，在未来校园安防管理中将得到更广泛、更深入的应用。

8.4 应用挑战

8.4.1 测谎技术的争议

测谎是一种刑事侦查手段，在侦查犯罪嫌疑人、排除无辜、获取犯罪嫌疑人的供认方面有着重要的意义。测谎技术应用于刑事诉讼，大体可分为能否作为侦查工具和能否作为犯罪行为证据两种。当前，我国刑事诉讼实践在使用测谎技术时面临两大困境：测谎结论并不完全可信，测谎与非强制自供原则存在冲突。

测谎虽然可作为侦查工具使用，但是并不能作为证据使用。意大利法院不受理使用测谎技术的案件；德国认为用测谎器对被控方进行测试违反了人的自尊原则；日本虽然有先例符合特定条件的测谎结果可作证据，但是主流观点仍不承认测谎结果的正当性。1923 年，弗赖伊诉美国案（Frye v. United States）首次引发测谎结果能否作为证据的争论，该案确立了被称为“普遍接受”标准的弗赖伊定律（Frye Rule）。该定律对测谎结果进行了规定，认为测谎结果不具备证据资格，但给予了相应的科学性肯定。直至 1993 年，美国多伯特达伯特诉梅里尔陶氏制药公司，联邦最高法庭以“综合观察”标准取代了“普遍接受”标准。但是，1998 年谢弗尔（Scheffer）案又否定了测谎结果作为证据的正当性。因此，从整体上看，美国法庭对使用测谎进行举证持否定态度。

除了科学性存疑之外，测谎的规范化还存在许多自身问题。例如，中国测谎技术尚未形成像 DNA 检测那样统一且标准化技术操作规范。具体表现为关于使用何种测谎技术尚未达成一致，关于各种技术存在不足的研究不多，关于各种技术结合后能否出现新的冲突以及如何解决这些冲突尚未进行深入剖析。与此同时，测试问题怎么编写也尚未出台规范化标准，而参照的他国模版会由于翻译方面的原因，导致在实际工作中使测试对象难以理解，从而影响测谎进程和结果的准确性。

此外，也有很多人把测谎仪看作是警方在受到了“三级审讯”的普遍指责后，利用现代科技，用一种具有权威性和隐蔽性的方法来制造一个询问的程序。当代科技为测谎提供了一个重要的理论基础，并赋予了很大的可信度。但是，这种神秘感的检测方法也使之远离了大众，让审判得以完全在警察的掌控之下进行。至于那些刻意隐瞒嫌疑人的测验结果，对嫌疑人称未通过测试使其招供的行为，则表明了测验并不是为了排除嫌犯的嫌疑，而是为了让他产生心理上的紧张感，从而获得更多的证词。

同时，测谎结果是一种“概论证据”，测谎技术一直在不断发展过程中，有研究提出测谎结果精度超过 90%，但是测谎结果还不够完全可靠。

（1）被测试者差异

从被测试者的角度来看，根据测谎的原则，个体撒谎与其生理反应具有关联性，但是这一假设还难以验证。说谎和生理指数变化之间存在联系仅是基于经验的理论，缺乏确切的科学依据。

在实践中，测谎技术也同样缺乏可信的错误率举证。例如，美国社会科学委员会认为准绳问题测试（Control Question Test，CQT）技术对于无罪情况的准确率达 97%，针对有罪情况的准确率达 98%，1998 年，在美国心理学家戴维·莱肯（David Lyken）的研究中，测谎意见的准确率只有 60%~70%。探究其差距，大多是由以下原因造成的：一是进行测试的人员以及采用的测试技术有所不同；二是有的测试统计是实验性的，有的则是实践性的。但是，不可否认的是其错误率的准确值至今也没有权威的统计。

(2) 测试人员差异

对测试人员来说，测谎结果的准确性主要依赖其专业能力。与其说测谎意见只是科学机器检验的结果，倒不如说它是人类经验的产物。在检测时，检测者的谈话水平会影响检测结果，如能否以适当的口吻交谈、能否更好地编制检测问题、检测环节中有无引诱成分等。在检测完成后，由于所记录的生理指数图谱自身无法反映被检测者在撒谎，检测者能否恰当地对其变化做出解释与分析会在很大程度上影响检测结果。由于受到诉讼立场、鉴定方式及鉴定程序的制约，鉴定人员很容易出现动机与认知两大偏见。在这一点上，测谎人员执行测谎通常带有较大主观性和偏见风险。因为测谎结果建立在测谎人员专业经验与主观判断基础上，所以对同一个被测试人来说，不同测谎人员所能得到的测谎结果也不一样。显然，测谎鉴定原理与科学鉴定“再现性”的特点不符，自然也就不能利用测谎结果确定案件事实。侦查人员在采用不准测谎结果时，很可能会误导侦查方向甚至会成为刑讯逼供、继而诱致冤假错案的原因。

(3) 避免技术迷信

现有测谎仪也存在技术上的瓶颈。目前，主流的测谎仪技术分为相关/无关问题测试（Relevant-Irrel-Evant Test，RIT）、准绳问题测试（Control Question Test，CQT）、定向谎言测试（Directed Lie Test，DLT）、犯罪知识测试（Guilty Knowledge Test，GKT）等4种。RIT需要被测者对案件相关问题以及案件不相关问题做出回答并加以对比，若二者均无显著生理改变则可确定其没有说谎。由于很多因素会引起生理指标变化，虽然很多罪犯很难通过测试，但是很多无辜者也会由于其他原因影响而难以通过测试。CQT是将案件相关问题与容易说谎的控制问题进行对比，虽然这类问题能够使无辜者和罪犯都感到心烦意乱，但是他们的图谱仍然会存在一定的差异。DLT技术作为CQT的改进技术，是一种诱导嫌疑人说谎的方法。在出现上述情况后，测试人员继续追问嫌疑人做错事情的具体情况，而说谎者为了维持前后答案一致，在后续的回答中会更加谨慎与小心，测试人员可在此基础上判断其他问题上嫌疑人是否说谎。GKT 技术被称为“非直接测真技术”，该方法通过对被试者对于未公开的案情资料的知情程度来判断其是否是犯罪嫌疑人。理论上，罪犯在有关案件的细节描述与询问时会产生更大的心理波动。在许多情况下，无辜者由于已收到来自审讯者传来关于案情的信息，而提前对案情有了一定的了解。从技术层面上看，这 4 种技术都会产生错误辨别说谎者的情况。

功能性磁共振成像、P300 电生理学、大脑指纹等神经测谎技术可以检测生理变化，如血流或大脑区域的电活动是否增加，而这些区域可能被欺骗行为本身激活，或者被某个特定测试项目对被测试者的视觉或心理影响激活。将与欺骗有关的信号从众多潜在的混杂信号中分离出来是一个复杂的问题，它取决于欺骗任务的精心构建，而不是测量技术。因此，复杂的技术应用和结果解释对这些技术在实验室外的成功转化至关重要。在神经测谎中，汇编和解释脑成像数据需要神经心理学、物理学和统计学的高度专业技能。目前，只有主要的研究机构在生成、处理、分析和解释脑功能成像数据方面才有有经验的研究人员，而且目前没有关于技能方面的培训或专业标准。

（4）过早开发与实践

美国用于开发检测欺骗和隐藏信息新方法的大部分资金来自与美国联邦国防相关的安全机构，这些机构往往希望在最短的时间内从研究中获得实用产品。资金需求推动着研究人员在媒体上以及向联邦机构推广该技术。为了争取政府订单而进行竞争，可能会导致新技术在得到科学证实之前过早地进行转化。

同时，有些机构在推广此类技术时，断章取义地利用研究者的研究结果和主张。例如，2002 年美国得克萨斯大学扬尼斯・帕夫利季斯（Ioannis Pavlidis）等在发表的论文中建议机场或边境使用他们的热成像技术，并表示机器的建议可以作为旅行者在线记录的额外数据点。鉴于美国安全机构对特定个人恐怖活动的微弱证据的反应，人们质疑这些机构是否注意到这篇论文建议的第二部分，即应该赋予这种证据以“与机器在实际操作中的证明力度相当”的权重。

（5）测谎技术的相关法律问题

测谎技术会在哪些情况下可以得到许可？私营企业是否可以对雇员使用测谎技术？监护人是否可以利用此技术追查未成年子女？如果该技术发展到被广泛应用的程度，又如何通过相关制度规范使用方法以防止技术滥用？这需要一个有序递进的过程，而不是像目前的“大脑指纹”那样，由生产设备的公司向从业人员发放许可证。最安全的方法可能是继续将医疗信息使用的隐私和安全标准应用于使用医疗技术获得的任何数据，而不论其适应性如何。此外，研究人员还发现，脑部扫描可能会揭示关于我们的大量信息。数据表明，大脑扫描有可能揭示出关于人格特征、精神疾病、性偏好或吸毒倾向的基本信息。如果在没有适当同意的情况下披露，这些信息可能会给被测试者带来意想不到的保险、就业或法律问题。

测谎属于心理测试范畴，以言词或表达为特点。因此，测谎应受不被强迫自证其罪原则制约。例如，美国联邦最高法院施默伯案（Schmeber）就认为测谎必须倾诉被测谎人所知、所想、所相信的内容，如果迫使犯罪嫌疑人进行测谎证明其有罪是不被允许的。目前，美国多数州对测谎没有证据能力进行了规定，其主要原因也是如果测谎有证据能力则可能影响被告行使沉默权。德国刑事诉讼法典第136a款对禁止讯问方法进行了规定，尽管该款没有明确说明测谎是一种立法禁止使用的非法讯问方式，但是由于测谎具有强迫犯罪嫌疑人交代的非自愿性，一般认为测谎应当是一种超越立法规定的不正当审讯方式。德国联邦最高法院主张，因为通过生理反应在无意识状态下对精神活动进行考察将侵害不得侵害的人格权的核心，所以应该禁止使用测谎器。

国内因测谎结果不可作为证据的法律主要体现在两个方面：一是《中华人民共和国刑事诉讼法》所确定的法律依据不包含此项内容；二是1999年《关于CPS多道心理测试鉴定结论是否可以作为诉讼证据使用问题的批复》规定，CPS多道心理学测试鉴定结论不可以作为刑事案件之证据。就测谎证明能力而言，我国还没有相关司法制度。

美国进行测谎测试既遵循自愿原则，又遵循严格的限制原则。自愿原则即测谎与否由被测者自行决定，测谎期间被测者可随时建议暂停。测谎又称“心理三级审讯”，由于测谎必然对被测者造成心理压力，有可能使被测者受到心理强制而做出对己不利的陈述，因此自愿原则有利于维护被测者的利益。所谓严格限制原则，就是要对试验对象、试验内容进行限制。前者指检测不能针对患有心脏病、精神病或者醉酒的人员，确保检测的准确性和被检测人员的安全；后者指所指内容虽然可以与案件事实无关，但是不能涉及他人隐私和商业秘密，从而确保相关资料不外泄。相比之下，我国被测试者并没有自愿选择权。与此同时，我国现行对检测对象和检测内容还没有相关法律规范。

8.4.2　智慧校园安防体系的隐私侵害

近几年，全国校园安全事故频发，每年大约有16 000名中小学员非正常死亡。当前，以智慧校园方案构建平安校园这一话题十分热门，但关于平安校园层面建设工作的总体水平并不高，还面临诸多窘境。

在智慧校园建设中，以人脸和图像识别装置为核心的技术安防系统可以实现全天不间断人脸数据和相关行为数据的获取。但是，因数据隐私安全保护不足，可能造成学员隐私信息泄露和其他公共安全危机。当前，多数使用智慧校园的学校并没有和技术供应商共同制定诸如数据泄露、隐私侵犯等伦理问题的具体解决方案，以及规避智能技术对教育公共利益危害的具体程序。

人工智能时代智慧校园技术安防与规范体系建设需要以算法与伦理规范为重点，研发基于云计算的恶意程序代码入侵防控算法以及检测模型，以保证智能技术不对学校师生个人隐私造成侵害，并确保该技术在教育中的应用不会对教育公共利益造成损害。另外，智慧校园治理主体要厘清以人工智能为核心的个性化教育服务后面隐含的数据治理逻辑，帮助他们有效地驾驭人工智能技术而非囿于人工智能技术。特别是要重视人工智能技术运用中伦理问题的挖掘、反馈和消解，以保证智能技术能够为学校组织成员所规范运用。

8.4.3 犯罪风险评估工具的局限性

犯罪风险评估是一种专门针对特定对象是否有犯罪或者重新犯罪可能性的判断方法，它部分地解决了常规静态风险评估工具衡量费时费力和社会赞许性强等问题。与常规评估工具相比，其重点在于解决“哪些人更易发生犯罪行为”这一问题，因为它能实现个体心理状态动态追踪监控，从而部分地突破了风险预测“哪个时段内特定个体发生犯罪行为”这一难点。然而，当前应用情感计算的犯罪风险动态评估工具还具有局限性。

现已完成开发并实际投入使用的动态风险评估工具的评价对象比较狭窄。以“非接触实时动态心理测评系统”为例，该系统主要为监狱中暴力行为和自杀自残行为提供风险评估服务，被评估犯罪和危险行为的范围狭窄，不能实现对经济犯罪、毒品犯罪、职务犯罪和性犯罪等其他类型犯罪行为进行风险评估。与此同时，当精神障碍和精神变态涉及人格评估时，现有动态风险评估工具很难实现评估其长期性和稳定性心理特征，因为它们并没有检测出被试者长期情感分布特征与其人格结构和特质间的联系。此外，预测效度也表现出一定局限性，无较多案例支持。从心理学测量工具信效度检验视角看，较少的个案不能为动态风险评估工具对暴力行为和自杀自伤行为的预测效度提供足够的依据。

第九章　未来新兴行业应用展望

思维作为一种高级认知过程，不仅包含理性的推理和决策，还包含大量的情感因素。当前，各类智能交互技术的研发均在力求“更具有智慧”，而拥有对情感的识别、分析、理解、表达的能力也应成为智能机器必不可少的一种功能。情感计算除了在教育培训、生命健康、商业服务、工业制造、文娱传媒、社会治理等领域的参与和影响不断增加之外，还渗透到了智慧服务、虚拟现实、科艺融合等前沿领域。

9.1　智慧服务领域

关于人机对话系统的研究最早可追溯到 1950 年，当时英国数学家艾伦·麦席森·图灵（Alan Mathison Turing）提出了著名的“图灵测试”，利用人机交互的方式测试机器的智能化程度。从那时起，针对人机交互的对话任务引起了学术界的关注。早期的任务型人机对话系统目标设定比较单一，基于模板和规则设计智能对话助手处理特定的任务，如苹果公司研制的手机语音助手 Siri。但是，这类对话系统的首要目标是回复的逻辑要具有正确性，未考虑与用户间的情感感知程度，这类对话系统对问题的回答较为冰冷，缺乏共情能力。另一种场景是非任务型对话系统，面向的领域很广泛，主要利用内容检索和语义生成的技术生成回答，生成的语言较为流畅，内容多样，更能模拟人类间的日常交流，主要应用场景包括聊天机器人、智能客服、个性化推荐等。

近年来，随着人工智能的快速发展，人机交互这个子领域受到越来越多学者的关注，各种各样的语音助手、聊天机器人逐渐走入大众的生活，家庭中到处都有智能对话系统的身影，研究人员的研究重心也从提高对话的逻辑准确度转为加强对话中的情感互动性。在人类对话的过程中，情感是人类沟通的重要信息之一，如果机器能够知晓人类的情感，并将情感纳入对话逻辑，那么对话内容的智能化程度会进一步提高。在人机共生的社会，拥有对情感的感知、识别、理解和表达的能力已经成为智能机器不可或缺的重要属性，这也标志着人工智能“双商”，即“情商”和“智商”时代的到来。在实验中，研究人员发现具备情感处理的智能对话系统对用户的满意度有着显著的提升作用，如图 9-1 所示，（a）为不带情感色彩的对话，（b）为带有情感色彩的对话。不带情感色彩的回答逻辑是对用户的对话内容进行顺应和重复，语调单调且沉闷，而带有情感色彩的回答除了顺应之外，还添加了积极肯定和想要陪伴的表达内容。

用户（User）：清晨的空气挺新鲜的。
机器人（Agent）：今天的空气是挺好的。
用户（Uscr）：这个天气适合跑步，呼吸下新鲜空气。
机器人（Agent）：是的，确实很适合运动。

（a）不带有情感色彩的对话

用户（User）：清晨的空气挺新鲜的。
机器人（Agent）：空气真的相当新鲜啊！
用户（User）：这个天气适合跑步，呼吸下新鲜空气。
机器人（Agent）：我和你一起，在一旁为你加油助威。

（b）带有情感色彩的对话

图 9-1　情感对话对比图

清华大学周浩等在 2018 年首次尝试将情感信息融入对话模型中，结合情感衰变的特点，使得模型的输出回复带有情感特征，自此融入情感色彩的对话模型得到广泛研究。重庆邮电大学杨丰瑞等采用深度学习中的注意力机制，在传统情感对话生成的基础上考虑了主题中的情感倾向，提出了一种主题扩展的情感对话模型。他们提出的模型架构如图 9-2 所示，首先对上下文采用全局编码，引入主题模型获取全局主题词，再利用外部词典获取全局情感词，然后在接下来的融合模块中进行主题词扩展。之后，通过引入注意力机制权重对主题词、情感词进行加权编码。最后，送入最后一层循环神经网络进行解码，得到相应对话序列。实验结果显示，该模型充分考虑了情感和相关主题，生成的对话具有丰富的情感意义，对源语句“这里的风景真美啊”可以生成诸如“我喜欢这样美丽的风景”“风景是美的，我却是伤心的”这类多样化的情感语句。

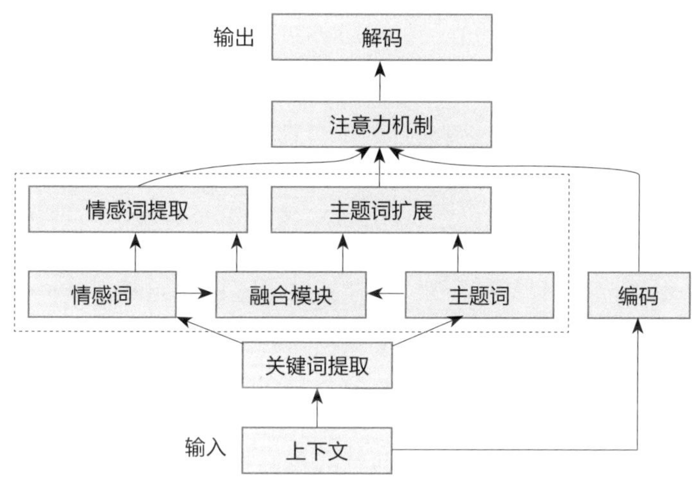

图 9-2　主题扩展情感模型架构

情感计算是一个多学科交叉的研究领域，涵盖了传感器技术、计算机科学、认知科学、心理学、行为学、生理学、社会学等方面。其最终目标是赋予计算机类似于人的情感能力，以更友好、更高效地服务于人类。未来，在管理领域，通过情感计算获得领导者与员工的情感，通过从中干预、协调从而提升企业的整体效率；在商业服务领域，通过客户评价文本，解读客户的情感并进行精准营销，在满足客户需求的同时树立自己的品牌；在生命健康领域，基于患者的情感数据分析结果，进行心理疾病的诊断和预测并辅以积极干预等。以人为中心的智慧服务产业的应用场景将不断被拓展。情感认知的研究与发展是推动人机情感交互的关键，也是促进智慧服务普及的重要推手。在不久的将来，机器在更加智能的同时，将更具有温度、更加人性化。通过应用富有情感感知的人机对话系统、智能陪护系统、情感安抚系统等，智能机器人能担负起管理、家政、陪护等服务性质的任务，在满足人们情感需求的同时，还可以缓解人力资源短缺的压力。

可以预见，从感知智能到认知智能的范式进化，以及从数据科学到知识科学的范式转变，将推动情感计算在未来改变传统的人机交互模式，实现人与机器的情感交互。

9.2 虚拟现实领域

用身体感受数字世界是增强现实（AR）技术带给我们的独特又超凡的体验。情感计算可以让 AR 界面更智能，更懂人的情感。情感计算叠加 AR 技术将帮助设计师创造更高层次的产品体验，情感计算与 AR 不仅可以帮助我们突破空间限制，获得可视化信息，还可以为用户提供应用价值。当系统精确计算出用户情感、需求和期望后，数字体验中的个性化便应运而生。例如，当前 AR 眼镜虽然提供了个性化的、新形式的体验，但是缺乏一定的情商。AR 眼镜如果能够通过情感计算赋予一定的情商，使之能够时刻体会用户的情感，那么将提供一个更高层次的个性化。想象一下，在不久的将来，用户戴上 AR 眼镜，传送到他们视网膜上的内容是完全根据他们的情感和需求进行量身定制的，这必将是一种全新的体验。

情感计算应用于虚拟现实（VR），可创造身临其境感知用户情感的新体验。VR 可以解决用户在 AR 体验中的一个天然的限制，即用户能明确区分情景是真实还是虚拟，并能从感官上分辨 AR 世界并非真实的。因为情感计算可以很好地理解用户特定动作背后所包含的用户情感，所以可以设计出符合特定情感状态的肢体语言。这样，用户可以通过各种姿势直接参与 VR 互动，而不需要使用按钮、菜单等方式。当用户体验 VR 时，舒适的体验是至关重要的，但是现在的产品设计很明显只触碰到了“冰山一角”。情感计算是创造全新体验的重要手段，它将不断拓展AR/VR的应用前景。

在虚拟网络空间，基于情感计算的智能交互技术也扮演着越来越重要的角色。这些被称为社交机器人的智能体，能通过自然语言分析和社交网络行为算法，在社交媒体中发布信息产品并与人类用户交流互动。当前，智能交互技术在网络中的参与比重和影响不断加大，越来越多的政治、经济及传媒组织利用它吸引流量、改变公共话语，甚至引导舆论走向。与现实社会中的实体情感机器人不同，网络社交智能体的一大特色就是模仿人类认知及沟通行为，做一个有独特见地的“网民”。随着技术的不断进步，机器人作为活跃在社交网络上的新“人种”，其人格化特征越来越明显。因此，精准定位受众群体，洞察其关注的议题，从而寻求情感共鸣的技术显得越来越重要。

可以说，社交机器人逐渐成为信息内容生产、观念传播、意见表达、舆论引导的重要参与者。随着网络智能技术的快速发展，各类网络热点事件的爆发与演化，呈现出高迸发、超能量、强破坏性等突出特点，对网络及认知防御能力带来巨大挑战。未来，社交机器人可能真正成为一只看不见的“手”，影响全世界，撼动人类在社交媒体中的唯一主体地位。利用基于自然语言处理的情感计算，实现对网络舆情的动态预警、评估，有针对性地展开认知对抗和心理战防御行动，以及针对网络机器人研发有效甄别算法和相关自主设备，这一系列措施亟须引起关注。

9.3　构建智慧城市

情感计算将助力智慧城市的构建。城市向来是承接百业升级的试验地，数字化城市的建设是一个庞大的系统工程，是技术、创新、方案与应用的综合体。如何让千行百业共同参与这场智能变革，成为新产业生态的共建者，是决定数字化生活到来的关键。情感计算研发的初心是为了让生活更美好。无论数字化与否，城市的本质从未发生变化，人依然是最核心的要素。数字化城市依然要为生活服务，人文关怀依然是城市发展和自我迭代的隐形动力。从这个角度来看，情感计算可以重新诠释人工智能的意义，这不仅是为了促进数字化带来的效率提升，而且能够在更大程度上帮助人类回归本真的情感与爱。只有让城市有温度、会思考、可进化，才能让城市的未来生生不息。以史为鉴，生硬的技术往往会引发恐惧并遭到反对，那些驱动城市向智能生命体进化的企业，往往都将新技术与更精细化的场景融合在一起，其中“以人为本”既是纲领也是刚需。未来，当情感计算慢慢渗透到城市生活的方方面面时，一个更安全、更友好、更智能的世界也在孕育之中。人工智能和情感计算的发展将帮助人类用具有温度的力量去理解城市，从而实现真正的城市数字化。

9.4 金融决策领域

股市情感的理论基础来源于金融学、心理学、行为学等学科结合而成的行为金融学，近年来基于情感计算的股市投资者情感被学术界广泛研究。其基本观念为股票的价格趋势并非完全由公司面所决定，而是在很大程度上被投资者的情感波动所左右。投资者并非理性人，在投资决策过程中会有各种各样的判断准则。对投资者情感的研究能帮助我们理解投资者的情感喜好和认知偏差。

对股市投资者情感的计算方法可以分为 3 种。第一种是直接计量法。这种方式是通过市场调查数据来度量投资者情感，通过问卷发放的形式获取投资者的积极或者消极的预期。这类情感指数包括国外的美国个人投资者协会（American Associate of Individual Investors，AAII）、投资人情报（Investor Intelligence，II），以及国内的央视看盘指数、消费者信心指数等。但是，用这种方法获得的情感指数较为片面，且投资者在问卷调查的过程中并不能完全反映其真实的投资意图，从而导致误差。第二种是间接计量法。这种方法利用股市中能够观测到的相关指标指代投资者情感，这些指标包括封闭式基金折价率，股票换手率、新增开户数，IPO 首日收益率等，这些指标由于往往与股市的涨跌、市场收益有关，常常可作为股市情感的代理指标。后来，研究人员尝试将多个单一变量进行综合评价，建立一个综合指标度量投资者情感，比较常见的是在单一变量的基础上利用主成分分析（Principal Component Analysis，PCA）提取多个指标的旋转变化主成分，作为最终的指标。第三种是基于社交媒体的方法。随着大数据和人工智能技术的不断发展，将社交媒体上的投资者观点进行量化也成为一种可行的方法，国内外学者往往利用谷歌、百度等搜索引擎上的搜索指数代替投资者情感，这类指数往往与市场具有联动性，能够较为显著地预测股票的短期回报和波动率。

陕西师范大学尹海员和吴兴颖利用数据挖掘的方法获取股票论坛中的帖文，并用情感计算分析了上证指数的日内高频投资者情感指数。通过抓取国内主流财经门户网站"金融界"中每日发帖的作者、时间、内容、标题等字段，根据情感词典语料库和 SnowNLP 包分析文本情感的概率，将文本赋予积极和消极标签，并以半小时为间隔，将股市日交易时间分为 8 个 30 分钟，计算每个时间区间内的投资者情感指标。经过验证发现，高频文本投资者情感指标对日内市场收益的预测能力较强。

9.5　科艺融合领域

在当前数字化时代，音频、视频等多媒体数据已经成为数据的主要部分，如何从图像和音频中提取有用信息，进行有效检索和挖掘显得尤为重要。尤其是在给用户进行音乐推荐的场景下，音频的资源管理和搜索效率就显得很重要。传统的音乐搜索是需要通过匹配文字的方式检索对应内容，如匹配歌曲标题、歌手名或者歌词内容，在音乐数据库中进行检索，给用户呈现相应内容。这种方式本质上还是基于文本的匹配检索，用户需要记住并输入搜索引擎中才可以进行匹配。

在音乐的高层语义特征中，情感是一种较为高级的特征，因此在检索技术中可以考虑音乐的情感特征，提高用户和音乐的匹配度。这也是计算机音乐情感分析的主要任务，利用计算机技术自动识别音乐中的情感特点，基于数据模型，运用统计或者机器学习的方法对音乐情感进行拟合建模，定量统计音乐中的情感部分。在音乐的情感计算领域包含的方面很多，包括音乐情感表示、情感识别、情感合成等，主要运用的技术包括：以贝叶斯推断或非参数估计等依靠随机变量分布假设的统计推断方法；以决策树、支持向量机、神经网络等为代表的机器学习方法，这类方法主要通过数据去对目标函数进行优化，从而自动识别音乐本身的情感标签；聚类法，依据样本间的相似距离进行自动分类的无监督方法，无须对音乐预先打标签。

2017 年，复旦大学邓永莉和刘明亮等为提升音乐情感识别的准确率，提出基于中高层特征的音乐情感识别模型，摒弃频谱特性、色度、谐波系数等低层特征，以更接近于人认知的中高层特征，如和弦、节拍、速度、调式、乐器种类、织体、旋律走势等，作为情感识别模型进行输入。他们建立了一个包含 385 个音乐片段的数据集，将音乐情感识别抽象为一个回归问题，采用机器学习算法进行学习，预测音乐片段的八维情感向量。实验结果表明，相比低层特征，采用中高层特征作为输入时的准确率能够从 59.6% 提高至 69.8%。2019 年，太原理工大学李强和刘晓峰为提高音乐情感分类的精度，提出一种采用概率神经网络的音乐情感分析模型。以提高识别率为目标，建立音乐特征和情感之间的联系模型，使用概率神经网络对情感进行主观分类训练，在音乐的播放过程中提取特征参数，同时判断应具有的主观感受。实验结果表明，该模型对音乐的主观情感判断具有较高的准确率，在识别率上该算法比隐马尔可夫模型（HMM）算法、主成分分析法和多元回归分析法具有更好的识别精度。

除了学术研究之外，音乐情感计算在实践中也有了初步应用。2021 年，在首届中国国际消费品博览会上，湖北馆前的一款音乐智能机器人格外引人注目。这款由中国地质大学音乐科技团队自主研发的智能音乐情感机器人名叫“海百合”，是目前中国音乐机器人领域智能化程度最高的成果之一。这款机器人具有基于音乐情感计算的智能识谱、智能作曲和智能演奏三大主要人工智能技术优势，在科普教育、乐器检测、艺术表演、音乐教育、音乐创作以及娱乐服务等多个领域有着广泛的应用前景。

参考文献

[1] 白惠仁. 自动驾驶汽车的伦理、法律与社会问题研究述评[J]. 科学与社会，2018，8(1)：72-87.

[2] 蔡涵书. 基于脑电反馈的情感障碍调节机制及关键技术研究[D]. 兰州大学，2018.

[3] 曾泽渊. 面向社交媒体的健康监测研究[D]. 大连理工大学，2021.

[4] 曾子明，孙晶晶. 基于用户注意力的突发公共卫生事件舆情情感演化研究：以新冠肺炎疫情为例[J]. 情报科学，2021，39(9)：11-17.

[5] 陈迪，程朗，王志锋，等. 论坛情感挖掘研究综述：现状、挑战与趋势[J]. 计算机工程与应用，2021，57(17)：17-28.

[6] 陈昕悦. 浅析情感认知计算在社交媒体中的应用[J]. 新闻研究导刊，2018，9(3)：69，79.

[7] 程远. 基于计算机辅助工业设计的汽车造型的情感化设计[J]. 贵州大学学报(自然科学版)，2013，30(1)：88-90.

[8] 创业邦. Readface用表情单元和大数据理解喜怒哀乐，它还想像人一样对你做出回应[EB/OL].(2015-10-23)[2022-8-23].https://www.cyzone.cn/article/131803.html.

[9] 崔雪莲，洪月，那日萨. 基于网络评论的消费者重购行为意向挖掘[J]. 山东大学学报(理学版)，2015，50(3)：28-31.

[10] 大数据文摘. 网络社交媒体的情感认知与计算[EB/OL].(2017-10-20)[2022-8-23].https://developer.aliyun.com/article/81304?spm=a2c6h.13813017.content3.1.5fa36d2dokC5lV.

[11] 单睿康，江涛，张婷婷，等. 基于改进SO-PMI的藏文情感词典自动构建方法[J]. 高原科学研究，2022，6(1)：104-112.

[12] 邓永莉，吕愿愿，刘明亮，等. 基于中高层特征的音乐情感识别模型[J]. 计算机工程与设计，2017，38(4)：1029-1034.

[13] 丁满，袁云磊，张新新，等. 基于深度学习的产品色彩情感化设计[J/OL]. 计算机集成制造系统：1-13[2022-08-10].http://101.42.177.210/kcms/detail/11.5946.

TP.20220411.1042.016.html.
[14] 丁满，张寿宇，黄晓光，等. 基于支持向量机回归与模拟退火算法的产品外观意象设计[J]. 机械设计，2020，37（3）：135-140.
[15] 丁万，黄东延，李柏，等. 脸部情感识别方法、智能装置和计算机可读存储介质：CN111108508A[P]. 2020-05-05.
[16] 丁晓雯，刘威，张森，等. 基于用户行车数据的情感交互设计研究[J]. 信息与电脑（理论版），2022，34（1）：94-96.
[17] 董妍，俞国良. 青少年学业情感问卷的编制及应用[J]. 心理学报，2007（5）：852-860.
[18] 窦金花，覃京燕. 基于情感计算的弱势群体产品情感交互设计研究[J]. 包装工程，2017，38（6）：7-11.
[19] 法度笔录. 法度笔录智能审讯系统功能：非接触智能情绪分析、智能测谎[EB/OL].（2020-07-10）[2022-8-23].https://m.sohu.com/a/406871169_120153082.
[20] 范涛，王昊，林克柔，等. 基于视觉的网络舆情事件中网民情感分析研究[J]. 情报资料工作，2022，43（4）：83-91.
[21] 付娆. "情感计算" 刷新 "用户体验" [J]. 金融电子化，2014（7）：16-17.
[22] 傅小兰. 电子学习中的情感计算[J]. 计算机教育，2004（12）：27-30.
[23] 高红丽，隆舟，刘凯，等. 智能导学系统AutoTutor：理论、技术、应用和预期影响[J]. 开放教育研究，2016，22（2）：96-103.
[24] 葛婷. 情感化设计在可穿戴设备中的应用：以小米手环4为例[J]. 工业设计，2020（5）：113-114.
[25] 顾方舟，赵丹华. 面向汽车内饰造型评价的情感语义池构建[J]. 包装工程，2016，37（20）：30-34.
[26] 郭继东. 英语学习情感投入的构成及其对学习成绩的作用机制[J]. 现代外语，2018，41（1）：55-65，146.
[27] 郭强，岳强，李仁德，等. 引入用户情感的高阶奇异值分解推荐算法研究[J]. 复杂系统与复杂性科学，2018，15（4）：1-9.
[28] 哈尔滨工程大学. 一种基于多特征融合的商品评论情感分析方法：CN112861541A[P].2020.12.15.
[29] 何美贤，罗建河. 企业声誉对消费者情感依恋和顾客公民行为的影响机制：基于顾客-企业认同视角[J]. 中国流通经济，2016，30（4）：108-114.
[30] 胡鸿，金玉鑫，段慧云，等. 基于用户旅程的情感计算心理救援机器人设计[J]. 设计，2021，34（19）：150-153.
[31] 胡江. 工业设计发展趋势[J]. 科技创新与应用，2019（26）：83-85.
[32] 华人运通（上海）云计算科技有限公司. 场景触发的方法、装置、设备和存储介质：202010930532.0[P].2020-12-11.

[33] 华人运通（上海）云计算科技有限公司. 作品生成和编辑方法、装置、终端、服务器和系统：202110044146.6[P].2020-04-23.

[34] 华玮，吴思洋，俞超，等. 面向网络舆情事件的多层次情感分歧度分析方法[J/OL]. 数据分析与知识发现：1-23[2022-08-05].http://kns.cnki.net/kcms/detail/10.1478.g2.20220613.1153.008.html.

[35] 黄发良，冯时，王大玲，等. 基于多特征融合的微博主题情感挖掘[J]. 计算机学报，2017，40（4）：872-888.

[36] 黄立赫，石映昕. 面向视频弹幕的网络舆情事件监测研究[J]. 情报杂志，2022，41（2）：146-154.

[37] 黄仕靖，吴川徽，袁勤俭，等. 基于情感分析的突发公共卫生事件舆情时空演化差异研究[J]. 情报科学，2022，40（6）：149-159.

[38] 贾积有，杨柏洁. 文本情感计算系统“小菲”的设计及其在教育领域文本分析中的应用[J]. 中国教育信息化，2016（14）：74-78.

[39] 蒋艳双，崔璨，刘嘉豪，等. 教育领域中的情感计算技术：应用隐忧、生成机制与实践规约[J]. 中国电化教育，2022（5）：91-98.

[40] 捷途慧声. 智能审讯新技术——语音情感分析[EB/OL].（2019-05-10）[2022-8-23].https://m.sohu.com/a/313027902_120099816.

[41] 解仑，王真，张安琪，等. 一种面向自闭症辅助康复的人机交互系统：CN108899081B[P].2021-08-31.

[42] 金城，吴文渊，陈柏儒，等. 面向不同用户群体的社交媒体台风舆情演化分析及对比研究[J]. 地球信息科学学报，2021，23（12）：2174-2186.

[43] 堃乾智能. 情绪识别黑科技轻松看穿你的谎言[EB/OL].（2019-04-02）[2022-8-23].https://www.163.com/dy/article/EBP9GCPM05315UHA.html.

[44] 李爱黎，张子帅，林荫，等. 基于社交网络大数据的民众情感监测研究[J]. 大数据，2022，8（6）：105-126.

[45] 李豪. 基于情感计算理论的老年人可穿戴产品交互方式研究[D]. 天津大学，2019.

[46] 李慧. 面向学习体验文本的学员情感分析模型研究[J]. 远程教育杂志，2021，39（1）：94-103.

[47] 李佳，祁娜. 基于情感计算的空巢老人陪伴机器人设计研究[J]. 工业设计，2021（11）：26-28.

[48] 李佳敏，张晓飞. 品牌感知价值对顾客重复购买意愿的影响：顾客情感的中介作用[J]. 商业经济研究，2020（18）：63-66.

[49] 李兰友，陆金桂，张建德.SUV 车型外观评论文本情感分析[J]. 汽车工程学报，2021，11（2）：93-101.

[50] 李强，刘晓峰. 基于PNN的音乐情感分类[J]. 计算机工程与设计，2019，40（2）：

528-532.

[51] 李然，董石羽.基于情感词与汽车造型原型拟合的造型辅助设计方法[J].包装工程，2016，37（20）：25-29.

[52] 李瑞.社交媒体时代情感传播研究[J].新闻研究导刊，2021，12（24）：23-25.

[53] 李迎迎.面向银行微博文本的情感分析方法研究[D].北京交通大学硕士学位论文，2018.

[54] 李永春，王智勇，贺佳琦，等.多模态审讯心理语义分析助力审讯智能化[J].信息与电脑（理论版），2021，33（17）：139-142.

[55] 李勇帆，李里程.论情感计算和Web3D技术支持的网络自主在线学习模式的设计与构建[J].中国电化教育，2011（8）：129-133.

[56] 李云.产品设计中的情感因素[J].包装工程，2021，42（14）：318-320，328.

[57] 李昭.测谎技术应用于职务犯罪侦查实践之研究[D].广西师范大学，2015.

[58] 李正盛，邢文，何灿群，等.氛围灯色彩对驾驶情绪安抚作用的设计研究[J].人类工效学，2021，27（2）：14-20.

[59] 李知谕，杨柳，邓春林.基于弹幕与评论情感倾向的食品安全舆情预警研究[J].科技情报研究，2022，4（3）：33-45.

[60] 力维智联.不要对我撒谎：让“黑科技”识别隐藏的“真相”！ [EB/OL].（2019-03-29）[2022-8-23].https://m.sohu.com/a/304662267_821669.

[61] 荔枝.生物识别3.0时代，阿尔法鹰眼想用“情感计算”布局智慧安全[EB/OL].（2017-04-28）[2022-8-23].https://www.36kr.com/p/1721484935169.

[62] 梁峭.汽车造型要素与用户情感意象关联研究[J].包装工程，2016，37（20）：14-19.

[63] 梁益伟，李潭清，汤磊，等.基于情感计算的儿童自闭症早期风险预测及实现路径研究[J].中国科技教育，2020（4）：26-27.

[64] 廖声立，陶德清.情感对不同智力水平学员推理操作的影响[J].心理发展与教育，2004（2）：34-39.

[65] 林钦和，刘钢，陈荣华.基于情感计算的商品评论分析系统[J].计算机应用与软件，2014，31（12）：39-44.

[66] 林筱妍，吴升.基于语义规则和词向量的台风灾害网络情感分析方法[J].地球信息科学学报，2022，24（1）：114-126.

[67] 林园园，战洪飞，余军合，等.基于产品评论的消费者情感波动分析模型构建及实证研究[J].现代图书情报技术，2016（11）：44-53.

[68] 刘凯，王韶，隆舟，等.AutoTutor背后的技术启思与人文眷注：访美国孟菲斯大学智能导学系统专家亚瑟・格雷泽教授[J].开放教育研究，2020，26（2）：4-12.

[69] 刘婷婷，刘箴，钱平安，等.虚拟现实在特殊人群康复中的应用研究[J].系统仿真学报，2018，30（9）：3229-3237.

[70] 刘遥峰，王志良.基于情感交互的仿人头部机器人[J].机器人，2009，31（6）：493-

500.
[71] 刘玉文，翟菊叶，朱文婕，等. 基于文本语义的热点事件网络暴力分析方法[J]. 计算机技术与发展，2022，32(7)：208-215.
[72] 卢孔笔，柯显信，尚宇峰. 仿人面部表情机器人头部机构方案设计[J]. 上海大学学报(自然科学版)，2016，22(4)：432-439.
[73] 卢宇，薛天琪，陈鹏鹤，等. 智能教育机器人系统构建及关键技术：以"智慧学伴"机器人为例[J]. 开放教育研究，2020，26(2)：83-91.
[74] 罗宪华，徐海明. 基于特定人的语音情感识别系统构建[J]. 中国人民公安大学学报(自然科学版)，2015，21(4)：72-75.
[75] 马皑，宋业臻. 情感计算技术如何推动犯罪风险评估工具的发展？[J]. 心理科学，2021，44(1)：52-59.
[76] 马凤才，李春月. 消费者对电子商务平台销售生鲜产品满意度测算研究：基于京东生鲜在线评论的分析[J]. 价格理论与实践，2020(5)：117-120.
[77] 马磊，吴慧，郭晓蓓. 情感计算联合边缘计算在商业银行数字化转型中的应用探索[J]. 西南金融，2021(9)：40-51.
[78] 马宁，于光，闫相斌. 基于舆情评论数据挖掘的政府回应策略优化方法研究：以新冠疫情援助物资使用舆情事件为例[J]. 电子政务，2021(9)：23-35.
[79] 马希荣，刘琳，桑婧. 基于情感计算的e-Learning系统建模[J]. 计算机科学，2005(8)：131-133.
[80] 马志强，苏珊. 学习分析视域下的学员模型研究脉络与进展[J]. 现代远距离教育，2016(4)：44-50.
[81] 牟伦田，周朝，赵艺远，等. 面向驾驶员的个性化健康导航[J]. 北京工业大学学报，2021，47(5)：508-519.
[82] 那日萨，刘影，李媛. 消费者网络评论的情感模糊计算与产品推荐研究[J]. 广西师范大学学报(自然科学版)，2010，28(1)：143-146.
[83] 那日萨，钟佳丰，童强. 基于情感词汇的在线评论产品个性化推荐方法研究[J]. 郑州大学学报(理学版)，2011，43(2)：48-51.
[84] 那日萨，钟佳丰. 基于消费者在线评论的模糊智能产品推荐系统[J]. 系统工程，2013，31(11)：116-120.
[85] 潘航，解仑，刘靖，等. 面向自闭症辅助康复的交互机器人系统[J]. 计算机集成制造系统，2019，25(3)：673-681.
[86] 潘宏鹏，汪东，刘忠轶，等. 考虑反讽语义识别的协同双向编码舆情评论情感分析研究[J]. 情报杂志，2022，41(5)：99-105，111.
[87] 彭玉伟. 微表情分析技术在侦查讯问工作中的应用研究[J]. 中国刑事法杂志，2015(2)：95-103.
[88] 钱皓. 专访亚略特邵宇：情感计算开启人机交互的未来[EB/OL].(2021-07-13)

[2022-03-05].https://baijiahao.baidu.com/s?id=1705158431270295965&wfr=spider&for=pc&searchword=%E6%83%85%E6%84%9F%E8%AE%A1%E7%AE%97%E7%9A%84%E6%9C%AA%E6%9D%A5.

[89] 裘江南，葛一迪.社交媒体情感对信息行为的影响：基于两类灾害事件的比较研究[J].管理科学，2020，33（1）：3-15.

[90] 屈庆星，郭伏，胡名彩，等.产品外观解构与情感设计变量识别方法研究[J].人类工效学2017，23（3）：67-73.

[91] 人工智能情感计算Emotibot广告效果监测[EB/OL].（2017-03-19）[2022-8-23].https://www.bilibili.com/video/BV1zx411r7Ux/?spm_id_from=333.788.recommend_more_video.8.

[92] 深圳市科思创动科技有限公司.非接触式情绪检测方法和装置：201610601963.6[P].2017-01-04.

[93] 深圳市科思创动科技有限公司.驾驶员状态的监测方法、装置及终端设备：201910233210.8[P].2019-07-12.

[94] 沈健.面向抑郁识别的脑电导联空间及本征特征优化方法研究[D].兰州大学，2021.

[95] 施志伟，高俊波，胡雯雯，等.基于文本的抑郁情感倾向识别模型[J].计算机系统应用，2017，26（12）：155-159.

[96] 史廪霏，李思奇.中美博弈舆情在阿拉伯国家社交媒体的传播特征及影响[J].西亚非洲，2022（3）：3-23，156.

[97] 宋双永，王超，陈成龙，等.面向智能客服系统的情感分析技术[J].中文信息学报，2020，34（2）：80-95.

[98] 宋爽，那日萨，张杨.基于在线评论的消费者品牌转换意向模糊推理[J].山东大学学报（理学版），2014，49（12）：7-11.

[99] 宿云，胡斌，徐立新，等.面向脑电数据的知识建模和情感识别[J].科学通报，2015，60（11）：1002-1009.

[100] 孙本旺，田芳.基于深度学习算法的藏文微博情感计算研究[J].计算机技术与发展，2019，29（10）：55-58，99.

[101] 谭成慧，宋博海，马姗姗，等.自闭症患儿行为干预研究方法的发展与趋势[J].中国临床心理学杂志，2021，29（2）：436-442.

[102] 陶丽娟，刘晓静.中国学校情感教育现状分析：从显性教育到隐性教育的转变[J].赤子，2013（3）：1.

[103] 涂铭，景奉杰，汪兴东.产品伤害危机中的负面情感对消费者应对行为的影响研究[J].管理学报，2013，10（12）：1823-1832.

[104] 汪碧云，杨新凯.E-Learning中一种基于气质类型的情感计算算法[J].上海师范大学学报（自然科学版），2013，42（1）：25-30.

[105] 王晨，高洪伟，吕贵林，等．“情绪流”车媒体智能新闻推荐系统[J].中国传媒科技，2020(9)：120-124.

[106] 王浩．可穿戴式健康医疗产品的情感化设计研究[D].西安工程大学，2017.

[107] 王丽英，何云帆，田俊华．在线学习行为多模态数据融合模型构建及实证[J].中国远程教育，2020(6)：22-30.

[108] 王禄生．情感计算的应用困境及其法律规制[J].东方法学，2021(4)：49-60.

[109] 王思勉．基于认知情感调节理论的人工智能感知线上教育应用设计研究[D].华东理工大学，2020.

[110] 王万森，龚文．E-Learning中情感认知个性化学员模型的研究[J].计算机应用研究，2011，28(11)：4174-4176，4183.

[111] 王晓伟，王志良．基于人工心理的E-learning辅助系统[J].微计算机信息，2006(14)：275-277.

[112] 王毅．基于仿人机器人的人机交互与合作研究[D].北京科技大学，2015.

[113] 王泽辰，王树鹏，孙立远，等．基于情感对象识别和情感规则的微博倾向性分析[J].北京航空航天大学学报，2022，48(2)：301-310.

[114] 魏敬朝．中美测谎制度的比较分析[J].法制与社会，2013(7)：165-166.

[115] 魏昭质．非接触式审讯技术在侦查讯问中的应用[J].北京警察学院学报，2021(1)：93-98.

[116] 温雷，柯显信，曹斌，等．SHFR-Ⅲ仿人机器人的情感分析及对话系统[J].工业控制计算机，2019，32(1)：97-99.

[117] 吴维芳，高宝俊，杨海霞，等．评论文本对酒店满意度的影响：基于情感分析的方法[J].数据分析与知识发现，2017，1(3)：62-71.

[118] 吴羽．测谎在刑事司法中的应用问题研究[J].中国司法鉴定，2022(2)：94-99.

[119] 习海旭，蒋红芬，程志凡，等．特定事件下网络舆情的情感分析与可视化方法[J].情报理论与实践，2020，43(9)：132-136，143.

[120] 喜悟．竹间智能深研知识工程与情感计算，助力打破企业舆情困境[EB/OL].(2021-04-16)[2022-8-23].https://xueqiu.com/4759798658/177355838.

[121] 项茂英．情感因素对大学英语教学的影响：理论与实证研究[J].外语与外语教学，2003(3)：23-26.

[122] 小鹏汽车．小鹏汽车公布生态企业「鹏行智能」，携手发布首款智能机器马[EB/OL].(2021-09-07)[2022-8-23].https://www.xiaopeng.com/news/company_news/4037.html.

[123] 谢治海，朱敏，牛红宇，梁晶，夏婷．面向票房预测的影评情感可视分析[J].计算机应用研究，2020，37(10)：2945-2950.

[124] 徐国政，宋爱国，高翔，等．基于焦虑情绪与混杂控制的机器人辅助临床康复实验[J].仪器仪表学报，2017，38(10)：2364-2372.

[125] 薛艳敏，戴毓.网页设计元素对PAD情感体验的影响研究[J].装饰，2018(2)：124-125.
[126] 薛耀锋，杨金朋，郭威，等.面向在线学习的多模态情感计算研究[J].中国电化教育，2018(2)：46-50，83.
[127] 杨金朋，薛耀锋，李佳璇，等.基于人脸表情识别的在线学习情感计算研究[J].中国教育技术装备，2017(18)：35-36.
[128] 杨立军，韩晓玲.基于NSSE-CHINA问卷的大学生学习投入结构研究[J].复旦教育论坛，2014，12(3)：83-90.
[129] 杨晓东.人工智能情感计算反恐缉私禁毒应用新方向[EB/OL].(2020-07-10)[2022-8-23].http://news.21csp.com.cn/c19/201907/11383210.html.
[130] 杨新宇，董怡卓，胡冠宇，等.一种基于声纹和情感线索的抑郁症识别方法：CN113611295A[P].2021-11-05.
[131] 杨漾.基于情感计算的银行信贷审核系统研究与实现[D].复旦大学硕士学位论文，2011.
[132] 姚鸿勋，邓伟洪，刘洪海，等.情感计算与理解研究发展概述[J].中国图象图形学报，2022，27(6)：2008-2035.
[133] 叶子，庞丽娟.师生互动的本质与特征[J].教育研究，2001(4)：30-34.
[134] 尹磊，黄黎清，李明珠.基于人工神经网络的电动汽车前大灯意象造型设计研究[J].包装工程，2021，42(20)：159-166.
[135] 尹彦青，赵丹华，谭征宇.汽车内饰品质感的感知模态研究[J].包装工程，2016，37(20)：35-40.
[136] 余帆.基于文本挖掘的新能源轿车用户情感分析[J].物流工程与管理，2022，44(1)：137-140.
[137] 余宏.大数据环境下网络舆情分析在企业管理中的应用研究[J].现代计算机(专业版)，2018(32)：62-66.
[138] 余梓彤，李晓白，赵国英.情感识别与教育[J].人工智能，2019(3)：29-36.
[139] 喻叶.基于负性情绪识别的智能穿戴产品设计[D].西南交通大学，2018.
[140] 袁斌，江涛，于洪志.基于语义空间的藏文微博情感分析方法[J].计算机应用研究，2016，33(3)：682-685.
[141] 詹泽慧.基于智能Agent的远程学员情感与认知识别模型：眼动追踪与表情识别技术支持下的耦合[J].现代远程教育研究，2013(5)：100-105.
[142] 张超，魏昕，邹方镇.汽车内饰材质感性设计可拓推理方法[J].机械设计，2020，37(9)：120-127.
[143] 张国方，寇姣姣，陈令华.网络评论文本驱动的汽车设计规划方法[J].机械设计，2021，38(2)：139-144.
[144] 张国亮，赵竹珺，杜吉祥，等.基于视觉表情分析的交互式表情机器人系统研究

[J].小型微型计算机系统,2017,38(6):1381-1386.
[145] 张继东,张慧迪.融合注意力机制的多模态突发事件用户情感分析[J].情报理论与实践,2022,45(11):170-177.
[146] 张俊友,任文浩,李思贤.基于情感强度的自动驾驶车辆决策机制探究[J].广西大学学报(自然科学版),2021,46(4):1045-1053.
[147] 张梦瑶.基于情感分析的微博用户群体划分模型的构建[D].安徽理工大学,2021.
[148] 张楠楠,邓三鸿,王昊,等.公共卫生事件舆情的地区差异及其情感测度:以新冠肺炎疫情为例[J].情报科学,2022,40(9):123-129.
[149] 张启飞.皮肤电信号下学习焦虑的识别与调节技术研究[D].西南大学,2017.
[150] 张瑞,潘鑫,杨艳妮,等.情感介入式智能客户服务系统[J].情报理论与实践,2016,39(8):39,70-74.
[151] 张瑞.基于大数据的藏文文本情感分析方法研究[D].青海师范大学,2019.
[152] 张尚乾,刘知一.基于关键特征的影评细粒度情感分析[J].现代电影技术,2022(6):16-21.
[153] 张素香."双师课堂"在农村小规模学校的实践探究[J].数字教育,2018,4(4):82-85.
[154] 张晓慧,孙德艳,马永波,等.情感识别技术在电力智能客服系统中的应用研究[J].电子器件,2020,43(5):1061-1065.
[155] 张彦豪.抑郁人群神经反馈指标研究[D].兰州大学,2018.
[156] 张艳丰,李贺,彭丽徽.基于模糊情感计算的商品在线评论用户品牌转换意向研究[J].现代图书情报技术,2016(5):64-71.
[157] 赵芳华,杨熙,张维维,等.基于自闭症儿童情感特征的陪护机器人设计研究[J].艺术与设计(理论),2016,2(10):116-118.
[158] 赵磊磊,张黎,代蕊华.智慧校园的智能升级:基于人工智能的智慧校园[J].现代教育技术,2020,30(11):26-32.
[159] 赵禹,李峥.远程医疗在双相情感障碍患者中的应用研究进展[J].中华护理杂志,2018,53(7):872-877.
[160] 赵珍妮.微博用户情感演化及网络事件相关性分析[D].重庆邮电大学,2020.
[161] 赵志滨,刘欢,姚兰,等.中文产品评论的维度挖掘及情感分析技术研究[J].计算机科学与探索,2018,12(3):341-349.
[162] 中国电信股份有限公司.音乐推荐方法及系统:CN106202073A[P].2015.04.30.
[163] 中科云计算:情感倾向分析助力高校舆情管理建设[EB/OL].(2019-08-23)[2022-8-23].https://baijiahao.baidu.com/s?id=1642620953660004576&wfr=spider&for=pc.
[164] 周国强,刘旭,杨锡慧.基于情感权重的用户协同推荐模型[J].小型微型计算机

系统,2016,37(5):938-942.
[165] 周进,叶俊民,李超.多模态学习情感计算:动因、框架与建议[J].电化教育研究,2021,42(7):26-32,46.
[166] 周书环,杨潇坤.新冠肺炎疫情下社交媒体情感传播及其影响研究:基于新浪微博文本数据的实证分析[J].新闻大学,2021(8):92-106,120-121.
[167] 周炫余,刘林,陈圆圆,等.基于多模态数据融合的大学生心理健康自动评估模型设计与应用研究[J].电化教育研究,2021,42(8):72-78.
[168] 周芷菁,潘旭伟.主题视角下社交媒体信息流行与情感的关系研究[J].新媒体研究,2022,8(4):27-32.
[169] 朱珂,张思妍,刘濛雨.基于情感计算的虚拟教师模型设计与应用优势[J].现代教育技术,2020,30(6):78-85.
[170] 朱体正.仿人机器人的法律风险及其规制:兼评《民法典人格权编(草案二次审议稿)》第799条第一款[J].福建师范大学学报(哲学社会科学版),2019(4):117-128.
[171] 朱婷,何凌.基于人工智能技术的音乐治疗对身体机理反应及自动疗效评估系统[J].科技视界,2021(5):83-85.
[172] 竹间智能.公司还在饱受舆情困扰?秒杀水军的AI舆情分析平台来了[EB/OL].(2021-03-17)[2022-8-23].https://weibo.com/ttarticle/p/show?id=2309404615705931940125.
[173] 竹间智能.提升客户体验:盘点认知技术赋能企业的“名场面”[EB/OL].(2022-01-11)[2022-8-25].https://www.emotibot.com/news/156.html.
[174] 庄寅,刘箴,刘婷婷,等.文本情感对话系统研究综述[J].计算机科学与探索,2021,15(5):825-837.
[175] 宗阳,陈丽,郑勤华,等.基于在线学习行为数据的远程学员学业情感分析研究:以Moodle平台为例[J].开放学习研究,2017,22(6):11-20.
[176] AFZAL S, ROBINSON P.Designing for automatic affect inference in learning environments[J].Journal of educational technology & society, 2011, 14(4): 21-34.
[177] AGRIGOROAIE R, TAPUS A.Detecting Deception in a Human-Robot Interaction Scenario[C]//Proceedings of the companion of the 2017 ACM/IEEE international conference on Human-Robot interaction, 2017: 59-60.
[178] AHN H, PICARD R W.Measuring affective-cognitive experience and predicting market success[J].IEEE Transactions on Affective Computing, 2014, 5(2): 173-186.
[179] AIRS研究院.For Society:儿童交互机器人“大宝”,自闭症患儿的康复训练朋友[EB/OL].(2021-1-25)[2022-8-23] https://www.bilibili.com/read/cv9444691.
[180] AKBIYIK C.Can affective computing lead to more effective use of ICT in Education[J].

Revista de educación, 2010, 352(4): 181-185.

[181] AKBULUT F P, AKAN A.A smart wearable system for short-term cardiovascular risk assessment with emotional dynamics[J].Measurement, 2018, 128: 237-246.

[182] AKTER S, AZIZ M T. Sentiment analysis on facebook group using lexicon based approach[C]//2016 3rd international conference on electrical engineering and information communication technology (ICEEICT).IEEE, 2016: 1-4.

[183] ALHAJJI M, AL KHALIFAH A, ALJUBRAN M, et al. Sentiment analysis of tweets in Saudi Arabia regarding governmental preventive measures to contain COVID-19[J].2020.

[184] ALI K, DONG H, BOUGUETTAYA A, et al.Sentiment analysis as a service: a social media based sentiment analysis framework[C]//2017 IEEE international conference on web services (ICWS).IEEE, 2017: 660-667.

[185] ALTHOBAITI T, KATSIGIANNIS S, West D, et al.Examining human-horse interaction by means of affect recognition via physiological signals[J].IEEE access, 2019, 7: 77857-77867.

[186] ALYUZ N, OKUR E, OKTAY E, et al.Towards an emotional engagement model: Can affective states of a learner be automatically detected in a 1: 1 learning scenario?[C]//24th ACM conference on user modeling, adaptation and personalization (UMAP).ACM, 2016.

[187] ANDUJAR M, CRAWFORD C S, NIJHOLT A, et al.Artistic brain-computer interfaces: the expression and stimulation of the user's affective state[J].Brain-computer interfaces, 2015, 2(2/3): 60-69.

[188] ANH V H, VAN M N, HA B B, et al.A real-time model based support vector machine for emotion recognition through EEG[C]//2012 International conference on control, automation and information sciences (ICCAIS).IEEE, 2012: 191-196.

[189] ARGUEDAS M, XHAFA F, CASILLAS L, et al.A model for providing emotion awareness and feedback using fuzzy logic in online learning[J].Soft computing, 2018 (3): 963-977.

[190] Ari M Frank, Gil Thieberger.Crowd-based personalized recommendations of food using measurements of affective response: US10387898[P].2019-08-20.

[191] BAIG M W, BARAKOVA E I, MARCENARO L, et al.Crowd emotion detection using dynamic probabilistic models[C]//International conference on simulation of adaptive behavior.Springer, Cham, 2014: 328-337.

[192] BANSAL B, SRIVASTAVA S. On predicting elections with hybrid topic based sentiment analysis of tweets[J].Procedia computer science, 2018, 135: 346-353.

[193] BARATHI S C. Lie detection based on facial micro expression body language and

speech analysis[J]. International journal of engineering research & technology, 2016, 5(2): 337-343.

[194] BARCLAY F P, CHINNASAMY P, PICHANDY P. Political opinion expressed in social media and election outcomes-US presidential elections 2012[J]. GSTF international journal on media & communications(JMC),2014,1(2): 15-22.

[195] BARRETT L F, ADOLPHS R, MARSELLA S, et al.Emotional expressions reconsidered: Challenges to inferring emotion from human facial movements[J]. Psychological science in the public interest,2019,20(1): 1-68.

[196] BECKER C, NAKASONE A, PRENDINGER H, et al.Physiologically interactive gaming with the 3D agent Max[J].2005.

[197] Behavioral Signal Processing Pipeline: How it all works[EB/OL].[2022-8-25]. https://behavioralsignals.com/behavioral-emotional-analytics/behavioral-signal-processing-pipeline-works/.

[198] BERSAK D, MCDARBY G, AUGENBLICK N, et al.Intelligent biofeedback using an immersive competitive environment[C]//Paper at the designing ubiquitous computing games workshop at UbiComp.2001: 1-6.

[199] BICKMORE T W, PFEIFER L M, JACK B W.Taking the time to care: Empowering low health literacy hospital patients with virtual nurse agents[C]//Proceedings of the SIGCHI conference on human factors in computing systems,2009: 1265-1274.

[200] BICKMORE T, BUKHARI L, VARDOULAKIS L P, et al.Hospital buddy: a persistent emotional support companion agent for hospital patients[C]//International conference on intelligent virtual agents,2012: 492-495.

[201] BOBICEV V, SOKOLOVA M, OAKES M.What goes around comes around: learning sentiments in online medical forums[J].Cognitive computation, 2015, 7(5): 609-621.

[202] BOCCANFUSO L, WANG Q, LEITE I, et al.A thermal emotion classifier for improved human-robot interaction[C]//2016 25th IEEE international symposium on robot and human interactive communication(RO-MAN).IEEE,2016: 718-723.

[203] BOIY E, HENS P, DESCHACHT K, et al. Automatic Sentiment Analysis in On-line Text[C]//ELPUB,2007: 349-360.

[204] BOJANIĆ M, DELIĆ V, KARPOV A.Call redistribution for a call center based on speech emotion recognition[J].Applied Sciences,2020,10(13): 4653.

[205] BRAUN M, PFLEGING B, ALT F.A survey to understand emotional situations on the road and what they mean for affective automotive UIs[J].Multimodal technologies and interaction,2018,2(4): 75.

[206] BREAZEAL C, BUCHSBAUM D, GRAY J, et al.Learning from and about others:

Towards using imitation to bootstrap the social understanding of others by robots[J]. Artificial life, 2005, 11 (1/2): 31-62.

[207] BREAZEAL C, GRAY J, BERLIN M.An embodied cognition approach to mindreading skills for socially intelligent robots[J].The international journal of robotics research, 2009, 28 (5): 656-680.

[208] BRYNJOLFSSON E, MCAFEE A.The second machine age: Work, progress, and prosperity in a time of brilliant technologies[M].WW Norton & Company, 2014.

[209] CANAZEI M, WEISS E.The influence of light on mood and emotion[J].Handbook of psychology of emotions: recent theoretical perspectives and novel empirical findings; nova science publishers: hauppauge, NY, USA, 2013, 1: 297-306.

[210] Carroll E A, Czerwinski M, Roseway A, et al.Food and mood: Just-in-time support for emotional eating[C]//2013 Humaine association conference on affective computing and intelligent interaction, 2013: 252-257.

[211] CARUELLE D, SHAMS P, GUSTAFSSON A, et al.Affective computing in marketing: practical implications and research opportunities afforded by emotionally intelligent machines[J].Marketing letters, 2022, 33 (1): 163-169.

[212] CHARLAND L C.Technological reason and the regulation of emotion[J]. Philosophical perspectives on technology and psychiatry, 2009: 55-69.

[213] CHEN H J, DAI Y H, FENG Y J, et al.Construction of affective education in mobile learning: the study based on learner's interest and emotion recognition[J].Computer science and information systems, 2017, 14 (3): 685-702.

[214] CHEN J Y, LUO N, LIU Y Y, et al.A hybrid intelligence-aided approach to affect-sensitive e-learning[J].Computing, 2016, 98 (1-2SI): 215-233.

[215] CHEN M, MA Y J, SONG J, et al.Smart clothing: connecting human with clouds and big data for sustainable health monitoring[J].Mobile Networks and Applications, 2016, 21 (5): 825-845.

[216] Chen M, Zhang, Y, Li Y, et al.AIWAC: affective interaction through wearable computing and cloud technology. ieee wireless communications, 2015, 22 (1): 20-27.

[217] CHEONG M, LEE V. A microblogging-based approach to terrorism informatics: Exploration and chronicling civilian sentiment and response to terrorism events via Twitter[J]. Information systems frontiers, 2011, 13 (1): 45-59.

[218] CHUNG S W, CHEON J P, LEE K W.Emotion and multimedia learning: an investigation of the effects of valence and arousal on different modalities in an instructional animation[J].Instructional science, 2015, 43 (5): 545-559.

[219] COUGHLIN J F, REIMER B, MEHLER B.Monitoring, managing, and motivating

driver safety and well-being[J].IEEE pervasive computing,2011,10(3): 14-21.

[220] COWIE R.Ethical issues in affective computing[J].The oxford handbook of affective computing,2015: 334-348.

[221] D'MELLO S K, SGRAESSER A.Multimodal semi-automated affect detection from conversational cues, gross body language, and facial features[J].User modeling and user-adapted interaction,2010,20(2): 147-187.

[222] D'MELLO S, GRAESSER A.Automatic detection of learners' affect from gross body language[J].Appl. Artif. Intell.,2009,23(2): 123-150.

[223] DANI H, LI J D, LIU H. Sentiment informed cyberbullying detection in social media[C]//Joint European conference on machine learning and knowledge discovery in databases. Springer, Cham, 2017: 52-67.

[224] DE BACKER K, DESTEFANO T.Robotics and the global organisation of production[M]//Robotics,AI,and Humanity.Springer,Cham,2021: 71-84.

[225] DE CHOUDHURY M, GAMON M, COUNTS S, et al.Predicting depression via social media[C]//Proceedings of the international AAAI conference on web and social media,2021,7(1): 128-137.

[226] DENG Z, NAVARATHNA R, CARR P, et al.Factorized variational autoencoders for modeling audience reactions to movies[C]//Proceedings of the IEEE conference on computer vision and pattern recognition,2017: 2577-2586.

[227] D'Mello S K, Graesser A C.AutoTutor and affective AutoTutor: Learning by talking with cognitively and emotionally intelligent computers that talk back[J].ACM transactions on interactive intelligent systems,2012,2(4): 1-39.

[228] D'Mello S, Picard R W, Graesser A.Towards an affect-sensitive autotutor[J].IEEE intelligent systems,2007,22(4): 53-61.

[229] DONG Y Z, YANG X Y.A hierarchical depression detection model based on vocal and emotional cues[J].Neurocomputing,2021,441: 279-290.

[230] DRUS Z, KHALID H.Sentiment analysis in social media and its application: Systematic literature review[J].Procedia Computer Science,2019,161: 707-714.

[231] EATON J, WILLIAMS D, MIRANDA E.The space between us: evaluating a multi-user affective brain-computer music interface[J].Brain-Computer interfaces,2015,2(2/3): 103-116.

[232] EFFING R, HILLEGERSBERG J, HUIBERS T. Social media indicator and local elections in The Netherlands: Towards a framework for evaluating the influence of Twitter, YouTube, and Facebook[M]//Social media and local governments. Springer, Cham,2016: 281-298.

[233] EFFING R, VAN HILLEGERSBERG J, HUIBERS T W C. Social media

participation and local politics: A case study of the Enschede council in the Netherlands[C]//International conference on electronic participation. Springer, Berlin, Heidelberg, 2013: 57-68.

[234] EKMAN P, FRIESEN W V. Facial action coding system (facs): a technique for the measurement of facial actions[J].Rivista di psichiatria, 1978, 47 (2): 126-138.

[235] EKMAN P, SORENSON E R, FRIESEN W V.Pan-cultural elements in facial displays of emotion[J].Science, 1969, 164 (3875): 86-88.

[236] EMOTIV and LOréal launch first-of-its-kind consumer EEG fragrance experience powered by neuroscience[EB/OL].[2022-8-25].https://www.emotiv.com/blog/olfactory-detection-system/.

[237] Feel the Game - mit entertAIn play bringt audEERING Emotionserkennung in die Welt des Gamings[EB/OL].[2022-8-25].https://www.audEERING .com/wp-content/uploads/2021/09/2008_Pressemeldung_entertAIn.pdf.

[238] FILIPPINI C, PERPETUINI D, CARDONE D, et al.Thermal infrared imaging-based affective computing and its application to facilitate human robot interaction: A review[J].Applied sciences, 2020, 10 (8): 2924.

[239] FONTANARAVA J, PASI G, VIVIANI M.Feature analysis for fake review detection through supervised classification[C]//2017 IEEE international conference on data science and advanced analytics (DSAA).IEEE, 2017: 658-666.

[240] FORD E B. Lie detection: Historical, neuropsychiatric and legal dimensions[J]. International journal of law and psychiatry, 2006, 29 (3): 159-177.

[241] FR.舆情监测系统的情感分析功能有什么用? [EB/OL].(2020-10-21)[2022-8-23].https://www.civiw.com/opinion/20201021104728.

[242] FUKUSHIMA K, KAWATA H, FUJIWARA Y, et al.Human sensory perception oriented image processing in a color copy system[J].International journal of industrial ergonomics, 1995, 15 (1): 63-74.

[243] GILLEADE K, DIX A, ALLANSON J.Affective videogames and modes of affective gaming: assist me, challenge me, emote me[C]//DiGRA conference, 2005.

[244] Graesser A C.Conversations with AutoTutor help students learn[J].International journal of artificial intelligence in education, 2016, 26 (1): 124-132.

[245] Graesser A C.Emotions are the experiential glue of learning environments in the 21st century[J].Learning and instruction, 2020, 70: 101212.

[246] GRAETZ G, MICHAELS G.Robots at work: the impact on productivity and jobs[R]. Centre for economic performance, LSE, 2015.

[247] GREMSL T, HÖDL E.Emotional AI: legal and ethical challenges[J].Information polity, 2022, 27: 163-174.

[248] GUO F, LIU W L, CAO Y Q, et al.Optimization design of a webpage based on Kansei engineering[J].Human factors and ergonomics in manufacturing & service industries, 2016, 26(1): 110-126.

[249] GURMAN T A, ELLENBERGER N. Reaching the global community during disasters: findings from a content analysis of the organizational use of Twitter after the 2010 Haiti earthquake[J].Journal of health communication, 2015, 20(6): 687-696.

[250] HAO J Q, DAI H Y.Social media content and sentiment analysis on consumer security breaches[J]. Journal of Financial Crime, 2016, 23(4): 855-869.

[251] HARFOUSH R. Yes We Did! An inside look at how social media built the Obama brand[M].New Riders, 2009.

[252] HARWELL D.Rights group files federal complaint against AI-hiring firm HireVue, citing "unfair and deceptive" practices[J].The Washington Post, 2019.

[253] HASHIMOTO T, HIRAMATSU S, TSUJI T, et al.Realization and evaluation of realistic nod with receptionist robot SAYA[C]//RO-MAN 2007-the 16th IEEE international symposium on robot and human interactive communication.IEEE, 2007: 326-331.

[254] HASSAN A U, HUSSAIN J, HUSSAIN M, et al. Sentiment analysis of social networking sites (SNS) data using machine learning approach for the measurement of depression[C]//2017 international conference on information and communication technology convergence (ICTC), 2017: 138-140.

[255] HASSIB M, BRAUN M, PFLEGING B, et al.Detecting and influencing driver emotions using psycho-physiological sensors and ambient light[C]//IFIP conference on human-computer interaction.Springer, Cham, 2019: 721-742.

[256] HE K M, ZHANG X Y, REN S Q, et al.Deep residual learning for image recognition[C]//2016 IEEE conference on computer vision and pattern recognition (CVPR), 2016: 770-778.

[257] HEALEY J, PICARD R W.SmartCar: detecting driver stress[C]//Proceedings 15th international conference on pattern recognition.ICPR-2000.IEEE, 2000, 4: 218-221.

[258] HENNIG-THURAU T, Groth M, Paul M, et al.Are all smiles created equal? how emotional contagion and emotional labor affect service relationships[J].Journal of marketing american marketing association ISSN, 2006, 70: 58-73.

[259] HERNANDEZ J, MCDUFF D, BENAVIDES X, et al.AutoEmotive: bringing empathy to the driving experience to manage stress[M]//Proceedings of the 2014 companion publication on Designing interactive systems, 2014: 53-56.

[260] HEW K F, HU X, QIAO C, et al.What predicts student satisfaction with MOOCs: a gradient boosting trees supervised machine learning and sentiment analysis approach[J].Computers & education, 2020, 145: 103724.

[261] How AI can Help Banks Plan for a Surge in Non-Performing Loans (NPLs) [EB/OL]. [2022-8-25].https://behavioralsignals.com/how-ai-can-help-banks-plan-for-a-surge-in-non-performing-loans-npls/.

[262] HU R F, CANCELA J, ARREDONDO WALDMEYER M T, et al. OB CITY-Definition of a family-based intervention for childhood obesity supported by information and communication technologies[J].IEEE journal of translational engineering in health and medicine, 2016, 4: 1-14.

[263] HUDLICKA E.Affective computing for game design[C]//Proceedings of the 4th international North-American conference on intelligent games and simulation. McGill University Montreal, 2008: 5-12.

[264] Hyundai motor's mini "45" EV Puts emotions in motion[EB/OL]. (2020-12-15) [2022-8-23].https://www.hyundai.news/eu/articles/press-releases/hyundai-motors-mini-45-ev-puts-emotions-in-motion.html.

[265] IKORO V, SHARMINA M, MALIK K, et al. Analyzing sentiments expressed on Twitter by UK energy company consumers[C]//2018 Fifth international conference on social networks analysis, management and security (SNAMS), 2018: 95-98.

[266] IRELAND M E, MEHL M R.Natural language use as a marker[J].The Oxford handbook of language and social psychology, 2014: 201-237.

[267] ISAH H, TRUNDLE P, NEAGU D. Social media analysis for product safety using text mining and sentiment analysis[C]//2014 14th UK workshop on computational intelligence (UKCI), 2014: 1-7.

[268] ISHIHARA H, YOSHIKAWA Y, ASADA M.Realistic child robot "affetto" for understanding the caregiver-child attachment relationship that guides the child development[C]//2011 IEEE international conference on development and learning (icdl).IEEE, 2011, 2: 1-5.

[269] JAIDKA K, AHMED S, SKORIC M, et al. Predicting elections from social media: a three-country, three-method comparative study[J]. Asian journal of communication, 2019, 29(3): 252-273.

[270] JEON M, WALKER B N, YIM J B.Effects of specific emotions on subjective judgment, driving performance, and perceived workload[J].Transportation research part F: traffic psychology and behaviour, 2014, 24: 197-209.

[271] JEON M. Don't cry while you're driving: Sad driving is as bad as angry driving[J]. International journal of human - computer interaction, 2016, 32(10): 777-790.

[272] JI Q, YANG X J.Real-time eye, gaze, and face pose tracking for monitoring driver vigilance[J].Real-time imaging, 2002, 8(5): 357-377.

[273] JIANG L, GAO B, GU J, et al. Wearable long-term social sensing for mental wellbeing[J].IEEE sensors journal, 2019, 19(19): 8532-8542.

[274] JINDO T, HIRASAGO K, NAGAMACHI M.Development of a design support system for office chairs using 3-D graphics[J].International journal of industrial ergonomics, 1995, 15(1): 49-62.

[275] JINDO T.The development of a car interior image system incorporating knowledge engineering and computer graphics[C]//Proceedings of 11th congress of the international ergonomics association.1991: 625-627.

[276] JING N, JIANG T, DU J, et al.Personalized recommendation based on customer preference mining and sentiment assessment from a Chinese e-commerce website[J]. Electronic commerce research, 2018, 18(1): 159-179.

[277] JOHNSON E, HERVAS R, GUTIERREZ-LOPEZ-FRANCA C, et al.Analyzing and Predicting Empathy in Neurotypical and Nonneurotypical Users with an Affective Avatar[J]. Mobile information systems, 2017, 2017: 7932529.

[278] JOYCE B, DENG J. Sentiment analysis of tweets for the 2016 US presidential election[C]//2017 IEEE MIT undergraduate research technology conference (URTC). IEEE, 2017: 1-4.

[279] JU M-S, LIN C-C K, LIN D-H, et al.A rehabilitation robot with force-position hybrid fuzzy controller: hybrid fuzzy control of rehabilitation robot[J].IEEE Transactions on neural systems and rehabilitation engineering, 2005, 13(3): 349-358.

[280] KAHNEMAN D, TVERSKY A.Experienced utility and objective happiness: A moment-based approach[J].The psychology of economic decisions, 2003, 1: 187-208.

[281] KALLIPOLITIS A, GALLIAKIS M, MENYCHTAS A, et al.Affective analysis of patients in homecare video-assisted telemedicine using computational intelligence[J].Neural computing & applications, 2020, 32(23): 17125-17136.

[282] KAPPAS A.What facial expressions can and cannot tell us about emotions[J].The human face: Measurement and meaning, 2003: 215-234.

[283] KASHIWAGI K, MATSUBARA Y, NAGAMACHI M.A feature detection mechanism of design in Kansei Engineering[J].Human interface, 1994, 9(1): 9-16.

[284] KAUR C, SHARMA A. Twitter sentiment analysis on coronavirus using textblob[R]. EasyChair, 2020.

[285] KIM S J, CHUN J, DEY A K.Sensors know when to interrupt you in the car:

Detecting driver interruptibility through monitoring of peripheral interactions[C]//Proceedings of the 33rd annual ACM conference on human factors in computing systems.2015: 487–496.

[286] KLEIN E.Informed consent in implantable BCI research: identifying risks and exploring meaning[J].Science and engineering ethics, 2016, 22(5): 1299–1317.

[287] Klement S, Low S, Munster D.Method and system for monitoring the status of the driver of a vehicle: US10318831B2[P]. 2019-06-11.

[288] KULIĆ D, CROFT E.Affective state estimation for human - robot interaction[J]. IEEE transactions on robotics, 2007, 23(5): 991–1000.

[289] KULIĆ D, CROFT E.Pre-collision safety strategies for human-robot interaction[J]. Autonomous robots, 2007, 22(2): 149–164.

[290] KUMAR K L S, DESAI J, MAJUMDAR J.Opinion mining and sentiment analysis on online customer review[C]//2016 IEEE International Conference on Computational Intelligence and Computing Research(ICCIC), 2016: 1–4.

[291] KUZNETSOV G.Designing Emotional Interfaces Of The Future[EB/OL].(2019-01-23)[2022-03-05]https://www.smashingmagazine.com/2019/01/designing-emotional-interfaces-future/.

[292] LAKSHAN I, WICKRAMASINGHE L, DISALA S, et al. Real time deception detection for criminal investigation[C]//2019 National information technology conference(NITC). IEEE, 2019: 90–96.

[293] LANATA A, VALENZA G, NARDELLI M, et al.Complexity index from a personalized wearable monitoring system for assessing remission in mental health[J]. IEEE journal of biomedical and health informatics, 2015, 19(1): 132–139.

[294] LARSEN R J, FREDRICKSON B L.Measurement issues in emotion research[J]. Well-being: The foundations of hedonic psychology, 1999, 40: 60.

[295] LEE C M, NARAYANAN S S.Toward detecting emotions in spoken dialogs[J].IEEE transactions on speech and audio processing, 2005, 13(2): 293–303.

[296] LEONG C K, LEE Y H, MAK W K.Mining sentiments in SMS texts for teaching evaluation[J].Expert systems with applications, 2012(3): 2584–2589.

[297] LI B, ZHOU Y, XIAO R X, et al. Unsupervised cross-database micro-expression recognition based on distribution adaptation[J].Multimedia systems, 2022, 28(3): 1099–1116.

[298] LI M Y.Application of sentence-level text analysis: The role of emotion in an experimental learning intervention[J].Journal of Experimental Social Psychology, 2022, 99: 104278.

[299] LI Q Y, ZHAN S, XU L F, et al. Facial micro-expression recognition based on

the fusion of deep learning and enhanced optical flow[J].Multimedia tools and applications, 2019,78(20): 29307-29322.

[300] LIN Q K, ZHU Y F, ZHANG S F, et al.Lexical based automated teaching evaluation via students' short reviews[J].Computer applications in engineering education, 2019 (1): 194-205.

[301] LIU J N, ZONG Y, ZHENG W M. Cross-database micro-expression recognition based on transfer double sparse learning[J].Multimedia tools and applications, 2022, 81(30): 43513-43530.

[302] LIU J, DEY N, DAS N, et al.Brain fMRI segmentation under emotion stimuli incorporating attention-based deep convolutional neural networks[J].Applied soft computing, 2022, 122: 108837.

[303] LIU S S, LEE I.Extracting features with medical sentiment lexicon and position encoding for drug reviews[J].Health information science and systems, 2019, 7(1): 11.

[304] LIU S, PENG X, CHENG H N H, et al.Unfolding sentimental and behavioral tendencies of learners' concerned topics from course reviews in a MOOC[J].Journal of educational computing research, 2019(3): 670-696.

[305] LIU X Q, ZHANG L, YADEGAR J.An intelligent multi-modal affect recognition system for persistent and non-invasive personal health monitoring[C]//2011 IEEE 22nd international symposium on personal indoor and mobile radio communications, 2011: 2163-2167.

[306] LIU Y S, SOURINA O, NGUYEN M K.Real-time EEG-based human emotion recognition and visualization[C]//2010 international conference on cyberworlds. IEEE, 2010: 262-269.

[307] LIU Y, BI J W, FAN Z P.Ranking products through online reviews: A method based on sentiment analysis technique and intuitionistic fuzzy set theory[J].Information fusion, 2017, 36: 149-161.

[308] LIU Z, YANG C Y, RüDIAN S, et al.Temporal emotion-aspect modeling for discovering what students are concerned about in online course forums[J].Interactive learning environments, 2019(5/6): 598-627.

[309] LÖCKEN A, HEUTEN W, BOLL S.Enlightening drivers: A survey on in-vehicle light displays[C]//Proceedings of the 8th international conference on automotive user interfaces and interactive vehicular applications, 2016: 97-104.

[310] MANSOUR S.Social media analysis of user's responses to terrorism using sentiment analysis and text mining[J].Procedia computer science, 2018, 140: 95-103.

[311] MARSH S.Neurotechnology, Elon Musk and the goal of human enhancement[J].The

Guardian，2018，1.

[312] MARTIN-DOMINGO L，MART í N J C，MANDSBERG G.Social media as a resource for sentiment analysis of Airport Service Quality（ASQ）[J].Journal of air transport management，2019，78：106-115.

[313] MASSEY T，MARFIA G，POTKONJAK M，et al.Experimental analysis of a mobile health system for mood disorders[J]. IEEE transactions on information technology in biomedicine，2010，14（2）：241-247.

[314] MCDUFF D，EL KALIOUBY R，COHN J F，et al.Predicting ad liking and purchase intent：Large-scale analysis of facial responses to ads[J].IEEE transactions on affective computing，2014，6（3）：223-235.

[315] MEDFORD R J，SALEH S N，SUMARSONO A，et al.An "infodemic"：leveraging high-volume Twitter data to understand early public sentiment for the coronavirus disease 2019 outbreak[J].Open forum infect Dis，2020，7（7）：ofaa258.

[316] MEDHAT W，HASSAN A，KORASHY H.Sentiment analysis algorithms and applications：a survey[J].Ain Shams engineering journal，2014，5（4）：1093-1113.

[317] MELLENG A，JUREK-LOUGHREY A，DEEPAK P.Sentiment and emotion based representations for fake reviews detection[C]//Proceedings of the international conference on recent advances in natural language processing（RANLP）.2019：750-757.

[318] MENDE M，SCOTT M L，VAN DOORN J，et al.Service robots rising：How humanoid robots influence service experiences and elicit compensatory consumer responses[J]. Journal of marketing research，2019，56（4）：535-556.

[319] MOHAMMAD S M，KIRITCHENKO S.Using hashtags to capture fine emotion categories from tweets[J].Computational intelligence，2015，31（2）：301-326.

[320] MONDAL A，CAMBRIA E，DAS D，et al.Relation extraction of medical concepts using categorization and sentiment analysis[J].Cognitive computation，2018，10（4）：670-685.

[321] MORTON K，QU Y Z，CARROLL M.An affective computing and fuzzy logic framework to recognize affect for cloud-based e-learning environment using emoticons[C]//International conference on cloud computing and security.Springer，Cham，2017：288-299.

[322] MsTang.2021世界人工智能大会热点话题解析[EB/OL].（2021-7-13）[2022-8-23].https://www.civiw.com/business/20210713112115.

[323] MU L L，LI Y D，ZAN H Y.Sentiment classification with syntactic relationship and attention for teaching evaluation texts[J].2020 International conference on asian language processing（IALP）.IEEE，2020：270-275.

[324] NA J-C, KYAING W Y M.Sentiment analysis of user-generated content on drug review websites[J].Journal of information management, 2015, 3：6-23.

[325] NAGAMACHI M.Image technology and its application[J].Japanese journal of ergonomics, 1986, 22(6)：316-324.

[326] NAGAMACHI M.Kansei engineering：a new ergonomic consumer-oriented technology for product development[J].International journal of industrial ergonomics, 1995, 15(1)：3-11.

[327] NAIM I, TANVEER M I, GILDEA D, et al.Automated analysis and prediction of job interview performance[J].IEEE transactions on affective computing, 2016, 9(2)：191-204.

[328] NAKATA K.Color and Kandei on mini-construction vehicle[J].Human interface, 1994, 9(1)：23-26.

[329] NASOZ F, LISETTI C L, VASILAKOS A V.Affectively intelligent and adaptive car interfaces[J].Information sciences, 2010, 180(20)：3817-3836.

[330] NASOZ F, OZYER O, LISETTI C L, et al.Multimodal affective driver interfaces for future cars[C]//Proceedings of the tenth ACM international conference on Multimedia, 2002：319-322..

[331] NASS C, JONSSON I M, HARRIS H, et al.Improving automotive safety by pairing driver emotion and car voice emotion[C]//CHI'05 extended abstracts on human factors in computing systems.2005：1973-1976.

[332] NAVARRO J, DOCTOR F, ZAMUDIO V, et al.Fuzzy adaptive cognitive stimulation therapy generation for Alzheimer's sufferers：Towards a pervasive dementia care monitoring platform[J].Future generation computer systems-the international journal of escience, 2018, 88：479-490.

[333] NEMCSIK J, VECSEY-NAGY M, SZILVESZTER B, et al.Inverse association between hyperthymic affective temperament and coronary atherosclerosis：A coronary computed tomography angiography study[J].Journal of psychosomatic research, 2017, 103：108-112.

[334] NEUMAN Y, COHEN Y, ASSAF D, et al.Proactive screening for depression through metaphorical and automatic text analysis[J]. Artificial intelligence in medicine, 2012, 56(1)：19-25.

[335] NINAUS M, GREIPL S, KIILI K, et al.Increased emotional engagement in game-based learning - A machine learning approach on facial emotion detection data[J]. Computers & education, 2019, 142：103641.

[336] Nye B D, Graesser A C, Hu X D.Auto-tutor and family：A review of 17 years of natural language tutoring[J].International journal of artificial intelligence in

education, 2014, 24(4): 427-469.

[337] O'CONNOR B, BALASUBRAMANYAN R, ROUTLEDGE B R, et al. From tweets to polls: linking text sentiment to public opinion time series[C]//Proceedings of the international AAAI conference on web and social media.2010, 4(1): 122-129.

[338] OEHL M, SIEBERT F W, TEWS T K, et al.Improving human-machine interaction - a non invasive approach to detect emotions in car drivers[C]//International conference on human-computer interaction.Springer, Berlin, Heidelberg, 2011: 577-585.

[339] ORTIGOSA A, MARTíN J M, CARRO R M.Sentiment analysis in Facebook and its application to e-learning[J].Computers in human behavior, 2014, 31: 527-541.

[340] ORTONY A.The cognitive structure of emotions[M].New York: Cambridge University Press, 1990.

[341] OTT M, CARDIE C, HANCOCK J T. Negative deceptive opinion spam[C]//Proceedings of the 2013 conference of the north american chapter of the association for computational linguistics: human language technologies. 2013: 497-501.

[342] OTT M, CHOI Y, CARDIE C, et al. Finding deceptive opinion spam by any stretch of the imagination[J]. arXiv preprint arXiv: 1107.4557, 2011.

[343] PAN X L, HU B H, ZHOU Z H, et al.Are students happier the more they learn?-Research on the influence of course progress on academic emotion in online learning[J].Interactive learning environments, 2022: 21.

[344] PASTOR C K. Sentiment analysis of Filipinos and effects of extreme community quarantine due to coronavirus (COVID-19) Pandemic[J].SSRN electronic journal, 2020.

[345] PAVAN KUMAR C S, DHINESH BABU L D.Fuzzy based feature engineering architecture for sentiment analysis of medical discussion over online social networks[J].Journal of intelligent & fuzzy systems, 2021, 40(6): 11749-11761.

[346] PAVLIDIS I, LEVINE J. Thermal image analysis for polygraph testing [J]. IEEE engineering and biology magazine, 2002, 21(6): 56-64.

[347] PEI G X, LI T H.A literature review of EEG-based affective computing in marketing[J].Frontiers in psychology, 2021, 12: 602843.

[348] PLASS J L, HEIDIG S, Hayward E O, et al.Emotional design in multimedia learning: effects of shape and color on affect and learning[J].Learning and instruction, 2014, 29: 128-140.

[349] PONG-INWONG C, SONGPAN W.Sentiment analysis in teaching evaluations using sentiment phrase pattern matching (SPPM) based on association mining[J]. International journal of machine learning and cybernetics, 2019(8): 2177-2186.

[350] PORIA S, CAMBRIA E, BAJPAI R, et al.A review of affective computing: From

unimodal analysis to multimodal fusion[J].Information fusion, 2017,37: 98-125.

[351] PORTER S, TEN BRINKE L, WALLACE B.Secrets and lies: Involuntary leakage in deceptive facial expressions as a function of emotional intensity[J].Journal of nonverbal behavior, 2012, 36(1): 23-37.

[352] PRIMETSHOFER M.Detection and handling of frustrating conversation situations in a text-based chatbot system[D].Master Thesis, 2019.

[353] QI C, LIU S D.Evaluating on-line courses via reviews mining[J].IEEE access, 2021, 9: 35439-35451.

[354] RAGINI J R, ANAND P M R, BHASKAR V. Big data analytics for disaster response and recovery through sentiment analysis[J]. International journal of information management, 2018, 42: 13-24.

[355] RAJAN A P, VICTOR S P. Web sentiment analysis for scoring positive or negative words using Tweeter data[J]. International journal of computer applications, 2014, 96(6): 33-37.

[356] RAJPUT N K, GROVER B A, RATHI V K. Word frequency and sentiment analysis of twitter messages during coronavirus pandemic[J].arXiv preprint arXiv: 2004.03925, 2020.

[357] RANDHAVANE T, BHATTACHARYA U, KAPSASKIS K, et al.Learning perceived emotion using affective and deep features for mental health applications[C]//Adjunct proceedings of the 2019 IEEE international symposium on mixed and augmented reality (ISMAR-Adjunct), 2019: 395-399.

[358] RATHI S R, DESHPANDE Y D.Course complexity in engineering education using E-learner's affective-state prediction[J].Kybernetes, 2022.

[359] RATHOD P, GEORGE K, SHINDE N.Bio-signal based emotion detection device[C]//2016 IEEE 13th international conference on wearable and implantable body sensor networks (BSN).IEEE, 2016: 105-108.

[360] Reece A G, Reagan A J, Lix K L M, et al.Forecasting the onset and course of mental illness with Twitter data[J].Scientific reports, 2017, 7(1): 13006.

[361] REEVES B, NASS C I.The media equation: How people treat computers, television, and new media like real people and places[M].New York, NY, US: Cambridge University Press, 1996: xiv, 305-xiv, 305.

[362] REN F J, QUAN C Q.Linguistic-based emotion analysis and recognition for measuring consumer satisfaction: an application of affective computing[J]. Information technology and management, 2012, 13(4): 321-332.

[363] ROBERTS T.Emotional regulation and responsibility[J].Ethical theory and moral practice, 2015, 18(3): 487-500.

[364] Robin, the Interactive Robot that takes care of elders and kids[EB/OL].(2021-08-02)[2022-8-23].https://robofluence.com/robin-the-interactive-robot-takes-care-of-elders-and-kids/.

[365] ROUT J K, SINGH S, JENA S K, et al. Deceptive review detection using labeled and unlabeled data[J].Multimedia tools and applications,2017,76(3): 3187-3211.

[366] RYAN A, COHN J F, LUCEY S, et al. Automated facial expression recognition system[C]//43rd annual 2009 international carnahan conference on security technology. IEEE,2009: 172-177.

[367] SAAD E, DIN S, JAMIL R, et al.Determining the efficiency of drugs under special conditions from users' reviews on healthcare web forums[J].IEEE access, 2021, 9: 85721-85737.

[368] SAHA A, AL MAROUF A, HOSSAIN R. Sentiment analysis from depression-related user-generated contents from social media[C]//2021 8th international conference on computer and communication engineering(ICCCE),2021: 259-264.

[369] SAMPIETRO A, ORDAZ L V. Emotional politics on Facebook. An exploratory study of Podemos' discourse during the European election campaign 2014[J].Recerca. revista de pensament i anàlisi, 2015(17): 61-83.

[370] SANGLERDSINLAPACHAI N, PLANGPRASOPCHOK A, TU B H, et al.Improving sentiment analysis on clinical narratives by exploiting UMLS semantic types[J]. Artificial intelligence in medicine, 2021,113: 102033.

[371] SCHERMER M.The mind and the machine.On the conceptual and moral implications of brain-machine interaction[J].Nanoethics,2009,3(3): 217-230.

[372] SELA Y.SANTAMARIA L.AMICHAI-HAMBURGE Y, et al.Towards a personalized multi-domain digital neurophenotyping model for the detection and treatment of mood trajectories[J].Sensors,2020,20: 578120.

[373] SHAYAA S, WAI P S, CHUNG Y W, et al. Social media sentiment analysis on employment in Malaysia[C]//The proceedings of 8th global business and finance research conference,2017.

[374] SHEN L P, XIE B W, SHEN R M.Enhancing user experience in mobile learning by affective interaction[J].2014 international conference on intelligent environments, 2014: 297-301.

[375] SHEN W, ZHANG S.Emotional tendency dictionary construction for college teaching evaluation[J].International journal of emerging technologies in learning, 2018, 13(11): 117-129.

[376] SINGH M, SINGH M, GANGWAR S.Emotion recognition using electroencephalography(EEG): a review[J].Int.J.Inf.Technol.Knowl.Manag, 2013,

7：1-5.

[377] SNYDER J, MATTHEWS M, CHIEN J, et al.(2015, February).Moodlight: Exploring personal and social implications of ambient display of biosensor data[C]// Proceedings of the 18th ACM conference on computer supported cooperative work & social computing, 2015：143-153.

[378] SOLOVEY E T, ZEC M, GARCIA PEREZ E A, et al.Classifying driver workload using physiological and driving performance data：two field studies[C]//Proceedings of the SIGCHI conference on human factors in computing systems.2014：4057-4066.

[379] SOROSTINEAN M, FERLAND F, TAPUS A.Reliable stress measurement using face temperature variation with a thermal camera in human-robot interaction[C]//2015 IEEE-RAS 15th international conference on humanoid robots (Humanoids).IEEE, 2015：14-19.

[380] SOURINA O, LIU Y S, MINH M K.Real-time EEG-based emotion recognition for music therapy[J].Journal on multimodal user interfaces, 2012, 5(1)：27-35.

[381] STANGE J P, SYLVIA L G, DA SILVA MAGALHAES P V, et al.Affective instability and the course of bipolar depression：results from the STEP-BD randomised controlled trial of psychosocial treatment[J].British journal of psychiatry, 2016, 208(4)：352-358.

[382] STAYMAN D M, AAKER D A.Continuous measurement of self - report of emotional response[J].Psychology & marketing, 1993, 10(3)：199-214.

[383] STEEN L J, KIM P.Affective computing：invasive technology and legal considerations to protect consumers[J].Issues in information systems, 2010, 10(1)：577-584.

[384] STEINERT S, FRIEDRICH O.Wired emotions：Ethical issues of affective brain - computer interfaces[J].Science and engineering ethics, 2020, 26(1)：351-367.

[385] STEPANOV M F, KUZMIN A K, Dolinina O N.Hardware and software system of an android assistant for teachers student emotion recognition sybsystem[C]//2019 international multi-conference on industrial engineering and modern technologies (FarEastCon).IEEE, 2019：1-4.

[386] STIEGLITZ S, DANG-XUAN L.Emotions and information diffusion in social media—sentiment of microblogs and sharing behavior[J].Journal of management information systems, 2013, 29(4)：217-248.

[387] SUMAN N, GUPTA P K, SHARMA P. Analysis of stock price flow based on social media sentiments[C]//2017 international conference on next generation computing and information systems (ICNGCIS). IEEE, 2017：54-57.

[388] SÜMER Ö, GOLDBERG P, D'MELLO S, et al. Multimodal engagement analysis from facial videos in the classroom[J]. IEEE transactions on affective computing, 2021: 1.
[389] SUN J G, YIN H Q, TIAN Y, et al. Two-level multimodal fusion for sentiment analysis in public security[J]. Security and communication networks, 2021(3): 1-10.
[390] SUN X, SONG Y Z, WANG M. Toward sensing emotions with deep visual analysis: a long-term psychological modeling approach[J]. IEEE multimedia, 2020, 27(4): 18-27.
[391] TALEB T, BOTTAZZI D, NASSER N. A novel middleware solution to improve ubiquitous healthcare systems aided by affective information[J]. IEEE transactions on information technology in biomedicine, 2010, 14(2): 335-349.
[392] TAPIA A H, MOORE K A, JOHNSON N J. Beyond the trustworthy tweet: A deeper understanding of microblogged data use by disaster response and humanitarian relief organizations[C]//ISCRAM 2013 conference proceedings - 10th international conference on information systems for crisis response and management. karlsruher institut fur technologie (KIT), 2013: 770-779.
[393] TEN BOSCH L. Emotions, speech and the ASR framework[J]. Speech communication, 2003, 40(1): 213-225.
[394] THIRUNAVUKKARASU G S, ABDI H, MOHAJER N. A smart HMI for driving safety using emotion prediction of EEG signals[C]//2016 IEEE international conference on systems, man, and cybernetics (SMC). IEEE, 2016: 4148-4153.
[395] TIAN F, GAO P D, LI L Z, et al. Recognizing and regulating e-learners' emotions based on interactive Chinese texts in e-learning systems[J]. Knowledge-based systems, 2014, 55: 148-164.
[396] TONGUÇ G, OZKARA B O. Automatic recognition of student emotions from facial expressions during a lecture[J]. Computers & education, 2020, 148: 103797.
[397] TORKILDSON M K, STARBIRD K, ARAGON C. Analysis and visualization of sentiment and emotion on crisis tweets[C]//International conference on cooperative design, visualization and engineering. Springer, Cham, 2014: 64-67.
[398] TROISI O, GRIMALDI M, LOIA F, et al. Big data and sentiment analysis to highlight decision behaviours: A case study for student population[J]. Behaviour & information technology, 2018(10/11): 1111-1128.
[399] TROUSSAS C, ESPINOSA K J, VIRVOU M. Affect recognition through Facebook for effective group profiling towards personalized instruction[J]. Informatics in education, 2016(1): 147-161.
[400] TSENG C W, CHOU J J, TSAI Y C. Text mining analysis of teaching evaluation questionnaires for the selection of outstanding teaching faculty members[J]. IEEE

access，2018，6：72870-72879.

[401] VALENZA G，GENTILI C，LANATA A，et al.Mood recognition in bipolar patients through the PSYCHE platform：Preliminary evaluations and perspectives[J].Artificial intelligence in medicine，2013，57（1）：49-58.

[402] VALLE-CRUZ D，LOPEZ-CHAU A，SANDOVAL-ALMAZAN R. How much do Twitter posts affect voters? Analysis of the multi-emotional charge with affective computing in political campaigns[C]//DG. O2021：the 22nd annual international conference on digital government research.2021：1-14.

[403] VHADURI S，ALI A，SHARMIN M，et al.Estimating drivers' stress from GPS traces[C]//Proceedings of the 6th international conference on automotive user interfaces and interactive vehicular applications.2014：1-8.

[404] VLEK R J，STEINES D，SZIBBO D，et al.Ethical issues in brain - computer interface research，development，and dissemination[J].Journal of neurologic physical therapy，2012，36（2）：94-99.

[405] VOSS C，SCHWARTZ J，DANIELS J，et al.Effect of wearable digital intervention for improving socialization in children with autism spectrum disorder：a randomized clinical trial[J].JAMA pediatrics，2019，173（5）：446-454.

[406] Walker X全球首发，优必选科技全栈解决方案加速AI应用落地[EB/OL].（2021-07-08）[2022-8-23].https://www.ubtrobot.com/cn/newsroom/article/3242.

[407] WANG J Y，ZHANG L，LIU T L，et al.Acoustic differences between healthy and depressed people：a cross-situation study[J].BMC psychiatry，2019，19（1）：300.

[408] WANG M，ZHOU J，LIN H Z.A sentiment analysis of the influence of service attributes on consumer satisfaction[J].Journal of intelligent & fuzzy systems，2021，40（6）：10507-10522.

[409] Wang R H，Fang B. Affective computing and biometrics based HCI surveillance system[C]//2008 international symposium on information science and engineering，2008，1：192-195.

[410] WANG W，XU H Y，WANG B M，et al.The mediating effects of learning motivation on the association between perceived stress and positive-deactivating academic emotions in nursing students undergoing skills training[J].Journal of korean academy of nursing，2019，49（4）：495-504.

[411] WHITTAKER M，ALPER M，BENNETT C L，et al.Disability，bias，and AI[J].AI now institute，2019.

[412] WILLIAMSON J R，QUATIERI T F，HELFER B S，et al.Vocal and facial biomarkers of depression based on motor incoordination and timing[C]//Proceedings of the 4th international workshop on audio/visual emotion challenge，2014：65-72.

[413] WOLPE P R, FOSTER K R, LANGLEBEN D D. Emerging neurotechnologies for lie-detection: Promises and perils[J].The american journal of bioethics, 2005, 5(2): 39-49.

[414] WU C-H, HUANG Y-M, HWANG J-P.Review of affective computing in education/learning: trends and challenges[J].British journal of educational technology, 2016, 47(6): 1304-1323.

[415] XING W L, TANG H T, PEI B.Beyond positive and negative emotions: Looking into the role of achievement emotions in discussion forums of MOOCs[J].The internet and higher education, 2019, 43: 1-9.

[416] YAN W-J, WU Q, LIANG J, et al.How fast are the leaked facial expressions: The duration of micro-expressions[J].Journal of nonverbal behavior, 2013, 37(4): 217-230.

[417] YANG J H, JEONG H B.Validity analysis of vehicle and physiological data for detecting driver drowsiness, distraction, and workload[C]//2015 IEEE international conference on systems, man, and cybernetics, 2015: 1238-1243.

[418] YANG J P, XUE Y F, ZENG Z T, et al.Research on multimodal affective computing oriented to online collaborative learning[J].2019 IEEE 19th international conference on advanced learning technologies (ICALT), 2019: 137-139.

[419] YANG J, ZHOU J, TAO G M, et al.Wearable 3.0: from smart clothing to wearable affective robot[J].IEEE network, 2019, 33(6): 8-14.

[420] YANG X T, ZHANG M M, KONG L Q, et al.The effects of scientific self-efficacy and cognitive anxiety on science engagement with the "Question-Observation-Doing-Explanation" model during school disruption in COVID-19 pandemic[J].Journal of science education and technology, 2021, 30(3): 380-393.

[421] YOUSEF R, TIUN S, OMAR N, et al.Enhance medical sentiment vectors through document embedding using recurrent neural network[J].International journal of advanced computer science and applications, 2020, 11(4): 372-378.

[422] YU L C, LEE C W, PAN H I, et al.Improving early prediction of academic failure using sentiment analysis on self-evaluated comments[J].Journal of computer assisted learning, 2018(4): 358-365.

[423] YUAN J B, YOU Q Z, LUO J B. Sentiment analysis using social multimedia[M]//Multimedia data mining and analytics.Springer, Cham, 2015: 31-59.

[424] YUN.或许是国内第一款情感认知引擎，阅面科技推出ReadFace引擎[EB/OL].(2015-10-20)[2022-8-23].https://36kr.com/p/1720953028609.

[425] Zeno robot helping autistic children communicate[EB/OL].(2017-02-17)[2022-8-23].https://robotschampion.com/zeno-robot/.

[426] ZHANG X G, YANG X X, ZHANG W G, et al. Crowd emotion evaluation based on fuzzy inference of arousal and valence[J].Neurocomputing, 2021, 445: 194-205.

[427] ZHAO S R, TANG H Y, LIU S F, et al. ME-PLAN: a deep prototypical learning with local attention network for dynamic micro-expression recognition[J]. Neural networks, 2022, 153: 427-443.

[428] Zhou H, Huang M L, Zhang T Y, et al. Emotional chatting machine: Emotional conversation generation with internal and external memory[C]//Proceedings of the Thirty-Second AAAI Conference on Artificial Intelligence and Thirtieth Innovative Applications of Artificial Intelligence Conference and Eighth AAAI Symposium on Educational Advances in Artificial Intelligence, 2018: Article 90.

[429] ZHOU Y, SONG Y X, CHEN L, et al. A novel micro-expression detection algorithm based on BERT and 3DCNN[J].Image and vision computing, 2022, 119: 104378.

[430] ZHU B, GUO D F, REN L.Consumer preference analysis based on text comments and ratings: A multi-attribute decision-making perspective[J].Information & management, 2022, 59(3): 103626.

[431] ZHU C, ZHU H S, GE Y, et al.Tracking the evolution of social emotions with topic models[J].Knowledge and information systems, 2016, 47(3): 517-544.

[432] ZHU J, WANG Z H, GONG T, et al.An improved classification model for depression detection using EEG and eyetracking data[J].IEEE transactions on nanobioscience, 2020, 19(3): 527-537.

[433] ZHU W J, LI X.Speech Emotion recognition with global-aware fusion on multi-scale feature representation[C]//ICASSP 2022-2022 IEEE International Conference on Acoustics, Speech and Signal Processing (ICASSP).IEEE, 2022: 6437-6441.

[434] ZIELINSKI A, MIDDLETON S E, TOKARCHUK L N, et al. Social media text mining and network analysis for decision support in natural crisis management[C]//Proceedings of the 10th international ISCRAM conference.Germany, Baden, 2013: 840-845.